Altern mit Zukunft

Stefan Pohlmann (Hrsg.)

Altern mit Zukunft

Herausgeber
Stefan Pohlmann
München, Deutschland

ISBN 978-3-531-19417-2   ISBN 978-3-531-19418-9 (eBook)
DOI 10.1007/978-3-531-19418-9

Die Deutsche Nationalbibliothek verzeichnet diese Publikation in der Deutschen Nationalbibliografie; detaillierte bibliografische Daten sind im Internet über http://dnb.d-nb.de abrufbar.

Springer VS
© VS Verlag für Sozialwissenschaften | Springer Fachmedien Wiesbaden 2012
Das Werk einschließlich aller seiner Teile ist urheberrechtlich geschützt. Jede Verwertung, die nicht ausdrücklich vom Urheberrechtsgesetz zugelassen ist, bedarf der vorherigen Zustimmung des Verlags. Das gilt insbesondere für Vervielfältigungen, Bearbeitungen, Übersetzungen, Mikroverfilmungen und die Einspeicherung und Verarbeitung in elektronischen Systemen.

Die Wiedergabe von Gebrauchsnamen, Handelsnamen, Warenbezeichnungen usw. in diesem Werk berechtigt auch ohne besondere Kennzeichnung nicht zu der Annahme, dass solche Namen im Sinne der Warenzeichen- und Markenschutz-Gesetzgebung als frei zu betrachten wären und daher von jedermann benutzt werden dürften.

Einbandentwurf: KünkelLopka GmbH, Heidelberg

Gedruckt auf säurefreiem und chlorfrei gebleichtem Papier

Springer VS ist eine Marke von Springer DE. Springer DE ist Teil der Fachverlagsgruppe Springer Science+Business Media
www.springer-vs.de

Inhalt

Stefan Pohlmann
Altern als Gestaltungsaufgabe 9

Teil I: Weichen stellen 17

Stefan Pohlmann, Christian Leopold & Paula Heinecker
1 Richtungsentscheidungen für Jung und Alt 19
   1.1   Altern ist ubiquitär 21
   1.2   Altern ist planbar 24
   1.3   Altern ist veränderbar 27
   1.4   Altern ist optimierbar 30
   1.5   Altern ist vielgestaltig 34
   1.6   Altern ist Zukunft 37

Teil II: Fakten schaffen 41

Christian Leopold, Paula Heinecker & Stefan Pohlmann
2 Lebensqualität in der Altenberatung 43
   2.1   Einführung in das Konstrukt „Lebensqualität" 44
   2.2   Bezüge zur Altenberatung 57
   2.3   Implikationen 68

Andreas Kruse
3 Angewandte gerontologische Forschung mit Demenzkranken 71
   3.1   Formen und Symptome der Demenz 72
   3.2   Grundlegende Aussagen zum Selbst und zur Selbstaktualisierung ... 74
   3.3   Förderung der Lebensqualität demenzkranker Menschen 81
   3.4   Kompetenzformen bei Demenz 84
   3.5   Relation zwischen positiven und negativen Emotionen 86
   3.6   Möglichkeiten der Konstituierung positiver Situationen 88
   3.7   Die Demenz als moderne Form des *memento mori* 90

Paula Heinecker, Stefan Pohlmann & Christian Leopold
4   Ältere Migranten als Klienten 93
   4.1   Definitionen und Abgrenzungen 94
   4.2   Demografische Entwicklung und Migration 95
   4.3   Lebenssituation älterer Migranten in Deutschland 100
   4.4   Das Forschungsprojekt „Minority Elderly Care" 104
   4.5   Schlussfolgerungen für die soziale Arbeit 119

Annette Angermann & Markus Solf
5   Folgen veränderter Lebens- und Arbeitswelten für Unternehmen 125
   5.1   Veränderte Alters- und Familienstrukturen 125
   5.2   Zeitliche und räumliche Flexibilität und ihre Folgen 131
   5.3   Handlungszwänge für Unternehmen 132
   5.4   Flexible Arbeitszeitregelungen 133
   5.5   Beratung und Vermittlung unterstützender Dienstleistungen 135
   5.6   Ausblick 139

Astrid Hedtke-Becker, Rosemarie Hoevels, Ulrich Otto, Gabriele Stumpp & Sylvia Beck
6   Zu Hause wohnen wollen bis zuletzt 141
   6.1   Settings der Untersuchung und methodische Durchführung 142
   6.2   Die Arbeitsweise von VIVA und deren Grundlagen 143
   6.3   Fallstudie: Das Ehepaar Jung 145
   6.4   Netzwerkanalyse 153
   6.5   Beraten und intervenieren – ein prozesshaftes Geschehen 157
   6.6   Von den machtvollen Bestrebungen der Akteure 174

Ulrich Otto, Gabriele Stumpp, Sylvia Beck, Astrid Hedtke-Becker & Rosemarie Hoevels
7   Im spät gewählten Zuhause wohnen bleiben können bis zuletzt 177
   7.1   Kontextbedingungen 177
   7.2   Zwischen „kleinem" und „großem" Generationenvertrag 180
   7.3   Methodendesign und Durchführung 182
   7.4   Teilprojekt Mehrgenerationenwohnen in den „Lebensräumen" 183
   7.5   Von der Schwierigkeit des Gemeinschaftlichen 193

Inhalt 7

Teil III: Lösungen erproben **199**

Martin Polenz & Hans-Josef Vogel
8 Die Arnsberger „Lern-Werkstadt" Demenz.. 201
8.1 Konzepte zum demografischen Wandel.. 202
8.2 Herausforderung Demenz.. 205
8.3 Ausgestaltung eines Modellprojekts.. 206
8.4 Projektbilanz... 209

David Stoll, Birgit Greger & Doris Wohlrab
9 Rahmenbedingungen für ein Altern mit Zukunft.................................... 217
9.1 Kommunen im demografischen Wandel... 217
9.2 Gesetzliche Rahmenbedingungen... 218
9.3 Aktive Gestaltung des Alter(n)s in München.................................... 220
9.4 Kommunale Verantwortung.. 235

Ursula Lehr & Ursula Lenz
10 Entwicklung der Seniorenarbeit und Seniorenpolitik in Deutschland .. 237
10.1 Die Anfänge der Seniorenorganisationen... 237
10.2 Bundesweit aktive Seniorenorganisationen...................................... 240
10.3 Die Bundesarbeitsgemeinschaft der Senioren-Organisationen........ 245
10.4 Solidarisches Miteinander der Generationen.................................... 250
10.5 Paradigmenwechsel... 254

Jürgen Gohde
11 Für mehr Selbstbestimmung im Alter... 255
11.1 Erste Akzente des Kuratoriums Deutsche Altershilfe....................... 255
11.2 Unterstützungsspektrum.. 259
11.3 Impulse für ein zukunftsfähiges Wohnen im Alter........................... 262
11.4 Qualifizierung und wissenschaftliche Altersforschung.................... 268
11.5 Gesetzliche Reformansätze... 272

Gabriella Hinn & Ursula Woltering
12 Altenarbeit und gesellschaftliches Engagement..................................... 275
12.1 Was sind Seniorenbüros?.. 275
12.2 Themensetzung und Aufgabenprofil der Seniorenbüros.................. 276
12.3 Bundes- und landesweite Organisation... 280
12.4 Trägerschaft und Finanzierung... 282
12.5 Praxisbeispiele... 282

Christa Matter & Birgit Wolff
13 Initiativen vernetzen 293
13.1 Bundesarbeitsgemeinschaft Alten- und Angehörigenberatung 293
13.2 Psychosoziale Beratung 296
13.3 Qualitätsempfehlungen der BAGA 303
13.4 Ziele und Zielgruppen 303
13.5 Perspektiven 308

Gesamtliteratur 309

Autorinnen und Autoren 331

Altern als Gestaltungsaufgabe

Stefan Pohlmann

*„Die Zukunft hat viele Namen:
Für Schwache ist sie das Unerreichbare, für die Furchtsamen
das Unbekannte,
für die Mutigen die Chance."*

Victor Hugo, französischer Schriftsteller
* 26. Februar 1802; † 22. Mai 1885

Amtliche Statistiken, wissenschaftliche Befunde und öffentliche Berichterstattung deuten gleichermaßen auf ein Phänomen hin, das sich seit vielen Jahren stetig in eine Richtung bewegt und mehr und mehr in der individuellen Alltagswahrnehmung verankert ist. Es handelt sich dabei um die gravierende Umgestaltung der Alterszusammensetzung unserer Gesellschaft. Diese Veränderung wird gemeinhin als *demografischer Wandel* bezeichnet (vgl. Enquete-Kommission, 2002). Alle beobachtbaren Trends verweisen auch über europäische Grenzen hinweg auf einen absoluten und relativen Anstieg älterer Menschen, der einerseits auf den Rückgang der Geburtenraten und andererseits auf ein Anwachsen der durchschnittlichen Lebenserwartung zurückgeführt werden kann.

Auch wenn die Interpretation von Zahlen und Fakten der Bevölkerungsentwicklung bisweilen widersprüchlich verläuft (vgl. Pohlmann, 2004), so bleibt doch eine zentrale Aussage nach wie vor unbestritten: *Altern hat Zukunft.* Dies gilt für den Einzelnen ebenso wie für Nationen. Die regelmäßigen Erhebungen der Vereinten Nationen (UNFPA, 2011) lassen keinen Zweifel daran, dass wir heute länger und gesünder leben als je zuvor in der Menschheitsgeschichte. In den letzten sechzig Jahren hat sich die Wahrscheinlichkeit, ein hohes Alter zu erreichen, kontinuierlich erhöht. Vor allem weniger entwickelte Regionen profitieren von dieser Zunahme. Die Lebenserwartung hat sich in dieser Zeit für Industrienationen um 11 Jahre, für Entwicklungsländer hingegen um 26 Jahre erhöht. Aber nicht alle Personen und Nationen können an dieser Errungenschaft gleichermaßen teilhaben.

Dies gilt nicht nur im Vergleich verschiedener Länder, sondern auch bei einer Binnendifferenzierung innerhalb Deutschlands. Auch hier sind Lebenschancen nicht gleichmäßig verteilt und vermeidbare Risiken treten in Erscheinung. Die erfreuliche Botschaft menschlicher Langlebigkeit darf deshalb nicht darüber hinwegtäuschen, dass es bestimmter Voraussetzungen bedarf, damit Altern eine positive Zukunft haben kann.

Die vorliegende Publikation hat es sich zur Aufgabe gemacht, Beiträge aus Forschung und Praxis zusammenzustellen, die das gemeinsame Ziel eint, Zukunftsperspektiven für eine alternde Gesellschaft herauszuarbeiten. Die Idee für dieses Buch entstand im Rahmen einer Forschungslinie mit dem Titel SILQUA – *Soziale Innovationen für Lebensqualität im Alter*. Das Förderprogramm soll die praxisorientierte Entwicklung und wissenschaftlich fundierte Prüfung von bedarfsgerechten Angeboten im Sozial- und Gesundheitsbereich erleichtern. Dazu zählen nach Angaben des zuständigen Trägers Strategien für Prävention, Rehabilitation, pflegerische Versorgung, generationsübergreifende Verantwortung, integrierte Hilfs- und Unterstützungsplanung, Qualifizierungs- und Unterstützungsangebote für Betreuende sowie betriebliche Personalarbeit und unternehmerisches Handeln vor dem Hintergrund alternder Belegschaften. Hohe Bedeutung kommt – wie bei allen Modellvorhaben auf Bundesebene – neben der Praxisnähe auch der überregionalen Übertragbarkeit der Forschungsergebnisse zu. Die in diesem Buch vertretenen Autorinnen und Autoren haben sich in Form eigener Projekte oder als Kooperationspartner an dieser Forschungsinitiative beteiligt. Die Ausführungen von insgesamt 23 Expertinnen und Experten geben jeweils ihre Sicht auf Wissenschaft und Praxis wider. Jeder einzelne der insgesamt dreizehn Beiträge liegt in der Verantwortung der angegebenen Verfasser. Für die Unterstützung und das Engagement zur Entstehung möchte ich mich als Herausgeber an dieser Stelle ausdrücklich bedanken. Finanziell ermöglicht wurde diese Veröffentlichung durch das Bundesministerium für Bildung und Forschung, das die genannte Förderlinie ins Leben gerufen hat.

Die Leserinnen und Leser erwartet eine Lektüre, die sich in drei Teile untergliedert. Unter der Überschrift **Weichen stellen** skizzieren im ersten Kapitel *Stefan Pohlmann, Christian Leopold* und *Paula Heinecker* unentbehrliche Vorgaben für zukünftige Richtungsentscheidungen. Zu diesem Zweck werden exemplarisch Aspekte hervorgehoben, die aus Sicht der Alterswissenschaft, Altenpolitik und Altershilfe von zentraler Bedeutung sind. Dieser Teil wurde bewusst knapp gehalten. Pointiert sollen wesentliche Merkmale zusammengetragen und dann in den beiden weiteren Teilen durch Forschung und Praxis konkretisiert und mit Leben gefüllt werden.

Altern als Gestaltungsaufgabe

Im Teil *Fakten schaffen* werden in insgesamt sechs Beiträgen verschiedene Forschungsansätze vorgestellt und gesondert auf Leitlinien, Adressaten und externe Bedingungen der Sozialgerontologie bezogen. Dieser Teil veranschaulicht, wie mittels gerontologischer Forschung zugleich wesentliche Impulse für die Praxis gegeben und Erkenntnislücken geschlossen werden können. *Christian Leopold, Paula Heinecker* und *Stefan Pohlmann* widmen sich im zweiten Kapitel dem Konzept der Lebensqualität. Im Rahmen des Projekts BELiA (Beratung zum Erhalt von Lebensqualität im Alter) stellen sie einen direkten Bezug zur Altenberatung her und verweisen auf die Möglichkeiten, die eine verstärkte Ausrichtung in diese Richtung bieten würde. Bislang sind die meisten Angebote in diesem Bereich eher auf ein Verlustmanagement ausgerichtet. Dieser Beitrag verweist jedoch auf die Notwendigkeit einer optimalen Nutzung vorhandener Ressourcen als effektive Präventionschance, ohne dabei eine bedarfsorientierte Problembearbeitung aus den Augen zu verlieren. Die Forschungsarbeiten zu diesem Projekt berücksichtigen Beratungsangebote aus unterschiedlichen Handlungsfeldern und konzentrieren sich auf das Alterssegment 60plus. Im Vordergrund stehen Beratungen, die sich möglichst nicht auf eine einzelne Sitzung beschränken und einen direkten Kontakt erfordern.

Die Kapitel drei bis fünf rücken in einem ersten Schritt bestimmte vulnerable Zielgruppen in den Fokus der Aufmerksamkeit. *Andreas Kruse* führt dazu zunächst im dritten Kapitel einige wesentliche Konstrukte der angewandten psychologischen Forschung ein und verweist auf ihre Bedeutung für die wachsende Zahl demenziell Erkrankter. Am Beispiel des Heidelberger Instruments zur Erfassung der Lebensqualität demenzkranker Menschen (H.I.L.DE) werden die Leitprinzipien der Selbstaktualisierung, Selbstbestimmung und Bezogenheit erläutert und im Hinblick auf den Erhalt und die Nutzung von Ressourcen trotz erheblicher kognitiver Einbußen erörtert. Der Beitrag macht deutlich, dass es nicht genügen kann, einen fehlenden therapeutischen Durchbruch gegenüber der Demenz zu beklagen. Vielmehr ist dort anzusetzen, wo bereits heute die Aktivierung von Potenzialen möglich ist.

Paula Heinecker, Stefan Pohlmann und *Christian Leopold* setzen sich im Kapitel vier mit älteren Migrantinnen und Migranten auseinander. Die Darstellung schöpft aus dem Datensatz des EU-Forschungsprojektes „Minority Elderly Care" (MEC) und nimmt auf der Grundlage von Reanalysen Aussagen zur passgenauen Beratung dieses Klientels vor. Zu den ethnischen Merkmalen gehören Religion, Sprache, Herkunft und gemeinsame geschichtliche Erfahrungen, die sich im kollektiven Bewusstsein eines Volkes niederschlagen. Ältere Migranten weisen höheres Armuts-, Gesundheits- und Pflegeabhängigkeitsrisiko auf. Der Beitrag verdeutlicht, dass bestehende Erkenntnisse über Lebenslage und Lebensqualität stärker aus demografischer Sicht zu betrachten sind, als dies in der Vergangenheit der Fall war.

Annette Angermann und *Markus Solf* gehen in ihren Ausführungen auf den Kreis pflegender Angehöriger ein, die vor der Anforderung stehen, Familien- und Erwerbsarbeit miteinander in Einklang zu bringen. Das Risiko, unter dieser Doppelbelastung selbst zu erkranken, ist in der Forschung hinreichend belegt. Die Autoren verweisen auf die Verantwortung von Firmen, ihre Mitarbeiterinnen und Mitarbeiter in dieser schwierigen Phase zu unterstützen. Diese neue Form des Age-Managements braucht von Seiten der Betriebe eine erweiterte Unternehmensphilosophie, die den Erhalt der Beschäftigungsfähigkeit unter Berücksichtigung der Betreuung von älteren Angehörigen zu erreichen sucht. Die Darstellungen machen insofern auf zukünftige Forschungsaufgaben aufmerksam.

In den Kapiteln sechs und sieben kommen schließlich Fragen der ökologischen Sozialgerontologie zum Tragen. Beide Beiträge basieren auf Forschungsarbeiten im Rahmen des binationalen Projekts InnoWo (Zuhause wohnen bleiben bis zuletzt – in innovativen Wohnformen bzw. mit innovativ-ganzheitlichen Diensten). Die damit verbundenen Studien in Mannheim und St. Gallen loten Möglichkeiten und Grenzen für ein lebenslanges Wohnen in der vertrauten Wohnung aus.

Astrid Hedtke-Becker, Rosemarie Hoevels, Ulrich Otto, Gabriele Stumpp und *Sylvia Beck* stellen dazu im sechsten Kapitel eine Fallstudie vor und leiten für chronisch Kranke Schlussfolgerungen zum Verbleib in den eigenen vier Wänden ab. Es wird ein Innovationsansatz präsentiert, der sich auf unterschiedliche professionelle Unterstützungskonzepte bezieht und eine integrative Versorgung anstrebt, die über traditionelle Angebote hinausgeht. Die Verfasser machen deutlich, dass auch im Falle einer an den individuellen Bedürfnissen ausgerichteten Unterstützung ein Heimumzug nicht in jedem Fall verhindert werden kann. Es bleibt darauf hinzuweisen, dass eine Heimunterbringung nicht zwangsläufig die schlechteste Wohnalternative ist. Voraussetzung dafür bleibt, diese möglichst letzte Wohnoption so optimal wie möglich auszugestalten. Die gleichen Autoren präsentieren im siebten Kapitel Erhebungen im Kontext mittelgroßer generationengemischter Wohnanlagen mit einem besonders ausgearbeiteten Programm des Quartiersmanagements. Durch gemeinschaftsorientierten Wohnformen dieser Art werden nach Ansicht des Projektteams günstige Konstellationen für eine nachhaltige Aufrechterhaltung einer neuen Häuslichkeit geschaffen. Um die Potenziale dieser selbstinitiierten Wohnformen entfalten zu können erscheint allerdings eine langfristig angelegte, kontinuierliche fachliche Begleitung und Unterstützung dieser Wohnformen unabdingbar.

Der dritte Teil mit der Überschrift *Lösungen erproben* greift anhand von sechs weiteren Beiträgen aussichtsreiche Ansätze auf, die jeweils auf unterschiedliche Art und Weise dem Alter eine bessere Zukunft zu geben versuchen. Dieser Teil erlaubt diversen Praxispartnern, Erfolgsmodelle mit unterschiedlichster Stoßrichtung zu skizzieren. Hier finden kommunale Ansätze ebenso Berücksichtigung wie sozialpolitische Interessensvertretungen älterer Menschen und bundesweiter Verbünde im Bereich der Altenhilfe und sozialen Altenarbeit.

Die Kapitel acht und neun kontrastieren demografische Herausforderungen einer Kreisstadt mit rund 75.000 Einwohnern auf der einen und einer Großstadt mit 1.364 Millionen Einwohnern auf der anderen Seite. *Martin Polenz* und *Hans-Josef Vogel* setzen für die Stadt Arnsberg ein von der Robert Bosch Stiftung gefördertes Modellprojekt für eine demenzfreundliche Kommune um. Das Modellprojekt verfolgt auf der Grundlage eines kommunalen Handlungskonzeptes das Ziel, die Lebenssituation von Menschen mit Demenz und ihrer Angehörigen zu verbessern. Dabei liegt der Fokus auf der Verbindung von professionellen Hilfs- und Unterstützungsangeboten mit bürgerschaftlichem Engagement auf Augenhöhe.

David Stoll, Birgit Greger und *Doris Wohlrab* setzen sich im neunten Kapitel mit der Situation der Landeshauptstadt München auseinander, die über einen vergleichsweise jungen Altersdurchschnitt verfügt. Der Beitrag veranschaulicht, wie ein Sozialreferat unterschiedliche Angebote für ältere Menschen vorhalten und ausbauen muss, um auf Bedürfnisse einer alternden Bevölkerung rechtzeitig reagieren zu können. Beide Beispiele lassen erkennen, dass Kommunen neben ihren gesetzlichen Vorgaben vor allem durch Eigeninitiative, Kreativität und die Bereitschaft voneinander zu lernen für ein Altern mit Zukunft Sorge tragen können. Politische Entscheidungen im Hinblick auf ältere Menschen sind dabei so auszurichten, dass sie auch jüngeren Menschen zugutekommen.

Die beiden folgenden Kapitel setzen sich ebenfalls mit altenpolitischen Forderungen auseinander. Sie grenzen sich aber von einer primär staatlichen Perspektive auf das Thema ab und rücken stattdessen die Sicht älterer Menschen in den Vordergrund. Damit werden neben der Logik von Kosten- und Leistungsträgern auch die Blickwinkel der Adressaten berücksichtigt. *Ursula Lehr* und *Ursula Lenz* dokumentieren die Arbeit der Bundesarbeitsgemeinschaft der Seniorenorganisationen (BAGSO). Diese fungiert als Dachverband mit mehr als 100 Mitgliedsverbänden und versteht sich als primäre politische Lobbyvertretung für ältere Menschen in Deutschland. Als Bundesinteressenvertretung der älteren Generationen macht sich die BAGSO dafür stark, dass jedem Menschen ein selbstbestimmtes Leben im Alter möglich ist und die dafür notwendigen Rahmenbedingungen geschaffen werden. Sie tritt dafür ein, dass auch alte Menschen die Chance haben, sich aktiv am gesellschaftlichen Leben zu beteiligen und das öffentliche Meinungsbild über das Alter positiv zu verändern.

Jürgen Gohde schildert im elften Kapitel die fünfzigjährige Erfolgsgeschichte des Kuratoriums Deutsche Altershilfe (KDA). Wie kaum eine andere Institution hat das KDA wissenschaftliche Erkenntnisse gegenüber Politik und Gesellschaft offensiv vertreten, pionierhaft neuartige Methoden erprobt und unzureichende Leistungsangebote unerbittliche kritisiert. Die Kapitel unterstreichen die Bedeutung und Verantwortung, aus einer unabhängigen Haltung heraus zu agieren und sich dabei für und mit älteren Menschen für eine Gesellschaft aller Lebensalter einzusetzen.

Die beiden letzten Beiträge illustrieren, wie sich durch bundesweite Netzwerke Maßnahmen zur Unterstützung und Einbindung älterer Menschen verbessern und verstetigen lassen. *Gabriella Hinn* und *Ursula Woltering* gehen auf die Arbeit der Seniorenbüros ein. Diese verstehen sich als Informations-, Beratungs- und Vermittlungsstellen für ehrenamtliches Engagement in der nachberuflichen und nachfamilialen Lebensphase. Sie gehen zurück auf ein Modellprogramm des Bundesministeriums für Familie, Senioren, Frauen und Jugend, das durch eine Bundesarbeitsgemeinschaft in ihrer Arbeit unterstützt und begleitet wird. Trotz regionaler Unterschiede eint die einzelnen Einrichtungen das Bemühen, ältere Menschen individuell zu beraten, wenn Interesse an ehrenamtlichen Aufgaben besteht. Die Hauptaufgabe der Büros liegt insofern in der Erschließung neuer Tätigkeitsfelder für Ehrenamtliche. Auf diese Weise wird die starke Bereitschaft, aber bislang nur bruchstückhafte Umsetzung, des Freiwilligenpotenzials Älterer stärker nutzbar gemacht.

Christa Matter und *Birgit Wolff* gehen auf das Profil der Bundesarbeitsgemeinschaft Alten- und Angehörigenberatung (BAGA) ein. Die BAGA versteht sich als Forum und Interessenvertretung aller Einrichtungen in diesem Feld. Als eine zentrale Aufgabe sieht die BAGA die Entwicklung von Qualitätsstandards und Leitlinien für die Alten- und Angehörigenberatung. Darüber hinaus setzt sich die BAGA für die Stärkung der Handlungskompetenzen älterer Menschen ein. Sämtliche in diesem Band beteiligten Vertreter aus Wissenschaft und Praxis unterstreichen mit ihren Argumenten und Modellbeispielen den notwendigen Transfer von Wissensbeständen zwischen allen relevanten Akteuren und Handlungsfeldern in diesem Bereich.

Ein Gesamtliteraturverzeichnis bündelt sämtliche Quellenangaben über alle Beiträge hinweg und bietet den Leserinnen und Lesern damit einen Gesamteindruck über die aktuellen, aber auch zeitlos relevanten Fachveröffentlichungen zu den in diesem Sammelband behandelten Themen. Ferner gibt ein Verzeichnis der Autoren einen Überblick zu den Arbeits- und Forschungsschwerpunkten sowie über wichtige berufliche Etappen aller Autorinnen und Autoren dieses Readers.

Teil I: Weichen stellen

*„Es ist nicht unsere Aufgabe,
die Zukunft vorauszusagen,
sondern auf sie gut
vorbereitet zu sein."*

Perikles, griechischer Staatsmann
*um 490 v. Chr.; † 429 v. Chr.

1 Richtungsentscheidungen für Jung und Alt

Stefan Pohlmann, Christian Leopold & Paula Heinecker

Ungeachtet der erfreulichen Zunahme an einschlägigen Veröffentlichungen zum demografischen Wandel bleibt festzuhalten, dass zwingende Gestaltungsaufgaben zumindest in Teilen noch immer ignoriert oder an den eigentlichen Bedarfen einer alternden Gesellschaft vorbei umgesetzt werden. Belegen lässt sich dies unter anderem daran, dass die Versorgung pflegebedürftiger älterer Menschen oft zu spät, unzureichend oder sogar kontraindiziert erfolgt. Ältere Patienten erhalten Therapien, die sie nicht benötigen oder die sich nachteilig auswirken (vgl. RKI, 2002). Andere notwendige Unterstützungsleistungen bleiben gänzlich aus. Zudem sind die bestehenden Hilfen zu sehr auf die Akutversorgung begrenzt (vgl. Pfaff et al., 2003; Schwartz et al., 2003). Untersuchungen zum geriatrisch-gerontologischen Screening legen außerdem den Schluss nahe, dass höchstens zwei Drittel aller Gesundheitsprobleme älterer Patienten durch Routineüberprüfung überhaupt erkannt werden. In den statistischen Bilanzierungen unterschätzt man damit systematisch die faktischen Erkrankungen im Alter (vgl. Junius, Fischer & Kemmnitz, 1995). Über-, Fehl- und Unterversorgung treten gleichzeitig als Problemcluster im Gesundheitssystem auf. Leistungsengpässe, strukturelle Mängel, schleichende Rationierung, Qualifikationslücken der Fachkräfte, ungenügender Einsatz diagnostischer Instrumente und therapeutischer Interventionen verweisen auf Defizite an Stellen, wo Hilfe dringend gebraucht wird.

Daneben werden die psychosozialen Potenziale des Alters nur in Ansätzen aktiviert. Der seit 1999 alle 5 Jahre durchgeführte Freiwilligensurvey macht zwar deutlich, dass das bürgerschaftliche Engagement der über 65jährigen Bevölkerung über die letzten drei Erhebungszeitpunkte jeweils leicht angestiegen ist und ein relativ hohes Niveau erreicht (vgl. Gensicke, Picot & Geiss, 2006). Gleichwohl deuten die Daten auch darauf hin, dass die Bereitschaft für eine ehrenamtliche Beteiligung in dieser Gruppe noch weit höher ausfällt, als die faktischen Aktivitäten vermuten lassen (vgl. Heinze & Olk, 2001). Es fehlt gerade für diejenigen, die sich in neuen Feldern freiwillig betätigen wollen, an verbindlichen Angeboten und Vermittlungsinstanzen aber auch an Anreizen, damit dieses Freiwilligenpotenzial nachhaltig nutzbar gemacht werden kann (vgl. Klie, 1996). Eine mangelnde Partizipation im Alter dokumentiert sich darüber hinaus zumindest in Teilen der älteren Bevölkerung durch eine eingeschränkte Nutzung von Gesundheitsangeboten, unzulängliche Möglichkeiten des lebenslangen Lernens und eine verminderte Chancengleichheit in der politischen Beteiligung. In Fachkreisen wächst indes die Sorge, dass die äußeren Erwartungen an ältere Menschen, sich freiwillig einzubringen, einen überhöhten Erwartungsdruck aufbauen könnten. Gleichzeitig wird von professionellen Akteuren die Einbindung älterer Ehrenamtlicher als direkte Bedrohung ihrer Arbeitsplätze empfunden (vgl. Pohlmann, 2011).

Neben der persönlichen Motivation und dem individuellen Nutzen von Gesundheitserhaltung und sozialem Engagement nimmt vor diesem Hintergrund die gesellschaftliche Dimension von Partizipation und Leistungsfähigkeit im Alter eine nicht zu unterschätzende Rolle ein. Erfolgreiches Altern durch Partizipation und gesundheitsförderndes Verhalten sind gleichermaßen Privileg und Verantwortung für den Einzelnen. Ein ausgewogenes Verhältnis zwischen individueller Entfaltung und gesellschaftlicher Verpflichtung ist in vielen Bereichen noch nicht ausreichend gewährleistet. Der Handlungsbedarf ist damit nur in Ansätzen umrissen. Die sich abzeichnenden Probleme sind gewaltig und gehen mit enormen Kraftanstrengungen in unserem Sozial- und Gesundheitssystem einher. Dass diese Anforderungen bewältigbar bleiben, zeigen die Beispiele aus dem zweiten und dritten Teil dieses Bandes sehr deutlich. Diese Beispiele stehen stellvertretend für konstruktive Antworten auf demografische Erfordernisse. Der Sammelband soll dazu beitragen, dass vielversprechende Initiativen und Forschungsansätze verstetigt und auf andere Felder übertragen werden können. Er ist gleichzeitig ein Aufruf an diejenigen, die weitere Herangehensweisen entwickelt haben, Erfolgsmodelle in die öffentliche Diskussion einzuspeisen – ohne Barrieren und Misserfolge in den Bemühungen für ein Altern mit Zukunft verschweigen zu müssen.

Die nachfolgenden Unterkapitel greifen zunächst grundsätzliche Rahmenbedingungen heraus, die mit der Zukunftsfähigkeit einer alternden Gesellschaft und ihrer Mitglieder untrennbar verbunden sind. Einzelne Aspekte finden ihre Konkretisierung in den Beiträgen der beteiligten Kolleginnen und Kollegen des zweiten und dritten Buchteils. Hier wird anschaulich beschrieben, was zu tun ist und wie es zu tun ist, damit eine alternde Gesellschaft die Weichen richtig stellt. Um bei dieser Metapher zu bleiben: Es braucht Weichenstellungen, um den Kurs für einen Zug bewusst zu bestimmen, der bereits Hochgeschwindigkeit aufgenommen hat und auf seiner Fahrt bislang das eine oder andere Leitsignal sträflich vernachlässigt hat. In welche Richtung der Zug weiterhin seinen Lauf nimmt, darf nicht vom Zufall oder von Kurzschlussentscheidungen abhängen. Es braucht stattdessen einen sehr solide konzipierten Fahrplan, der Richtungswechsel vorherbestimmt und nicht nur im Nachhinein zur Kenntnis nimmt.

Dafür sind eine exakte Kenntnis des Terrains und eine genaue Zielbestimmung unabdingbar. Die weiteren Abschnitte legen das Fundament für einen solchen Fahrplan. Sie führen uns die Spannweite und epochale Bedeutung des Alter(n)s vor Augen und bereiten auf die sich anschließenden Kapitel vor.

1.1 Altern ist ubiquitär

Ob auf der Straße, im Spiegel, in der Familie oder stellvertretend in den Medien – das eigene und fremde Altern ist allgegenwärtig. Die Wahrscheinlichkeit ein langes Leben führen zu können ist in einem Land wie Deutschland so hoch wie nie zuvor. War das Altern in früheren Zeiten das Privileg einiger weniger, ist es heute längst zu einem Massenphänomen geworden. Diese Veränderung wird für gewöhnlich als *demografischer Wandel* umschrieben. Tatsächlich verbergen sich dahinter eine Reihe miteinander verwobene Einzelphänomene. Zum einen verschiebt sich das Zahlenverhältnis von Jung und Alt zugunsten älterer Menschen. Diese Verschiebung ist einem relativen wie absoluten Anstieg dieser Gruppe geschuldet. Eine stagnierende Geburtenrate auf der einen und eine erhöhte Lebenswartung auf der anderen Seite sind dafür ursächlich. Ausreichende Bewegung, gesundheitsbewusstes Verhalten, hygienische Umweltbedingungen, Zugang zu guter medizinischer Versorgung, die Vermeidung von Risiken und eine ausgewogene Ernährung beeinflussen als Gesamtpaket die Lebensspanne positiv (vgl. Christensen & Vaupel, 2011).

Nach Berechnungen des statistischen Bundesamtes (StBA, 2011, S. 13ff) liegt der Anteil der über 65jährigen derzeit bereits mit rund zwei Prozent über demjenigen der unter 20jährigen. Die durchschnittliche Lebenserwartung ist in den letzten dreißig Jahren für Jungen um etwa 5,8 Jahre und für Mädchen um 4,4 Jahre gestiegen. Prognostisch hat ein 60jähriger Mann heute noch eine Lebenszeit von durchschnittlich 21 Jahren vor sich. Eine gleichaltrige Frau übertrifft diese rechnerische Aussicht um annähernd 4 Jahre. Da mit Ausnahme der ausländischen Bevölkerung die Zahl der lebend geborenen Babys die Zahl der Verstorbenen in der Gesamtpopulation nicht auszugleichen vermag, geht die Gesamtbevölkerungszahl insgesamt zurück. Die durchschnittlich bestandserhaltende Kinderzahl von 2,1 Kindern je Frau wird mit 1,36 augenblicklich deutlich unterschritten. Der Schrumpfungsprozess entspricht für die nächsten Jahrzehnte in seiner Größenordnung einer Entvölkerung von rund einem Dutzend deutscher Großstädte.

Auch wenn man die so genannten Fortschreibungsfehler in den amtlichen Statistiken bedenkt (vgl. Scholz & Jdanov, 2008), die zu einer unzulänglichen Überschätzung Hochaltriger beitragen, so ist dennoch festzuhalten, dass die

Gruppe der über 80jährigen das am schnellsten wachsende Alterssegment bildet. Unter der Annahme einer weitgehenden Konstanz der äußeren Rahmenbedingungen wird sich die Überalterung der Gesellschaft in den nächsten Jahrzehnten weiter fortsetzen. Diese in Deutschland zu beobachtbaren Bevölkerungstrends finden sich auch in anderen Industrienationen. Ein großer Teil der Schwellenländer zeigt einen zwar verzögerten aber gleichartigen Verlauf. Dagegen zeichnen sich in vielen Entwicklungsländern Trends ab, die auf eine deutlich rasantere Altersverschiebung hindeuten. In einigen Staaten vollzieht sich dieser Wandel rund viermal schneller als in Westeuropa. Dies trägt dazu bei, dass nach Prognosen der Vereinten Nationen bereits bis zum Jahr 2030 rund Dreiviertel aller älteren Menschen in Entwicklungsländern beheimatet sein werden (vgl. UN, 2002). Bis zur Mitte dieses Jahrhunderts werden auf unserem Globus erstmals in der Menschheitsgeschichte die Zahl älterer Menschen die Zahl jüngerer Menschen übertreffen (vgl. The World Factbook, 2012). Altern macht insofern nicht an nationalen Grenzen halt und stellt eine weltweit und historisch bislang noch nicht da gewesene Strukturveränderung dar, die mit vielfältigen neuen Anforderungen für die Weltgemeinschaft verknüpft ist (vgl. Pohlmann, 2002). Vor diesem Hintergrund wurde im April 2002 auf der zweiten Weltversammlung zu Fragen des Alterns durch die Vereinten Nationen ein so genannter *Weltaltenplan* verabschiedet. Der Hauptteil des Dokuments geht unmittelbar auf die zentralen Querschnittsthemen des gesellschaftlichen Alterns ein. In drei Hauptkapiteln spricht der neue Weltaltenplan die Bereiche a) zukünftige Entwicklung b) Verbesserung von Gesundheit und Wohlbefinden im Alter sowie c) Schaffung geeigneter Rahmenbedingungen für ältere Menschen an. Durch die Formulierung von *Problemstellungen, Zielen* und möglichen *Aktionen* werden sozialpolitische Handlungsfelder aufgezeigt und nach einem festen Muster aufgearbeitet. Zu den zentralen Themen des neuen Weltaltenplans gehört die Verbesserung der Lebenssituation insbesondere älterer Menschen durch Armutsbekämpfung, gesellschaftspolitische Partizipation, individuelle Selbstverwirklichung, Einhaltung von Menschenrechten und Gleichstellung von Männern und Frauen. Gleichzeitig werden aus einer globalen Perspektive heraus nachhaltige Anpassungen in den Bereichen der intergenerationellen Solidarität, Beschäftigung, sozialen Sicherung und in den Bereichen Gesundheit und Wohlbefinden gefordert.

Die Berücksichtigung und korrekte Interpretation statistischer Daten überfordert den Laien oftmals. Studien zur subjektiven Wahrnehmung des demografischen Wandels (Pohlmann, 2010a, 2004) lassen aber darauf schließen, dass die Alterung der Gesellschaft als zentrale gesellschaftspolitische Herausforderung auch jenseits der Fachdiskurse zur Kenntnis genommen wird. Diese wahrgenommenen Veränderungen gehen mit Verunsicherungen einher. Während weltweite Veränderungen eher unterschätzt werden, zeichnen sich für die eigene Region eher Überschätzungen einer Überalterung ab. Die vorgefundenen Verzerrungen in den Einschätzungen der Probanden weisen darauf hin, dass Informationen zum demografischen Wandel deutlich stärker als in der Vergangenheit anspruchsvoll und adressatenspezifisch aufzubereiten sind. Noch fehlt es entweder an ausreichend differenzierten Darstellungen oder an der Verfügbarkeit entsprechender Informationen. Als besonders schwierig erscheinen der Umgang mit absoluten Zahlen und die Herstellung eines geeigneten Referenzrahmens im Sinne von Basisraten und Bezugsgrößen.

Das Altern der Gesellschaft wirkt sich vor dem Hintergrund der obigen Ausführungen subjektiv und objektiv in vielfältiger Weise auf unser Leben aus. Verschärft wird das allgegenwärtige Altern durch die Interaktion mit anderen gesellschaftspolitischen Herausforderungen des 21. Jahrhunderts. Dazu gehört der *epidemiologische Wandel*, der sich auf Umwälzungen in der Verbreitung von Erkrankungen im Alter bezieht, soziale Veränderungen, die sich unter anderem in familiären Strukturänderungen niederschlagen und Veränderungen in der häuslichen Versorgung nach sich ziehen. *Technologische Veränderungen* bringen innovative Assistenzsysteme und neue Anwenderkompetenzen für ältere Benutzer mit sich. Und schließlich der *globale Wandel*, der mit Wendepunkten in der Umwelt-, Finanz- oder Sicherheitspolitik einhergeht, die ältere Bürgerinnen und Bürger in besonderer Weise betreffen. Die Auswirkungen der Globalisierung auf die Weltwirtschaft und die damit verbundenen Folgen für den nationalen Arbeitsmarkt (vgl. Deutscher Bundestag, 2002) sind zunehmend auf ihre Konsequenzen für ältere Menschen hin zu berücksichtigen. Daneben hat die Bedrohung des weltweiten Klimaschutzes (vgl. Ott & Oberthür, 2000) insbesondere für gefährdete Bevölkerungsgruppen wie etwa chronisch kranke alte Menschen an Brisanz gewonnen.

All diese Veränderungen bringen eine Überprüfung bewährter Routinen in der Altershilfe mit sich, beanspruchen neue Herangehensweisen und kreieren neue Arbeitsfelder. Es braucht ein grundsätzliches Verständnis darüber, dass nachhaltige Entscheidungen in der Altershilfe nur vor dem Hintergrund bestehender gesellschaftlicher Veränderungen gefällt werden können. Neben den qualitativen Anpassungen sind auch quantitative Erweiterungen der Angebote dringend geboten. Sei es in der Familien-, Behinderten- Gesundheits- oder Familienhilfe – überall treten vermehrt Ältere prominent in Erscheinung. In Gebieten, in denen bislang nur eine Kohorte in den Blick genommen worden ist, zeigt sich, dass generationenübergreifende Konzepte mehr und mehr gefragt sind. Dies macht sowohl alterssensible wie auch altersübergreifende Vorgehensweisen erforderlich. Dabei ist nicht nur das Alter der Kunden, sondern auch das der zunehmend freiwillig Tätigen zu berücksichtigen. Das Alter(n) wird aber auch jenseits der Sozial- und Gesundheitswissenschaften relevant. Überall wo Dienstleistungen oder Produkte für ältere Menschen nachgefragt werden, sind neue Entwicklungen auf dem Arbeitsmarkt angezeigt. Allerdings stecken viele Berufssparten noch in den Anfängen einer systematischen Berücksichtigung neuer Anwender, Verbraucher und Kunden. Entweder haben Entscheidungsträger in den verschiedenen Wirtschaftsbereichen noch nicht verstanden, dass sie es mit neuen Zielgruppen zu tun haben, oder es fehlt ihnen an soliden Informationen, um die Bedarfe älterer Menschen abzudecken. Die nachfolgenden Kapitel in diesem Band sollen deshalb modellhaft herausarbeiten, wie durch Forschungsarbeiten Informationsdefizite über Wünsche und Bedürfnisse älterer Menschen beseitigt und wie durch praktisches Tun Vorbilder für die Praxis entstehen können, um dem wachsenden Druck des Alter(n)s durch mustergültige Lösungsansätze begegnen zu können.

1.2 Altern ist planbar

Demografische Entwicklungen gelten trotz gewisser Prognoseunschärfen als relativ akkurat. Betrachtet man die Vorhersagen der letzten 25 Jahre, so wird deutlich, dass die dort beschriebenen Trends tatsächlich weitgehend eingetreten sind (vgl. Pohlmann, 2004). Damit werden seriöse statistische Vorhersagen der Bevölkerungsentwicklung zu einem wichtigen Planungsinstrument auf individueller wie auf gesellschaftlicher Ebene. Für jeden Einzelnen ist dieses demografische Wissen mit der Verantwortung verbunden, für das eigene Alter geeignete Vorsorgemaßnahmen zu treffen. Persönliche Zukunftsplanungen dürfen insofern nicht mit der Berentung oder dem Auszug erwachsener Kinder enden. Stattdessen hält das höhere Erwachsenenalter noch vielfältige Chancen bereit, die es zu nutzen gilt. Gleichzeitig zeichnen sich Risiken und Gefahrenpotenziale ab, die unter Berücksichtigung der jeweiligen Biografien vorbeugende Maßnahmen erforderlich machen. Je offensiver es gelingt, diese Möglichkeiten auszuloten und an veränderte Lebensbedingungen anzupassen, umso eher kann ein erfolgreiches Altern glücken.

Neben individuellen Anstrengungen, das eigene Altern so gut wie möglich auszugestalten, bedarf es auch gesellschaftlicher Bemühungen, die erforderlichen Rahmenbedingungen schaffen. Dabei müssen Gesundheits- und Sozialsysteme so ausgestaltet werden, dass sie für eine alternde Gesellschaft hinreichend gewappnet sind. Vor allem Sozialverwaltungsbehörden sowie freie und privatgewerbliche Träger stehen vor der Notwendigkeit, altengerechte Maßnahmen umzusetzen, ohne die Bedarfe anderer Zielgruppen aus den Augen zu verlieren. Grundsätzlich stellt sich die Frage, wie in größeren Institutionen beschränkte

Ressourcen auf unterschiedliche Zielgruppen angemessen zu verteilen sind. Diese Zuordnung von sozialen Leistungen bildet den Kern der Sozialplanung. Sie zielt insgesamt auf eine Besserstellung benachteiligter Gruppen und eine Angleichung von Lebenschancen sowie auf eine Optimierung von Lebensbedingungen der Bürgerinnen und Bürger ab (Pohlmann, 2011). Die *Altenhilfeplanung* stellt ihrerseits ein Teilsegment der Sozialplanung dar. Die gebiets- und zielgruppenbezogene Entwicklung von Hilfsangeboten konzentriert sich ganz bewusst auf ältere Menschen. Sie verbindet als Schnittstelle Stadt-, Gemeinde- und/oder Quartierplanung und weist eine enge Verknüpfung mit der Gemeinwesenarbeit und dem Sozialmanagement auf.

Die Altenhilfeplanung folgt einem festen Schema. Im Rahmen von Bestandsanalysen wird in einem ersten Arbeitsschritt die regionale Ausgangssituation vorgegebener Einzugsgebiete geprüft. Dazu gehören Hilfsangebote in der offenen, ambulanten und teilstationären Altenhilfe sowie spezielle Leistungen bezogen auf Wohnformen im Alter, gerontopsychiatrische Angebote sowie Sterbebegleitung und Palliativversorgung. Als Ergebnis wird der Bruttobedarf ermittelt, der die gewünschten Leistungen der Altershilfe offenlegt. Daraufhin folgt ein Abgleich zwischen Bruttobedarf auf der einen und realem Bestand auf der anderen Seite. Aus dieser Bestandsbewertung lässt sich der Nettobedarf ableiten, aus dem hervorgeht, ob und in welchem Umfang die vorgehaltenen Leistungen die eigentlichen Bedarfe abdecken. Erst dann kann eine konkrete Konzeptplanung erfolgen, die gegebenenfalls mit einer Neuverteilung bestehender Ressourcen verbunden ist. Die Programmumsetzung umfasst schließlich die Realisierung konkreter Dienstleistungen und Produkte. Die eingesetzten Maßnahmen verstehen sich als Gesamtpaket expliziter oder auch unterschwelliger gesellschaftspolitischer Zielvorstellungen des Alter(n)s.

In der Altenhilfeplanung geht es bislang noch vorwiegend um die Unterstützung hilfsbedürftiger Älterer und noch zu wenig um die Nutzung der Kompetenzen aus dieser Gruppe (vgl. Bäcker, Bispinck, Hofemann & Naegele, 2000). Die im zweiten Teil vorgestellten Befunde zeigen auf, wie es durch angewandte Forschung gelingen kann, Antworten auf drängende Fragen der Praxis zu geben. Darüber hinaus machen sie deutlich, wie sehr es noch in vielen Bereichen an Fakten und robusten Zahlen fehlt, um sozialplanerisch tätig werden zu können oder um konkrete Dienstleistungen in den verschiedenen Handlungsfeldern faktisch zu verbessern.

Besonders die mit dem Wohnen im Alter befassten Kapitel sechs und sieben veranschaulichen, dass persönliche und trägerbezogene Maßnahmen Hand in Hand gehen können. Selbstinitiierte Wohnformen und der Erhalt der vertrauten Wohnumgebung brauchen neben individuellen Entscheidungen und Handlungen auch Rahmenbedingungen zur Aufrechterhaltung von Autonomie und Teilhabe im Alter. Damit Kommunen und Organisationen der Altershilfe auf Bedarf im Alter reagieren können, sind daher auch aktive Bedarfsmeldungen durch älter werdende Menschen unverzichtbar. Die Kapitel acht und neun verweisen in diesem Zusammenhang anschaulich, wie Groß- und Kleinstädte mit altbekannten aber auch mit neu entdeckten Erfordernissen einer alternden Gesellschaft konstruktiv umgehen können.

Abbildung 1: Perspektiven einer optimalen Planung des Alterns

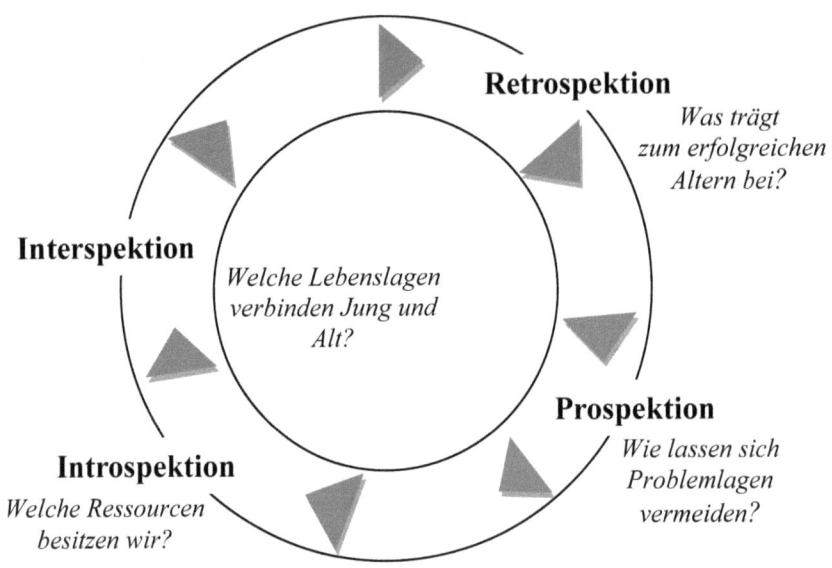

Die Verpflichtung zur aktiven Planung des Alterns geht über eine vorausschauende Lebensgestaltung hinaus. Abbildung 1 verdeutlicht, dass an dieser Stelle ein multidimensionales Planungsverständnis erforderlich ist. Neben der in der Altershilfe für gewöhnlich dominierenden prospektiven Perspektive, die sich darauf bezieht, wie Problemlagen zu vermeiden sind, wird gerade durch den Blick zurück deutlich, welche Ereignisse im Lebenslauf oder im Maßnahmenbündel eines Altenhilfeträgers sich als besonders gewinnbringend und welche als destruktiv erwiesen haben. Diese Form der Retrospektion bildet eine wichtige Grundlage für ein erfolgreiches Altern. Alt zu sein ist stets mit einer biografischen Geschichte verbunden. Die Kinder von heute sind die Alten von morgen. Maßnahmen der Sozialen Arbeit müssen sich an der individuellen Entwicklung orientieren. Erst wenn man weiß, mit wem man es zu tun hat, können auch maßgeschneiderte Hilfen greifen. Dies erklärt, warum Biografiearbeit in den letzten Jahren derart an Popularität gewonnen hat (vgl. Ruhe, 2007). Sie verdeutlicht, dass Menschen eine Lebensgeschichte mitbringen, die sie einzigartig macht und nach passgenauen Hilfen verlangt.

Obwohl sich alternde Menschen nach außen hin hinsichtlich ihrer Bedürfnisse gleichen mögen, können sie doch sehr unterschiedliche Bedarfe und Wünsche aufweisen und zudem ganz verschiedene Optionen des aktiven Gestaltens mitbringen. Maßnahmen von außen bedürfen insofern auch stets der internen Prüfung. Erst durch die Introspektion, die durch Beratungsmaßnahmen gefördert werden kann, lässt sich genau klären, was der Einzelne an Hilfen benötigt und was eine Person seinerseits an Unterstützung für andere bieten kann. Schlussendlich bedarf es einer Interspektion, die dazu beiträgt, die gemeinsamen Interessen von Jung und Alt zu eruieren. Erst durch diese Dimension lässt sich das Motto der Vereinten Nationen, die *eine Gesellschaft aller Generationen* propagiert, tatsächlich umsetzen. In diesem Zusammenhang ist sicherzustellen, dass sich Entscheidungen für eine Altersgruppe nicht automatisch gegen eine andere richten und dass persönliche Entscheidungen auch hinsichtlich ihrer Auswirkungen auf das jeweilige Umfeld hinterfragt werden.

1.3 Altern ist veränderbar

Weder Altern noch Sterben und Tod lassen sich durch die Erkenntnisse der Gerontologie beseitigen. Es geht in der Alterswissenschaft aber auch nicht darum, Altern und alt sein zu verhindern, sondern vielmehr darum, das höhere Lebensalter soweit wie möglich lebenswert auszugestalten. Aus diesem Grund weisen Entwicklungen des so genannten *Anti-Ageings* in eine gänzlich falsche Richtung. Sie gaukeln uns vor, dass durch Kosmetika, Arzneimittel, Vitaminpräparate oder invasive Eingriffe der plastischen Chirurgie die Jugend konserviert werden muss. Es gilt das Credo: „Niemand soll mehr alt aussehen". Tatsächlich wird diese Auffassung von einer breiten Mehrheit der Bevölkerung geteilt. Wie anders ließe sich erklären, dass weltweit weit mehr Geld für die Retuschierung von Falten als für die Heilung von Demenz aufgewendet wird. An dieser Stelle erweist sich der Leitsatz von Lucius Annaeus *Seneca*, dem römischen Philosophen und Staatsmann, als besonders zutreffend. Er hat darauf verwiesen, dass wir Herausforderungen nicht deshalb bearbeiten, weil sie so schwer sind. Sie sind so schwer, weil wir sie nicht bearbeiten. Nicht die Flucht vor dem Alter, sondern die Akzeptanz des Alterns erweist sich in diesem Sinne als ausreichend mutig, um die damit verbundenen Gestaltungsaufgaben zu bewältigen. Wer aber der Werbepropaganda Glauben schenkt, die erfolgreiches Altern auf den Erhalt einer jugendlichen Fassade reduziert, beteiligt sich an der Ausgrenzung alter Menschen, die diesem Bild nicht mehr entsprechen. In Würde zu altern bedeutet letztlich ein Geschenk. Um dies zu verstehen, muss man erkennen, dass Beeinträchtigungen und Verluste nicht ursächlich auf das Alter zurückzuführen sind.

Im Alter treten Störungen und Verluste vereinzelt und schleichend, aber auch sehr plötzlich und massiv auf. Kritische Lebensereignisse wie der Tod oder die Trennung von nahen Angehörigen, die schwerwiegende Diagnose einer fortschreitenden Erkrankung, ein Unfall oder gravierende körperliche Beeinträchtigungen können zu einem Verlust von Lebenssinn beitragen. Das höhere Lebensalter stellt in diesem Zusammenhang indes keine Ursache, sondern lediglich eine erhöhte Wahrscheinlichkeit für bestimmte Problembereiche dar. Ganz unbestreitbar lassen sich im höheren Lebensalter eine ganze Reihe physiologischer Veränderungen nachweisen, die eine abnehmende Vitalkapazität des gesamten Organismus mit sich bringen können. Begründet aber deshalb das Alter eine Krankheit? Die überzufällige Häufungen bestimmter Krankheitsbilder werden selbstverständlich nicht durch einen Geburtstag ausgelöst. Die nachlassende körperliche Leistungsfähigkeit ist vielmehr auf Veränderungen der inneren und äußeren Organe, des Skeletts und der Leitungssysteme zurückzuführen, die mal früher mal später oder auch gar nicht im Verlauf des individuellen Lebens zustande kommen (vgl. Kuhlmey & Schaeffer, 2008). Da nach bisheriger Kenntnis kein genetisches Programm existiert, das mit einer einheitlichen Alterung des menschlichen Organismus und seiner physischen Funktionen einhergeht, besteht zwischen Alter und Krankheit damit allenfalls ein konditionaler Zusammenhang (vgl. Pohlmann, 2011). Psychosoziale Veränderungen werden zudem eher durch die *Lebenslage* als durch das Alter hervorgerufen. Das Konzept wurde in den 1970er Jahren innerhalb der soziologischen Armutsforschung geprägt. Besonders hervorzuheben sind hier die Pionierarbeiten von Otto Neurath (1981) zur empirischen Soziologie. Aussagen zur Lebenslage dienen dazu, materielle und immaterielle Lebensverhältnisse von Personengruppen zu beschreiben und zu erklären sowie weitere Entwicklungen vorherzusagen. Hier hat sich gezeigt, dass durch ganz bestimmte Lebensbedingungen soziale Positionen geprägt werden. Macht, Einfluss, Wohlstand sowie allgemeine Wohn- und Lebensbedingungen bilden das Ergebnis sozialer Lebenslagen. Das Alter allein definiert noch keine soziale Lage. Vielmehr sind andere Merkmale einzubeziehen, die in Verbindung mit dem Alter die soziale Lage determinieren und damit eine soziale Ungleichheit verursachen. Die Kapitel drei und vier bieten Beispiele für Lebenslagen, die neue Konzepte in der Altershilfe verlangen.

Gesundheitsrisiken, Verringerung der Lebenserwartung, ökonomische, rechtliche und soziale Benachteiligung und Ausgrenzung finden sich gerade in Verbindung mit anderen demografischen Merkmalen wie beispielsweise Geschlecht, Bildungsgrad, Einkommen oder Ethnie (vgl. Tippelt, 2002). Schon vor rund fünfzig Jahren ist auf den *sozialen Gradienten* gesundheitlicher Lebenschancen hingewiesen worden (vgl. Cornia & Pannacia, 2000). Das heißt, dass die Gesundheit eines Menschen gerade im Alter von seinem sozialen Status abhängt. So beträgt der Unterschied der durchschnittlichen Lebenserwartung zwischen Männern im obersten und im untersten Einkommensfünftel rund zehn Jahre. Die Mortalität von Personen ist damit nicht allein auf Dispositionen zurückzuführen. Sie ist auch das Ergebnis von Umwelt-, Wirtschafts- und Sozialpolitik, die wiederum das Gesundheitsverhalten von Personen moderieren. Hinzu kommen ästhetische, kulturelle und soziale Normen, die für bestimmte Gruppen die Chancen auf Teilhabe und Gleichberechtigung beschränken. Das Wissen um diese Systematiken einer sozialen Ungleichheit macht ein frühes und wirksames Eingreifen der Altershilfe vordringlich. Sie sollte zu einem Verständnis beitragen, dass das höhere Lebensalter eine lebenswerte Lebensphase darstellt, die zwar nicht frei von Risiken und Problemlagen ist, gleichwohl Gestaltungsspielräume lässt. Diese Spielräume bestehen darin, positive Entwicklungen zu maximieren, Gefährdungen zu minimieren, Beeinträchtigungen abzumildern und Verantwortung für das eigene Leben zu übernehmen.

Bis in das hohe Alter verfügen Menschen über erstaunliche kognitive Entwicklungskapazitäten. Diese latenten Ressourcen werden aber nicht immer abgerufen. Das zugrundeliegende Wachstumspotenzial lässt sich erst durch optimale Trainingsmaßnahmen und Hilfestellungen aktivieren und ausschöpfen. Diese Leistungsreserven bezeichnet man als *Plastizität*. Da alte Menschen vielfältige latente Reserven besitzen, sind durch fördernde Unterstützungsmaßnahmen deutliche Leistungsgewinne zu erzielen. Das wird durch viele Untersuchungen belegt, die bestätigen, dass Menschen bis ins hohe Alter kognitive Fähigkeiten ausbauen können, solange diese geübt und nicht durch Krankheiten beeinträchtigt werden (vgl. Martin & Kliegel, 2008). Das maximale Leistungsniveau einer älteren Person wird nur dann erreicht, wenn sie in einer hinreichend stimulierenden und damit herausfordernden Umwelt lebt oder eine ausreichend hohe intrinsische Leistungsmotivation aufweist (vgl. Willis, Schaie & Martin, 2009). Von daher unterscheiden sich Senioren in dem Ausmaß, in dem sie ihre Potenziale ausschöpfen.

Darüber hinaus haben kognitive Lerntheorien dazu beigetragen, die subjektive Wahrnehmung als maßgeblichen Faktor im Alterungsprozess zu verstehen. Sie fungiert als Verstärkung oder auch als Barriere für die Plastizität. Veränderungen der Leistungsfähigkeit im Sinne einer stärkeren Aktivierung von Ressourcen kommen zum Tragen, sobald die Notwendigkeit dafür erkannt wird und gleichzeitig ein förderlicher Rahmen besteht. Leistungsverbesserungen können daher durch psychosoziale Beratungsangebote für ältere Menschen erleichtert und unterstützt werden, die genau diese Faktoren einbeziehen. Wie dies gelingen kann, wird in Kapitel dreizehn skizziert.

Positive Effekte der Plastizität sind nicht im Sinne einer volkswirtschaftlichen Produktivität oder im intergenerativen Wettbewerb zu interpretieren. Im Vordergrund sollte indessen die Aufrechterhaltung oder Steigerung der Lebensqualität stehen. Die Kapitel zwei und drei betonen die Bedeutung dieses Konstrukts und zeigen wie dieses operationalisiert und für die Altershilfe als Leitlinie unmittelbar nutzbar gemacht werden kann. Durch die Kenntnis prototypischer Lebenslaufphasen oder kritischer Einzelereignisse, die auf dramatische Weise in den Verlauf des Lebens eines Menschen einwirken, besteht die Möglichkeit, negative Auswirkungen derartiger Episoden bereits im Vorfeld abzuschwächen. Das Wissen um klassische Umbrüche und Entwicklungsanforderungen erlaubt eine zunehmend präventive Herangehensweise und macht deutlich, dass ein gelingendes Alter bereits in frühen Lebensphasen erschwert oder erleichtert werden kann.

1.4 Altern ist optimierbar

Obwohl das Alter durchaus Schicksalsschläge bereithält, haben die obigen Ausführungen verdeutlicht, dass das Altern selbst dann nicht schicksalhaft verläuft, wenn sich vorgefasste Pläne nicht erfüllen. Die bereits angesprochene Veränderlichkeit von Alterungsprozessen stellt eine wissenschaftlich gut begründbare Gegenposition zur Annahme eines deterministisch ablaufenden Alterns dar. In der Altershilfe geht es aber vor allem um die Richtung von Veränderungen des Alterns. Gewünscht sind hierbei möglichst positive Entwicklungen sowie Korrekturen von auftretenden Benachteiligungen und Problemlagen. Aus dem Bereich der Entwicklungspsychologie des Kinder- und Jugendalters kennen wir seit geraumer Zeit das Konzept der *Resilienz* (vgl. Garmezy, 1991). Diese Eigenschaft umfasst die Widerstandsfähigkeit eines Menschen, trotz eintretender Beeinträchtigungen und Verluste ein normales Funktionsniveau aufrecht zu erhalten oder wiederherzustellen. Die Resilienzforschung konzentrierte sich anfänglich auf die Frage, wie es Kindern gelingt, in schwierigen Umständen nicht zu zerbrechen, sondern das Leben entgegen vieler Widrigkeiten gut zu bewältigen (vgl. Werner, 1986). Seit einigen Jahren wird das dazu nötige Bündel an Fähigkeiten auch älteren Menschen unterstellt (vgl. Staudinger & Greve, 2001). Tatsächlich versetzt ein mitunter äußerst effizientes Risikomanagement ältere Menschen in die Lage, bestehende Widrigkeiten zu meistern. Unterscheiden lässt sich die positive, gesunde Entwicklung trotz *permanentem Risikostatus*, die beständige Kompetenz unter extremen *temporären Stressbedingungen* sowie die positive beziehungsweise *schnelle Erholung* von Beeinträchtigungen. Negative Entwicklungen oder Rückschläge werden durch den Einsatz protektiver Faktoren gemeistert. Da die Wahrscheinlichkeit für das Auftreten aversiver Problemlagen mit fortschreitendem Lebensalter steigt, ist der Bedarf zur Wiederherstellung und zum Erhalt von Kompetenzen außerordentlich hoch (vgl. Carver, 1998). Resilienz bildet demzufolge eine Voraussetzung für Plastizität und spiegelt das dynamische Wechselverhältnis zwischen Schutz- und Risikofaktoren wider. Als *personale* Resilienzeigenschaften werden in der Literatur unterschiedliche Faktoren herangezogen. Fröhlich-Gildhoff und Rönnau-Böse (2009, S. 42) nennen Selbst- und Fremdwahrnehmung, Emotionsregulation, Selbstwirksamkeit, Kontrollüberzeugungen, Soziale Kompetenz, Umgang mit Stress und Problemlösen. Hinzu kommen verschiedene *soziale* Resilienzfaktoren. Dazu zählen beispielsweise verlässliche Bezugspersonen, sicheres Bindungsmuster, positive Rollenmodelle, Zusammenhalt in der Familie, angenehmes Wohnklima, positive Freundschaftsbeziehungen, religiöser Glaube und sinngebende Hobbies.

Wer darüber hinaus wissen will, wie genau resilientes Verhalten in Anbetracht widriger Umstände realisiert werden kann, erhält Antworten in verschiedenen Alterstheorien (dazu ausführlich Pohlmann, 2011). Bewährt hat sich das von Paul und Margret Baltes (1990) entwickelte *SOK-Modell*. Die drei Buchstaben stehen für *Selektion*, *Optimierung* und *Kompensation*. Das Zusammenspiel dieser übergeordneten Entwicklungsprozesse spielt nach diesem Modell eine herausragende Rolle. Erfolgreiche Entwicklung definiert sich als Maximierung von Gewinnen und Minimierung von Verlusten. Da der Lebensverlauf in hohem Maße durch biologische und soziale Kräfte beeinträchtigt werden kann, braucht es gesonderte Ausgleichstrategien. Obwohl biologische Entwicklungs- und Kapazitätsreserven zurückgehen, wird auf diese Weise ein selbstwirksames Leben gewährleistet. Die Auswahl von Gestaltungsbereichen, die Verfeinerung und der Neuerwerb von Ressourcen sowie die ausgleichende Reaktion auf Verluste tragen zu einer nachhaltigen Erhaltung von Kompetenzen bei. Nach Ansicht von Baltes und Baltes lernen Menschen im Verlauf des Lebens ihre Situation durch gezielte Selektion von externen Bedingungen oder eigenen Fähigkeiten zu beeinflussen. Dies schließt auch ein implizites Wissen über Art und Form altersbedingter Ressourcenbeschränkungen ein. Innerhalb ausgewählter Bereiche lassen sich auf diese Weise die zur Verfügung stehenden Fähig- und Fertigkeiten nach individuellen Maßstäben optimieren und gleichzeitig defizitäre Bereiche kompensieren. Im Alltag finden sich vielfältige Anwendungsvarianten dieses Modells. Auch wenn diese Mechanismen nicht immer bewusst genutzt werden, greifen im Bedarfsfall alle Altersgruppen auf diese Strategien zurück. Möglicherweise setzen ältere Personen die genannten Komponenten aber vermehrt und willkürlicher ein als jüngere Vergleichsgruppen. Resilient erscheint ein Verhalten immer dann, wenn trotz einer beschränkten Auswahl von Zielen und Mitteln eine Mobilisierung brachliegender Ressourcen möglich ist und damit Beeinträchtigungen ausgeglichen werden können.

Jutta Heckhausen und Richard Schulz (1995) haben ihrerseits ein Modell konzipiert, das auf zwei fundamentale Prozesse rekurriert: die *primäre* und *sekundäre Kontrolle*. Eine Entwicklungsregulation erfolgt innerhalb biologisch-soziologisch definierter Grenzen und geht von einem handelnden Individuum mit individuellen Kontrollpotenzialen aus. Es greifen zwei komplementär agierende Komponenten. Eine Optimierung der personalen Kontrollmöglichkeiten wird hierbei als Ergänzung zu den Strategien der Selektion und Kompensation gesehen. Gelingt einem Menschen die gewünschte Veränderung externer Gegebenheiten nach eigenen Wünschen und Bedürfnissen, sprechen wir von primärer Kontrolle. Sekundäre Kontrolle findet hingegen dann statt, wenn ein Mensch seine interne Repräsentation von Wünschen, Einstellungen und Überzeugungen ändert, um unveränderliche äußere Gegebenheiten in einem positiven Licht erscheinen zu lassen. In Abhängigkeit der jeweiligen Entwicklungsmöglichkeiten und -grenzen ist das Individuum bemüht, vorrangig die primäre Kontrolle zu erhalten und zu schützen. Nach und nach durchläuft ein Mensch aber zwangsläufig einen Veränderungsprozess, der biologische und soziale Ressourcen einzuschränken vermag. Altersbezogene Herausforderungen bestehen dann darin, diese Entwicklungsaufgaben innerhalb des Systems der primären und sekundären Kontrolle optimal auszuschöpfen. Sind interne Ressourcen begrenzt und auch bei Motivationssteigerungen nicht mehr zielführend einsetzbar, treten sekundäre Kontrollmechanismen verstärkt an ihre Stelle. Die Aktivierung brachliegender Potenziale und die Nutzung externer Ressourcen kommen dann verstärkt zum Einsatz.

Weitere Hinweise auf die Mechanismen der Resilienz finden sich im *Zwei-Prozess-Modell der Entwicklungsregulation* von Jochen Brandtstädter. Nach diesem Ansatz verfügen ältere Menschen vor allem über so genannte *akkommodative* Bewältigungsstrategien (vgl. Brandtstädter, 1999), um mit Verlusten und Einschränkungen im Alter produktiv umzugehen. Im Gegensatz zu einer *assimilativen* Strategie, in der eine Person durch aktives Handeln verändernd auf die Anforderungen der Umwelt einzugehen versucht, erreichen die Personen auf diesem Weg eine Anpassung der gesetzten Ziele an die zur Verfügung stehenden Kompetenzen. Treten Belastungen besonders massiv und geballt auf, stoßen ältere Menschen aufgrund begrenzter Reservekapazitäten bisweilen an ihre Grenzen. Herausforderungen erweisen sich dabei als eine zentrale Bedingung für die Weiterentwicklung und die Widerstandsfähigkeit (vgl. Staudinger & Greve, 2001). Zugute kommt älteren Menschen für resilientes Verhalten eine Reihe von bestimmte Fähig- und Fertigkeiten. Nach dem Ausscheiden aus dem Berufsleben verfügen ältere Menschen in vielen Fällen nach wie vor über ein profundes Expertenwissen und effiziente Handlungsstrategien in Bezug auf ihren Arbeitsbereich. Sie besitzen ein *faktisches* Wissen und ein *strategisches* Wissen, das die Kenntnisse von verbleibenden Mitarbeitern übertreffen kann. Dieses Wissen bildet eine Grundlage für den Überblick über ein Handlungsfeld und die damit verbundenen Arbeitsabläufe. Ältere Menschen sind das Gedächtnis eines Unternehmens und ein Garant für Kontinuität (vgl. DZA, 2006a). Nach Einschätzung von Sertoglu und Berkowitch (2002) bietet die verstärkte Einbeziehung ehemaliger Beschäftigter aus diesem Grund einen bislang unterschätzten Wettbewerbsvorteil. Die Autoren gehen davon aus, dass die 500 größten Firmen der USA durch die Wiedereinstellung von Ex-Mitarbeitern jeweils durchschnittlich zwölf Millionen Dollar im Jahr einsparen könnten. Darüber hinaus wird von einer hohen Loyalität und Motivation erneut eingebundener Ruheständler ausgegangen. Auch langjährige Familienarbeit führt zu einem Erfahrungsvorsprung. Voraussetzung für die Nutzung über lange Jahre erworbener Fachkenntnisse und methodischer Kompetenzen ist die Bereitschaft, auch neue Technologien und Erkenntnisse in vorhandene Wissensstrukturen zu integrieren (vgl. DZA, 2006b).

Besondere Stärken der Älteren liegen zudem in ihrem allgemeinen *Erfahrungs-* und *Lebenswissen* (vgl. Kruse & Wahl, 2008; Backes & Kruse, 2008). Kreativität und Innovationsfähigkeit sind zudem kein Monopol der Jugend oder des mittleren Erwachsenenalters. Rosenmayer (2002) geht sogar davon aus, dass ältere Menschen weniger dem Zwang unterliegen, sich bestehenden Konventionen zu beugen und den aktuellen Mainstream zu bedienen. Im Alter kennen Senioren ihre Stärken und Schwächen besser als in jungen Jahren und teilen ihre Kräfte daraufhin sinnvoll ein. Sie besitzen Überblickswissen und können Zusammenhänge erkennen. Diese Kompetenzen müssen nicht unbedingt stärker ausgeprägt sein als bei jüngeren Menschen. Dass sich diese Kenntnisse im Lebenslauf erweitern, ist mit der Zunahme der persönlichen Lebenserfahrung und mit Ausbleiben pathologischer Interferenzen gleichwohl wahrscheinlich. Psychische Prozesse, Einstellungen, Werte sowie Wahrnehmungen und ihre Verknüpfungen werden durch das Alter in der Regel nicht wesentlich verändert. Dagegen nimmt mit zunehmendem Alter die *emotionale Intelligenz* einer Person tendenziell zu (vgl. Baltes, 1996; Baltes & Staudinger, 2000). Emotionale Intelligenz bezeichnet die Fähigkeit, Ursachen von Gefühlen einzuordnen und zu verstehen und Strategien zu finden, durch die sich affektive Konflikte vermeiden oder in ihren negativen Auswirkungen abmildern lassen. Ältere Menschen verfügen über kognitive, lebenspraktische, sozialkommunikative Kompetenzen, die sie befähigen, innerhalb unserer Gesellschaft ein mitverantwortliches Leben zu führen – zum Beispiel im Sinne des Engagements in der Kommune, im Verein, in der Nachbarschaft und in der eigenen Familie. Der dritte Teil innerhalb dieser Publikation verweist auf Praxisbeispiele, die dazu beitragen, die Potenziale der Älteren zu aktivieren. Sie dienen als Anreize für externe Unterstützungsleistungen für diejenigen, die im Alter bestimmter Hilfen bedürfen. Die Altershilfe verlangt eine ausgewogene Umsetzung von Maßnahmen, die ältere Menschen passgenau *fordern* und *fördern*. Vor allem dosierte Belastungen erweisen sich als effizientes Mittel um die Weiterentwicklung und Widerstandsfähigkeit von Senioren zu sichern.

1.5 Altern ist vielgestaltig

Das Alter hat in unserer Gesellschaft eine starke Bedeutung und erweist sich neben Geschlecht oder Ethnie als eine herausgehobene soziale Kategorie, mittels derer wir Menschen unterteilen (vgl. Crockett & Hummert, 1987). Bereits Kinder lernen, Menschen nach ihrem Alter zu unterscheiden. Auch wenn diese Zuordnungen nicht immer akkurat erscheinen, werden im Alltag sehr häufig Alterseinschätzungen vorgenommen, wenn wir Personen beschreiben wollen. Die Unterscheidung von Jung und Alt ist mit Konventionen, Erwartungen und Vorstellungen gegenüber den Vertretern dieser Gruppen verknüpft. Welcher Status mit dem Alter einhergeht, welche Interessen und Kompetenzen man dieser Gruppen zugesteht, lässt sich ganz entscheidend durch vorherrschende und weithin geteilte *Altersbilder* beeinflussen (vgl. Chappius, 1990). Entsprechend wurden schon früh die fatalen Auswirkungen eines ausschließlich negativen Altersbildes auf Erleben und Verhalten, Selbstbild und Kompetenz im Alter beschrieben (Butler, 1995). Dabei setzte sich die Auffassung durch, dass sich Menschen durch das von Altersbildern moderierte Verhalten anderer Personen überhaupt erst ihres Alters bewusst werden. Subtile Verstärkungen eines vermeintlich altersangemessenen Verhaltens und Zurückweisungen angeblich nicht mehr angemessener Aktivitäten werden als eigentliche Ursache der in negativen Altersstereotypen hervorgehobenen Verluste und Defizite herangezogen (vgl. Bell & Stanfield, 1973). Als Konsequenz hat man versucht, positive Altersbilder in der Öffentlichkeit zu verankern. Heute zeigt sich allerdings, dass ein solcher Ansatz allein nicht ausreicht (vgl. Rudinger, Kruse & Schmitt, 2000). Tatsächlich existieren, wie in anderen Lebensabschnitten auch, negative Aspekte und Merkmale des Alters, die auch zu Recht ein Altersbild mitbestimmen sollten. Zusätzlich können einseitig positiv ausgestaltete Altersbilder zu negativen Folgen führen. So führt eine starke Verbreitung und Nutzung ungerechtfertigt positiver Altersbilder zu einer potenziellen Überforderung älterer Menschen. Das wäre gerade für die Gruppe der Hochaltrigen prekär, die einen erhöhten Anspruch auf Unterstützung und Hilfe haben und verdienen. Eine Verdrängung realer Problembereiche des Alters bietet keine Lösung. Anzustreben sind in diesem Zusammenhang ergebnisoffene Einschätzungen, die flexibel für Veränderungen sind, sobald aufgrund unzureichender Informationen keine solide Grundlage für eine Beurteilung vorliegt. Erfreulicherweise hat das Alter keinen grundsätzlich schlechten Ruf. Neuere Untersuchungen zeigen sehr deutlich, dass positive und negative Merkmale gemeinsam zugrundeliegende Altersbilder konstituieren. Allerdings gelingt es offenbar nicht immer, von vorgefertigten Meinungen abzugehen und die Vielschichtigkeit des Alters zu begreifen.

Bislang sucht man vergebens nach einer konsensfähigen Altersbestimmung (vgl. Pohlmann, 2003b, 2004). Versuche einer einheitlichen Definition, die auf Fakten beruhen, scheitern für gewöhnlich an der Vielfalt des Alter(n)s. Gesellschaftliche Zuschreibung und subjektive Deutungen bestimmen auf dynamische Weise, wer ab wann als alt zu gelten hat. Alterskategorisierungen sind in starkem Maße kontextabhängig und führen je nach Bezugsgröße zu sehr unterschiedlichen Schlussfolgerungen. Eine Beschränkung auf das *chronologische* oder *kalendarische Alter* birgt die Gefahr, die Heterogenität innerhalb gleicher Altersstufen zu vernachlässigen. In Abhängigkeit von individuellen Dispositionen sowie sozialen, historischen und kulturellen Umweltbedingungen können sich Personen im gleichen kalendarischen Alter erheblich unterscheiden. Der Grund ist offensichtlich. Das Alter stellt lediglich eine Trägervariable dar, die als Begleiterscheinung von Entwicklungsveränderungen agiert (vgl. Kebeck, Cieler, Pohlmann, 1997). Dabei werden Abweichungen zwischen Personen des gleichen Alters sowie die Interaktion wirksamer Einflussfaktoren außer Acht gelassen. Zu begründen ist die relativ einfache Bezugnahme auf das kalendarische Alter nur dann, wenn sie empirisch begründbar ist und die Unterschiede zwischen gewählten Altersgruppen hinsichtlich eines zu untersuchenden Phänomens größer ausfallen als innerhalb einer Altersgruppe. Dies lässt eine Unterscheidung in verschiedene Kohorten zu. Durchgesetzt haben sich Unterscheidungen zwischen den jungen Alten zwischen 60 und 80 Jahren, den Hochaltrigen zwischen 80 und 100 Jahren und den über Hundertjährigen. Auch Eingedenk der großen Heterogenität des Alters stellen sich im Durchschnitt für diese Gruppierungen unterschiedlich akzentuierte soziale Fragen.

Das *biologische Alter* beruft sich auf die Diagnose somatischer Veränderungen und dient als individueller Gradmesser des körperlichen Zustands. Um Angaben über die Entwicklung des menschlichen Organismus und seine physischen Funktionen zu erhalten wächst das Interesse, Auskunft über die persönliche Körperbilanz zu erhalten. Welche Befunde allerdings für die Festlegung dieses biologischen Alters heranzuziehen sind, bleibt umstritten. Einzelne Organsysteme altern schneller als andere, und auch auf zellulärer und hormoneller Ebene bestehen innerhalb eines Organismus separat fortschreitende Altersprozesse.

Das *soziale Alter* bezieht sich auf gesellschaftliche Normierungen des Lebenslaufs. Kulturell geprägte Konventionen schreiben vor, ab wann sich eine Person alterskonform oder altersdiskonform verhält. Diese soziale Sicht kann sich in Abhängigkeit historischer Gegebenheiten oder auch meinungsbildender Prozesse innerhalb einer Gesellschaft verändern. Das soziale Alter wirkt sich erfahrungsgemäß auch auf die selbstbezogenen Urteile aus. Wenngleich sozial gesetzte Altersgrenzen mitunter willkürlich sind, haben sie sich in der gesellschaftlichen Wahrnehmung oftmals fest verankert und wirken auf das kalendarische Alter zurück. Eng verwoben mit dem sozialen Alter ist das *administrative Alter*, dass auf der Grundlage des Lebensalters bestimmte rechtliche Verordnungen und Vorschriften greifen lässt. Damit wird das Lebensalter zu einer verwaltungstechnisch relevanten Größe. Sie verbietet oder erlaubt klar definierten Altersgruppen den Zugang, den Nutzen oder die Kontrolle von Aufgaben und Vorrechten.

Und doch stellen gesellschaftliche Zuschreibungen nicht das alleinige Bestimmungsmerkmal für subjektive Bewertungsmuster dar, denn Altern ist stets ein individuell beurteilter Vorgang. Das *psychische Alter* ergibt sich demnach aus der Festlegung des eigenen gefühlten Alters. Dieser phänomenologisch orientierte Ansatz wird durch soziale oder biologische Faktoren moderiert, kann sich aber auch deutlich davon abgrenzen. Die Definition des psychischen Alters entspricht indessen keiner konstanten Größe. Bei der Beurteilung unseres eigenen Alters treten mitunter sogar sehr drastische Schwankungen auf. Sie beruhen auf der Tagesform, dem Lebensstil und den wechselhaften Umgebungsbedingungen.

Der von Pohlmann (2011, S. 110) eingeführte Begriff des *induzierten Alters* fasst all jene Umstände zusammen, die sich durch äußere Kräfte oder individuelle Verhaltensweisen auf das Alter auswirken. Umweltbedingungen wie Gesundheitsversorgung, soziale Unterstützung, Arbeitsanforderungen, Bildungschancen, ökologische Lebensbedingungen, Infektionsrisiko, kriegerische Auseinandersetzungen und ökonomische Sicherung beeinflussen den Alterungsprozess. Der Lebensraum einer Person kann den Alterungsprozess verlangsamen oder beschleunigen. Außerdem greift – wie bereits verdeutlicht – das individuelle Verhalten in den Alterungsprozess ein. Dies gilt insbesondere für dauerhaft problematische Lebensstile. Falsche Ernährung, Drogenkonsum, Alkoholabhängigkeit, unzureichende Bewegung, hohe körperliche und psychische Beanspruchung oder auch die Einnahme toxischer Substanzen bringen ein erhöhtes Erkrankungsrisiko mit sich. Damit trägt eine destruktive Lebensgestaltung im Sinne des sozialen und psychischen Alters dazu bei, dass wir auf uns selbst und andere verlebt und vorzeitig gealtert wirken.

Neben den hier beschriebenen Alterskategorien sind darüber hinaus weitere Definitionsmerkmale für das Alter denkbar. Bereits diese nicht völlig disjunkte Auswahl verdeutlicht, dass die Bestimmung des Alters unterschiedlichen Logiken folgt. Was dagegen konstant bleibt, ist der sinnvolle Umgang mit dem Alter. Toleranz und Verständnis bilden die Grundpfeiler für ein selbstbestimmtes und würdevolles Altern. Ein Mensch verwirkt nicht aufgrund seines Alters das Recht auf freie Meinungsentfaltung oder Lebensgestaltung. Die Akzeptanz gegenüber älteren Menschen, die sich auch entgegen bestimmter Schablonen verhalten, bildet einen zentralen Erfolgsgaranten für gelingendes Altern. Altersbilder dürfen kein Gestaltungskorsett bilden. Sie sollten vielmehr dazu dienen, die Beiträge der Älteren für Familie und Gesellschaft vor dem Hintergrund einer einzigartigen Biografie zu beurteilen. Ein erfolgreiches Alter spiegelt sich nicht allein am Engagement für andere wider, sondern dokumentiert sich darin, inwieweit es gelingt, persönliche Entwicklungschancen aufzugreifen und individuell zu nutzen. Dazu gehört im Alter auch der Umgang mit sozialen Verlusten, Krankheiten und Einschränkungen sowie Selbstsorge und Autonomie. Für die Umsetzung dieser Postulate werben die Kapitel zehn und elf.

1.6 Altern ist Zukunft

Ältere Menschen haben in der Vergangenheit und Gegenwart während ihrer Freizeit enorme Beiträge in den Feldern Soziales, Kultur, Gesundheit, Bildung und Politik geleistet. Nach Tews (1996) ist verfügbare Zeit eine ganz wesentliche Form der Altersproduktivität. Da sich zeitliche Vorgaben durch Familien und Erwerbsarbeit im Vergleich zu früheren Lebensphasen verringern, gelten ältere Menschen zunehmend als zentrale gesellschaftspolitische Kraft. Aner, Karl und Rosenmayer (2007) sprechen in diesem Zusammenhang von den *Rettern des Sozialen* und verweisen damit auf den hohen Erwartungsdruck, den man dieser Generation entgegen bringt. Zeitliche Ressourcen gehen demnach über die individuelle Produktivität zur Aufrechterhaltung einer selbständigen Lebensführung hinaus und machen vor allem den Bedarf für das Gemeinwohl deutlich. Ohne das private und bürgerschaftliche Engagement der Älteren wäre unsere Gesellschaft weder funktions- noch innovationsfähig. Die Effekte beschränken sich aber nicht nur auf geldwerte Leistungen. Unter anderem fließen die Schaffung sozialer Kontakte und die Vermittlung von Erfahrungen mit ein. Eine alternde Gesellschaft muss demzufolge schon aus eigennützigem Interesse Mittel und Wege finden, die Älteren zu einer verstärkten gesellschaftlichen Teilhabe zu bewegen – denn auf das Engagement der Älteren sind wir mehr denn je angewiesen. Dennoch wird das Engagements älterer Menschen nicht immer ausreichend gewürdigt (vgl. Staudinger & Greve, 2001). Wer Innovation, Fortschritt und Kreativität allein der Jugend zuschreibt, verkennt, welche Erfahrungen und Leistungen ältere Menschen mitbringen. Die ältere Generation fungiert nicht nur als Wissensspeicher, sie ist auch für die Aktivierung und Generierung neuer Einsichten unverzichtbar. Schon jetzt zeigen viele Beispiele den betrieblichen und gesellschaftlichen Nutzen, wenn Jung und Alt voneinander lernen (vgl. Pohlmann, 2003a). Der beachtliche volkswirtschaftliche Gewinn durch das bürgerschaftliche Engagement älterer Menschen und ihre Bereitschaft für weitere Freiwilligendienste wird allerdings weithin verkannt. Auch die Leistungskapazitäten älterer Menschen in der deutschen Wirtschaft bleiben vielfach unter den realen Möglichkeiten (vgl. Müller, 1995).

Will man vom Alter lernen, so muss man diese Erkenntnisse auch den Jüngeren zugänglich machen. Daher sind intergenerative Programme von vordringlichem Interesse. Der dritte Teil dieser Publikation verweist auf die verdienstvolle Arbeit in Informations-, Beratungs- und Vermittlungsstellen, die sich für die Beteiligungsmöglichkeiten älterer Menschen einsetzen. In einzelnen Praxissektionen der Altershilfe stehen damit erprobte Instrumente und verlässliche Methoden zur Verfügung. Dennoch mangelt es insgesamt noch an ausreichenden intergenerativen Anlaufstellen, die einen Austausch zwischen Jung und Alt anbahnen. Es fehlt an kontinuierlichen Kooperationen mit Verbänden, die gezielt mit jüngeren Personen arbeiten. Ein Transfer von langjährigen Erfahrungen und Strukturen aus den gut etablierten Arbeitsfeldern der Jugendarbeit kann sich mit anderen Altersgruppen überaus positiv auswirken. So bieten sich beispielsweise erlebnispädagogische Elemente aus der Jugendhilfe auch im Bereich der Altershilfe an. Konzepte aus der Altershilfe könnten stärker in die Behindertenhilfe eingehen und umgekehrt. Die Liste der Beispiele ließe sich beliebig weiter fortsetzen. Best Practice Modelle müssen jedoch auch auf neue Zielgruppen angepasst werden und können nicht blind übertragen werden. So zeigen sich Grenzen, wenn bestimmte Leitlinien und Konzepte unkritisch auf das höhere Lebensalter übertragen werden. Dies zeigen Erfahrungen aus der Erwachsenenbildung, der Suchthilfe oder auch der Resozialisierung Straffälliger.

Begehrlichkeiten wecken Senioren zunehmend in ihrer Eigenschaft als Konsumenten. Nach Erkenntnissen des Alterssurveys lebt die Mehrheit älterer Menschen unter weitgehend befriedigenden Einkommensbedingungen (vgl. Tesch-Römer, Engstler & Wurm, 2006). Angesichts der hohen Kaufkraft bestimmter Gruppen älterer Menschen stellt der so genannte *Seniorenmarkt* einen massiven Wachstumsmarkt für Europa dar (vgl. DZA, 2006c). Dies gilt nicht nur für den Gesundheitssektor, sondern auch für die Freizeit- und Tourismusbranche (vgl. Hilbert & Naegele, 2002). Mit der Erschließung dieses Marktsegments bietet sich eine zukunftsorientierte Entwicklung nur dann, wenn die Zielgruppe wirklich erreicht wird. Der jüngste Armuts- und Reichtumsbericht der Bundesregierung (2008a) macht allerdings deutlich, dass niedrige Alterseinkommen speziell bei Personengruppen zu beobachten sind, die Lücken in der Erwerbsbiografie aufweisen oder im Niedriglohnsektor tätig waren.

Auf der anderen Seite heißt es im Branchenreport der Unternehmensberatung BBE Retail Experts (2009), dass sich von 1995 bis 2008 das private Vermögen um rund 70 Prozent erhöht hat. Im gleichen Zeitraum verdoppelte sich nach dieser Studie das jährliche Erbschaftsvolumen. Wurden Mitte der neunziger Jahre noch rund 105 Milliarden Euro jährlich vererbt, so steigt nach Berechnungen der BBE die jährliche Erbschaftssumme im Jahr 2020 auf über 360 Milliarden Euro an. Die Alterung der Gesellschaft bedeutet wachsende Effizienz- und Qualitätsanforderungen an den sozialen und gesundheitlichen Dienstleistungssektor. Die Kaufkraft der älteren Menschen wird voraussichtlich einen beachtlichen Markt für diejenigen Produkte eröffnen, die eine erhöhte Lebensqualität im Alter mit sich bringen. Zudem ist davon auszugehen, dass im Bereich der Seniorenwirtschaft über die nächsten 15 Jahre zahlreiche neue Arbeitsplätze entstehen werden. Wie genau sich die Einkommenssituation älterer Menschen in Zukunft entwickelt, ist angesichts der gegenwärtigen weltweiten Wirtschaftslage derzeit hingegen kaum abzusehen.

Daneben geht es bei einem zukunftsfähigen Altern um den Aufbau und den Erhalt von Modellen, die eine gerechte Verteilung von Verlusten und Gewinnen in einer Gesellschaft erlauben und sich nicht auf monetäre Betrachtungsweisen beschränken lassen. Das Verhältnis von Lebenserleichterungen und Lebensbelastungen zukünftiger Generationen erhält durch aktuelle sozialpolitische Entscheidungen eine besondere Dramatik und rückt den Begriff der *Nachhaltigkeit* in ein neues Licht. Wenn wir unseren Kindern und Enkelkindern ein intaktes ökologisches, soziales und ökonomisches Gefüge hinterlassen wollen, sind wir auf einen Fortschritt angewiesen, der Umweltgesichtspunkte mit sozialen und wirtschaftlichen Gesichtspunkten langfristig in Einklang zu bringen weiß. Eine gerechte Verteilung von Lasten und Profiten sollte lebenslang gegeben sein. Altenpolitiker tun gut daran, diese Dimensionen zu berücksichtigen und Maßnahmen auf ihre Wirkung für nachwachsende Generationen hin zu überprüfen. Erst dann lässt sich die Breite gesellschaftlicher Stärken nutzbar machen. Zu berücksichtigen sind die elementaren Grundsätze der Gleichbehandlung und Gegenseitigkeit mit dem Ziel einer *Generationengerechtigkeit*. Sie umfasst die moralische Verantwortung gegenüber vergangenen und zukünftigen Generationen. Die Bewahrung von Chancen und adäquaten Lebensbedingungen steht stellvertretend für die Verpflichtung einer sozialverträglichen Verteilung von Lasten und Profiten in unserer Gesellschaft. Sie ist der Prüfstein für die Belastbarkeit und Funktionstüchtigkeit einer Gesellschaft. Die mit der Bevölkerungsentwicklung einhergehende Schieflage zwischen Beitragsempfängern und Beitragszahlern innerhalb des sozialen Sicherungssystems sorgt für erheblichen gesellschaftspolitischen Zündstoff. Das Bemühen, Verteilungsunterschiede zwischen und innerhalb von Generationen auszugleichen, setzt als ethisches Grundprinzip ein solidarisches Verständnis aller Beteiligten voraus.

Nach dem Muster der Gleichstellungsansätze in Geschlechterfragen benötigt eine alternde Gesellschaft damit ein *Age Mainstreaming* (Pohlmann, 2010b, S. 216). Gesellschaftspolitische Handlungsweisen sind danach zu beurteilen, ob sie dem individuellen und kollektiven Altern Rechnung tragen. Altersfragen in allen gesellschaftspolitischen Entscheidungen mit zu berücksichtigen ist das Gebot der Stunde. Neben der Bereitstellung bezahlbarer und qualitativ hochwertiger Infrastrukturen bei Problemlagen im Alter ist eine Unterstützung zugunsten einer stärkeren Einbindung des Erfahrungswissens Älterer unerlässlich. Damit die Vielfalt des Alters und Alterns Eingang in unser Denken, Entscheiden und Handeln findet, sind neue Sichtweisen notwendig, die Altersbilder, Rollen und Zuschreibungen auf ihre Berechtigung hin prüft und die Belange aller Altersgruppen gleichermaßen berücksichtigt. Es braucht ein differenziertes Verständnis über Stärken und Schwächen in verschiedenen Altersgruppen, das dazu beiträgt, Menschen unabhängig von ihrem Alter als gleichberechtigt anzusehen. Sämtliche in dieser Publikation vertretenen Autorinnen und Autoren unterstützen ausdrücklich diese Bemühungen.

Teil II: Fakten schaffen

„Die Endlosigkeit des wissenschaftlichen Ringens sorgt unablässig dafür, dass dem forschenden Menschengeist seine beiden edelsten Antriebe erhalten bleiben und immer wieder von neuem angefacht werden: die Begeisterung und die Ehrfurcht."

Max Planck, deutscher Physiker
* 23. April 1858; † 4. Oktober 1947

2 Lebensqualität in der Altenberatung

Christian Leopold, Paula Heinecker & Stefan Pohlmann

Lebensqualität gilt als wichtiges Prinzip in den Sozialwissenschaften. Ein inhärentes Problem des Konzepts scheint seine mangelnde Griffigkeit zu sein. Als vorrangiges Ziel gegenwärtiger Alten- und Angehörigenberatung wird Lebensqualität aus Sicht von Verbänden oder Anbietern nicht oder kaum genannt. In den Qualitätsstandards der Bundesarbeitsgemeinschaft Alten- und Angehörigenarbeit BAGA heißt es zu den Zielen der Alten- und Angehörigenarbeit:

> „Sie [die Alten- und Angehörigenarbeit] verfolgt vielfältige Zielsetzungen, die von der Weitergabe von Informationen über die Vermittlung praktischer Hilfestellungen bis hin zur psychotherapeutisch orientierten Hilfe bei der Bewältigung von emotionalen Problemen und Konflikten reichen." (http://www.baga.de/standard1.htm)

Im Internetauftritt der Tübinger Beratungsstelle für ältere Menschen und deren Angehörige e.V., einer der ältesten Deutschlands, lautet die Passage „Unsere Ziele" der Selbstdarstellung „Über uns":

> „Wir bieten älteren Menschen qualifizierte Gespräche an, informieren sie über Hilfsmöglichkeiten und begleiten sie bei der Bewältigung schwieriger Lebenssituationen im Alter und bei psychischer Erkrankung. Ziel unserer Angehörigenarbeit ist "Hilfe für die Helfenden", d.h. auch Angehörige können Informationen erhalten sowie Entlastungsgespräche, sie werden unterstützt und beraten. Als "Angehörige im weiteren Sinn" sprechen wir auch diejenigen Personen an, die für den älteren Menschen bedeutsam sind, obwohl sie nicht zur Familie gehören. Wir betrachten unsere Arbeit als Teil eines umfassenden Systems von Hilfen für Ältere. Gemäß unserer Satzung wirken wir deshalb beim Aufbau eines Versorgungsnetzes für Ältere und psychisch veränderte ältere Menschen mit. Durch unsere Mitarbeit in verschiedenen Fachgremien setzen wir uns für die Belange älterer Menschen in der Gesellschaft ein. Die Koordination und bedarfsgerechte Weiterentwicklung der verschiedenen Dienstleistungen im Altenbereich sind uns wichtige Anliegen".
> (http://www.altenberatung-tuebingen.de/bam/uberuns.htm)

Die nachhaltige Steigerung der Lebensqualität der Klienten sehen Fachangestellte und Leiter, obwohl vom Bundesarbeitsgericht zum Berufsbild des Sozialarbeiters/Sozialpädagogen gehörig benannt, nicht an erster Stelle des Zielspektrums ihrer Beratungstätigkeit. Zudem wird aufgrund eines allseitig impliziten

Verständnisses des Begriffs der Lebensqualität nur gelegentlich von Seiten der Praktiker eine Definition des Konstrukts eingefordert. Tatsächlich wird der Begriff der Lebensqualität jedoch in der wissenschaftlichen Literatur weniger einheitlich verstanden und gebraucht. Darüber hinaus wird das Konstrukt in manchen Diskursen der Gerontologie nahezu inflationär benutzt, während andere Bereiche sich der damit verknüpften Konzepte kaum bedienen. Die Verfasser sind der Ansicht, dass besonders dort, wo die Beratung von alten Menschen und deren Angehörigen wissenschaftlich und praktisch voran gebracht werden soll, ist ein tieferes Verständnis und eine Verwendung des Konzepts der Lebensqualität äußerst hilfreich.

Die nachfolgenden Seiten sollen daher versuchen die Sichtweisen der Praktiker im Feld der Beratung auf das Konzept der Lebensqualität vertiefter darzulegen. Zudem soll ein wissenschaftliches Verständnis für die Vor- und Nachteile und Notwendigkeiten dieses Konzepts in der Alten- und Angehörigenberatung vermittelt werden. Dies leitet über zu einem fundierten Einsatz des Lebensqualitätskonzepts im praktischen Umfeld der Alten- und Angehörigenberatung.

2.1 Einführung in das Konstrukt „Lebensqualität"

2.1.1 Ursprünge des Konstrukts in den Sozial- und Lebenswissenschaften

Da relativ betrachtet noch wenige Erkenntnisse der Lebensqualitätsforschung originär aus den Alterswissenschaften kommen, ist es für viele Themenbereiche noch notwendig, die andernorts bereits bestehenden Erfahrungen und Datenbasen auf das Feld der Alten- und Angehörigenberatung zu übertragen bzw. sinnvoll zu adaptieren. Aus diesem Grund werden an dieser Stelle – beispielhaft und als Impulsgeber – Aspekte der Lebensqualitätsforschung außerhalb der Alterswissenschaften referiert.

Menschliche Belastungen oder Ressourcen lassen sich mit objektiven Parametern wie Höhe des verfügbaren Einkommens, gesundheitliche Einschränkungen, Anzahl der Sozialkontakte, Höhe des Sozialstatus oder belastende Umweltbedingungen beschreiben. Unklar bleibt jedoch, wie sich diese für das menschliche Wohlbefinden empirisch belegten Stellschrauben in einem konkreten Individuum auf dessen tatsächlich erlebte subjektive Lebensqualität auswirken.

Lebensqualität in der Altenberatung 45

Erstmalig in den 1970er Jahren verwendet, wurde das Konzept der Lebensqualität in Ökonomie und Sozialwissenschaften eingeführt, um alternative und erweiterte Beschreibungsmethoden für gesellschaftliche Entwicklungen zu besitzen (Walter-Busch, 2000). Das ausschließlich ökonomische Abbild gesellschaftlicher Änderungen wurde vor diesem Hintergrund nicht mehr als alleiniger oder zielführender Sozialindikator einer regionalen Bevölkerung angesehen

„… relative worth of subjective and objective indicators as means of monitoring the welfare of populations" (Campbell et al. 1976, S. 474) und "… simplistic and, in the final analysis, quite sterile." (S. 478 ebenda)

Der Erfüllungsgrad offensichtlicher menschlicher Bedürfnisse wie Wohnen, Nahrung, Arbeit etc. berücksichtigte nach damaliger Erkenntnis nicht ausreichend die subjektive und individuelle Empfindung und Bewertung der Zielpopulation. Die Lebensqualität sollte außerhalb ökonomisch-statistisch erfassbarer Kennwerte durch direkte Befragung der Zielpopulation dieses subjektive Element integrieren.

Durch diesen qualitativen, sozialwissenschaftlich ausgerichteten Wandel in der Soziologie bzw. Ökonomie wurde die wissenschaftliche Psychologie bei der Betrachtung der Lebensqualität relevant. Überlegungen zu „state-" oder „trait-" Gewichtungen, kognitiver („Lebenszufriedenheit") oder emotionaler („Lebensglück") Bewertung der Lebenssituation und Fragen der Erhebungsmethoden (testtheoretische Konstruktion von Fragebögen, Auswirkungen telefonischer, schriftlicher, persönlicher Erhebung sowie Befragung von Stellvertretern oder Proxies und Änderung des eigenen Bewertungsrahmens über die Zeit – response shift) flossen dadurch in die wissenschaftliche Diskussion zur Lebensqualität mit ein (vgl. Schumacher et al., 2003).

Ein vergleichbarer Paradigmenwechsel wie innerhalb der Soziologie bzw. Ökonomie vollzog sich nahezu zeitgleich in der Medizin. Mit der Verschiebung des Krankheitsspektrums in der westlichen Welt hin zu chronischen Erkrankungen wurden eindeutige Ziel- oder Outcomekriterien zur Evaluation von Behandlungen immer schwieriger zu definieren. Biologisch-statistische Parameter wie Mortalitätsrate, Prävalenz und Inzidenz von Erkrankungen oder objektive Krankheitsparameter wie Labor- oder Blutdruckwerte waren in der Forschung allein nicht mehr zielführend. Durch die Verfeinerung der medizinischen Messmethoden war es möglich, in einigen Parametern Verbesserungen nachzuweisen, die sich jedoch im Leben der Patienten keineswegs dauerhaft niederschlugen (Smith et al., 1999).

So entstand der Bedarf alternative Messmethoden zu entwickeln, die es ermöglichten, die subjektiven und individuell relevanten Symptom- und Lebensveränderungen der Patienten innerhalb einer Behandlung sichtbar zu machen.

Die RAND Corporation entwickelte vor diesem Hintergrund im Rahmen der umfangreichen MOS Medical Outcomes Study Ende der 1980er Jahre einen psychometrischen Fragebogen, der später die Grundlage für den SF-36 bildete (Stewart et al., 1988). Über fachliche Diskussionen wie auch über den Einbezug der psychometrischen Kennwerte bei der Fragebogenentwicklung wurden mehrere konstituierende Bereiche der generischen, gesundheitsbezogenen Lebensqualität identifiziert. So war es schließlich möglich in wissenschaftlichen Studien bei großen Populationen in den acht wesentlichen Lebensbereichen „Körperliche Funktionsfähigkeit", „Körperliche Rollenfunktion", „Körperliche Schmerzen", „Allgemeine Gesundheitswahrnehmung", „Vitalität", „Soziale Funktionsfähigkeit", „Emotionale Rollenfunktion", „Psychisches Wohlbefinden" und „Veränderung der Gesundheit" krankheitsrelevante Veränderungen ökonomisch und standardisiert zu erfassen. Signifikante Gruppenabweichungen vom mittleren Populationsscore ließen sich bestimmen, so dass Aussagen zu unter- oder überdurchschnittlich hoher Lebensqualität wie auch zu signifikanten, d.h. statistisch gesicherten Veränderungen der Lebensqualität über die Zeit möglich wurden (Siegrist & Junge, 1989).

Im Laufe der weiteren Forschung erkannte man, dass die allgemeinen psychometrischen Normen der Fragebögen sich zwischen Alters- und Krankheitsgruppen erheblich unterscheiden können. Eine Ausdifferenzierung in krankheitsspezifische Fragebögen zur Ermittlung gesundheitsbezogener Lebensqualität war die Folge (z.B. Beto & Bansal, 1992). Die Bedeutung des Konzepts der Lebensqualität und die Reife der Erhebungsmethoden wurde im Jahre 2006 sichtbar gewürdigt durch die Einführung der Lebensqualität als relevanter Endpunkt für die Zulassung von neuen Medikamenten in Europa (EMEA) und USA (FDA) (Revicki, 2007).

Zusätzlich zur Zulassung von Medikamenten wird in der Medizin die ökonomische Bewertung von neuen oder bereits bestehenden komplexen Behandlungsregimen mit Hilfe der Lebensqualität immer wichtiger. Ein harter Parameter wie „Überlebensrate" erhält, kombiniert mit der Qualität des Überlebens, in Form der QALYs (quality-adjusted life years) erst seine wesentliche ethisch-ökonomische Beurteilungskraft. Mit den daraus zu erstellenden Kosten-Nutzwert-Analysen lassen sich u. a. Allokationsprobleme im Gesundheitswesen adressieren (Ravens-Sieberer & Cieza, 2000).

Die bis hier hin dargestellten Verfahren und Methoden nutzen die Möglichkeit der statistisch gesicherten Aussagen über Gruppen. Individualdiagnostische Beurteilungen von Klienten oder Patienten, wie sie für einen einzelnen Behandler hilfreich sind, finden darin keine Beachtung. Als individualdiagnostisches Instrument sollte ein Verfahren zur Erfassung der Lebensqualität im Stande sein, entweder a) belastete von unbelasteten Personen zuverlässig zu unterscheiden oder b) Veränderungen innerhalb einer Person verlässlich abbilden zu können. Als vergleichbare Beispiele können klinische und leistungspsychologische Testverfahren im psychiatrischen oder neurologischen Einsatzbereich dienen (u.a. BDI, HAWIE, SCL-90-R). Für beide oben genannten Anforderungen sind jedoch ausreichend gute psychometrische Gütekriterien des Verfahrens/ Fragebogens die Grundlage. Erst wenn sowohl bei der Definition des Kriteriums wie auch bei der methodischen Erfassung desselben ausreichende Präzision erreicht ist, lassen sich am Ende des Entwicklungsverfahrens derart hohe psychometrische Gütekriterien erzielen. Tatsächlich gibt es erste Ansätze die bereits bestehenden generischen oder krankheitsspezifischen Lebensqualitätsfragebögen dahingehend zu reanalysieren, dass Schwellenwerte für individualdiagnostische Aussagen zum Vorliegen psychischer Probleme möglich werden (Erhart & Ravens-Sieberer, 2006).

Die nationalen Interessen der RAND Corporation sind mittlerweile in einem internationalen Konsortium aufgegangen. Die WHO mit der WHOQOL-Group bemüht sich kontinuierlich um die Weiterentwicklung des Lebensqualitätskonzepts und der Erhebungsmethoden. Nach und nach entstehen so immer weiter ausdifferenziertere Verfahren für die unterschiedlichsten Erkrankungen und Settings. Weiterhin werden etablierte Verfahren in unterschiedliche Kulturen und Sprachen übertragen. Als Ergebnis dieses umfassenden Konsensusprozesses lautet die englische bzw. deutsche Definition der „subjektiven Lebensqualität", verwendet in den Einleitungen der jeweiligen WHOQOL-Handbücher, folgendermaßen:

"These questions respond to the definition of Quality of Life as individuals' perceptions of their position in life in the context of the culture and value systems in which they live and in relation to their goals, expectations, standards and concerns." (WHOQOL-BREF, 1996, S. 5)

"Grundlage dieser Instrumente ist die Definition von Lebensqualität als die individuelle Wahrnehmung der eigenen Lebenssituation im Kontext der jeweiligen Kultur und des jeweiligen Wertesystems sowie in Bezug auf persönliche Ziele, Erwartungen, Beurteilungsmaßstäbe und Interessen." (Angermayer et al., 2000, S. 3)

Die so definierte Lebensqualität geht somit eher von einem kognitiven Bewertungsprozess als von einer emotionalen Grundstimmung aus. Weiterhin impliziert die Definition, dass sich dieser Bewertungsprozess unabhängig von der Lebenssituation verändern kann (response shift), wenn sich z.B. die persönlichen

Ziele und Erwartungen der Person verändern. Der Bewertungszeitraum wird innerhalb der Befragungsinstrumente in der Regel auf etwa eine bis vier Wochen rückblickend festgelegt. Dieser Erfassungsansatz erachtet eine explizite oder implizite positive rückschauende Bewertung des Lebens als elementar für eine hohe Lebensqualität. Gegenwärtige objektive Lebensbedingungen wie auch aktuelle oder generelle emotionale Gestimmtheiten treten für eine Bestimmung der Lebensqualität in den Hintergrund.

2.1.2 Einsatzgebiete des Konstrukts und seiner Erhebungsverfahren

Wie oben dargestellt, bildete nach dem ersten Schritt der inhaltlichen Ausformung des Konzepts „Lebensqualität" anschließend die Entwicklung seiner Erfassungsmethoden die Grundlage für eine standardisierte Abbildung der Lebensqualität. Auf der nächsten Entwicklungsebene wurden unterschiedliche Untersuchungsziele definiert und durch Auswahl von Erfassungsinstrument und -methoden unterschiedliche Ziele der Lebensqualitätsforschung sehr differenziert adressiert. Einige jener gängigsten Ausdifferenzierungen der Lebensqualitätsforschung und der praxisnahen Verwendung des Lebensqualitätskonzepts sollen nachfolgend präsentiert werden. Als gemeinsame Ziele der Erfassung der Lebensqualität in den unterschiedlichen Einsatzgebieten lassen sich u.a. anführen:

- Erweiterung der rein objektiven Datengrundlage um einen subjektiven oder individuellen Aspekt
- Zusammenfassung unterschiedlicher komplexer subjektiver Dimensionen in einem Integral
- Ausdifferenzierung des „allgemeinen Wohlbefindens" über die Erhebung mehrerer Dimensionen

Diese Ziele in Reinform oder in einer Mischung ergeben den Hintergrund für die nachfolgenden typischen Einsatzgebiete von Lebensqualitätsmessungen. Die wissenschaftliche Forschung zur Lebensqualität und die Erhebungsverfahren waren zu Beginn noch eher sozialwissenschaftlich geprägt. Die Lebensqualitätsforschung in den letzten Jahren wandelte sich jedoch quantitativ und qualitativ durch psychologische und medizinische Einflüsse. Beispiele aus dieser Praxis sollen die unterschiedlichen Einsatzbereiche illustrieren. Diese Beispiele sollen die Grundlage für einen Brückenschlag im weiteren Textverlauf zur Lebensqualitätsnutzung in der Alten- und Angehörigenberatung bilden.

(Programm-)Evaluation
Nach der Entwicklung neuer sozialer oder medizinischer Angebote oder Interventionen und vor ihrem Routineeinsatz mit ggf. umfassenden oder tief greifenden Änderungen in bestehenden Prozessen, sollten diese unter realitätsnahen Bedingungen geprüft werden. Zentrale Fragestellung dabei ist, ob das neue Programm entsprechend der Zielkriterien seine positive Wirkung entfaltet. Die Definition des Zielkriteriums ist das Ergebnis eines Abwägungsprozesses zwischen der Operationalisierung zum Zwecke der Evaluation und seiner ökologischen Validität. Mehrschichtige, objektive wie subjektive, nahe am Klienten oder Patienten orientierte Messgrößen sollten in jedem Fall Bestandteil einer Evaluation sein. Die Verwendung sehr vieler, kleinteiliger Evaluationskriterien birgt jedoch die Gefahr widersprüchlicher statistischer Einzelergebnisse. Ein einzelner integraler Wert muss außerdem die Untersucher in die Lage versetzen, ein abschließendes Gesamturteil über die Wirksamkeit des Programms abzugeben. Die Evaluation auf der Grundlage eines Prä-Post-Vergleichs oder eines Vergleichs unterschiedlicher Angebote benötigt zudem reliable und trennscharfe Gütekriterien – idealerweise mit populationsbezogenen Normwerten. Geeignete Verfahren zur multidimensionalen Erfassung der Lebensqualität können helfen einige dieser Probleme zu reduzieren. Programmevaluationen die beispielhaft Kriterien der Lebensqualität erhoben haben, sind z.B. die „PEK - Programm Evaluation Komplementärmedizin" aus der Schweiz (2005) oder die „Kontrollierte Evaluation der Effekte von Disease-Management-Programmen für Patienten mit Diabetes mellitus Typ 2 und Patienten mit koronarer Herzkrankheit" (Beyer et al., 2006).

Qualitätsmanagement
Auch bereits laufende, etablierte Interventionen und Dienstleistungen müssen im Zuge eines aktiven Qualitätsmanagements ihre immer noch ausreichende Prozess-, Struktur- und Ergebnisqualität belegen. Speziell für soziale Angebote lässt sich oft kein einheitliches und leicht zu definierendes Qualitätsmerkmal bestimmen. Die mögliche Benennung von Qualitätsmerkmalen einer sozialen Leistung stellt in gewisser Weise bereits einen besonderen Reifegrad des Angebots dar. Unter Qualität wird im Umfeld des Qualitätsmanagements das Erreichen einer vorher festgelegten Liste von Kriterien verstanden. In der Regel wird diese Kriterienliste aus Sicht des Kunden definiert. Jedoch muss diese bei sozialen Dienstleistungen zusätzlich die Anforderungen anderer „Kunden" oder Auftraggeber berücksichtigen. Schlussendlich handelt es sich bei der Benennung von Qualitätsmerkmalen einer sozialen Dienstleistung um einen ausgewogenen Aushandlungsprozess mindestens von Mitarbeitern, Fachvorgesetzten, Kostenträgern, Gesetzgeber und Kunden. Die Kundenanforderungen sollten jedoch bei der Qualitätsdefinition im Mittelpunkt stehen. Die Qualität sozialer Angebote wäre somit

in der Regel umso höher, je eher die Maßnahmen die vom Klienten angestrebten Ergebnisse bzw. Kriterien erreichen (vgl. Merchel, 2004). Gerade auch bei vielen unterschiedlichen Einrichtungen mit vergleichbaren komplexen Dienstleistungen kommt es dabei auf eine Standardisierung der Ergebnisqualität an. Diesen Teil der kundenausgerichteten Ergebnisqualität zu definieren und standardisiert abzubilden, kann Teil einer Lebensqualitätserhebung bei den Klienten/Patienten sein. So wird gerade auch in komplexen und heterogenen Dienstleistungsbereichen wie der Altenpflege die vom Kunden wahrgenommene Verbesserung der Lebensqualität als zentral für die Ergebnisqualität betrachtet (Wingenfeld, 2011). Auch bei neuen Dienstleistungen wie der Unterbringung in ambulant betreuten Wohngemeinschaften, bei denen die Qualitätsdebatte noch nicht abgeschlossen ist und die Situation der z.T. dementen Bewohner per se schwer zu erheben ist, bedient man sich zur Qualitätsdefinition und -messung maßgeblich der Lebensqualität (Fischer et al., 2011).

Ressourcenbedarf und -planung
Bei der Planung von neuen sozialen oder medizinischen Angeboten durch die Gesellschaft oder eine Institution muss es Ziel dieser Planung sein, die quantitativen und qualitativen Anforderungen der Nutzer zu treffen. In jedem Fall müssen dafür im Rahmen einer Bedarfsplanung der Bedarf der Kunden, die bestehenden Defizite und die vorhandenen Ressourcen erhoben werden. Bei einer ausgewogenen Mischung aus statistisch ableitbaren objektiven Maßen und den subjektiven, individuellen Anforderungen der Nutzer an das Angebot spielt dafür die direkte Kundenbefragung eine zentrale Rolle. Um eben solche heterogenen, z.T. noch unspezifischen subjektiven, individuellen mehrdimensionalen Bedarfe bei Nutzern oder Kunden zu ermitteln, werden auch Instrumente aus dem Umfeld der Lebensqualitätsforschung verwand. Es finden sich z.B. Berichte zu Bewohnerbefragungen aus der Bedarfsplanung von stationären Hospizen (Determann et al., 2000) wie auch breit angelegte Untersuchungen zur psychischen Befindlichkeit zur Bestimmung etwaiger systematischer psychotherapeutischer Versorgungsdefizite innerhalb Deutschlands (Jacobi et al., 2004).

Populations-Screening
Die Sozial- oder Gesundheitsberichterstattung hat die Aufgabe, Problemlagen und Defizite in bestimmten Bevölkerungsgruppen frühzeitig zu entdecken, Interventionsempfehlungen zu erarbeiten und diese an die Gesundheits- und Sozialpolitik aufbereitet weiterzugeben. Wie an anderer Stelle bereits erwähnt, sind in vieler Hinsicht allein statistische Routinedaten für diesen Zweck zu wenig tiefgehend. Da sich Papier-und-Bleistift-Fragebögen zur Lebensqualität in unterschiedlichen Kontexten und Bevölkerungs- und Altersgruppen als praktikabel

Lebensqualität in der Altenberatung 51

und valide erwiesen haben, werden gerade diese mehrdimensionalen Instrumente zum Populations-Screening eingesetzt. Die Screening-Ergebnisse können mit bestehenden Normwerten verglichen werden bzw. ergänzen und stabilisieren die bisherigen Normparameter des jeweiligen Befragungsinstruments. Kontinuierliche oder regelmäßige Lebensqualitätserhebungen sind in der Lage neue Fragen zu beantworten oder Problemlagen aufzudecken. Ein Screening von 12.000 Patienten mit chronischer Herzinsuffizienz mit Hilfe eines Fragebogens zur gesundheitsbezogenen Lebensqualität entdeckte einen interventionsbedürftigen Zusammenhang von erhöhter Depressivität und Herzerkrankung (Holzapfel et al., 2007). Die dadurch angestoßene Fachdiskussion belegt die praktische Machbarkeit und empfiehlt die Routineerfassung von Lebensqualität und Depressivität bei Klinikpatienten.

Nicht nur bei anfangs noch unklarer Hypothesen- und Datenlage, sondern auch bei Personengruppen mit eingeschränkten gesellschaftlichen Einflussmöglichkeiten bzw. persönlichen Ausdrucksmöglichkeiten ist ein Screening der Lebensqualität zielführend. Beispielsweise werden seit längerem Kinder- und Jugendliche über entsprechende Instrumente deutschland- (Ravens-Sieberer et al., 2007; Ravens-Sieberer et al., 2009) und europaweit in großem Umfang befragt, um so z.B. spezifische (nationale) Zusammenhänge vom Elternstatus und der Lebensqualität der eigenen Kinder zu erhellen. Durch die wiederholte Durchführung derartiger Populations-Screenings lassen sich Aussagen über die biopsychosoziale Lage bestimmter Personengruppen sowie der Gesamtgesellschaft treffen (Ravens-Sieberer et al., 2009).

Individuelle Beratungsplanung
Liegen zu einem Erhebungsinstrument ausreichend viele Studiendaten vor, so dass sich dieses hinsichtlich seiner psychometrischen Gütekriterien, speziell bzgl. seiner klinischen Trennschärfe als tauglich erwiesen hat, kann sein individualdiagnostischer Routineeinsatz erwogen werden (siehe dazu auch weiter oben, bzw. Westhoff, 1993). Besonders im Bereich der krankheitsspezifischen Lebensqualitätsinstrumente und hier wiederum bei den chronischen Erkrankungen konnten auch im Rahmen von pharmakologischen Studien hochstandardisierte Untersuchungsdaten erhoben werden, die eine solche Grundlage geschaffen haben. Durch eine Integration der Erfassung der Lebensqualität in die Behandler- oder Betreuerroutine können sich dem Behandler/ Betreuer sowie dem Patienten oder Klienten eine Reihe von neuen Möglichkeiten erschließen (Giesinger et al., 2009).

2.1.3 Befunde zur „Lebensqualität" in den Alterswissenschaften

Erste Überlegungen zu Konzepten der Lebensqualität bei älteren Menschen fokussierten auf das Konstrukt der Lebenszufriedenheit, welches eher die Passung der kognitiven Einstellungen und Erwartungen gegenüber den vorgefundenen Gegebenheiten und Realitäten betont. Als Beispiele können hier die PGCMS, Philadelphia Geriatric Center Morale Scale (Closs & Kempe, 1986) und der LSI, Life Satisfaction Index A (Wiendieck, 1970) genannt werden. Derartige Überlegungen waren auch inspiriert durch die Theorien der damaligen Zeit zum erfolgreichen Altern.

Diesen ersten Entwicklungen nachfolgend entstanden einige multinationale Großprojekte, die auf der Basis von „Well-Being", „Quality of Life" oder „Life satisfaction" tiefere Einblicke in die Ausformungen des Alterns gewinnen wollten. In den USA war dies z.B. „OASIS Old Age and Autonomy – The Role of service systems and intergenerational family solidarity" oder in Europa "ESAW European Study of Adult Well-Being" zum positiven Altern. Fragen, die dabei im Umfeld der Lebensqualitätsforschung Beachtung finden, sind z.B.:

- Sind bei älteren Menschen andere Dimensionen oder Aspekte der Lebensqualität von Bedeutung?
- Muss man Dimensionen austauschen, verändern oder hinzunehmen?
- Wie hoch ist im Durchschnitt die Lebensqualität von älteren Menschen verglichen mit jüngeren Menschen?
- Wie verändert sich die Lebensqualität über die Lebensspanne hinweg?
- Welche Auswirkungen haben die prinzipiell vorhersehbaren Änderungen in der Lebenslage bei älteren Menschen?
- Lässt sich die Lebensqualität auch bei kognitiv stark beeinträchtigten älteren Menschen erfassen?
- Was sind die zentralen modulierenden Faktoren für eine Verbesserung oder Verschlechterung der Lebensqualität?
- Schlechtere Gesundheit wirkt sich negativ auf Lebensqualität aus; gilt dies sowohl bei den jüngeren Alten wie auch bei den alten Alten?
- Werden für unterschiedliche Kulturen unterschiedliche Lebensqualitätskonzepte und Instrumente benötigt?
- Stellt sich der Verlauf der Lebensqualität über das Alter hinweg für unterschiedliche Gesellschaften unterschiedlich dar?

Die zu klärende Kardinalfrage beim Einsatz des Lebensqualitätskonzepts in den Alterswissenschaften ist jedoch, ob sich signifikante Unterschiede zwischen den Ergebnissen der allgemeinen Erwachsenenforschung zur Lebensqualität und der

Lebensqualität in der Altenberatung 53

spezifischen Untersuchung älterer Personengruppen identifizieren lassen. Denn Unterschiede, die sich nicht nur der Erhöhung der Morbiditätsrate in der Gruppe der Älteren zuweisen lassen, eröffnen vor diesem Hintergrund die Notwendigkeit eigenständiger Forschungen und Messinstrumente.

Haywood et al. finden 2005 noch keine vergleichende Paralleluntersuchungen von generischen Lebensqualitätsinstrumenten und spezifischen Lebensqualitätsinstrumenten für ältere Menschen. Eine direkte Entscheidung aus einem Stichprobenvergleich eines Allgemeinpopulationsverfahrens der Lebensqualität und einem altersspezifischen Lebensqualitätsverfahren ist damit auf diese Frage nicht zu treffen. Allerdings zeigten sich z.t. schlechtere psychometrische Werte bei generischen Lebensqualitätsinstrumenten, wenn sie bei körperlich beeinträchtigten älteren Menschen eingesetzt wurden (Brazier et al., 1996). Weitere Hinweise zu Abweichungen in der Erfassung der Lebensqualität von älteren Menschen zu jüngeren Personen mit herkömmlichen Instrumenten ergaben sich bei der Reanalyse der WHOQOL-Daten. Ältere Menschen hatten im Durchschnitt höhere Zufriedenheit in sozialen Beziehungen und in der psychischen Gesundheit als vergleichbare jüngere Menschen. Zudem legten die Daten die Aufnahme von „sensorischen Items" sowie die Differenzierung des Aspekts der Sexualität nahe. Andere Untersucher konnten die besondere Bedeutung von Items zur Spiritualität bei älteren Befragten herausarbeiten (Cunningham et al., 1999).

Ausgehend von den konzertierten Bemühungen der WHOQOL-Group wurde die systematische Erarbeitung eines altersspezifischen Lebensqualitätsverfahrens erst spät – Ende der 1990er Jahre - verfolgt. Seit Beginn dieses Jahrzehnts existiert von dieser Seite ein „Zusatzmodul" WHOQOL-OLD, welches idealerweise zusätzlich zu einem generischen Lebensqualitätsinstrument vorgegeben werden soll. In der gegenwärtigen Version des WHOQOL-OLD erfassen 24 Fragen die Inhalte von sechs Facetten der generischen subjektiven Lebensqualität (WHOQOL-OLD module manual, 2006):

- Sensory Abilities (Veränderung im Sehen, Hören, etc.)
- Autonomy (Persönliche Autonomie)
- Past, Present and Future Activities
  (Aktivitäten in Vergangenheit, Gegenwart und Zukunft)
- Social Participation (Partizipation und Isolation)
- Death and Dying (Einstellung zum Tod und Sterben)
- Intimacy (Intimität und Nähe)

Die vom Entwicklerkonsortium des WHOQOL-OLD gewählte Alterssegmentierung mit eigenen Normwerten von 65 Jahren bis 80 Jahre und über 80 Jahre erscheint für einen altersspezifischen Fragebogen recht grob. So ermöglicht z.b. der generische WHOQOL-100-Fragebogen die Einordnung eines Testwerts in die Altersgruppen: 18 bis 25, 26 bis 35, 36 bis 45, 46 bis 55, 56 bis 65, 66 bis 75, 76 bis 85 und 86 bis 100 Jahre.

Es lässt sich vermuten, dass man u. U. beim WHOQOL-OLD eine irreführende Pseudogenauigkeit vermeiden wollte. Es ist bekannt, dass die Variabilität der Lebensstile bei älteren Menschen extrem groß ist und lediglich erst in der statistisch großen Zahl gravierende Unterschiede zwischen Älteren (bis 80/85 Jahre) und Hochbetagten (über 80/85 Jahre) darstellbar sind. Die Annahme liegt nahe, dass in Anlehnung an die Definition des „vierten Alters" dieser einfache Grad der Differenzierung gewählt wurde. Aufgrund des Einsatzes in unterschiedlichen Kulturen mit unterschiedlichen, somit geringeren Lebenserwartungen zu den westeuropäischen Kulturen, kann vermutet werden, dass zudem die niedrige Altersgrenze „80 Jahre" statt 85 Jahre gewählt wurde. Mittlerweile liegen zu diesem Instrument auch Ergebnisse aus anderen Kulturkreisen vor (vgl. z.B. Paskulin & Molzahn, 2007). Zwar weisen ältere Kanadier verglichen mit älteren Brasilianern eine höhere Lebensqualität auf, jedoch sind die konstituierenden Merkmale für eine hohe Lebensqualität bei beiden Ländern gleich. Im Einzelnen sind dies gesundheitliche Zufriedenheit, finanzielle Absicherung, Sinn im Leben und Möglichkeiten für Freizeitaktivitäten. Lediglich der Einfluss der Umgebung auf die Lebensqualität spielte in Brasilien eine signifikante Rolle, in Kanada jedoch nicht.

Neben den Spezifika der Population der Alten und der damit verknüpften Notwendigkeit eigener Messinstrumente existieren bei älteren Menschen spezifische Situationen und Fragestellungen, die einen Einsatz von Lebensqualitätsinstrumenten nahezu unabdingbar machen. So wurde die Frage, wie sich der Wechsel in ein stationäres Altenpflegeheim auswirkt, bereits in einigen Lebensqualitätsstudien thematisiert. Es fanden sich dabei durchaus widersprüchliche Ergebnisse, die genauere Erklärungen und weitere Studien erfordern. Einige Untersuchungen belegen eine höhere Isolation der stationären Bewohner (Nero & Aro, 1996), wohingegen andere das Gegenteil berichten (Grimby & Wiklund, 1994). Perez et al. (2001) konnten mit Hilfe von Regressionsanalysen in einer spanischen Population älterer Bewohner einige Prädiktoren für die Zufriedenheit von Heimbewohnern herausarbeiten: Satisfaction with homerelated attributes, perception of neighbourhood environmental quality (barrierefreie Nachbarschaft), amenities in the building (Annehmlichkeiten).

Eine herausragende Besonderheit der Lebensqualitätsforschung in den Alterswissenschaften ist der Umgang mit Probanden, die zunehmende sensorische, motorische und kognitive Einschränkungen hinzunehmen haben. Die Erarbeitung von Instrumenten, die den Bedingungen dieser Zielgruppen gerecht werden, stellt nicht nur hohe Anforderungen an den Entwicklungsprozess der Erhebungsinstrumente, sondern bietet darüber hinaus die Möglichkeit neue und eigenständige Erkenntnisse zur wissenschaftlichen Lebensqualitätsforschung beizutragen. Stellvertretend für den Entwicklungsprozess eines Instruments zur Erfassung der Lebensqualität im gerontopsychiatrischen Umfeld seien hier zwei Projekte vorgestellt.

Erfassung der Lebensqualität bei Personen mit Demenz
Im Unterschied zur bisherigen Einschätzung, dass individuelle Aussagen über die Lebensqualität das Ergebnis kognitiver Bewertungsprozesse sind, kann bei einer Personengruppe mit starker kognitiver Beeinträchtigung dieses Urteilsprinzip nicht mehr tragen. Dass sich jedoch Aussagen zu angenehm oder unangenehm bei Personen mit dementiellen Erkrankungen finden lassen, kann in der Praxis immer wieder belegt werden (Magai et al., 1996). Da im Zuge der kognitiven Einbußen auch der sprachliche Ausdruck vermindert ist, rückt der mimische Ausdruck an die erste Stelle der Kommunikation mit der Umwelt. Das Institut für Gerontologie an der Universität Heidelberg unternahm einen Versuch, die Bestimmung der Lebensqualität bei demenzkranken Heimbewohnern auf derartigen emotionalen Bewertungen fußen zu lassen. Flankiert wurden die Bewohner-, Angehörigen- und Pflegeinterviews durch die Ergebnisse der gerontopsychiatrischen Untersuchung, der Analyse der Pflegedokumentation und einem ökopsychologischen Verfahren zur Erfassung der räumlichen Umwelt (TESS-NH). Das vom Projekt verwendete Instrumentarium (Heidelberger Instrument zur Erfassung von Lebensqualität bei Demenz (H.I.L.DE.)) überspannt die folgenden acht Dimensionen der Lebensqualität: räumliche Umwelt, soziale Umwelt, Betreuungsqualität, Verhaltenskompetenz, medizinisch-funktionaler Status, kognitiver Status, Psychopathologie und Verhaltensauffälligkeiten sowie subjektives Erleben und emotionale Befindlichkeit. Ziel des Projekts war bei demenziell erkrankten Personen einen multidimensionalen Zugang zur Lebensqualität darzustellen (Becker et al., 2005).

Das japanische QLDJ-Entwicklungsprojekt (Quality of life instrument for the Japanese elderly with dementia) setzt ebenfalls auf eine Proxy-Erhebung der Lebensqualität. Zur Vereinfachung und zum Masseneinsatz liegt diesem Verfahren lediglich ein 24-Items-Fragebogen für das Pflegepersonal zugrunde. Der Fragebogen geht von drei Dimensionen der Lebensqualität aus: „interacting with surroundings", „expressing self" und „experiencing minimum negative behaviors". Das Projekt konnte sowohl über alle Demenzschweregrade eine ausreichende Variabilität des Gesamtscores belegen wie einige Bias-Variablen herausarbeiten, die zu unterschiedlichem Antwortverhalten der Betreuungskräfte beitragen, wie z.b. Geschlecht oder Dauer des Betreuungskontakts. In jedem Fall kann das Instrument Interaktionen zwischen „Art der Institution/ Unterbringung" und „interacting with surroundings" als Dimension der Betroffenen dokumentieren (Yamamoto-Mitani et al., 2004).

Probleme bei der Erhebung der Lebensqualität älterer Menschen
Die Erhebung der Lebensqualität als entlastender Königsweg zur Bestimmung der Kundeninteressen stößt nachweislich bei vielen älteren Menschen an ihre Grenzen. Zwar besteht für die herkömmlich verwendeten Items ein ausreichendes Leseverständnis, jedoch greifen die üblichen Antwortkategorien durch übermäßige Deckeneffekte bzw. fehlende Trennschärfe ins Leere (Castle & Engberg, 2004).

Problematisch ist der Vergleich der Lebensqualität bei gleich alten älteren Menschen, die sich jedoch in unterschiedlichen Lebenslagen befinden. Die üblichen altersstratifizierten Normwerte des gleichen, mehrdimensionalen Erhebungsinstruments führen an dieser Stelle zu irreführenden Ergebnissen. Allein das gleiche chronologische Alter kann hier einen älteren Menschen in einem Altenpflegeheim beschreiben, dort einen immobilen Menschen im heimischen Bereich oder da einen Menschen gleichen Alters, welcher sich weiterhin ehrenamtlich engagiert. Es ist anzunehmen, dass das Einende bezüglich der Ausprägung der Lebensqualität die Lebenslage ist und weniger das chronologische Alter.

Über die hohe Bedeutung des Gesundheitsbereichs für die Gesellschaft und durch die großen Erfolge der Lebensqualitätsforschung in der Medizin hat sich ein gewisses Diktat des Konstrukts der gesundheitsbezogenen Lebensqualität in den Lebens- und Sozialwissenschaften entwickelt. Jedoch stehen in der Sozialforschung weniger häufig die Aspekte akut oder chronisch kranker älterer Menschen im Vordergrund, sondern wichtig sind hier möglichst breite Informationen über normalgesunde ältere Menschen über eine längere Lebensspanne. Weniger zentral sind die Auswirkungen einer Behandlung, sondern vielmehr das Interagieren mit einem sozialen Dienst wie Beratung oder häusliche Betreuung. An dieser Stelle besteht der Bedarf eines generischen, sozial(wissenschaftlich) ausgerichteten Instruments zur Erfassung der Lebensqualität im Umfeld sozialer Dienstleistungen. Eine erste Vorlage findet sich mit dem QuiLL (Quality of life in later life, Evans et al. 2005), ein Fragebogen bestehend aus 27 Items für Menschen über 65 Jahren mit Aussagen zu den Bereichen „Finanzen", „Leben", „Familie", „Gesundheit", „Lebenssituation", „Nachbarschaft", „Sicherheit",

„Selbst/Persönliches", „Soziales". Das Instrument wurde so konzipiert, dass es sowohl den Anforderungen der älteren Klienten, der Praktiker wie der Forscher Rechnung trägt. In der Zwischenzeit hat sich aus der Schnittmenge „ältere Menschen" und „Qualität von Pflege und Betreuung" ein eigener, von der gesundheitsbezogenen Lebensqualität abgekoppelter Forschungszweig entwickelt. So konzentrieren Vaarama et al. (2008) ihre Forschung so weit auf die Verknüpfung von Versorgungsqualität und Lebensqualität, dass sie dafür ein eigenes Lebensqualitätsmodell konzipiert haben: „care-related quality of life".

Die vier zentralen Dimensionen der Lebensqualität in diesem Modell sind: *physical, psychological, social* und *envirionmental*. Diese Dimensionen werden im Weiteren mit Bereichen von Fähigkeiten und Ressourcen verknüpft, die ihre Bedeutung für die individuelle Lebensqualität in zurückliegenden Untersuchungen unter Beweis gestellt haben. Die nächste, darunter liegende Modellebene bezieht vier unterschiedliche Pflegeziele mit in das Konzept ein: „care-as-comfort", „care-as-relating", „care-as-service" und „care-as-autonomy support".

Fazit
Am Ende der Dekade gibt es eine Reihe von unterschiedlichen Konzepten sowohl zur Lebensqualität wie auch zur Altersforschung, welche sich an vielen Punkten verschränken und so ein variantenreiches Bild der gerontologischen Lebensqualitätsforschung zeichnen.

"While no single theory defines the field, the model of four dimensions of QoL in old age (functional competence, psychological well-being, social relations and envirronmental support) suggested by Lawton (1991), the idea of „successful ageing" (Baltes and Baltes, 1990), the 5-dimensional (Physical, material, social, emotional and productive well-being) model of Felce and Perry (1997), and the model of "the four qualities of life" of Veenhoven (2000) have been used in gerontological QoL research." (Vaarama, 2009, S. 114)

2.2 Bezüge zur Altenberatung

2.2.1 Die Chancen der Alten- und Angehörigenberatung durch die Verwendung des Lebensqualitätskonzepts

Der nachfolgende Abschnitt soll die Erkenntnisse, Einsatzgebiete und Möglichkeiten der Lebensqualitätsforschung aus den Alterswissenschaften aufgreifen und im weiteren den Versuch unternehmen, speziell in der Altenberatung bestehenden Entwicklungsbedarf damit zu verknüpfen. Dafür sollen zu Beginn die Spezifika einer Beratung noch einmal herausgestellt werden.

Als soziale Dienstleistung weist die Beratung von Klienten die Besonderheit des *uno actu*-Prinzips aus, d.h. Produktion und Konsum, Produzent und Konsument fallen z.t. zusammen. Somit hängt das Ergebnis der Dienstleistung „Beratung" auch zu einem Gutteil vom Verhalten des Klienten ab. Bei der Alten- und Angehörigenberatung wird diese Besonderheit durch die Aufteilung des Kunden- oder Klienteninteresses auf einen Angehörigen und einen zu Pflegenden erweitert. Daraus ergibt sich zwangsläufig die Frage nach der im Vordergrund stehenden Lebensqualität. Und für den Konfliktfall: Wie geht man damit um, dass eine Verbesserung der Lebensqualität des einen (aufgrund der Beratung) zu Lasten der Lebensqualität des anderen geht? Wie im Fall des Zusammenhangs der Lebensqualität bei kleineren Kindern und ihren Eltern, so werden auch im Bereich dieses Abhängigkeitsverhältnisses Untersuchungen zur Lebensqualität von Angehörigem und zu Pflegendem benötigt. Tatsächlich sind nur aus Randbereichen vergleichbare Studien bekannt (Chou et al., 2009), die einen Zusammenhang der Lebensqualität von familiären Betreuern und zu Pflegenden vermuten lassen (Albrecht & Opikofer, 2004).

Eng verknüpft mit der Debatte über die eigentlichen Zielpersonen in der Alten- und Angehörigenberatung ist die Frage nach den generellen Zielen der Beratungsarbeit in diesem Gebiet. Unter Umständen kann hier die Analyse der Kunden- bzw. Lebensqualitätsperspektive der Klienten hilfreich sein. Wesentliche Beratungsziele können sich durch die Betrachtung der unterschiedlichen Dimensionen der Lebensqualität ergeben. Bei einer Beratung kann es somit z.B. um eine Verbesserung in den Bereichen 1) des psychischen Befindens, 2) des körperlichen Befindens, 3) der räumlichen Umgebung oder 4) des sozioökomischen Umfelds gehen. Bezogen auf die unterschiedlichen Zielbereiche eines Beratungsfalls sollten sich entsprechend differentielle Interventionsmethoden identifizieren lassen, die je nach individueller Gewichtung zum Einsatz kommen. Lässt sich ein gewisser Zusammenhang von Beratungszielen bzw. Verbesserung in bestimmten Lebensbereichen und Methoden nachweisen, gibt es gute Gründe, die Altenberatung in ihrer Mitarbeiterqualifizierung auch dahingehend auszurichten.

Neben den inhaltlichen Impulsen, die die Alten- und Angehörigenberatung durch einen Einbezug des wissenschaftlichen Diskurses zur Lebensqualität erhalten kann, kann es auch um die praktische Einbindung von Messverfahren in die Beratungsarbeit gehen. Dass, je nach inhaltlicher Ausrichtung des Vorhabens, bereits einige deutschsprachige Instrumente für ältere Menschen mit und ohne Demenz sowie deren Angehörigen zur Verfügung stehen, wurde bereits andernorts in diesem Beitrag dargelegt (vgl. Haywood et al., 2005 oder Forstmeier & Maercker, 2008).

Zwar wird üblicherweise die Lebensqualität wenig aufwendig für den Berater mit Hilfe eines sich selbst erklärenden Fragebogens erhoben, jedoch ist durch die Art des Settings und die Besonderheit des Klientels davon auszugehen, dass es zusätzliche Betreuung und Erklärung für das korrekte Ausfüllen eines umfassenden Fragebogens benötigt. Maßgeblich für eine korrekte persönliche Erfassung der Lebensqualität ist ein ausreichendes kognitives Verständnis der Items durch die Klienten. Dies sicherzustellen erfordert bei einer Lebensqualitätsbefragung u.U. eine gewisse Vorbestimmung der kognitiven Fähigkeiten der Klienten. In einer Studie von Dempster & Donnelly (2000) konnten 39% der über 75jährigen bei Entlassung aus dem Krankenhaus z.B. keine individuelle Gewichtung ihrer Lebensqualitätsbereiche vornehmen. Jedoch 86% der 36 Teilnehmer waren durchaus in der Lage Lebensqualitätsbereiche zu benennen, die ihnen wichtig sind. Die individuelle Lebensqualitätsmessung mit Hilfe des PGI (Patient Generated Index), wie in der Studie eingesetzt, kann einem nennenswerten Anteil älterer Menschen durchaus schwer fallen. Der Umgang mit den üblichen Messinstrumenten zur Lebensqualität sollte den älteren Menschen jedoch leichter fallen.

Abgesehen von der zusätzlichen Zeit für das Auswerten eines Papier-und-Bleistift-Fragebogens fällt für die Begleitung des Ausfüllens u.U. weiterer Zeitbedarf an. Dieser gesamte Zusatzaufwand für eine systematische und standardisierte Erfassung der Lebensqualität steht dem Berater in dem Moment nicht als Beratungszeit zur Verfügung und erhöht erst in den nachfolgenden Kliententerminen die Beratungsqualität. Erst Beratungen mit mindestens zwei, besser drei oder mehr Terminen können so vom individuellen Einsatz einer Lebensqualitätserhebung profitieren. Da sich die Einbettung von Fragebogenerhebungen in eine medizinische oder psychosoziale Betreuungsroutine in einem ökonomischen Umfeld bewegt, fordert dieses Vorgehen eine möglichst zeitsparende Vorgabe, Auswertung, Interpretation und Rückmeldung des Testmaterials. Aus diesem Grund wurde sehr früh auf die Unterstützung von Software und Computersystemen bei der Routineerfassung der gesundheitsbezogenen Lebensqualität bei Patienten zurückgegriffen (Middeke et al., 2004).

Nicht nur die direkte Befragung des Betroffenen zu seiner Lebensqualität lässt sich standardisiert erheben. Bei ausschließlich pflegenden Angehörigen in der Beratung hat der Berater keine Möglichkeit, den zu Pflegenden ebenfalls zu befragen. Somit rückt u.U. ausschließlich der Angehörige in den Blickwinkel des Vorgehens, obwohl sich der Angehörige – und mit ihm der Berater – um das Wohl des zu Pflegenden bemühen. Für den Beratungsprozess könnte es jedoch hilfreich sein, z.B. über ein (Proxy-)Lebensqualitätsverfahren die Situation des zu Pflegenden zu erheben und in der Beratung einzubauen. Nachfolgend sollen die weiteren Möglichkeiten dargestellt werden, die sich dem Berater durch mit einem Fragebogen erhobene Informationen ergeben.

Diagnostik
Durch die alleinige Durchsicht der beantworteten unterschiedlichen Fragebogenitems erhält der Betreuer bereits sehr ökonomisch einen Überblick über unterschiedliche Lebens- und Empfindensfacetten seines Gegenübers. Nutzt der Betreuer die Auswertung und den Vergleich des individuellen Gesamttestergebnisses mit den Normwerten – oder zusätzlich bei einem mehrdimensionalen Verfahren die Information eines Skalenprofils, erhält er eine verlässliche Gewichtung von Ressourcen und Defiziten des individuellen Falls. Je nach eingesetztem Instrument ist es ihm u.U. sogar möglich, psychische Auffälligkeiten und gesundheitliche oder Pflegedefizite auszumachen (Saliba et al., 2001).

Interventionsplanung
Üblicherweise wird die so gewonnene diagnostische Zusatzinformation für eine ökonomische, weil zielgerichtete Interventionsplanung herangezogen. Dabei können solche Fragen im Vordergrund stehen wie: Auf welche Ressourcen kann bei den nächsten Gesprächen zurückgegriffen werden, welche Defizite sind – neben den bereits bekannten – noch zusätzlich zu berücksichtigen. Der Berater kann dadurch die Reihenfolge und Priorisierung der zu besprechenden Themen passgenauer festlegen. Weiterhin werden u.U. wichtige Aspekte wie die Prüfung von Selbst- oder Fremdgefährdung oder die Beschreibung starker finanzieller Belastungen automatisch abgesichert erhoben.

Psychoedukation/ Partizipative Enscheidungsfindung
Sind die ausgewerteten Lebensqualitätsergebnisse über flankierende Schulungs- und Informationsunterlagen sinnvoll in einen gesamtbetreuerischen (z.B. partizipative Entscheidungsfindungs- oder shared-decision-making) Prozess eingebettet, können die Ergebnisse dem Klienten u.U. auch schriftlich mitgegeben werden (Brundage et al., 2005). Er kann diese z.B. nutzen, um auf Basis seiner Selbstbeschreibung für sich festzulegen, wo er seine Schwerpunkte im nachfolgenden Betreuungsprozess sieht. Zudem wird über die erläuternden professionellen Unterlagen, die Einbettung der eigenen Ergebnisse in ein biopsychosoziales Vergleichsgefüge und die Normwerte seine eigene Lage relativiert und gleichzeitig greifbarer.

Lebensqualität in der Altenberatung 61

Optimierte Zuordnung von Klient und Betreuer
In Abhängigkeit von den institutionellen Prozessen eröffnet eine Erfassung der Lebensqualität zu Beginn des Klientenkontakts die Möglichkeit, eine optimierte Passung von Betreuerqualifikation und Klientenanforderungen zu gewährleisten. Füllt der Klient noch vor dem längeren Erstkontakt ein entsprechendes Instrument aus, kann dies z.b. in einer Fall- oder Clearingkonferenz einem Mitarbeiter mit passenden Eigenschaften und Kompetenzen zugeordnet werden (Jacoby et al., 2007). Bisher gänzlich unerwähnt geblieben sind Untersuchungen zum Wechselspiel der Lebensqualität der Berater und der Klienten. Lebensqualitätserhebungen bei den Beratern könnten interessante Erkenntnisse ans Licht fördern. Allerdings wurden Erhebungen im wissenschaftlichen Umfeld zur Interaktion der Lebensqualitätswerte von Bezugspersonen – bislang nur im familiären Kontext durchgeführt (Giannakopoulos et al., 2009).

2.2.2 Eigene Befunde für den Stellenwert der Lebensqualität in der Alten- und Angehörigenberatung

Die Autoren haben sich in dem Forschungsprojekt BELiA (Beratung zum Erhalt von Lebensqualität im Alter) mit der Landschaft der Alten- und Angehörigenarbeit in Deutschland beschäftigt. Eingebettet in einen umfangreichen Fragebogen (79 Fragen, ca. 1.000 Teilnehmer) zur breiten Darstellung des Status quo der Alten- und Angehörigenarbeit in Deutschland wurden von den Autoren auch Fragen zur Bedeutung und zur Nutzung des Konzepts „Lebensqualität" gestellt. Die quantitative Analyse der Aussagen der befragten Berater aus unterschiedlichsten Beratungsstellen eröffnete ein erklärungsbedürftiges Spannungsfeld zwischen der breiten Zustimmung zur Bedeutung der Lebensqualität in der Beratungsarbeit („Spielt Lebensqualität in der Arbeit mit Ihren Kunden eine Rolle?": 95% Zustimmung) und dem seltenen konkreten Einsatz in der Arbeit („Ich nutze Lebensqualitätskonzepte": 28% Zustimmung).

Die Teilnehmer der Befragung wurden im Zusammenhang der Antworten ausdrücklich aufgefordert ihre Ansichten zur Lebensqualität zu kommentieren. Die Antworten der Personen, die von dieser Möglichkeit Gebrauch machten, geben einen ungefähren Einblick in das Spektrum der Konnotationen zur Lebensqualität, wie sie von Beratern der Alten- und Angehörigenarbeit verstanden wird. Nachfolgend sind die häufigsten sieben Inhaltsgruppen dargestellt und mit beispielhaften Zitaten versehen.

Recht auf Lebensqualität
Die Lebensqualität wird hier als Persönlichkeits- und Menschenrecht verstanden („Jeder ältere Mensch ist eine Persönlichkeit und hat ein Recht auf Lebensqualität").

Erhalt der Autonomie
Bei diesem Ansatz ist die Lebensqualität mit einem hohen Autonomiebezug verknüpft („konsequente Autonomieorientierung"; „seine Wünsche und Bedürfnisse wenigstens teilweise aufrecht erhalten können"; „der Verbleib in der eigenen Wohnung im Alter so lange wie möglich"; „selbst bestimmtes Leben"; „Selbstbestimmungsrecht"; „Aktivierung").

Ausschöpfung der Ressourcen
Andere Teilnehmer sehen in einer hohen Lebensqualität eher die Ausschöpfung möglichst vieler der vorhandenen Ressourcen („Lebensqualität bezogen auf die höchstmögliche Ausschöpfung aller Ressourcen um die jeweilige Lebenssituation so zufrieden stellend wie möglich zu gestalten"; „ausgeprägte Kompetenzförderung"; „Ressourcen mit und für den Klienten finden und nutzen"; „Empowerment").

Wohlfühlen
Ein anderer Assoziationsstrang zur Lebensqualität kreist um die Aspekte des Wohlfühlens („das sich der Betroffene wohl fühlt"; „sich in seiner Haut und Umgebung wohl fühlen und „angstfrei" leben zu können").

Soziale Teilhabe
Oft als eng mit der Lebensqualität verknüpft wird die Bedeutung des sozialen Gefüges gesehen („Hilfe zu bekommen, Kommunikation zu pflegen, nicht mit sich und seinen Problemen allein zu sein"; „Hilfe annehmen ohne sich zu schämen"; „Leute, Kontakte mit anderen aufrecht zu erhalten oder neu zu knüpfen"; „im Einklang mit der eigenen Gesundheit, Umwelt und Mitmenschen leben"; „Partizipation").

Lebensqualität in der Altenberatung 63

Individualität
In den Kommentierungen zur Lebensqualität wird weiterhin die Idee der Individualität skizziert („keine vorgefertigten Problemlösungen"; „eigene Bedürfnisse wahrnehmen und sich zugestehen"; „Lebensqualität ist der zentrale Antriebsmotor jedes einzelnen, wobei die Ausgestaltung von dem „was" für den Menschen Lebensqualität bedeutet, immer unterschiedlich ist"; „Der Begriff der Lebensqualität wird im Kontext des Individuums verstanden. Was für den einzelnen Lebensqualität darstellt kann nur er in seiner derzeitigen Situation bestimmen").

Multidimensionalität
Die Multidimensionalität wird durch die Nennung der unterschiedlichen, konstituierenden Aspekte der Lebensqualität deutlich („wesentlich sind die Inhalte mit denen ich „mein Leben fülle" wie z.b. Sport, Politik, Kinder, Nachhaltigkeit, Erreichen großer Ziele wir z.b. Absolvieren eines Marathons"; „Lebensqualität im Alter setzt sich aus verschiedenen Parametern z.b. Teilhabe, soziale Integration, Beziehungen, ... zusammen"; „Lebensqualität ist sehr schwer messbar. Für den einen ist es schon Wasser und Wärme, für den anderen sind es soziale Kontakte und Gesundheit").

Zusätzlich zu den freitextlichen eigenen Interpretationen der Lebensqualität wurden von einigen Erhebungsteilnehmern auch wissenschaftliche und therapeutische Konzepte als konkretes Wissen aufgeführt. Vorrangig genannt wurden:

- Salutogenese
- Systemische Beratung und Therapie
- Klientenzentrierung
- „Aktivitäten des täglichen Lebens" nach Monika Krohwinkel (und Böhm)
- Lebensweltorientierter Ansatz
- Risiko- und Schutzfaktorenmodell
- H.I.L.DE. Demenzmodell

In einem weitergehenden Schritt sollte der konkrete Einsatz der Lebensqualitätsmessung in der alltäglichen Praxis genauer ausgeleuchtet werden. Befragt nach der Relevanz von zehn vorgegebenen Vorteilen einer Routineerfassung der Lebensqualität der Klienten im Zuge einer Beratung, gaben 426 Personen dazu Auskunft. Weiterhin wurden die Teilnehmer zusätzlich aufgefordert, die im Fragebogen vorgegebenen zwölf Nachteile aus ihrer Sicht zu bewerten (siehe nachfolgende Abbildungen). Sowohl bei der Vorteils- wie auch bei der Nachteilsliste war es den Teilnehmern möglich unter „Sonstiges" individuelle Gründe freitextlich hinzuzufügen. Bei der Fragebogenentwicklung wurden die beiden vorgegebenen Begründungslisten aus Gesprächen mit Praktikern so wie aus der Literatur abgeleitet.

Abbildung 2: BELiA-Befragungsergebnis: Nachteile einer Erfassung der Lebensqualität in der Beratung (Mehrfachnennungen)

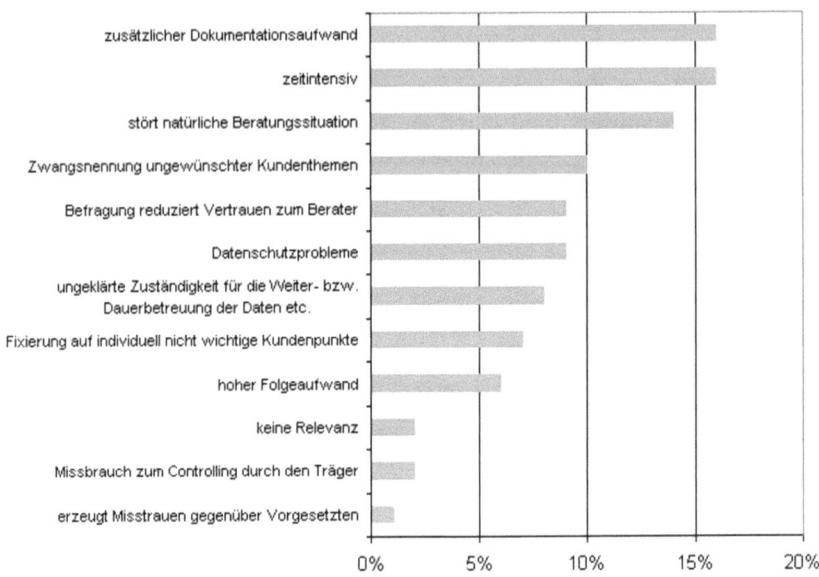

Die meisten Teilnehmer sahen im stärkeren Einbezug der subjektiven Kundensicht den größten Vorteil einer Routinebefragung zur Lebensqualität. Ähnlich häufig wurde eine einfach zu erzielende Beratungsstrukturierung als Vorteil genannt. Am dritthäufigsten wurde die Möglichkeit der Evaluation des Beratungsprozesses angeführt; gleichauf mit einer damit verbundenen Fixierung wichtiger Punkte für Klient und Berater. Dies ist eng verknüpft mit einem einfachen Dokumentationsverlauf der Beratung, welcher an fünfter Stelle als vorteilhaft für eine Routineerfassung der Lebensqualität genannt wurde.

Lebensqualität in der Altenberatung 65

Abbildung 3: BELiA-Befragungsergebnis: Vorteile einer Erfassung der Lebensqualität in der Beratung (Mehrfachnennungen)

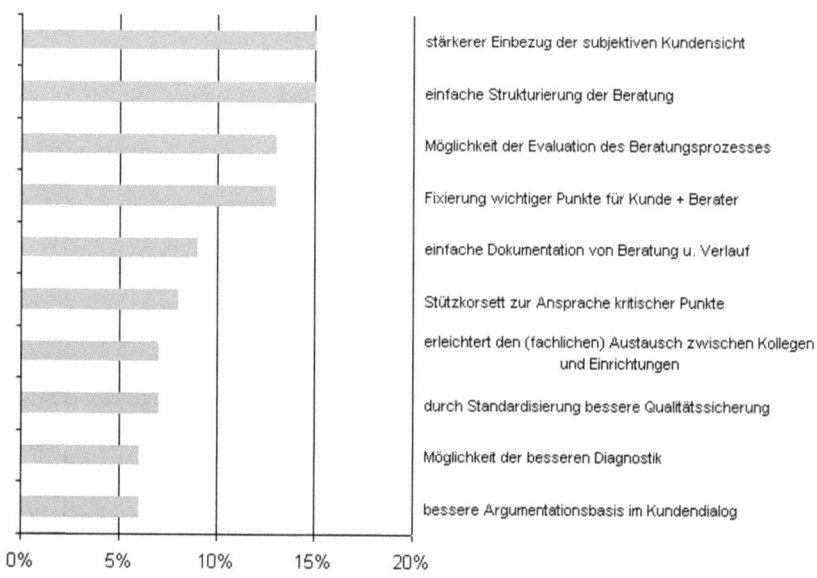

Allerdings steht eben genau der zusätzliche Dokumentationsaufwand bei den Befragungsteilnehmern an oberster Stelle der Nachteilbewertung einer Erhebung der Lebensqualität in der Beratung, gleichauf mit dem Aspekt der Zeitintensität einer zusätzlichen Befragung. Weiterhin wird eine routinemäßige Befragung der Klienten als eine Störung der Beratungssituation befürchtet. Da in der Regel eine standardisierte Lebensqualitätserfassung mit einem Fragebogen mit festen Items verbunden sein dürfte, erwarten die Befragten am vierthäufigsten eine Zwangsnennung ungewünschter Kundenthemen als Problem. Dadurch wird der Klient beim Ausfüllen des Fragebogens u.U. mit Themen konfrontiert, die er gern bei der Beratung ausgeklammert hätte. Umgekehrt ist der Berater u.U. angehalten alle problematischen Ergebnisse des Fragebogens auch in einem Beratungsgespräch zu adressieren. Erst an fünfter Stelle wurde das verringerte Vertrauen zum Berater als Bedrohung durch eine Fragebogenerhebung gesehen. Ungeklärt bleiben an dieser Stelle die Gründe der jeweiligen Teilnehmer für diese Annahme. Es lässt sich von unserer Seite vermuten, der Vertrauensverlust könnte mit dem genannten sechstwichtigsten Nachteil, den Datenschutzproblemen gekoppelt sein. Dahinter könnten sich angenommene Befürchtungen auf Seiten des Klienten verbergen, dass sich mit Hilfe des ausgefüllten Fragebogens sehr leicht auch tiefere Einblicke in die Klientensituation an andere weitergeben lassen. Da es bei den Nachteilen lediglich vier Kommentierungen seitens der Teilnehmer gab, tragen diese hier zu keinen weiteren Einblicken bei.

Zusammenfassende Kommentierung der priorisierten Vor- und Nachteile
Größte Einigkeit besteht bei den teilnehmenden Beratern in der Ansicht, dass die standardisierte Erhebung der Lebensqualität bei den Klienten einen stärkeren Bezug zur subjektiven Kundensicht schafft. Es kann spekuliert werden, dass die Berater davon ausgehen, dass sie (noch) keinen ausreichend tiefgehenden Einblick in die Erlebenswelt ihrer Klienten haben. Eine Befragung zu einer breiten Palette von Items bietet u.U. für die Berater die Möglichkeit die subjektiven Hintergründe ihrer Klienten besser kennenzulernen.

Dies unterstreicht den Aspekt der Individualität von Lebensqualität sowie ihren ausgesprochen subjektiven Charakter. Gleich bedeutend zur subjektiven Kundensicht wird der Vorteil einer optimierten Strukturierung der Beratung eingestuft. Es kann vermutet werden, dass sowohl die Reihenfolge von Vorlage, Auswertung und Besprechung des Lebensqualitätsfragebogens wie auch die standardisierte Interpretation der Fragebogenauswertung für den Berater eine Hilfe beim Vorgehen der Beratung darstellt. Auch die dadurch vorgegebene individuelle Hierarchisierung der Klientenprobleme kann dem Berater – und dem Klienten - zu einem sicheren Umgang bei der Beratung verhelfen. Diese Argumente sind umso bedeutender, je weniger Berufserfahrung der Berater mitbringt und vorgegebene Prozesse seine Beratungsqualität verbessern können.

Am dritthäufigsten wird die Evaluation des Beratungsprozesses als Vorteil einer standardisierten Lebensqualitätserhebung gestellt. Als Hintergrund lässt sich bei den teilnehmenden Beratern ein Interesse an der Bewertung und Verbesserung der eigenen Beratungsarbeit vermuten. Die Berater betrachten eine Messung der Klientenlebensqualität als geeignetes Maß und Methode an, um belastbare Aussagen zur Qualität des Beratungsprozesses zu erhalten.
Die Rangfolge der Argumente *gegen* den Standardeinsatz von Lebensqualität verhält sich zum Teil komplementär zu den Pro-Argumenten. Hier stehen die Befürchtungen von höherem Zeitaufwand sowie von der Beeinträchtigung des Vertrauensverhältnisses und der Einschränkung der beraterischen Freiheitsgrade oben auf der Liste.

Lebensqualität in der Altenberatung 67

Persönliche Bereitschaft zum weiteren Diskurs
Der weitere Diskurs zur Nutzung des Lebensqualitätskonzepts in der Alten- und Angehörigenberatung ist abhängig vom Engagement der Praktiker vor Ort, sich aktiv diesem Thema anzunehmen. Aus diesem Grund befragten wir die Erhebungsteilnehmer nach ihrer persönlichen Bereitschaft, sich für eine verstärkte Diskussion um die Idee der Lebensqualität in der (Alten-)beratung einzusetzen. Von den 435 Personen, die sich dazu äußerten, zeigte etwa die Hälfte ihre aktive Bereitschaft an.

Abbildung 4: BELiA-Befragungsergebnis zum persönlichen Einsatz in einer Lebensqualitätsdiskussion

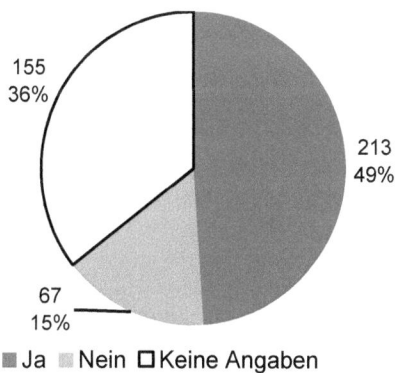

Wir müssen davon ausgehen, dass es sich bei den ausgewerteten Teilnehmern primär um eine Selektion hinsichtlich des persönlichen und fachlichen Engagements handelt. Somit ist gerade das Ergebnis zu der obigen Frage keinesfalls als repräsentativ für die gesamtdeutsche Landschaft der Alten- und Angehörigenberatung zu bewerten. Allerdings fallen 15% der Teilnehmer aus diesem angedeuteten Muster heraus und haben sich mit ihrem „Nein" in einer anonymen Situation ohne Konsequenzen des Handelns nicht dem Zwang der sozialen Erwünschtheit unterworfen. In unserer Erhebung gab es durchaus Fragen mit einer Zustimmungsquote von 90% oder mehr. Bei näherer Überlegung kann es sich somit durchaus um über die Befragung hinaus belastbare Zahlen handeln.

Das relativ hohe aktive Interesse der Erhebungsteilnehmer an der Lebensqualitätsdiskussion lässt zudem einen gewissen Handlungsdruck im beruflichen Alltag vermuten. Fehlende berufliche Leitlinien bzw. der Wunsch danach, eigene Unzufriedenheit mit dem Beratungsergebnis oder geringer Austausch auf einer fachlichen Metaebene könnten hier einige Stichwörter sein.

In jedem Fall schreiben diese Daten objektiv fest, dass Vertreter von etwa 200 Beratungsstellen in Deutschland bereit wären, aktiv in eine Werte- und Zieldiskussion der Alten- und Angehörigenberatung auf Grundlage des Lebensqualitätskonzepts einzusteigen. Ein Potential, auf welches für entsprechende Fachdiskussionen, Projekte oder innovative Änderungsvorschläge zurückgegriffen werden kann. Näheres wird dazu im nächsten Kapitel ausgeführt.

2.3 Implikationen

Die oben beschriebenen Erhebungen bestätigen, dass Überlegungen zur Lebensqualität der Klienten beim Vorgehen der Berater eine sehr wichtige Rolle spielen. Andererseits ist die konzeptuelle Verankerung dieser Überlegungen in der Beratungslandschaft noch gering ausgeprägt. Viele Berater besitzen keine wissenschaftlich hinterlegten Erkenntnisse zum Lebensqualitätskonzept, während andere eigenständige oder theoriebasierte Aspekte des Konzepts benennen können. Die Vor- und Nachteile einer systematischen Erfassung der Lebensqualität der Klienten für die Beratung werden komplementär gesehen, d.h. einer einfacheren Strukturierung der Beratung steht durchaus der zusätzliche Zeitaufwand als Nachteil gegenüber. Diese Ambivalenz benötigt zum tieferen Verständnis und für ihre Auflösung einen stärkeren Austausch aller Beteiligten über den Einsatz des Lebensqualitätskonzepts in der Beratung.

Vielen unserer Erhebungsteilnehmer ist die fachliche Diskussion der Lebensqualität in der Beratung so wichtig, dass sie sich persönlich für eine verstärkte Debatte in der Öffentlichkeit einsetzen würden. Zentrale Themen dieses Diskurses aus Sicht der Autoren sind die genauere und vielschichtigere Klärung des Beratungsziels und damit verknüpft der Beratungsqualität. Wohin wird beraten, diese Frage gilt es in den nationalen Fachdiskursen wie auf institutioneller oder Arbeitsgruppenebene zu klären. Die internationale Forschung zur Lebensqualität älterer Menschen gibt dafür einen hilfreichen Rahmen vor, um sich über die Zielsetzungen von Dienstleistungen im Umfeld älterer Menschen zu orientieren. Herrscht im kleinen (Beratungsstelle) wie im großen (Fachverband) ein einheitliches Verständnis für die Ziele der Beratung, sollte damit auch ein gewisser Qualitätsanspruch definiert sein. Das Treffen dieses Qualitätsziels durch die individuellen Beratungen benötigt jedoch eine dauerhafte Überprüfung mit ggf.

anschließender Adjustierung der eigenen Beratungsprozesse. Instrumente zur Messung der subjektiven Lebensqualität unterstützen die Fokussierung der Klientenperspektive bei einer Erfassung der Ergebnisqualität. Eine Qualitätsdebatte innerhalb der Alten- und Angehörigenberatung muss zwingend auch bestehende Ausbildungscurricula beeinflussen. Nach der Klärung der (Qualitäts-)ziele der Alten- und Angehörigenberatung müssen diese positiv beeinflussenden Methoden diskutiert werden. Leitfragen könnten sein: Sind die in Sozialer Arbeit bisher vermittelten Methoden hinreichend? Muss der allgemeine Methodenkanon für die Alten- und Angehörigenarbeit anders priorisiert oder gar erweitert werden?

Spätestens bei einer Instrumentengestützten Begleitung der Beratung wird klar, dass die scheinbar einheitliche Klientenperspektive der Alten- und Angehörigenberatung differenziert angegangen werden muss. Die Autoren können in der nationalen und internationalen Forschungslandschaft bisher keine klare Beschäftigung mit einer verknüpften aber differenzierten Sicht von Altenberatung hier und Angehörigenberatung dort erkennen. Eine verstärkte Untersuchung der Interaktionen der Lebensqualität von Angehörigen und zu Pflegenden im Zuge der Beratung könnte zu diesem Thema erste wertvolle Anregungen liefern. Der systematische und ausgeweitete Einsatz von Lebensqualitätsbefragungen in der Beratungslandschaft kann dabei als ökonomisch vernünftige Kombination aus sozialpolitischem und sozialwissenschaftlichem Erkenntnisgewinn fungieren. Gerade die einfache und standardisierte Vorgabe von Lebensqualitätsinstrumenten – praktisch belegt durch die unzähligen veröffentlichten Befragungen bei alten und kranken Menschen – bietet die Chance zu großzahligen nationalen Erhebungen. Analog zur „Studie zur Gesundheit von Kindern und Jugendlichen in Deutschland" (KIGGS) des Robert-Koch-Instituts, bei der die Erfassung der Lebensqualität eine zentrale Rolle spielt, ließen sich ähnliche Erhebungen an den Beratungsstellen inhaltlich und organisatorisch aufhängen. Ein genaueres Abbild der Befindlichkeit älterer Menschen und ihrer Angehörigen wie auch der dazugehörigen Beratungsarbeit wären ein mögliches Resultat.

Es ist anzunehmen, dass über diesen Weg die Beratungsarbeit stärker in die öffentliche Diskussion rückt und über die gewonnen Daten sowohl Veränderungen auf politischer wie wissenschaftlich-inhaltlicher Ebene verargumentiert werden können. Es ergeben sich zudem Hinweise für einen direkten Nutzen derartiger Lebensqualitätsscreenings älterer Populationen in Bezug auf die präzise Identifizierung von Personen mit depressiven Störungen (Silveira et al., 2005), so dass auch hier das interdisziplinäre und präventive Potential der Beratungsstellen sichtbar wird.

Aber nicht nur auf der großen Ebene erscheint es lohnenswert, das Konzept Lebensqualität und seine artverwandten Begrifflichkeiten handlungsleitend aufzugreifen. Zum Beispiel für Betriebe kann es sich als günstig für die Arbeitszufriedenheit von pflegenden Angehörigen erweisen, wenn diese optimal im Umgang mit der Pflege- und Betreuungsaufgabe beraten werden. Die enge Interkorrelation von Lebensqualität und Arbeitszufriedenheit ist aus vielen Studien bekannt. Aufgrund des hohen innerbetrieblichen Bedarfs und der hohen Relevanz für den Geschäftserfolg machen sich Firmen bereits auf, die bestehenden Beratungsdefizite eigenständig zu schließen und sind dafür auf der Suche nach Qualitätskriterien und Evaluationsmethoden (vgl. Angermann & Solf in diesem Band).

Bedingt durch den demografischen Wandel erfährt das Thema der Alten- und Angehörigenberatung eine weiterhin steigende Prävalenz. Es darf angenommen werden, dass nicht oder unzulänglich beratene ältere Menschen oder deren Angehörige erhöhte gesellschaftliche Kosten verursachen. Überlegungen die Alten- und Angehörigenberatung bei gerontologischen Präventionskonzepten mit zu berücksichtigen, erscheinen daher besonders zielführend. Im internationalen Spektrum lassen sich derzeit bereits Staaten identifizieren, die präventive, soziogerontologische Beratungskonzepte gesetzlich hinterlegt haben. Das Konzept der Lebensqualität könnte auf der bundesdeutschen Ebene als Leitkonzept eine hiesige Debatte gewinnbringend begleiten.

3 Angewandte gerontologische Forschung mit Demenzkranken

Andreas Kruse

Die angewandte Psychologische Gerontologie birgt ein bemerkenswertes Potenzial: Theoretisch und methodisch fundierte Untersuchungen zu Fragen der Diagnostik und Intervention versetzen uns in die Lage, die körperlichen, emotional-motivationalen, kognitiven und sozial-kommunikativen Ressourcen älterer Menschen differenziert zu erfassen – auch die Ressourcen jener älteren Menschen, bei denen aufgrund gesundheitlicher und funktionaler Einbußen eine hohe Verletzlichkeit besteht. Diese Untersuchungen zeigen uns auch, wie (räumliche, soziale, infrastrukturelle und rechtliche) Umwelten und situative Bedingungen beschaffen sein sollten, damit diese Ressourcen aktiviert werden und sich gegebenenfalls weiterentwickeln können.

Als Beispiel ist die Aktivierung und Weiterentwicklung von Ressourcen bei einer schweren Erkrankung zu nennen: Hier gewinnt zunächst eine barrierefreie und assistierende *räumliche* Umwelt an Bedeutung, die wichtig für die Erhaltung von Selbstständigkeit und Teilhabe ist und sich damit positiv auf die Aktivierung körperlicher und sozial-kommunikativer, aber auch emotional-motivationaler und kognitiver Ressourcen auswirkt. Hier gewinnt zudem die *soziale und infrastrukturelle* Umwelt an Bedeutung, die das Erleben von Bezogenheit auf andere Menschen vermittelt und zugleich öffentliche Räume konstituiert, die nicht ausschließen (Exklusion), sondern vielmehr integrieren (Inklusion); dies tun sie dadurch, indem sie dem Individuum mit größtmöglichem Respekt vor seiner Würde und vor seinen Ressourcen begegnen (dieses also nicht auf seine Verletzlichkeit festlegen) und zugleich Möglichkeiten bieten, die eigene Würde im Austausch mit anderen Menschen „zu verwirklichen", „zu leben". Aber auch die *rechtliche* Umwelt – die Leistungen definiert, die dem Menschen im Falle einer schweren Erkrankung zustehen, und die damit für gegebene Handlungsoptionen wichtig ist – übt Einfluss darauf aus, inwieweit die verschiedenen Ressourcen im Falle einer Erkrankung genutzt werden und sich weiterentwickeln können: zu nennen ist hier vor allem das gesetzlich definierte Spektrum an Therapie-, Rehabilitations- und Pflegeleistungen, die ältere Menschen im Falle einer schweren Erkrankung in Anspruch nehmen können (verbunden mit dem Verbot eines lebensaltersbedingten Ausschlusses von derartigen Leistungen).

Die angewandte Psychologische Gerontologie kann, dies sei noch einmal betont, auf der Grundlage von Untersuchungen, die sich mit der Aktivierung von Veränderungsmöglichkeiten im hohen und sehr hohen Alter beschäftigen, einen wichtigen Beitrag zur differenzierten Einschätzung gegebener Ressourcen, zur Beschreibung förderlicher Umwelt- und Situationsbedingungen, aber auch zur Plastizität (die wir verstehen als das Potenzial zur Weiterentwicklung – und nicht nur zur Aktivierung – gegebener Ressourcen) leisten.

Im Folgenden steht die – auf einem differenzierten diagnostischen Instrument gründende – Einschätzung emotionaler Ressourcen bei demenzkranken Menschen im Zentrum, ergänzt durch Aussagen über den Einfluss einer Individuum-zentrierten Intervention auf die Evozierung solcher Emotionen wie Glück und Freude oder solcher inneren Zustände wie Wohlbefinden. Wir wählen diesen Topos als Beispiel für das Potenzial angewandter Psychologischer Gerontologie, da die Frage nach möglichen Ressourcen demenzkranker Menschen – vor allem, wenn die Demenz schon weit fortgeschritten ist – auf den ersten Blick als kontraintuitiv erscheint: Demenzkranke Menschen sollen über Ressourcen verfügen? Auf der Grundlage der hier skizzierten Untersuchungen sei diese Frage ausdrücklich bejaht. Diese Ressourcen sehen wir vor allem im emotional-motivationalen Bereich, und die Entwicklung von Instrumenten wie auch von Interventionsstrategien, die auf die differenzierte Einschätzung und die Aktivierung dieser Ressourcen zielen, bildet in unseren Augen eine bedeutende Grundlage für die Verbesserung der Lebensqualität demenzkranker Menschen.

Zunächst sei auf Formen und Symptome der Demenz eingegangen, um damit die Grundlage für ein besseres Verständnis der persönlichkeitspsychologischen Aspekte von Demenz zu schaffen, die uns in einem weiteren Schritt beschäftigen werden. Diese persönlichkeitspsychologischen Aspekte wiederum bilden die Grundlage für eine Untersuchung zur Förderung von Lebensqualität demenzkranker Menschen, über die hier ausführlich berichtet werden.

3.1 Formen und Symptome der Demenz

Zunächst ist zwischen *primären* und *sekundären* demenziellen Erkrankungen zu differenzieren. *Primäre Demenzen* sind chronische Erkrankungen des Gehirns, die meist auf degenerativen, mit Zellverlust einhergehenden Veränderungen, gründen. Die degenerative Demenz vom Alzheimer Typ zeigt in den ersten Krankheitsstadien, die sich über mehrere Jahrzehnte erstrecken, einen klinisch stummen Verlauf. Erste nach außen hin sichtbare Einbußen und Verluste treten auf, wenn der Zellverlust in der betroffenen Gehirnregion mindestens 50 Prozent beträgt. Bei Patienten mit fortgeschrittener Alzheimer Demenz lässt sich eine deutliche Reduktion der Zellzahl in der Hippocampusformation von 70 bis über 80 Prozent nachweisen. Den *sekundären Demenzen* liegt entweder eine körperliche oder eine psychische Erkrankung zugrunde: Die häufigsten Ursachen bilden Stoffwechselstörungen, entzündliche Prozesse, raumfordernde Prozesse des Gehirns, Medikamenten-Nebenwirkungen, Alkoholintoxikation, Drogenmissbrauch, depressive Störungen. Wird die zugrunde liegende Erkrankung korrekt diagnostiziert und behandelt, so können sich die sekundären Demenzen vollständig oder – im Falle bereits aufgetretener Schädigung von Gehirnstrukturen – teilweise zurückbilden.

Die *Alzheimer Demenz* bildet mit fast 60 Prozent die häufigste Form demenzieller Erkrankungen. Ein gesicherter Risikofaktor ist das chronologische Alter. Nach dem 60. Lebensjahr verdoppelt sich die Anzahl der erkrankten Personen alle fünf Jahre, die Anzahl der jährlichen Neuerkrankungen verdreifacht sich alle zehn Jahre. In der Gruppe der 90jährigen und Älteren sind ca. 35 Prozent von einer Alzheimer Demenz betroffen, in der Gruppe der 100jährigen und Älteren mehr als 50 Prozent. Dabei besteht allerdings mit Blick auf den Schweregrad eine *hohe Variabilität*. Die häufigste Begleiterkrankung bei Alzheimer Demenz bilden cerebrovaskuläre Erkrankungen.

Vaskuläre Demenzen lassen sich auf Schädigungen der Hirngefäße zurückführen, die ihrerseits durch Arteriosklerose bedingt sind. Bei der Arteriosklerose sind die Gefäße durch eine Kalkablagerung an der Innenwand verengt. Durch die eingeschränkte Durchblutung ist die Versorgung der Nervenzellen mit Substanzen, die für die Hirnaktivität unerlässlich sind (zum Beispiel Glukose), nicht mehr völlig gesichert. Die Konsequenz besteht in einer deutlich reduzierten Hirnleistungskapazität, die langfristig in eine (gefäßbedingte) Demenz münden kann. Für gefäßbedingte Demenzen sind alle Risikofaktoren verantwortlich, die auch für die Arteriosklerose nachgewiesen wurden, so zum Beispiel: Nikotin, übermäßiger Alkoholkonsum, fettreiche Ernährung, geringe Bewegungsaktivität.

Die *Alzheimer Demenz* und die mit ihr verbundenen, progredient verlaufenden pathologischen Veränderungen sind *irreversibel* und mit den heute zur Verfügung stehenden Mitteln nicht heilbar. Zudem erscheint das Präventionspotenzial mit Blick auf die Alzheimer Demenz als eher gering. *Vaskuläre Demenzen* weisen hingegen ein deutlich höheres Präventionspotenzial auf; wenn diese Demenzen aufgetreten sind, so sind präventive Maßnahmen allerdings nicht mehr erfolgreich. Bei über 50 Prozent aller Patienten mit einer vaskulären Demenz ist ein Schlaganfall alleinige Ursache der Beeinträchtigungen.

Während die Alzheimer Krankheit eher schleichend, mit langsamen Verschlechterungen kognitiver Fähigkeiten verläuft, beginnt die vaskuläre Demenz häufiger abrupt und verläuft stufenweise. Man spricht hier typischerweise von schubförmigen Attacken.

3.2 Grundlegende Aussagen zum Selbst und zur Selbstaktualisierung

Die im vorangegangenen Abschnitt dargelegten Anforderungen, die an die Versorgung und Begleitung demenzkranker Menschen im Sterbeprozess zu richten sind, erfordern eine grundlegende Reflexion über das Selbst und den Prozess der Selbstaktualisierung. Gerade wenn es um ein tieferes Verständnis möglicher Wirkungen von Zuwendung und leiblicher Kommunikation oder von Aktivation und Stimulation geht (als Komponenten der Intervention), sind grundlegende Annahmen über das Selbst und den Prozess der Selbstaktualisierung zu treffen, mit denen diesen Strategien der Versorgung und Begleitung demenzkranker Menschen erst eine theoretisch-konzeptuelle Rahmung gegeben wird.

3.2.1 *Das Selbst bei weit fortgeschrittener Demenz*

Vor dem Hintergrund einer Konzeption des Selbst, die dieses nicht allein in seiner kognitiven Qualität, sondern auch in seinen anderen Qualitäten – dies heißt in seiner emotionalen, sozialen, kommunikativen, alltagspraktischen, empfindungsbezogenen und körperlichen Qualität – begreift, ist davon auszugehen, dass dieses Selbst auch bei einer weit fortgeschrittenen Demenz in einzelnen seiner Qualitäten fortbesteht, selbst wenn diese Qualitäten nur noch in Ansätzen ansprechbar und erkennbar sind. Hier kann durchaus ein Vergleich zur psychischen Situation eines in seinem Bewusstsein deutlich getrübten sterbenden Menschen vorgenommen werden, der auch nicht mehr alle Qualitäten seines (früheren) Selbst zeigt, bei dem aber einzelne Qualitäten – wenn auch nur in *Ansätzen* oder *Resten* – erkennbar, vernehmbar oder spürbar sind. Dies zeigt sich zum Beispiel dann, wenn sterbende Menschen auf Musik, auf Texte, auf Gebete, aber auch auf Berührung, ja auch auf Geschmacks- und Geruchsempfindungen antworten, reagieren.

Es erscheint uns nun im begrifflichen wie auch im fachlichen Kontext als zentral, bei einer weit fortgeschrittenen Demenz ausdrücklich von *Resten des Selbst* zu sprechen. Das Selbst ist als ein kohärentes, dynamisches Gebilde zu verstehen, das sich aus zahlreichen Aspekten (multiplen Selbsten) bildet, die miteinander verbunden sind (Kohärenz) und die sich unter dem Eindruck neuer Eindrücke, Erlebnisse und Erfahrungen kontinuierlich verändern (Dynamik). Bei einer weit fortgeschrittenen Demenz büßt das Selbst mehr und mehr seine *Kohärenz* sowie seine *Dynamik* ein: Teile des Selbst gehen verloren, die bestehenden Selbste sind in deutlich geringerem Maße miteinander verbunden, die produktive Anpassung des Selbst im Falle neuer Eindrücke, Erlebnisse und Erfahrungen ist nicht mehr gegeben, wobei sich auch die Möglichkeit, neue Eindrücke, Erlebnisse und Erfahrungen zu gewinnen, mit zunehmendem Schweregrad der Demenz verringert. Doch heißt dies nicht, dass das Selbst nicht mehr existent wäre: In fachlichen (wissenschaftlichen wie praktischen) Kontexten, in denen eine möglichst differenzierte Annäherung an das Erleben und Verhalten eines demenzkranken Menschen versucht wird (siehe zum Beispiel aus der Heidelberger Arbeitsgruppe Bär, 2010; Becker, Kaspar & Kruse, 2010; Berendonk & Stanek, 2010), wird ausdrücklich hervorgehoben, dass Reste des Selbst auch weit fortgeschrittener Demenz deutlich erkennbar sind. Für jeden demenzkranken Menschen – auch wenn die Demenzerkrankung weit fortgeschritten ist – lassen sich Situationen identifizieren, in denen er (relativ) konstant mit positivem Affekt reagiert, sei dies der Kontakt mit Menschen, die eine ganz spezifische Ausstrahlung und Haltung zeigen, sei dies das Hören von bestimmten Musikstücken, sei dies das Aufnehmen von bestimmten Düften, Farben und Tönen, oder sei dies die Ausführung bestimmter Aktivitäten. Die Tatsache, dass in spezifischen Situationen (relativ) konstant mit positiven Affekten reagiert wird, weist darauf hin, dass diese Situationen wiedererkannt werden, dass sie damit also auf einen fruchtbaren *biografischen Boden* fallen – und dies lässt sich auch in der Weise ausdrücken, dass mit diesen Situationen Reste des Selbst berührt, angesprochen werden.

Die Identifikation solcher Situationen, die an positiv bewerteten biografischen Erlebnissen und Erfahrungen anknüpfen und aus diesem Grunde positive Affekte und Emotionen hervorrufen können, erweist sich als eine bedeutende Komponente innerhalb des Konzepts der Biografie- und Lebenswelt-orientierten Intervention. Gerade im Kontext der Annahme, dass bis weit in die Demenz hinein Reste des Selbst bestehen, erscheint dieser individualisierende, Biografie- und Lebensweltorientierte Rehabilitations- und Aktivierungsansatz als besonders sinnvoll, dessen Kern von Remmers (2010) sehr treffend mit dem Begriff der *Mäeutik* (im Sinne des in der altgriechischen Philosophie verwendeten Begriffs der Hebammenkunst) umschrieben wird. Es wird ja in der Tat in einem theoretisch derart verankerten Rehabilitations- und Aktivierungsansatz etwas „gehoben", nämlich biografisch gewachsene Präferenzen, Neigungen, Vorlieben – die sich in „einzelnen Selbsten" ausdrücken. Diese weisen zwar nicht mehr jene Kohärenz, Prägnanz und Dynamik auf, wie dies vor der Erkrankung der Fall gewesen war, doch sind sie wenigstens in Ansätzen erkennbar. Aus diesem Grunde soll hier ausdrücklich von *Resten des Selbst* gesprochen werden. Der von Thomas Fuchs konzipierte Ansatz des Leibgedächtnisses weist in der von diesem Autor vorgenommenen Übertragung auf die innere Situation demenzkranker Menschen (Fuchs, 2010). Ähnlichkeiten mit der Annahme von Resten des Selbst bei weit fortgeschrittener Demenz auf.

3.2.2 Selbstaktualisierung

Die Selbstaktualisierung beschreibt die grundlegende Tendenz des Menschen, sich auszudrücken und mitzuteilen; Ausdruck und Mitteilung können sich dabei über sehr verschiedenartige psychische Qualitäten vollziehen – diese lassen sich in kognitive, emotionale, empfindungsbezogene, sozialkommunikative, alltagspraktische und körperliche Qualitäten differenzieren (Kruse, 2010b). Vor dem Hintergrund der Annahme, dass die Selbstaktualisierungstendenz eine grundlegende Tendenz des Psychischen darstellt, nach Kurt Goldstein (1939) sogar das zentrale Motiv menschlichen Erlebens und Verhaltens, ergibt sich die weitere Annahme, *dass auch im Falle einer weit fortgeschrittenen Demenz eine Selbstaktualisierungstendenz deutlich erkennbar ist.* In Arbeiten zur Lebensqualität demenzkranker Menschen (siehe Beiträge in Kruse, 2010a) konnte gezeigt werden, dass auch bei weit fortgeschrittener Demenz Selbstaktualisierungstendenzen erkennbar sind, wenn die situativen Bedingungen den demenzkranken Menschen zu stimulieren, aktivieren und motivieren vermögen, wenn sich also in bestimmten Situationen das Erleben der *Stimmigkeit* (siehe zu diesem Begriff Thomae, 1968) einstellen kann – was vor allem in jenen Situationen der Fall ist, die biografische Bezüge aufweisen und (damit) Reste des Selbst berühren.

Die Selbstaktualisierungstendenz bildet unserer Annahme zufolge sogar die *zentrale* motivationale Grundlage für die Verwirklichung jener Ressourcen, über die der demenzkranke Mensch auch bei einer weit fortgeschrittenen Demenz verfügt. Es lässt sich beobachten, dass bei demenzkranken Menschen die emotionalen, empfindungsbezogenen, sozial-kommunikativen, alltagspraktischen und körperlichen Ressourcen deutlich länger fortbestehen, als die kognitiven Ressourcen. Eine theoretisch-konzeptionelle oder anwendungsbezogen-praktische Annäherung, die den Menschen – und damit auch den demenzkranken Menschen – primär oder sogar ausschließlich von dessen kognitiven Ressourcen her begreift, unterliegt der Gefahr, die zahlreichen weiteren Ressourcen der Person zu übersehen. Und damit begrenzt sie von vornherein die thematische Breite des Stimulations-, Aktivations- und Motivationsansatzes und schmälert deren möglichen Erfolg.

Dabei zeigen Arbeiten aus der *Interventionsforschung*, dass emotionale, empfindungsbezogene, sozialkommunikative, alltagspraktische und körperliche Ressourcen unter angemessenen Stimulations-, Aktivations- und Motivationsbedingungen zum Teil *bis weit in die Krankheit hinein* verwirklicht werden können und auf diesem Wege zum Wohlbefinden des Menschen beitragen (Böggemann, Kaspar, Bär, Berendonk, Re & Kruse, 2008). Bei der Verwirklichung dieser Ressourcen werden zudem immer wieder Bezüge zur Biografie – zu den in der Biografie ausgebildeten Werten, Neigungen, Vorlieben, Interessen, Kompetenzen – offenbar, die den Schluss erlauben, dass auch in den späten Phasen der Erkrankung Reste des Selbst erkennbar sind. Diese Reste des Selbst verweisen ausdrücklich auf die Person, sie geben Zeugnis von dieser (Kitwood, 2002). Wenn hier von Resten des Selbst gesprochen wird, so ist damit nicht gemeint, dass „ein Teil" der Person verloren gegangen wäre: Personalität ist diesem Verständnis zufolge nicht an bestimmte Fähigkeiten gebunden (Wetzstein, 2010). Vielmehr vertreten wir die Auffassung, dass sich die Personalität des Menschen nun *in einer anderen Weise ausdrückt.*

In diesem Kontext sind zwei Aspekte der Stimulation, Aktivation und Motivation demenzkranker Menschen hervorzuheben: Das Präsentisch-Werden der individuellen Vergangenheit sowie die Erfahrung der Bezogenheit. (a) *Präsentisch-Werden der individuellen Vergangenheit:* Für die Begleitung und Betreuung demenzkranker Menschen ist die Erkenntnis zentral, dass das *Lebendig werden der Biografie in der Gegenwart* eine zentrale Grundlage für das Wohlbefinden dieser Menschen bildet. Aktuelle Situationen, die mit den in der Biografie ausgebildeten Präferenzen und Neigungen korrespondieren und an den biografisch gewachsenen Daseinsthemen – zu verstehen als fundamentale Anliegen des Menschen – anknüpfen, bergen ein hohes Potenzial zur Selbstaktualisierung und damit zur Evokation positiver Affekte und Emotionen. (b) *Menschsein in Beziehungen:* Für die Stimulation, Aktivation und Motivation des demenzkranken Menschen ist die offene, konzentrierte, wahrhaftige Zuwendung und Kommunikation zentral. Wie Kitwood (2002) hervorhebt, zeichnet sich diese Kommunikation auf Seiten des Kommunikationspartners dadurch aus, dass dieser den demenzkranken Menschen nicht auf dessen „Pathologie" reduziert, ihn auch nicht *primär* von dessen Pathologie aus zu verstehen sucht, sondern dass er in allen Phasen der Kommunikation, auch unter den verschiedensten Ausdrucksformen, nach dessen „eigentlichem Wesen", nach dessen Personalität sucht. Nur unter diesen Bedingungen wird sich beim demenzkranken Menschen das Erleben einstellen, weiterhin in Beziehungen zu stehen, Teil einer Gemeinschaft zu sein, nicht von der Kommunikation mit anderen Menschen ausgeschlossen zu sein (Kruse, 2011).

In Arbeiten zur Interventionsforschung, die sich dem demenzkranken Menschen aus einer biografischen und daseinsthematischen Perspektive zu nähern versuchten, wurde eindrucksvoll belegt, dass gerade unter dem Eindruck einer wahrhaftigen Kommunikation Prozesse der Selbstaktualisierung erkennbar sind, die dazu führen, dass subjektiv bedeutsame Stationen, Ereignisse und Erlebnisse der Biografie wieder präsentisch und dabei von positiven Affekten und Emotionen begleitet werden (Ehret, 2010) – in diesem Zusammenhang wird auch von einem psychischen Potenzial des demenzkranken Menschen gesprochen, das sich gerade in der Kommunikation verwirklicht. Zudem konnte in Arbeiten zur Interventionsforschung gezeigt werden, dass die *konzentrierte, offene Zuwendung* eine Form der Intervention bildet, die bei der Betreuung und Begleitung demenzkranker Menschen besonders häufig positive Affekte und Emotionen evoziert (Bär, 2010).

3.2.3 Kommunikation

Mit Blick auf die Kommunikation ist hervorzuheben, dass Lebensqualität und Wohlbefinden des demenzkranken Menschen in allen Phasen der Erkrankung in hohem Maße von dem Schutz, wie auch von der Sicherheit und der unbedingten Annahme beeinflusst ist, die dieser in der Kommunikation mit wichtigen Bezugspersonen (seien dies Angehörige, seien dies Freunde und Bekannte oder seien dies professionell und ehrenamtlich tätige Personen) erfährt – ein zentrales Element der Bezogenheit, die für die Lebensqualität in allen Lebensphasen, in allen Lebenssituationen essenziell ist (Kruse, 2011). Die konzentrierte, kontinuierlich gegebene, offene und sensible Zuwendung zum demenzkranken Menschen bildet dabei den entscheidenden Weg, um das Erleben von Schutz, Sicherheut und unbedingter Annahme zu fördern. Im Prozess des Sterbens gewinnt die „zwischenleibliche Kommunikation" (Fuchs, 2000), das heißt, die Kommunikation auf der Basis von körperlichen Berührungen, mehr und mehr an Bedeutung. Gerade diese zwischenleibliche Kommunikation versetzt Bezugspersonen in die Lage, den Ausdruck des Demenzkranken noch differenzierter erfassen, ihn noch tiefer erleben zu können (Fuchs, 2010). Zudem birgt diese Form der Kommunikation bemerkenswerte Potenziale mit Blick auf die Anregung (Aktivation) und Beruhigung des demenzkranken Menschen wie auch mit Blick auf die immer wieder anzustrebende, zumeist nur temporär zu verwirklichende, basale Verständigung mit diesem. Gerade vor dem Hintergrund dieser „pathischen" Anteile menschlicher Wahrnehmung wird auch deutlich, wie sehr die Fähigkeit zur Begleitung demenzkranker Menschen in der letzten Phase ihres Lebens an emotionale und kommunikative Qualitäten der Begleiter gebunden ist. Ja, die hohe Verletzlichkeit eines demenzkranken Menschen - die schon im mittleren Krankheitsstadium deutlich erkennbar ist - rechtfertigt die Aussage, dass die Begleitung Demenzkranker nur von Personen geleistet werden sollte, die über ein hohes Maß an Mitschwingungsfähigkeit und Sensibilität verfügen, das sie in die Lage versetzt, die pathischen Elemente der Wahrnehmung tatsächlich zu verwirklichen. Zudem sollte bedacht werden, dass die Kommunikation mit demenzkranken Menschen – speziell am Ende ihres Lebens – ein hohes Maß an Kontinuität und Zeit erfordert. Aus diesem Grunde läuft die heute in vielen Pflegeeinrichtungen erkennbare Tendenz, Mitarbeiterinnen und Mitarbeiter nur in *Teilzeit* anzustellen (Prinzip: „möglichst viele Köpfe"), als den Bedürfnissen demenzkranker Menschen nach Sicherheit, Schutz und unbedingter Annahme geradezu zuwider. Denn mit derartigen Beschäftigungsverhältnissen wird gegen das Diktum der Kontinuität und der ausreichend vorhandenen zeitlichen Ressourcen verstoßen. Und ganz generell lässt sich kritisch feststellen, dass die hohe Zeitbeschränkung in der Pflege gerade den Bedürfnissen demenzkranker Menschen – vor allem in der Endphase ihres Lebens – zutiefst widerspricht. Aus diesem Grunde ist immer wieder kritisch zu fragen, inwieweit die – vor allem ethisch fundierte – Forderung, wonach der Mensch auch in der letzten Phase seines Lebens die Möglichkeit haben muss, *seine Würde zu leben*, mit den konkreten Arbeitsbedingungen in Pflegeeinrichtungen in Übereinstimmung zu bringen ist. Vielfach gelingt dies, wie in Pflegeforschung und Pflegepraxis seit Jahren hervorgehoben wird, nicht. Damit ist zwar nicht unbedingt die Gefahr eines Verstoßes gegen die Menschenwürde verbunden, jedoch die Gefahr, dass sich die Würde des demenzkranken Menschen nicht „verwirklichen", nicht „leben" lässt. Denn noch mehr als bei Menschen, bei denen keine erhöhte körperliche und psychische Verletzlichkeit besteht, bedeutet die Verwirklichung der Menschenwürde *ein Leben in Beziehungen*.

3.2.4 *Selbstbestimmung*

Mit Blick auf die Selbstbestimmung ist hervorzuheben: Wenn im Kontext der Begleitung demenzkranker Menschen am Lebensende von Selbstbestimmung gesprochen wird, so ergibt sich in besonderer Weise die Notwendigkeit eines möglichst umfassenden Verständnisses dieses Konstrukts. Es geht hier nicht mehr um die Frage, inwieweit diese Menschen in der Lage zu *selbstbestimmten* Entscheidungen und Handlungen sind – etwa in dem Sinne, wie in der Öffentlichkeit über Selbstbestimmung am Lebensende gesprochen wird. Vielmehr steht die Frage im Zentrum, inwieweit in späten Phasen der Demenz einzelne Qualitäten des Selbst, wenn auch nur noch in Ansätzen, wenn auch nur noch *in Resten*, erkennbar sind und dazu beitragen, dass sich die Selbstbestimmung in ihrer *basalen* Form ausdrücken kann. Dabei ist zu berücksichtigen: Die Selbstbestimmung zeigt sich bei weit fortgeschrittener Demenz bei weitem nicht mehr in jener Prägnanz, in der sie vor der Erkrankung oder auch noch in ihren frühen Krankheitsstadien erkennbar gewesen ist. Doch kann auf der Grundlage differenzierter Beobachtungen des verbalen und nonverbalen Verhaltens, wie auch des affektiven und emotionalen Ausdrucks (ausführlich dazu Lawton, 1994) die Annahme getroffen werden:

Der demenzkranke Mensch spürt (oder hat eine entsprechende Anmutung), dass *er* es ist, der auf einen Reiz in seiner Umwelt reagiert oder der sich spontan verhält, dass *er* es ist, von dem gerade eine bestimmte Aktivitätsform ausgeht, und eben nicht ein anderer Mensch, zum Beispiel sein Gegenüber.

In dieser *basalen Form der Selbstbestimmung* kommt ein zentrales menschliches Motiv zum Ausdruck, nämlich Verantwortlicher für das eigene Handeln zu sein (ausführlich Schulz & Heckhausen, 1998). Und auch bei einer weit fortgeschrittenen Demenz bildet die Selbstbestimmung des Demenzkranken die Referenzgröße medizinisch-pflegerischen Handelns, wie auch der Begleitung durch Angehörige und ehrenamtlich tätige Menschen. Auch wenn sich die Selbstbestimmung nun nicht mehr in ihrer früheren Differenziertheit, sondern nur noch in einer sehr grundlegenden Form zeigt – etwa darin, dass sich der demenzkranke Mensch einer Person zuwendet, deren Gegenwart er positiv erlebt, oder sich von einer Person abwendet, deren Gegenwart er als störend wahrnimmt -, so bedeutet dies nicht, dass sie damit ihre Bedeutung als Referenzgröße aller Handlungen der sozialen Umwelt verloren hätte. Wenn die These vertreten wird – was an dieser Stelle ausdrücklich geschieht - dass die Empfindungs- und Erlebnisfähigkeit des Demenzkranken am Ende seines Lebens gegeben ist (allerdings nur in ihrer grundlegendsten Form) - dann ist anzunehmen, dass am Ende des Lebens auch die Selbstbestimmung im Sinne einer *Anmutungsqualität* besteht. Alle Versuche, auf dem Wege der mimischen, gestischen und Verhaltensbeobachtung zu erkennen, welche Situationen ein demenzkranker Menschen präferiert, welche er meiden zu versucht, stehen ausdrücklich im Dienste der möglichst weiten Erhaltung der Selbstbestimmung. Und auch die bereits genannten ethischen Fallkonferenzen (Oster, Pfisterer & Schneider, 2010) mit dem Ziel maximaler Annäherung an die aktuellen Bedürfnisse des demenzkranken Menschen lassen sich von diesem Prinzip leiten (Kruse, 2010a).

3.2.5 *Erstes Fazit: Integratives, fachlich-ethisch fundiertes Versorgungs- und Begleitungskonzept*

Der fachlich und ethisch fundierte Umgang mit diesen Anforderungen ist in besonderem Maße an die Fähigkeit von Mitarbeiterinnen und Mitarbeitern gebunden, ein *integratives, individualisiertes, ethisch hoch differenziertes* Versorgungs- und Begleitungskonzept zu entwickeln und zu verwirklichen, in dem die einzelnen Berufsgruppen eng miteinander kooperieren und die einzelnen Handlungen eng aufeinander abstimmen – was eine enge und offene Kommunikation erfordert. Hier sei der von Loewy und Springer Loewy (2000) verwendete Begriff der „Orchestrierung" (orchestrating) aller am Ende des Lebens eingesetzten

Maßnahmen genannt, der zum einen die Kooperation zwischen den Berufsgruppen sehr gut veranschaulicht, der zum anderen deutlich macht, wie vielfältig die Bedürfnisse des Menschen am Lebensende sind und in welchem Maße diese ineinandergreifen. In unseren Augen ist es durchaus angemessen, an dieser Stelle zwischen zwei Formen der „Unversehrtheit" zu differenzieren: der körperlichen Unversehrtheit einerseits, der Unversehrtheit der Personalität andererseits. Erstere lässt sich mit dem Begriff der „restitutio ad integrum" beschreiben, letztere mit dem Begriff der „restitutio ad integritatem" (ausführlich dazu Kruse, 2004; Nager, 1999). Natürlich wird in der letzten Phase des Lebens eine „restitutio ad integrum", das heißt, die Wiederherstellung der körperlichen Unversehrtheit, nicht mehr zu erzielen sein. Doch zielen alle Bemühungen, im Prozess des Sterbens die Personalität des demenzkranken Menschen wahrzunehmen (auch wenn sich diese nur noch in Ansätzen, in „Resten" äußert), diese zu schützen und zu stützen, auf eine restitutio ad integritatem, und eben diese Bemühungen sind fachlich wie auch ethisch von großer Bedeutung.

Allerdings erfordert die Verwirklichung dieser fachlichen und ethischen Prinzipien infrastrukturelle Rahmenbedingungen, die es den Mitarbeiterinnen und Mitarbeitern einer Einrichtung ermöglichen, ihre moralischen Prinzipien zur Grundlage ihres Handelns zu machen und sich in Konsensgesprächen immer wieder auf diese moralischen Prinzipien als einen zentralen Bereich der Leitbilder der Einrichtung zu verständigen. In einer Arbeit von Hardingham (2004) wird dargelegt, dass Pflegefachpersonen nicht selten in Situationen geraten, in denen sie einzelne moralische Prinzipien nicht mehr zur Grundlage ihres Handelns machen können. Wird die eigene Integrität durch solches Handeln verletzt, dann entsteht moralischer Stress, der schließlich mit tiefen Selbstzweifeln und der Tendenz, den Beruf aufzugeben, verbunden ist. Diese Aussagen deuten darauf hin, dass eine fachlich und ethisch anspruchsvolle Begleitung demenzkranker Menschen schon mit der Schaffung von Arbeitsbedingungen bedingt, unter denen eine *moralisch handelnde Gemeinschaft* entstehen kann.

3.3 Förderung der Lebensqualität demenzkranker Menschen

In den beiden vergangenen Jahrzehnten hat sich das Konstrukt der Lebensqualität zu einem Schlüsselkonzept in der Versorgung chronisch kranker Menschen, insbesondere auch von Menschen mit Demenz entwickelt. Die Demenzerkrankung stellt eine große Herausforderung für die Lebensbewältigung der Betroffenen und ihrer Angehörigen dar. Der chronisch progrediente Verlauf einer Demenz rückt die Frage nach dem Erhalt und der Förderung einer guten Lebensqualität in Anbetracht der erlebten Einschränkungen und Verluste in den Mittelpunkt des Forschungsinteresses (Byrne-Davis, Bennett & Wilcock, 2006). Um die Potenziale für die Erhaltung der Lebensqualität angemessen sichern zu können, stellt eine detaillierte Kenntnis der Lebensumstände der Betroffenen, wie auch der Beurteilungen und Gefühle, die sich für demenzkranke Menschen mit diesen Lebensumständen verbinden, eine notwendige Voraussetzung dar.

3.3.1 Erfassung von Lebensqualität

Das Heidelberger Instrument zur Erfassung der Lebensqualität demenzkranker Menschen (H.I.L.DE) (Becker, Kaspar & Kruse, 2010a) verfolgt das Ziel, Lebensqualität in allen Stadien der Demenzerkrankung abzuschätzen (Förderung durch das Bundesministerium für Familie, Senioren, Frauen und Jugend).

Um zu einem umfassenden Verständnis der Lebensqualität Demenzkranker zu gelangen, wurde dem Instrument H.I.L.DE. das multidimensionale Modell der Lebensqualität von Lawton (1996) zugrunde gelegt. Danach sind neben den personenbezogenen Kompetenzen auch Merkmale der Umwelt zu berücksichtigen, die erst bei entsprechender Person-Umwelt-Passung zu erlebter Lebensqualität im Sinne von subjektivem Wohlbefinden führen. Obwohl dieses Modell der Lebensqualität bereits seit vielen Jahren die Forschungsperspektiven auch auf dem Gebiet der Demenz bestimmt, bleibt unklar, inwieweit es die Besonderheiten in der Gruppe demenzkranker Menschen abzubilden vermag. Aus diesem Grunde haben wir uns bei der Entwicklung von H.I.L.DE. dafür entschieden, Pflegefachkräfte aus zahlreichen stationären Einrichtungen der Altenhilfe in die Instrumentenentwicklung einzubeziehen und mit diesen in kontinuierlichen Austausch zu treten. (Insgesamt haben sich mehr als 1.100 Einrichtungen aus der Bundesrepublik Deutschland und ihren Nachbarstaaten an der Instrumentenentwicklung beteiligt.) Dadurch ließ sich eine umfassende, detaillierte und praxisbezogene Beschreibung zentraler Merkmale der Lebenswelt demenzkranker Menschen erarbeiten. Die schließlich in unser Modell der Lebensqualität demenzkranker Menschen integrierten Merkmale lassen sich dabei den folgenden fünf Lebensbereichen zuordnen (Becker, Kaspar & Kruse, 2010b):

- Medizinische Versorgung und Schmerzerleben
- Räumliche Umwelt
- Aktivitäten
- Soziales Bezugssystem
- Emotionalität

Von besonderem Interesse ist dabei die Dimension „Emotionalität"; wir haben postuliert, dass diese Ressource selbst bei Menschen im fortgeschrittenen Krankheitsstadium gegeben ist. Der Ausdruck von Gefühlen und emotionaler Befindlichkeit geschieht, so wurde weiter angenommen, aufgrund verringerter oder vollständig verloren gegangener Sprachfähigkeit bei weit fortgeschrittener Erkrankung vermehrt und schließlich ganz über die verbliebenen nonverbalen Ausdrucksmöglichkeiten wie Mimik, Gestik oder Körperhaltung. Die Daten aus Erhebungen zu H.I.L.DE. zeigen, dass demenzkranke Menschen (unabhängig vom Stadium der Erkrankung) in der Lage sind, Alltagssituationen emotional differenziert wahrzunehmen und ihre emotionale Befindlichkeit nonverbal zum Ausdruck zu bringen (siehe nachfolgende Abbildung).

Abbildung 5: Emotionales Befinden Demenzkranker in drei beobachteten Alltagssituationen – Ruhe, Aktivität, Pflege (dokumentiert durch die jeweilige Hauptpflegeperson)

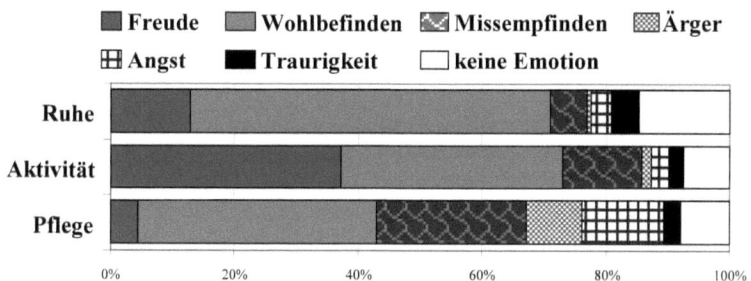

Es erscheint uns als sinnvoll, an dieser Stelle eine Aussage zur Selbstaktualisierung als einem grundlegenden psychischen Prozess zu treffen. Selbstaktualisierung beschreibt die Tendenz des Psychischen, sich auszudrücken, sich mitzuteilen, sich zu differenzieren. Dabei ist für das Verständnis der Selbstaktualisierung die Erkenntnis wichtig, dass die Persönlichkeit viele Qualitäten umfasst, in denen sich die Tendenz des Psychischen zur Selbstaktualisierung verwirklichen kann. Zu nennen sind hier kognitive, emotionale, empfindungsbezogene, ästhetische, sozial-kommunikative und alltagspraktischen Qualitäten. Die im Alter deutlicher hervortretenden Veränderungen in körperlichen, zum Teil auch in kognitiven Funktionen führen unserer Annahme zufolge zu einem Dominanzwechsel jener Qualitäten, in denen sich die Selbstaktualisierung zeigt.

So ist in den sozialen Beziehungen vielfach eine zunehmende Konzentration auf jene Personen erkennbar, zu denen besondere emotionale Bindungen bestehen, so gewinnen im Alter die ästhetischen Qualitäten zunehmend an Gewicht, so ist bei demenzkranken Menschen eine deutlich höhere Akzentuierung emotionaler Qualitäten im Verhalten erkennbar (Kruse, 2009; Lauter, 2010).

Indem Demenzkranke in der Lage sind, ihre Emotionen zumindest nonverbal auszudrücken, ist es Ärzten, Pflegefachkräften und Angehörigen prinzipiell möglich, einen Zugang zu ihnen zu finden und aufrechtzuerhalten. Selbst bei fortgeschrittener Demenz kann somit durch geschulte Beobachtung die emotionale Befindlichkeit demenzkranker Menschen mit hoher Wahrscheinlichkeit durch Pflegefachkräfte beurteilt werden. Ergebnisse der Erhebungen zu H.I.L.DE. haben verdeutlicht, dass Pflegende diese Ausdruckssignale der Betroffenen sehr wohl erkennen und nutzen, um zu einem Eindruck ihres emotionalen Befindens zu gelangen (Becker, Kaspar, Kruse, Schröder & Seidl, 2005). Um eine differenzierte Einschätzung der Emotionalität vornehmen zu können, ist es sinnvoll, zwischen Kompetenzformen bei Demenz zu unterscheiden.

3.4 Kompetenzformen bei Demenz

Im Projekt H.I.L.DE. wurde in einer Teilstichprobe von 362 Bewohnerinnen und Bewohnern zur Identifizierung spezifischer Muster funktioneller Kompetenzen eine Clusteranalyse auf der Grundlage der wechselseitigen Ähnlichkeiten der Bewohner hinsichtlich MMST-Werten, ihrer Mehrfachbelastung mit demenztypischen neuropsychiatrischen Symptomen (NPI-Komorbidität) und ihrer praktischen Alltagskompetenz (ADL-Gesamtwert) durchgeführt. Als Maß dieser Ähnlichkeit wurden euklidische Distanzen berechnet, wobei Unterschiede in der Skalierung der einbezogenen Merkmale durch z-Standardisierung berücksichtigt wurden. Die Ergebnisse der hierarchischen Clusteranalyse bildeten vier disjunkte Kompetenzclustern (Becker, Kaspar & Kruse, 2006).

Die vier identifizierten Gruppen lassen sich aufgrund der Gruppenmittelwerte der zur Gruppenbildung herangezogenen Merkmale wie folgt charakterisieren: Ein erstes Cluster umfasst Personen, die sich durch ein mittleres Maß an Verhaltensauffälligkeiten, jedoch durch deutlich unterdurchschnittlich ausgeprägte kognitive sowie alltagspraktische Kompetenzen auszeichnen.

Tabelle 1: Merkmalsmittelwerte der vier identifizierten Kompetenzcluster (unstandardisiert)

M (SD)	Kompetenzgruppe			
	LD* (N=58)	MD (N=141)	SD-S (N=77)	SD-P (N=29)
Barthel-Index (ADL)[1]	66,2 (20,3)	61,1 (22)	16,1 (12,7)	39,8 (23,8)
Mini Mental State Test (MMST)[1]	24,2 (4,2)	14,8 (7,6)	2,6 (3,6)	2,2 (3,2)
Verhaltensauffälligkeiten (NPI-K)[2]	0,5 (0,5)	2,2 (0,9)	2,0 (0,8)	4,3 (0,5)

[1] Höhere Werte zeigen höhere alltagspraktische und kognitive Fähigkeiten an (ADL: Range 0-100; MMST: Range 0-30).

[2] Höhere Werte indizieren eine Belastung mit mehreren nicht-kognitiven Verhaltensauffälligkeiten (NPI-K: Range 0-5). NPI-Komorbiditätsscore: gleichzeitige Belastung mit bis zu 5 nicht-kognitiven Demenzsymptomen (Erregung/Aggression, Depression, Apathie, abweichendes motorisches Verhalten, Sonstiges [d.h. Wahn, Halluzinationen, Angst, Euphorie, Enthemmung, Reizbarkeit].

*
LD= Leichte Demenz,
MD= Mittelgradige Demenz,
SD-S= Schwere Demenz mit somatischen Beeinträchtigungen,
SD-P= Schwere Demenz mit psychischen Beeinträchtigungen (Verhaltensauffälligkeiten)

Die insgesamt 77 Bewohner dieser Kompetenzgruppe lassen sich als „schwer demenzkrank, mit einer vorrangig somatischen Symptomatik" beschreiben („SD-S"). Personen des zweiten Clusters können insgesamt als in einem mittleren Ausmaß belastet beschrieben werden. Im Vergleich zur Gesamtgruppe zeigen sie weder kognitiv noch funktional deutliche Auffälligkeiten, auch wenn sie eine tendenziell etwas bessere alltagspraktische Kompetenz als der Durchschnitt aufweisen. Diese Gruppe umfasst die größte Anzahl an Bewohnern (N=141) und lässt sich als Gruppe „mittelgradig demenzkranker Bewohner" beschreiben

(„MD"). Personen des dritten Clusters können als hoch belastet beschrieben werden. Sie sind kognitiv- und verhaltensauffällig. Dagegen erscheint ihre Selbständigkeit in alltagspraktischen Angelegenheiten (ADL) im Vergleich zum Mittelwert der Gesamtstichprobe nur geringfügig stärker eingeschränkt zu sein. Diese hoch belastete Bewohnergruppe weist mit 29 Personen die geringste Besetzungszahl auf und lässt sich als „schwer demenzkrank mit psychopathologischen Auffälligkeiten" beschreiben („SD-P"). Im vierten Cluster schließlich sind 58 Bewohner zusammengefasst, die im Vergleich zum Mittelwert der Gesamtgruppe als deutlich geringer belastet beschrieben werden können. Sie sind durch relativ gut erhaltene Kompetenzen in allen demenzspezifischen Symptombereichen und durch weitestgehende Freiheit von Verhaltensauffälligkeiten gekennzeichnet. Diese Gruppe kann als „leicht demenzkrank" beschrieben werden („LD").

3.5 Relation zwischen positiven und negativen Emotionen

Die Verfügbarkeit einer Reihe von positiven Alltagssituationen wie auch die Abwesenheit von emotional belastenden Situationen können als direkte Indikatoren für das subjektive Wohlbefinden der Bewohner und damit die subjektiv empfundene Lebensqualität gelten. Um angeben zu können, inwieweit es den Angehörigen unterschiedlicher Kompetenzgruppen gelingt, subjektive Lebensqualität zu erfahren, wurden die in H.I.L.DE. erfassten Indikatoren habituellen emotionalen Erlebens und allgemeiner Lebenszufriedenheit in diesen Gruppen einander gegenübergestellt (siehe Tabelle 2).

Während für die habituelle (also für einen Bewohner als typisch berichtete) Belastetheit mit negativen Emotionen signifikante Unterschiede zwischen den vier Kompetenzgruppen belegt werden konnten ($F_{(-)}(3,194)=4,06$, $p<.008$), fanden sich hinsichtlich des Gesamtumfangs des habituellen positiven Affekts keine überzufälligen Gruppenunterschiede ($F_{(+)}(3,194)=2,18$, $p<.091$). Insbesondere die Gruppe der psychopathologisch Auffälligen erlebt überzufällig häufiger negativen Affekt als die übrigen Bewohnergruppen. Positiv bedeutsame Situationen werden in allen vier Kompetenzgruppen deutlich häufiger erlebt als negative. Jedoch ist das Verhältnis von positivem zu negativem Erleben in den differenzierten Kompetenzgruppen sehr unterschiedlich. Während Personen in kognitiv stark beeinträchtigten Gruppen (SD-S und SD-P) im Vergleich mit den anderen Gruppen nicht (SD-P) bzw. nur wenig seltener (SD-S) positive Situationen erleben, erleben sie gleichzeitig doch häufiger negative Situationen. Dem relativ hohen Niveau positiven Affekts in der psychopathologisch auffälligen Gruppe Schwerdemenzkranker (SD-P) stehen viele und/oder häufige negativ erlebte Situationen gegenüber. Die Verfügbarkeit einer Reihe von positiven Alltagssituationen und die Abwesenheit emotional belastender Situationen können als direkte Indikatoren für das subjektive Wohlbefinden der Bewohner und damit die subjektiv empfundene Lebensqualität gelten.

Tabelle 2: Indikatoren erlebter Lebensqualität differenziert nach Kompetenzgruppen demenzkranker Heimbewohner

M (SD)	Kompetenzgruppe			
	LD*	MD	SD-S	SD-P
Positive Emotionalität (habituell)[1]	16,1 (5,8)	13,8 (6,6)	12,5 (7,2)	15,6 (8,6)
Negative Emotionalität (habituell)[1]	5,9 (3,4)	7,0 (4,2)	7,5 (3,8)	10,4 (6,6)
Allgemeine Lebenszufriedenheit[2]	6,4 (2,2)	5,8 (2,4)	6,2 (2,3)	5,1 (2,5)

[1] Die habituelle Affektlage wurde operationalisiert als Produkt von Vielfalt und Auftretenshäufigkeit von für den Bewohner typischerweise positiven bzw. aversiven Situationen.
[2] Im Rahmen der Verhaltensbeobachtung durch die Pflegenden direkt vom Bewohner erfragt (11-stufige Ratingskala, 0=überhaupt nicht zufrieden, 10=sehr zufrieden).
*
LD= Leichte Demenz,
MD= Mittelgradige Demenz,
SD-S= Schwere Demenz mit somatischen Beeinträchtigungen,
SD-P= Schwere Demenz mit psychischen Beeinträchtigungen (Verhaltensauffälligkeiten)

Pflegefachkräfte sollten für jeden der einzelnen Bewohnerinnen und Bewohner auf der Basis einer vorgegebenen Liste von Situationen und nach genauer Beobachtung in den genannten Situationen bestimmen, in welchen Situationen positive vs. negative Emotionen erkennbar sind und mit welcher Häufigkeit diese in einem definierten Zeitraum auftreten. Der Vergleich zwischen den vier Kompetenzgruppen findet sich in nachfolgender Abbildung.

Abbildung 6: Affektbilanz in verschiedenen Kompetenzgruppen demenzkranker Heimbewohner

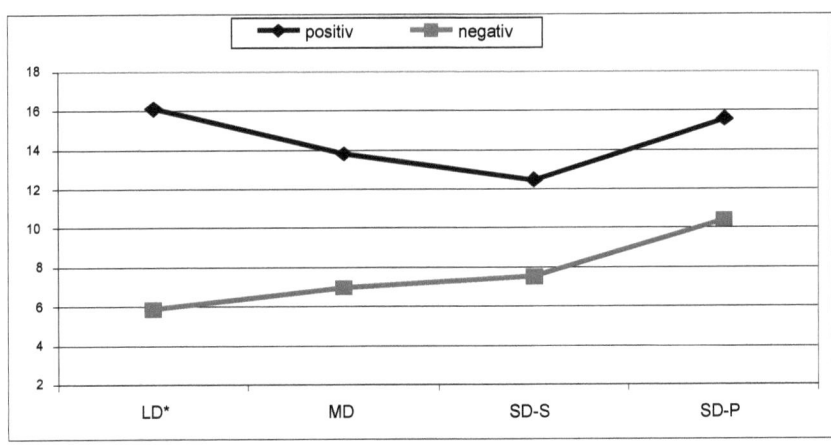

*
LD= Leichte Demenz,
MD= Mittelgradige Demenz,
SD-S= Schwere Demenz mit somatischen Beeinträchtigungen,
SD-P= Schwere Demenz mit psychischen Beeinträchtigungen (Verhaltensauffälligkeiten)

Neben den Unterschieden zwischen den vier Kompetenzgruppen wird deutlich, dass – wenn man von den hier abgebildeten Durchschnittswerten ausgeht – positiv erlebte Situationen in allen Kompetenzgruppen häufiger auftreten als negativ erlebte Situationen. In diesem Befund zeigt sich die von uns angenommene Selbstaktualisierung bei allen Schweregraden der Demenz.

3.6 Möglichkeiten der Konstituierung positiver Situationen

Vor dem Hintergrund der Identifikation solcher Situationen, in denen positive Emotionen auftreten, haben wir die Frage gestellt, inwieweit es gelingt, in Einrichtungen der stationären Altenhilfe gezielt Situationen herbeizuführen, in denen eine Bewohnerin bzw. ein Bewohner positive Emotionen zeigt. In dem Forschungsprojekt „Demenzkranke Menschen in individuellen Alltagssituationen" (DEMIAN) konnten wir zeigen, dass es im Kontext einer individualisierenden Pflegeplanung gelingt, Situationen zu konstituieren, in denen die Bewohnerin bzw. der Bewohner positive Emotionen zeigt (Förderung durch das Bundesmi-

Angewandte gerontologische Forschung mit Demenzkranken 89

nisterium für Bildung und Forschung) (Böggemann, Kaspar, Bär, Berendonk, Re & Kruse, 2008). In nachfolgender Tabelle sind die verschiedenen Situationen (in ihrem relativen Anteil) angeführt, die in der Pflegeplanung erfolgreich für die Evozierung positiver Emotion ausgewählt wurden.

Tabelle 3: Gestaltung positiver Erlebnisräume – Relativer Anteil von Situationen, in denen positive Emotionen ausgelöst werden konnten

▪ **Leiblicher Genuss** Bewegung 52, Essen, Trinken 42, Körperpflege 40, Natur spüren 22, Berührung 17, Taktile Anregung 17, Atmosphäre 15, Düfte 6	28,2% (211)
▪ **Begegnung mit Menschen** Begegnung mit Kindern 3, Fürsorge erfahren 6, Nähe / Kontakt allg. 52, Soziale Kontakte zu Mitbewohnern 7, Sprechen, erzählen 46, Wertschätzung erfahren 35	19,9% (149)
▪ **Zeitvertreib** z.B. Singen, Gesellschaftsspiele	13,6% (102)
▪ **Reminiszenz** Erinnerung durch Gespräche oder sensorische Reize	11,4% (85)
▪ **Ästhetik** z.B. Musik hören, Bilder betrachten	10,3% (77)
▪ **Interessen** z.B. Hausarbeit, Religion, Sport	9,0% (67)
▪ **Kompetenzen** z.B. Helfen können, nützlich sein	7,6% (57)

Dieses Ergebnis zeigt, dass die Emotionen auch als bedeutende Ressource der Intervention zu interpretieren sind; zudem wird damit noch einmal das Postulat unterstrichen, wonach die Tendenz zur Selbstaktualisierung solange erkennbar ist, solange Psychisches existiert.

3.7 Die Demenz als moderne Form des *memento mori*

Die Demenzerkrankung konfrontiert – vor allem in einem fortgeschrittenen Stadium – mit einer Seite des Lebens, die Individuum und Gesellschaft vor besondere Herausforderungen stellt: Mit der Verletzlichkeit, Vergänglichkeit und Endlichkeit der menschlichen Existenz. Die hohe Anzahl von Neuerkrankungen – diese wird in der Bundesrepublik Deutschland mit 250.000 jährlich geschätzt – und der kontinuierliche Anstieg in der Anzahl demenzkranker Menschen – dieser liegt in der Bundesrepublik Deutschland bei jährlich bei 35.000 – führen nicht nur die Notwendigkeit vor Augen, kausale Therapieansätze zu entwickeln (die für die neurodegenerative Demenz vom Alzheimer-Typ bislang noch nicht gefunden wurden), sondern legt auch den intensiv geführten, öffentlichen Diskurs über den Umgang mit Grenzen des Lebens nahe. Auch wenn zu hoffen ist, dass bald kausale Therapieansätze für Patientinnen und Patienten mit Alzheimer-Demenz entwickelt werden, so ist doch vor ungerechtfertigtem Optimismus zu warnen: Trotz intensiver Forschung und zunächst vermuteter Erfolge ist es bislang nicht gelungen, die Alzheimer-Demenz ursächlich zu behandeln.

Die Alzheimer-Demenz scheint sich immer wieder neuen Therapieansätzen zu entziehen, sie scheint von diesen nicht wirklich erreicht zu werden. Um es noch einmal ausdrücklich zu sagen: Mit dieser Aussage wird nicht die dringende Notwendigkeit in Frage gestellt, intensiv Therapieforschung zu betreiben. Und doch erscheint es als angemessen, die Frage zu stellen, *warum* sich diese Form der Demenz immer wieder einer erfolgreichen kausalen Therapie entzieht. Werden vielleicht in dieser Krankheit die letzten Grenzen der menschlichen Existenz offenbar? Für eine positive Antwort auf diese Frage spricht die Tatsache, dass die Prävalenz der Demenzerkrankungen im sehr hohen Alter deutlich zunimmt: Schätzungen gehen dahin, dass bei ca. einem Fünftel der 80jährigen und älteren, jedoch bei fast einem Drittel der 90jährigen und älteren Menschen eine Demenz vorliegt: Die hohe Korrelation zwischen Prävalenz und Lebensalter scheint dafür zu sprechen, dass die Alzheimer-Demenz letzte Grenzen unseres Lebens beschreibt.

Im Falle eines in den kommenden Jahren ausbleibenden Erfolgs bei der Suche nach kausalen Therapieansätzen könnte sich die in allen Szenarien der Bevölkerungsentwicklung angenommene, weitere Zunahme der durchschnittlichen Lebenserwartung (zum Beispiel Christensen, Doblhammer, Rau & Vaupel, 2009; Vaupel, 2010) als eine besondere Herausforderung für unsere Gesellschaft und Kultur erweisen: Ist doch davon auszugehen, dass sich in der Demenz eine immer häufiger auftretende Todesursache widerspiegelt (Murray, Kendall, Boyd & Sheikh, 2005), dass sich die Demenz, dass sich der demenzkranke Mensch immer mehr zu einer modernen Form des *memento mori* entwickelt (Remmers,

2010). In dem demenzkranken Menschen zeigt sich uns dann nicht nur ein von einer bestimmten Krankheit betroffener, *anderer* Mensch, sondern in diesem begegnen wir immer mehr uns selbst in unserer Verletzlichkeit, Vergänglichkeit, Endlichkeit (Kruse, 2010b). Dies lässt sich mit einer Aussage des britischen Theologen und Schriftstellers John Donne (1572-1631) aus seinen im Jahre 1624 erschienenen „Devotions on emergent occasions" veranschaulichen, wobei hier anzumerken ist, dass diese „Devotions" unmittelbar nach der Genesung von einer schweren, lebensbedrohlichen Erkrankung entstanden sind:

> „All mankind is of one author, and is one volume; when one man dies, one chapter is not torn out of the book, but translated into a better language; and every chapter must be so translated. ... No man is an island, entire of itself; every man is a piece of the continent, a part of the main; if a clod be washed away by the sea, Europe is the less, as well as if a promontory were, as well as if a manor of thy friend's or of thine own were. ... Any man's death diminishes me, because I am involved in mankind, and therefore never send to know for whom the bell tolls; it tolls for thee." (Donne, 1624 / 2008, S. 97).

Nach einer Übersetzung des Verfassers meint dies:

> „Die gesamte Menschheit stammt von *einem* Autor, sie ist *ein* Buch; wenn ein Mensch stirbt, dann wird nicht ein Kapitel aus diesem Buch herausgetrennt, sondern vielmehr in eine noch bessere Sprache übersetzt; und jedes Kapitel muss in dieser Art übersetzt werden. ... Niemand ist eine Insel, in sich selbst vollständig; jeder Mensch ist ein Stück des Kontinentes, ein Teil des Festlands. Wenn ein Lehmkloss in das Meer fortgespült wird, so ist Europa weniger, gerade so als ob es ein Vorgebirge wäre, als ob es das Landgut deines Freundes wäre oder dein eigenes. Jedes Menschen Tod ist mein Verlust, denn mich betrifft die Menschheit; und darum verlange nie zu wissen, wem die Stunde schlägt; sie schlägt dir selbst."

Die Selbstaktualisierung sei an dieser Stelle noch einmal ausdrücklich hervorgehoben, da uns diese auch in den Grenzsituationen des Menschen als ein sehr bedeutsames Phänomen erscheint, das jede Form von Intervention bei demenzkranken Menschen berücksichtigen und aufgreifen sollte.

Betrachtung der Zeit
Mein sind die Jahre nicht die mir die Zeit genommen /
Mein sind die Jahre nicht / die etwa moechten kommen
Der Augenblick ist mein / und nehm' ich den in acht
So ist der mein / der Jahr und Ewigkeit gemacht.

In diesem von Andreas Gryphius (1616-1664) verfassten Gedicht wird der *Augenblick* betont. Damit ist das psychologische Konstrukt der *Selbstaktualisierung* angesprochen, das definiert werden soll als die grundlegende Tendenz des Organismus, sich auszudrücken und mitzuteilen – wobei sich diese Tendenz in der kognitiven, der emotionalen, der empfindungsbezogenen, der sozialkommunikativen, der alltagspraktischen und der körperlichen Dimension der Persönlichkeit zeigen kann (Kruse, 2010c). Mit dem Konstrukt der Selbstaktualisierung, die von Kurt Goldstein als zentrales Motiv menschlichen Erlebens und Verhaltens gedeutet wurde (Goldstein, 1939), kommen wir dem Schöpferischen des Menschen in seiner *basalen* psychischen Qualität nahe. Und dieses Schöpferische beobachten wir auch bei demenzkranken Menschen. Gerade bei konzentrierter, sensibler, kontinuierlicher Zuwendung durch andere Menschen werden wir auch hier Zeuge der Selbstaktualisierung, des Schöpferischen des Menschen (Kruse, 2011).

4 Ältere Migranten als Klienten

Paula Heinecker, Stefan Pohlmann & Christian Leopold

Das BELiA-Forschungsprojekt an der Hochschule München setzt sich insbesondere mit den vielfältigen Handlungsfeldern der Altenberatung auseinander. Bei dem großen Umfang der Studie war es nicht möglich, einzelne Zielgruppen der Beratung genauer zu untersuchen. Aus diesem Grund geht diese Abhandlung separat auf eine der wichtigen Klientenguppen der Altenberatung ein: Ältere Migranten. Es werden dabei einschlägige Daten aus aktueller Statistik zusammengestellt sowie empirische Forschungsergebnisse über ältere Migranten verwendet und in Hinblick auf die BELiA-Thematik „Beratung zum Erhalt von Lebensqualität im Alter" analysiert. Dabei gilt das Augenmerk dem Konstrukt der Lebensqualität, das durch ausgewählte Dimensionen der Lebenslage operationalisiert bzw. betrachtet wird. Damit werden in diesem Beitrag Antworten auf die folgenden Fragen gesucht:

- Was wissen wir über „ältere Migranten" als Klienten der sozialen Dienstleistungen? Handelt es sich um eine Zielgruppe mit bestimmten gemeinsamen Anforderungen an die Dienste?
- Stellt Migration eine spezifische Lebenslage dar? Wie sind die Lebenslagen der älteren Migranten in Deutschland?
- Wie sieht die Anbindung der älteren Migranten an die sozialen Dienstleistungen aus? Werden ältere Migranten als Klienten dort erreicht, wo Hilfebedarf besteht?

In der rapide alternden Bevölkerung Deutschlands stellen die Zugewanderten Menschen bislang eine relativ gesehen jüngere Bevölkerungsgruppe dar. Jedoch nimmt auch bei Menschen mit Migrationshintergrund der Anteil von über 60jährigen allmählich zu. Die damit verbundenen Änderungen in der Zusammensetzung der Zielgruppen von sozialen Dienstleistungen sind ein wichtiger Teil der demografischen Herausforderungen (vgl. Heinecker & Kistler, 2003; Yildiz, 2010).

Zur Lebens- und Versorgungssituation älterer Migranten wurden seit den 1990er Jahren zahlreiche, meist regionale und qualitative sozialwissenschaftliche Studien durchgeführt (eine Übersicht dazu z.B. in Baykara-Krumme & Hoff, 2006, S. 450 ff.). Dieser Beitrag bezieht sich auf eine dieser Untersuchungen und stellt eine Re-Analyse von bisher in Deutschland nicht veröffentlichten Daten dar. Es handelt sich um den deutschen Teil des EU-Forschungsprojektes „Minority Elderly Care" (MEC), bearbeitet von 2001 bis 2004 durch das Internationale Institut für Empirische Sozialökonomie INIFES, Stadtbergen.

4.1 Definitionen und Abgrenzungen

Bis Anfang der 2000er Jahre war die quantitative Beschreibung der Bevölkerung mit Migrationshintergrund nur begrenzt, anhand von Statistiken über Personen mit einer nicht-deutschen Staatsangehörigkeit, möglich.

> „Ausländer und Ausländerinnen: Alle Personen, die nicht Deutsche im Sinne des Art. 116 Abs. 1 GG sind, d.h. nicht die deutsche Staatsangehörigkeit besitzen. Dazu zählen auch die Staatenlosen und die Personen mit ungeklärter Staatsangehörigkeit" (Statistisches Bundesamt 2011, S. 6).

Diese Abgrenzung ließ eingebürgerte Migranten sowie Spätaussiedler mit deutscher Staatsangehörigkeit unberücksichtigt. Diese Gruppen machen jedoch heute einen großen Anteil der älteren Migranten aus. Seit 2005 umfasst das Erhebungsprogramm des Mikrozensus den Themenkomplex „Migration und Integration", was die Erfassung der Bevölkerung nicht nur nach Staatsbürgerschaft sondern auch nach Migrationshintergrund ermöglicht.

> „Zu den Menschen mit Migrationshintergrund zählen alle nach 1949 auf das heutige Gebiet der Bundesrepublik Deutschland Zugewanderten, sowie alle in Deutschland geborenen Ausländer und alle in Deutschland als Deutsche Geborenen mit zumindest einem zugewanderten oder als Ausländer in Deutschland geborenen Elternteil [...] Die „Personen mit Migrationshintergrund im engeren Sinn" werden zusätzlich nach Staatsangehörigkeiten untergliedert nachgewiesen, wo immer dies methodisch unproblematisch möglich ist" (Statistisches Bundesamt 2011a, S. 6).

Ab 2005 können die Personen mit Migrationshintergrund im engeren Sinn weiter in jene mit eigener Migrationserfahrung (Zugewanderte) bzw. ohne eigene Migrationserfahrung (nicht Zugewanderte) unterteilt werden. Diese Abgrenzung erlaubt die quantitative Betrachtung von „Migranten" im Sinne der folgenden Definition:

> „Personen, die nicht auf dem Gebiet der heutigen Bundesrepublik, sondern im Ausland geboren sind ('foreign born'). Sie sind nach Deutschland zugezogen (Zuwanderer). Sie können je nach Staatsangehörigkeit Deutsche (z.B. Spätaussiedler) oder Ausländer/innen sein" (ebenda, S. 398).

Der Begriff „Spätaussiedler" umfasst Menschen, die seit 1990 im Rahmen eines Aufnahmeverfahrens als deutsche Volkszugehörige in die Bundesrepublik Deutschland übersiedelt sind. Dabei handelt es sich vor allem um die Angehörigen von deutschen Minderheiten, deren Familien teilweise seit Generationen in Ostmitteleuropa, Osteuropa, Südosteuropa und Asien gelebt haben. Allerdings erlaubt der Mikrozensus erst seit 2007 die genaue quantitative Beschreibung dieser Gruppe: Ab jenem Berichtsjahr wird dort explizit nach dem Zuzug als (Spät-)Aussiedler gefragt. Früher haben die Zugewanderten lediglich angegeben, die deutsche Staatsangehörigkeit zu besitzen, ohne eingebürgert worden zu sein. Dies traf neben Spätaussiedlern auch auf ‚Flüchtlinge und Vertriebene deutscher Volkszugehörigkeit mit deutscher Staatsangehörigkeit ohne Einbürgerung' zu (Statistisches Bundesamt 2011a, S. 6).

Um der Untersuchungspopulation des MEC-Projektes einen Rahmen zu setzen, werden im Folgenden einige Eckdaten zu älteren Migranten aufgeführt. Damit kann die Referenzgruppe der MEC-Untersuchungspopulation – auch wenn leider erst im Nachhinein – genauer abgebildet werden. Zur Zeit des Projektes standen lediglich allgemeine Statistiken zur Entwicklung des ausländischen Bevölkerungsanteils und – lückenhaft – zu (Spät-) Aussiedlern zur Verfügung.

4.2 Demografische Entwicklung und Migration

4.2.1 Ethnische Zusammensetzung der Bevölkerung Deutschlands

Ende 2010 gab es in Deutschland rund 7,2 Mio. „Ausländer", was einen Anteil von 8,8% der Gesamtbevölkerung ausmacht (Statistisches Bundesamt, 2011). In diesen Zahlen sind nur Personen mit einem ausländischen Pass erfasst, d.h., eingebürgerte Migranten sowie deutschstämmige (Spät-)Aussiedler sind nicht mitgezählt. Im Vergleich dazu betrug laut Mikrozensus 2010 die Zahl der Personen mit Migrationshintergrund im engeren Sinn 15,7 Mio. Darunter befinden sich 10,6 Mio. zugewanderte Angehörige der „Bevölkerung mit eigener Migrationserfahrung" (Statistisches Bundesamt 2011a).

Im Zeitraum von 2005 bis 2010 ist die Zahl der Personen mit Migrationshintergrund im engeren Sinn in Deutschland um knapp 700 Tsd. Personen – von 15,0 auf 15,7 Mio. – gestiegen. Im gleichen Zeitraum ging die Bevölkerung insgesamt um 750 Tsd. Personen zurück (von 82,5 auf 81,7 Mio.). Damit stieg der Anteil der Bevölkerung mit Migrationshintergrund im engeren Sinne von 18,3% auf 19,3% an (vgl. Tab. 4).

Die meisten Personen mit Migrationshintergrund stammen nach wie vor aus der Türkei (15,8%). Personen mit italienischer Abstammung stehen mit 4,7% an der vierten Stelle (Polen: 8,3%; Russische Föderation: 6,7%; Statistisches Bundesamt, 2011a).

Tabelle 4: Bevölkerung nach detailliertem Migrationstatus 2005-2010

Migrationsstatus	In 1000						in %
	2005	2006	2007	2008	2009	2010	2005-2010
Bevölkerung insgesamt	82 465	82 369	82 257	82 135	81 904	81 715	-0,91
Personen ohne Migrationshintergrund	67 132	67 225	66 846	66 569	65 856	65 970	-1,73
Personen mit Migrationshintergrund im engeren Sinn	15 057	15 143	15 411	15 566	15 703	15 746	+4,58
Personen mit eigener Migrationserfahrung	10 399	10 431	10 534	10 623	10 601	10 591	+1,85
-davon mit derzeitiger bzw. früherer Staatsangehörigkeit:							
Ausländer insgesamt	5 571	5 584	5 592	5 609	5 594	5 577	+0,11
- Italiener	437	431	431	433	434	420	-3,89
- Türken	1 472	1 477	1 511	1 508	1 489	1 497	+1,70
Deutsche insgesamt	4 828	4 847	4 942	5 014	5 007	5 013	+3,83
- (Spät-)Aussiedler	-	-	2 756	3 160	3 265	3 264	-
- ohne Einbürgerung	1 769	1 680	-	-	-	-	-

Quelle: Eigene Darstellung nach Mikrozensus 2005-2010

Im Mikrozensus 2010 wurde zum vierten Mal nach dem Aussiedler- bzw. Spätaussiedlerstatus gefragt (2005 und 2006 standen lediglich Daten zu „Personen mit eigener Migrationserfahrung: Deutsche ohne Einbürgerung" zur Verfügung). Mit 3,2 Mio. hielten sich noch gut 72% aller 4,5 Mio. insgesamt seit 1950 zugewanderten Statusdeutschen, also Aussiedler und Spätaussiedler, in Deutschland auf. Davon kamen die meisten (1,4 Mio.) aus den Nachfolgestaaten der ehemaligen Sowjetunion (Statistisches Bundesamt, 2011a, S. 7-8).

Aus verschiedenen Untersuchungen liegen Ergebnisse vor, die recht einheitlich darauf hindeuten, dass ein hoher Anteil der Migranten auf Dauer in Deutschland bleiben wird. Auch von denjenigen Arbeitsmigranten, die anfangs eine spätere Rückkehr in ihre Heimat planten – und zum Teil immer noch planen, bleibt erfahrungsgemäß ein größerer Teil in Deutschland. Ein großer Anteil beabsichtigt auch, zwischen Deutschland und dem Herkunftsland zu pendeln, zumindest so lange, bis fortschreitendes Alter, verschlechternder Gesundheitszustand und/oder Pflegebedürftigkeit eine Entscheidung über den endgültigen Aufenthaltsort zwingend machen (vgl. Baykara-Krumme & Hoff, 2006). Die Älteren ausländischer Herkunft sind eine ausgesprochen heterogene Gruppe: Nur etwa 60 % von ihnen kommen aus den ehemaligen Anwerbeländern, die Übrigen zumeist aus den Anrainerstaaten wie die Niederlande und Österreich (Deutscher Bundestag, 2000, S. 117).

Nach vorliegenden Prognosen wird die ausländische Bevölkerung bis 2030 auf 10,1 Mio. und bis 2050 auf 11,0 Mio. ansteigen (mittleres Szenario: durchschnittlich +190.000 ausländische Zuwanderer pro Jahr). In dieser Betrachtung wird der Bevölkerungsanteil der heutigen deutschen Mehrheitsbevölkerung (Deutsche ohne eingebürgerte Ausländer) bis 2050 von 90% auf 76,5% sinken. Gleichzeitig wird sich auch die Struktur der ausländischen Bevölkerung nach Nationalitäten verändern. Vor allem wird die Zahl der türkischen Staatsbürger durch Einbürgerung erheblich abnehmen. Insgesamt ergibt sich eine ausgeprägte ethnische Vielfalt in der Bevölkerung, die die Unterteilung nach Staatsangehörigkeit (Deutsche/Ausländer) nur erahnen lässt. So sollte auch der wachsende Anteil derjenigen Deutschen berücksichtigt werden, die die deutsche Staatsangehörigkeit durch Einbürgerung oder durch das seit 1.1. 2000 geltende *ius soli* erhalten haben (Ulrich, 2001, S. 31-34).

4.2.2 Alterung der Bevölkerung

Die 12. koordinierte Bevölkerungsvorausberechnung des Statistischen Bundesamtes sieht für die kommenden Jahrzehnte einen Rückgang der Bevölkerung insgesamt vor. Dies schlägt sich vor allem in den jüngeren Altersgruppen nieder. Bei der Vorausberechnungsvariante „untere Grenze der mittleren Bevölkerungsentwicklung" wird die Altersgruppe der 65jährigen und Älteren hingegen im Vergleich zum Bezugsjahr 2008 um ein Drittel von 16,7 Millionen auf 22,3 Millionen Personen im Jahr 2030 ansteigen und damit 29% der Gesamtbevölkerung betragen (Statistische Ämter des Bundes und der Länder, 2011, S. 24). Bis zum Jahr 2060 sollte sich dieser Anteil weiter auf 34% erhöht haben. Diese Entwicklung zeigt sich besonders gravierend in der Erhöhung des Anteils der Hochbetagten (Abb. 7). Im Jahr 2008 lebten etwa 4 Mio. 80jährige und Ältere in Deutschland, dies entsprach 5% der Bevölkerung. Ihre Zahl wird sich laut Prognosen bis zum Jahr 2060 mehr als verdoppeln und mit 9 Mio. 14% der Bevölkerung betragen (ebenda).

Abbildung 7: Alterung der Bevölkerung bis 2060

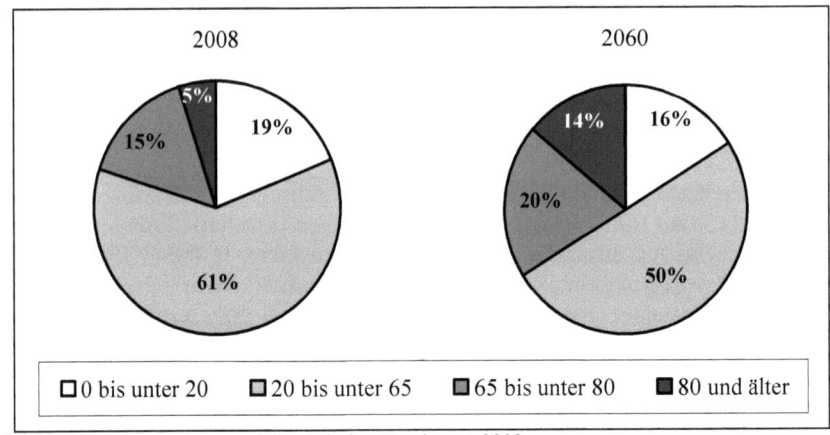

Quelle: Eigene Darstellung nach Statistisches Bundesamt 2009

Laut Statistiken stieg die Zahl der über 60jährigen Ausländer von 1991 bis 2003 um fast das Dreifache, während die Zahl der älteren Deutschen lediglich um 21,6 Prozent zunahm. Damit sind die älteren Migranten die am stärksten wachsende Bevölkerungsgruppe – eingebürgerte Migranten bzw. (Spät-)Aussiedler sind dabei nicht einmal mit gerechnet (Kökgiran & Schmitt, 2011, S. 241).

Mit ihrem Altersdurchschnitt von 35,0 Jahren sind Personen mit Migrationshintergrund heute noch deutlich jünger als jene ohne Migrationshintergrund mit 45,9 Jahren (Statistische Ämter des Bundes und der Länder, 2011). Allerdings ist der Altersdurchschnitt der Migranten im Sinne von „Personen mit eigener Migrationserfahrung" in den letzten Jahren etwas schneller angestiegen als in der Bevölkerung ohne Migrationshintergrund. Damit betrug der Unterschied im Altersdurchschnitt zwischen Migranten und Personen ohne Migrationshintergrund in 2010 nur noch 1,3 Jahre im Vergleich zu 2,6 Jahren in 2005. Von den MEC-Untersuchungsgruppen ist der Altersdurchschnitt der Migranten aus Italien mit 50,3 Jahren am höchsten. Auch (Spät-)Aussiedler sind im Durchschnitt älter als Personen ohne Migrationshintergrund, Türken dagegen um 0,9 Jahre jünger (vgl. Abb. 8).

Ältere Migranten als Klienten 99

Abbildung 8: Altersdurchschnitt der Bevölkerung nach detailliertem Migrationsstatus 2005 und 2010

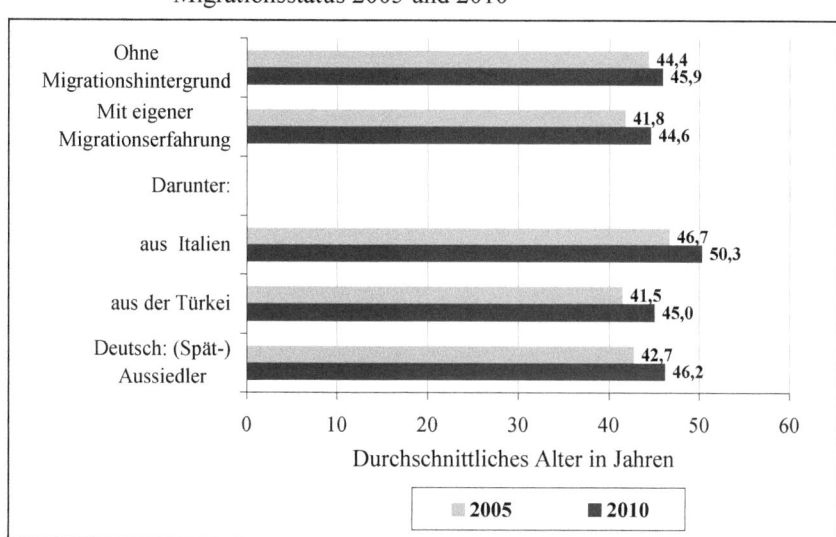

Quelle: Eigene Abbildung nach Mikrozensus 2005 und 2010

Für die Alterung der Bevölkerung mit Migrationshintergrund liegen derzeit noch keine langfristigen Prognosen vor. Verfügbare Modellrechnungen beziehen sich nur auf die ausländische Bevölkerung und stammen aus den 1990er Jahren (v.a. Dietzel-Papakyriakou & Olbermann, 1996). Diese Prognosen weisen einen deutlichen Anstieg des Altenanteils bis zum Jahre 2030 auf. Demnach wird der Anteil über 60-Jähriger bei der ausländischen Bevölkerung auf 24,1% und bei der deutschen Bevölkerung auf 36,2% steigen. Damit würden im Jahr 2030 die über 60jährigen Ausländer 11,3% der Gesamtbevölkerung Deutschlands stellen. (Deutscher Bundestag, 2000, S. 117).

„In den kommenden Jahrzehnten werden ältere Menschen die Mehrheit der Bevölkerung Deutschlands bilden. Zugleich wird auch der Anteil von Menschen mit Migrationshintergrund und einem Alter von über 60 Jahren weiter zunehmen. Weder die deutsche Gesellschaft noch die Migranten selbst sind darauf vorbereitet. Heute umfasst die Gruppe älterer Migranten (60 Jahre oder älter) rund 1 Mio. Menschen in Deutschland (Stand 2008). Schätzungen gehen davon aus, dass diese Zahl bis 2030 auf ca. 2,8 Mio. ansteigen wird" (Yildiz, 2010).

Die oben geschilderten Verschiebungen zwischen den (und innerhalb der älteren) Bevölkerungsgruppen haben deutliche Auswirkungen auf die Gesellschaft insgesamt und insbesondere für die Gesundheits- und Sozialdienste. Die Wahrscheinlichkeit, dass ältere Menschen pflegebedürftig werden, steigt mit zunehmendem Alter deutlich an: Im Jahr 2007 waren rund ein Drittel der Hochbetagten pflegebedürftig (Statistische Ämter des Bundes und der Länder, 2010). Die erste Generation der Arbeitsmigranten wird in den kommenden Jahren das achtzigste Lebensjahr erreichen und damit einen nicht zu unterschätzenden Teil der hochbetagten Klienten des sozialen Sektors ausmachen.

4.3 Lebenssituation älterer Migranten in Deutschland

Da die Geschichte der Migration in Deutschland sowie die soziale Bedeutung von migrationsspezifischen demografischen Entwicklungen seit den 1990er Jahren reichlich Zugang zu den Fachdiskursen gefunden haben (vgl. Baykara-Krumme & Hoff, 2006; BMFSFJ, 2000; Geiger, 2000; Grieger, 2003; Herrmann, 2000; Kökgiran & Schmitt, 2011; Olbermann, 2003; Olbermann & Dietzel-Papakyriakou, 1995), werden hier nur ausschnittsweise aktuelle Daten zur Lebenssituation älterer Migranten präsentiert.

4.3.1 Haushaltsstrukturen

Im Allgemeinen leben Personen mit Migrationshintergrund (im weiteren Sinne) in größeren Haushalten als Personen ohne Migrationshintergrund (Haushaltsgröße 2010: 2,4 gegenüber 2,0). Sie leben damit seltener allein (12,8% gegenüber 21,2%) und Familien mit Eltern und Kindern kommen bei ihnen häufiger vor (57,8% gegenüber 37,8%) (Statistisches Bundesamt 2011a, S. 8).

Bei den älteren Migranten stellen sich die Wohnformen etwas anders dar. Laut Mikrozensus lebte im Jahr 2010 rund ein Drittel (32%) der über 65jährigen Deutschen ohne Migrationshintergrund in Einpersonenhaushalten, von den Älteren mit eigener Migrationserfahrung dagegen 28% (Tab. 5). Verglichen mit der Situation vor zehn Jahren, als gleichfalls 32% der über 60jährigen Deutschen bzw. 23% der älteren Ausländer allein lebten (Deutscher Bundestag, 2000), macht sich die in Studien (vgl. Grieger, 2001) vorausgesagte Angleichung der ausländischen Haushaltsstrukturen an die deutschen allmählich bemerkbar. Unter den Migranten ist der Anteil alleinlebender älterer (Spät-)Aussiedler mit 31% bereits heute überdurchschnittlich hoch.

Tabelle 5: Haushaltsstrukturen nach detailliertem Migrationsstatus 2010

Detaillierter Migrationsstatus	Davon in %		
	Ein-personen-haushalten	Mehr-personen-haushalten	Gemein-schafts-unterkünften
Personen ohne Migrationshintergrund	21%	78%	1%
– davon 65 Jahre und älter	32%	64%	4%
Personen mit eigener Migrationserfahrung	17%	82%	0%
– davon mit derzeitiger bzw. früherer Staatsangehörigkeit:			
Italien	19%	81%	–
Türkei	9%	91%	–
– davon (ausländische Abstammung insgesamt) 65 Jahre und älter	28%	71%	1%
(Spät-)Aussiedler	16%	83%	1%
– davon 65 Jahre und ältere (Spät)-Aussiedler	31%	67%	2%

Quelle: Eigene Berechnungen nach Mikrozensus 2010

Bislang liegen keine umfassenden Daten zur Zahl der in Altenheimen lebenden Migranten vor. Aus der Sozialhilfestatistik geht hervor, dass im Jahre 1995 etwa 1,5 % der Heimbewohner ausländische Staatsbewohner waren. „Die zu erwartende Entwicklung der Ausländerpopulation rechtfertigt die Prognose, dass der Anteil ausländischer Älterer, die auf professionelle Unterstützung angewiesen sind, stark ansteigen wird" (Kökgiran & Schmitt, 2011, S. 241-242).

4.3.2 Sozioökonomische Faktoren

Die Bildungsbeteiligung und folglich der Erwerbs- bzw. Berufsstatus sind bei Personen mit Migrationshintergrund deutlich niedriger als bei jenen ohne Migrationshintergrund: Laut Statistiken haben 15% der Bevölkerung mit Migrationshintergrund keinen allgemeinen Schulabschluss und 45% keinen berufsqualifizierenden Abschluss (ohne Migrationshintergrund: 2% bzw. 20%). Sie sind etwa doppelt so häufig wie Menschen ohne Migrationshintergrund von Erwerbslosigkeit betroffen oder ausschließlich geringfügig beschäftigt. Mit 40% sind Erwerbstätige mit Migrationshintergrund fast doppelt so häufig wie jene ohne Migrationshintergrund (22%) als Arbeiter und seltener als Angestellte und Beamte tätig (Statistisches Bundesamt, 2011a, S. 8).

Bedingt durch die nachteiligen Arbeitsbedingungen und durch Migration unterbrochene Erwerbsbiografien bzw. kürzere Rentenbeitragszeiten in Deutschland ist die materielle Situation im Alter für viele Migranten alles andere als gesichert (vgl. Baykara-Krumme & Hoff, 2006). Statistiken zeigen, dass Haushalte ausländischer Älterer über ein durchschnittlich niedrigeres Nettoeinkommen verfügen als die deutscher Älterer, und dass es auch unter den verschiedenen Ethnien gravierende Unterschiede gibt – ältere Migranten aus der Türkei sind neben denjenigen aus dem ehemaligen Jugoslawien schlechter gestellt als beispielsweise Italiener (vgl. Schopf & Naegele, 2005).

Tabelle 6: Armutsgefährdungsquote[1] nach detailliertem Migrationsstatus, Haushaltsgröße und überwiegendem Lebensunterhalt

Detaillierter Migrationsstatus	Insgesamt	1-Person-Haushalte	überwiegender Lebensunterhalt			
			Berufstätigkeit	Rente, eigenes Vermögen	ALG I/II, sonstige Sozialleistungen	Unterstützung durch Angehörige
Personen ohne Migrationshintergrund	11,7	22,1	4,9	11,7	56,6	13,2
– davon 65 Jahre und älter	10,7	16,5	4,7	10,6	59,8	12,3
Personen mit eigener Migrationserfahrung	26,4	35,8	12,5	26,8	66,2	30,3
– davon 65 Jahre und älter	29,0	33,8	/	25,3	75,8	35,6
Personen mit eigener Migrationserfahrung , darunter:						
aus Italien	21,9	35,0	8,6	27,2	64,7	29,2
aus der Türkei	37,5	47,9	20,3	46,2	70,2	38,0
(Spät-)Aussiedler	19,1	30,1	8,1	22,2	60,6	21,9
– davon 65 Jahre und ältere (Spät-) Aussiedler	22,7	28,1	/	21,3	85,5	21,1

Quelle: Eigene Darstellung nach Statistisches Bundesamt 2011a

---

[1] Bei einem Median des gesamtgesellschaftlichen Äquivalenzeinkommens von 1.470 Euro gelten jene als armutsgefährdet, deren Äquivalenzeinkommen unter 882 Euro liegt (Statistisches Bundesamt 2011a, S. 393).

Während die Armutsgefährdungsquote der über 65jährigen ohne Migrationshintergrund im Jahre 2010 bei 10,7% lag, betrug sie bei Älteren mit eigener Migrationserfahrung 29% (Tab. 6). In dieser Hinsicht hatten türkische Migranten – insbesondere alleinlebende Frauen – eine besonders prekäre Lage (Statistisches Bundesamt, 2011a).

4.3.3 Gesundheit

Niedriges Bildungs- bzw. Einkommensniveau, hohes Risiko der Arbeitslosigkeit, schwere Arbeitsbedingungen mit häufigen Gesundheitsrisiken und Überstunden sind Faktoren, die in jeder Bevölkerungsgruppe zur hohen Gesundheitsgefährdung führen. Allerdings kommen diese Risikofaktoren deutlich häufiger in der ersten Generation der Arbeitsmigranten als in der deutschen Mehrheitsbevölkerung vor. Auch die psychosozialen Folgen der Migrationserfahrung an sich erhöhen das Risiko von somatischen und psychischen Erkrankungen im höheren Alter. Studien zeigen, dass körperliche Behinderungen und Berufskrankheiten unter ausländischen Älteren weiter verbreitet sind als bei den deutschen Senioren. Psychische Erkrankungen treten insbesondere bei älteren Frauen ausländischer Herkunft häufiger als bei älteren deutschen Frauen auf. Außerdem gilt das Risiko, an einer Demenz zu erkranken, bei Migranten als erhöht, vor allem treten Demenzen bei ihnen in früheren Lebensaltern als bei Deutschen auf (Okken et. al., 2008, S. 405). Folglich fällt auch die subjektive Bewertung des Gesundheitszustandes bzw. des Wohlbefindens im Vergleich zu deutschen Älteren bei den Migranten allgemein schlechter aus (vgl. ebenda; Hubert, 2009).

Hinzu kommt eine unzureichende Inanspruchnahme der verfügbaren Hilfsangebote. Die jüngere Altersstruktur der Migranten ist nur einer der Gründe für die heutige geringe Inanspruchnahme von Altenhilfe- bzw. Pflegeleistungen. Ein anderer liegt offensichtlich in spezifischen sprachlich, kulturell und sozial bedingten Zugangsbarrieren zu den institutionalisierten Formen der Altenhilfe, speziell der Pflege. Dies macht ältere Migranten durchaus zu einer besonders vulnerablen Zielgruppe für die sozialen und Gesundheitsdienstleistungen (vgl. Geiger, 1998; Mehrländer et al., 1996; Collatz 1998; Bundesministerium für Arbeit und Sozialordnung, 2002; Zeeb et al., 2004). Es wird angenommen, dass ältere Migrantinnen im Vergleich zu älteren Migranten in dieser Hinsicht besonders benachteiligt sind durch häufigeren Analphabetismus, niedrigeres Bildungs- bzw. Erwerbstätigkeitsniveau und schlechtere Sprachkenntnisse (vgl. Borde & Rosenthal, 2003).

4.4 Das Forschungsprojekt „Minority Elderly Care"

Das internationale Projekt „Minority Elderly Care" (MEC) steht für ein EU-finanziertes Forschungsvorhaben, das unter Koordinierung des PRIAE-Instituts in Bradford (UK) in zehn europäischen Ländern von 2001 bis 2004 durchgeführt wurde. Den deutschen Teil der Studie bearbeitete das Internationale Institut für Empirische Sozialökonomie INIFES, Stadtbergen. Das Projekt beschäftigte sich „mit Defiziten und Verbesserungsmöglichkeiten der Versorgung [von Minoritäten (nationalen/ethnischen Minderheiten bzw. Zuwanderern)] mit Gesundheits- und Sozialdienstleistungen, speziell Pflegeleistungen" (Heinecker & Kistler, 2003, S. 15).

4.4.1 Methoden

Das empirische Design des MEC-Projekts umfasste Sekundäranalysen, Fokusgruppen und mündliche Befragungen. Nach einer Bestandsaufnahme (Heinecker et. al., 2003) wurden in jedem der zehn Teilnehmerländer in definierten Regionen Interviews mit ausgewählten Minderheiten, Anbietern von Gesundheits- und Sozialdienstleistungen sowie Minderheitenorganisationen durchgeführt. Ziel war es, auf Grundlage dieser empirischen Befunde „Gemeinsamkeiten und Spezifika der Versorgung von Minoritäten herauszuarbeiten und praktische Implikationen abzuleiten" (Heinecker & Kistler, 2003, S. 15). Als deutsche Untersuchungsregionen wurden Augsburg, Berlin und München ausgewählt. Drei unterschiedliche Gruppen von älteren (50+) Migranten waren im Fokus der Studie: Ältere Migranten mit türkischer (N=150) bzw. italienischer (N=90) Abstammung sowie (Spät-)Aussiedler aus der ehemaligen Sowjetunion (N=154).

> „Bei den Türken und Italienern handelt es sich um die größten Migrantengruppen in Deutschland. Außerdem stehen die Türken einerseits für einen eher fremden und die Italiener andererseits eher für dem deutschen Kulturkreis nahen Typ von Herkunftsländern" (Quelle: Interner Bericht MEC, 2002).

Die älteren (Spät-)Aussiedler (diese Gruppe umfasst auch jüdische Kontingentflüchtlinge und andere russischsprachige Migranten aus der ehemaligen Sowjetunion) sind zwar keine ethnische Minderheit, da sie mehrheitlich deutsch im Sinne des deutschen Staatsbürgerschaftsrechts (Artikel 116 GG) sind.

Ältere Migranten als Klienten

„Für diese Gruppe als Untersuchungspopulation spricht jedoch – neben ihrer großen Zahl, dass ein Großteil von ihnen – trotz der Verbindung zur deutschen Kultur meist über ihre Eltern bzw. Großeltern – in ganz anderen Kulturkreisen aufgewachsen ist. Gerade die verbreiteten Integrations- und nicht selten sogar großen Sprachprobleme in dieser Gruppe machen es sinnvoll, diese Gruppe in die Betrachtung einzubeziehen" (Quelle: Interner Bericht MEC, 2002).

Die Rekrutierung der Befragungsteilnehmer erfolgte über Migrantenorganisationen, städtische Ausländerbehörden und -beiräte sowie nach dem Schneeballprinzip. In der ersten Welle wurden insgesamt 394 ältere Minderheitenangehörige u.a. zu ihrer sozioökonomischen Situation, ihrem Gesundheitszustand sowie ihren Erwartungen und Erfahrungen im Bezug auf die deutschen Gesundheits- und Sozialdienstleistungen befragt. Die mündlichen Befragungen wurden durch muttersprachliche Interviewer mithilfe von standardisierten Fragebogen durchgeführt. Diese wurden im MEC-Projektkonsortium entwickelt und zunächst aus dem Englischen ins Deutsche, Italienische, Türkische und Russische übersetzt.

Die zweite Befragungswelle befasste sich mit 106 Anbietern von Gesundheits- und Sozialdienstleistungen. Jeweils die Hälfte der teilnehmenden Institutionen gehörte zu Gesundheits- bzw. zu Sozialdiensten. Die Stichprobe reichte von großen Krankenhäusern und Altenheimen bis hin zu niedergelassenen Ärzten und gemeinnützigen Beratungsstellen. Die interviewten Personen wurden jeweils zu 50% von Leitungsebenen bzw. aus Fachkräften rekrutiert. Auch diese Interviews wurden mithilfe standardisierter Fragebögen durchgeführt und umfassten Fragen zu verschiedenen Aspekten des Dienstleistungsprozesses, u.a. Service-Design, Qualitätsmaßnahmen, Bedarfsprüfung usw. im Hinblick auf ältere Migranten. In diesem Beitrag werden ausgewählte Ergebnisse aus diesen zwei Erhebungswellen beleuchtet.

4.4.2 Lebenslagen und Lebensqualität in der Untersuchung

Das Konzept der Lebenslage ist weit in den Sozialwissenschaften inklusive Alternsforschung verbreitet (vgl. Backes & Clemens, 2008; Schopf & Naegele, 2005). Von mehreren allgemein verwendeten Dimensionen der Lebenslage werden in diesem Beitrag insbesondere die sozioökonomische Lage, der Gesundheitszustand und die sozialen (formellen und informellen) Unterstützungsmöglichkeiten der MEC-Probanden besprochen.

„Lebenslagen im Alter sind differenzierter als die sozioökonomischen Bedingungen dieser Lebensphase vermuten lassen. Aus der Vielzahl der zugrundeliegenden Dimensionen [des Konzeptes Lebenslage] lassen sich als dominierende Faktoren die materielle Lage, der Gesundheitszustand und die sozialen Netzwerkbeziehungen hervorheben (Backes & Clemens, 2008, S. 269).

Bei der Betrachtung der spezifischen Dimensionen der Lebenslage zeigten sich erhebliche Unterschiede zwischen den untersuchten Migrantengruppen, z.B. bei der Altersstruktur, der sozioökonomischen Lage, beim Gesundheitszustand sowie bei der verfügbaren sozialen Unterstützung.

Demografische Angaben und Lebensform
Die Altersstruktur der MEC-Stichproben reflektierte die Altersverteilung der Älteren in den ausgewählten ethnischen Gruppen insgesamt; d.h. aufgrund der unterschiedlichen Migrationsverläufe gab es erhebliche Unterschiede zwischen den Gruppen. Die türkische Gruppe war deutlich am jüngsten: Die Mehrheit von ihnen war während der zweiten Welle der Arbeitsmigration Ende der 1960er Jahre nach Deutschland immigriert. Die Italiener, die mehrheitlich mit den ersten Arbeitsmigranten zehn Jahre früher zugewandert waren, bildeten die mittlere Altersgruppe, und die am häufigsten im Rentenalter übersiedelten (Spät-)Aussiedler waren die ältesten (vgl. Abb. 9). 49% der Probanden waren Frauen, 51% Männer. Im Allgemeinen waren die teilnehmenden Frauen etwas jünger als die Männer.

Abbildung 9: Altersverteilung nach ethnischen Gruppen in %

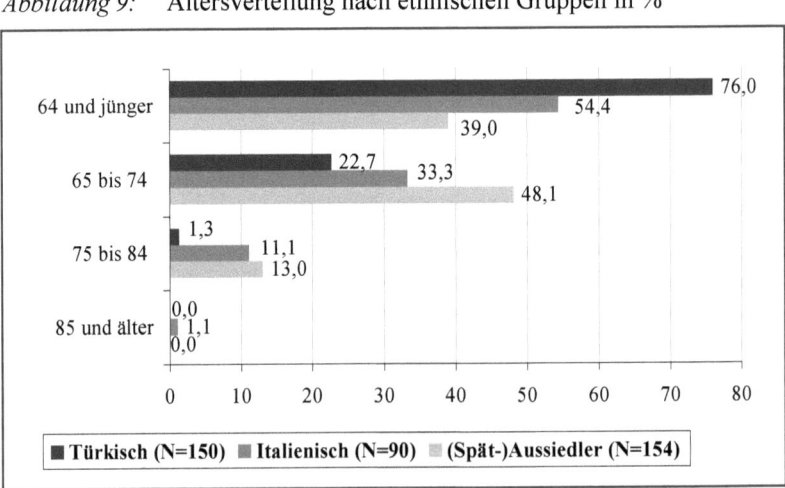

Quelle. Eigene Abbildung nach MEC

Von den MEC-Probanden waren die meisten verheiratet (69%), 20% waren verwitwet. Die Größe der Familien unterschied sich deutlich zwischen den ethnischen Gruppen. Die türkischen Probanden hatten mit Abstand die größten Familien: 19% hatten fünf oder mehr Kinder. Zum Vergleich hatten 11% der italienischen Älteren gar keine, die restlichen meistens zwei oder drei Kinder. Bei den Spätaussiedlern kamen große Familien seltener vor; üblicherweise hatten sie ein bis zwei Kinder. Entsprechend lebte der Großteil der MEC-Probanden in Mehrpersonenhaushalten oder sogar Mehrgenerationenhaushalten. Nichtsdestotrotz wohnten die teilnehmenden türkischen Älteren mit 21% überdurchschnittlich häufig allein, obwohl diese Probandengruppe die größten Familien hatte (Durchschnitt aller Probanden: 18%). Insgesamt lebten Frauen deutlich häufiger als Männer allein, was ein Hinweis auf künftige Hilfebedarfe darstellt. An dieser Stelle muss darauf hingewiesen werden, dass diese Ergebnisse wegen der geringen Stichprobengrößen bzw. durch den oben beschriebenen Rekrutierungsprozess nicht als repräsentativ angesehen werden können.

Soziökonomische Profile
Die Heterogenität der Lebenslagen bei älteren Migranten zeigt sich in den untersuchten Migrantengruppen, deren soziökonomische Profile sich deutlich voneinander unterscheiden. Im Folgenden werden einige der erhobenen Faktoren blitzlichtartig aufgeführt (Tab. 7). Die teilnehmenden (Spät-)Aussiedler hatten, amtliche Statistiken widerspiegelnd, das höchste Bildungsniveau in der Stichprobe und hatten entsprechend früher den höchsten Berufsstatus inne gehabt. Zur Zeit der Untersuchung waren sie allerdings als Zuwanderer häufig auf Sozialhilfe oder staatliche Beihilfen angewiesen. Folglich gehörte etwa die Hälfte von ihnen der niedrigsten Einkommensgruppe an (Monatliches Netto-Haushaltseinkommen 750€ oder weniger). Die erlebte ethnische Identität dieser Gruppe war am heterogensten. Während die türkisch- bzw. italienischstämmigen Älteren sich mehrheitlich mit ihrer jeweiligen Herkunftsethnie identifizierten, erlebten sich die (Spät-)Aussiedler als jüdisch (38%), deutsch (34%), russisch (20%); weitere 9% gaben andere Volkszugehörigkeiten an – und 9% konnten oder wollten die Frage gar nicht beantworten. Die türkischen Probanden befanden sich insgesamt in den schwierigsten Lebenslagen. Im Durchschnitt war ihr Bildungs- bzw. Berufsstatus deutlich niedriger als bei den anderen untersuchten Gruppen. Der Anteil der Arbeitslosen unter ihnen betrug 13%, und – auch wenn die meisten von ihnen ein mittleres Einkommensniveau angaben, – waren 28% von ihnen zumindest teilweise auf Sozialleistungen und finanzielle Hilfe durch Familienmitglieder angewiesen. Hinzu kommt, dass trotz ihres relativ langen Aufenthalts in Deutschland das Akkulturationsniveau der teilnehmenden türkischstämmigen Älteren, besonders der Frauen, am niedrigsten war. Folglich erwiesen sich die Frauen als eine

besonders benachteiligte Gruppe. Sie hatten den niedrigsten Bildungsstand, die geringsten Deutschkenntnisse (58% konnte Deutsch sprechen und nur 24% konnten es lesen) und einen niedrigen Beschäftigungsgrad (31% hatten nie einen Beruf außerhalb des eigenen Haushalts ausgeübt, 12% waren zur Zeit der Untersuchung arbeitslos).

Tabelle 7: Sozioökonomisches Profil nach ethnische Gruppe (in %)

Variable	Ethnische Gruppe (N=394)		
	Türkisch (N=150)	Italienisch (N=90)	(Spät-)Aussiedler (N=154)
Bildungsstatus	20% kein Abschluss 50% Grundschule	52% Mittlere Reife 26% Abitur	32% Abitur 46% Hochschule
(letzter) Jobstatus	68% Un- / oder angelernter Arbeiter	32% Un- / oder angelernter Arbeiter 31% Facharbeiter	29% Facharbeiter 27% qualifizierte Tätigkeit 24% hochqualifizierte Tätigkeit/ Leitungsfunktion
Erwerbsstatus	47% im Ruhestand 21% erwerbstätig 18% Hausfrau 13% arbeitslos	58% im Ruhestand 30% erwerbstätig	76% im Ruhestand 13% erwerbstätig
Die wichtigsten Einkommensquellen (Mehrfachnennungen)	60% Rente 30% Arbeitsentgelt 28% Sozialhilfe	65% Rente 17% Arbeitsentgelt	76% Sozialhilfe
Monatliches Netto-Haushaltseinkommen	57% mittel = 750-1750 €	43% hoch = mehr als 1750 €	49% niedrig = 750 € oder weniger
Wohndichte: Personen/Zimmer	28% weniger als 1 Person 57% 1 Person	68% weniger als 1 Person 28% 1 Person	29% weniger als 1 Person 55% 1 Person
Migrationsgründe	58% ökonomisch	68% ökonomisch	39% ökonomisch 33% Rücksiedlung
Aufenthaltsdauer	67% 31 bis 40 Jahre	36% 31 bis 40 Jahre 32% 41 Jahre oder länger	69% 10 Jahre oder weniger
Deutschkenntnisse	71% Sprechen 44% Lesen	88% Sprechen 83% Lesen	78% Sprechen 78% Lesen

Quelle: Eigene Darstellung nach MEC

Bei allem Vorbehalt bezüglich der Repräsentativität soll hier erwähnt werden, dass auch wenn die türkischen Probanden die größten Familien hatten, lebten überraschend viele von den Frauen allein. Zusammen genommen implizieren diese Befunde eine starke Abhängigkeit von Anderen, wenn der Bedarf an Hilfeleistungen (insbesondere außerhalb der eigenen ethnischen Community) steigt. Damit erwiesen sich die türkischen Frauen in der Untersuchung als eine Zielgruppe mit erheblichem potenziellem Bedarf an Dienstleistungen, aber gleichzeitig besonders hohen Zugangsbarrieren. Die italienischen Älteren hatten am längsten in Deutschland gelebt und schienen sich gut integriert zu haben. Auch wenn ihre Migrationsgründe denen der türkischen Probanden ähnelten, waren sie häufiger in einer günstigeren sozioökonomischen Lage. Ihr Bildungsniveau und Jobstatus waren höher, 20% von ihnen waren noch berufstätig und nur 4% arbeitslos. Von allen drei Untersuchungsgruppen waren sie am seltensten auf Sozialleistungen oder finanzielle Unterstützung durch die Familie angewiesen und hatten mit Abstand das höchste Einkommensniveau.

Subjektive Gesundheit und Wohlbefinden
Neben der sozioökonomischen Lage ist der (physische und seelische) Gesundheitszustand eine der zentralen Determinanten der erlebten Lebensqualität. Zum subjektiven Gesundheitszustand der untersuchten Migrantengruppen werden im Folgenden einige der in der MEC-Studie erzielten Erkenntnisse dargestellt.

Die türkischstämmigen Probanden wiesen eine relativ schlechte physische und seelische Gesundheit auf. Sie gaben den schlechtesten allgemeinen Gesundheitszustand (auf einer Skala von 1 = „sehr schlecht" bis 5 = „sehr gut„: Mittelwert 2,9) bzw. die meisten Gesundheitsprobleme an, besonders in den Kategorien "Muskel- und Skeletterkrankungen" und „seelische bzw. Gedächtnisprobleme". Das Ausmaß an medizinischer Hilfe, die sie im Alltag brauchten, schätzten die Türken ebenso am höchsten ein, sie hatten am häufigsten Schmerzen sowie wiesen das niedrigste emotionale Wohlbefinden auf. Diese Faktoren schienen nicht mit dem jeweiligen Lebenswandel zusammen zu hängen, da die türkischen Älteren den mit Abstand niedrigsten Wert in dem so genannten Risiko-Index erzielten, welcher sich aus den Angaben zu persönlichen Gewohnheiten im Sinne von Rauchen und Alkoholkonsum einerseits und regelmäßige Bewegung andererseits zusammensetzte.

Die italienischen Älteren stellten sich gesünder als die anderen Probandengruppen heraus: Ihr allgemeiner Gesundheitszustand war deutlich besser (Mittelwert 3,4) als bei den türkischen Älteren. Sie gaben im Durchschnitt die wenigsten Erkrankungen an – außer in der Kategorie "Muskel- und Skeletterkrankungen", in der sie als Arbeitsmigranten zwischen den Türken und den meist höher qualifizierten (Spät-)Aussiedlern standen. Sie brauchten am wenigsten medizinische Hilfe und hatten am seltensten Schmerzen. Auch wenn viele von ihnen emotionale Probleme angaben, war ihr Selbstwertgefühl insgesamt höher als in den anderen Gruppen. Über die Hälfte der teilnehmenden (Spät-)Aussiedler (55%) schätzte ihren allgemeinen Gesundheitszustand als „mittelmäßig" ein (Mittelwert 3,3). Von allen Probandengruppen gaben sie am häufigsten Herzkrankheiten und Zahnprobleme an. Sie benötigten mehrheitlich ein mäßiges Ausmaß an medizinischer Hilfe und hatten ebenso ein mäßiges Ausmaß an Schmerzen. Von allen Probanden gaben sie den höchsten Grad an emotionalem Wohlbefinden an.

Lebensqualität

Lebensqualität setzt sich aus vielen materiellen und psychosozialen Faktoren zusammen und ist gleichzeitig von individueller Bewertung dieser Faktoren bedingt. Neben zahlreichen Fragen zur physischen und psychischen Gesundheit, persönlichem Wohlbefinden, Funktionsfähigkeit und Beeinträchtigungen wurden den MEC-Probanden bezüglich der Lebensqualität auch zwei zusammenfassende Fragen gestellt: „Wie würden Sie ganz allgemein Ihre Lebensqualität einschätzen?" bzw. „Wie sehr können Sie ganz allgemein Ihr Leben genießen?". Die Antwortskalen reichten von 1 = „sehr schlecht" bis 5 = „sehr gut bzw. von 1 = „überhaupt nicht" bis 5 = „sehr" (Abb. 10).

Abbildung 10: Erlebte Lebensqualität und Leben genießen

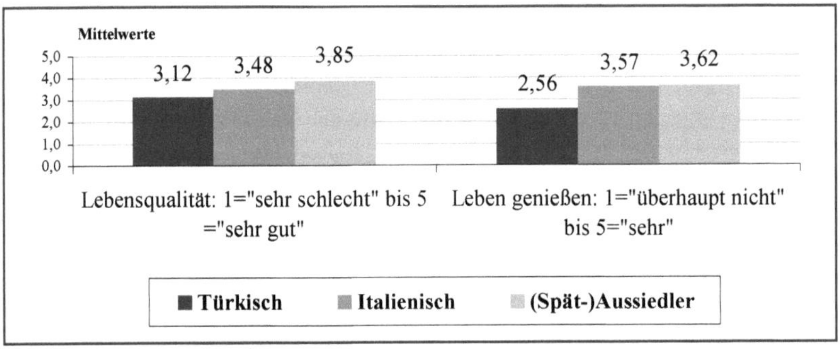

Quelle: Eigene Abbildung nach MEC

Die türkischen Probanden erlebten ihre Lebensqualität deutlich am schlechtesten: 16% von ihnen schätzten ihre Lebensqualität als "schlecht" und weitere 5% als „sehr schlecht" ein. Auch konnten sie das Leben am wenigsten genießen. Als Gründe hierfür könnten die folgenden angesehen werden: eine relativ schlechte sozioökonomische Lage, eine vom Herkunftsland stark abweichende Gesellschaft – im Sinne von Sprache, Religion und soziokulturellen Normen und Werten. Hinzu kommt, dass viele der türkischen Arbeitsmigranten mit der Rückkehrorientierung leben oder gelebt haben, bis hohes Alter und/oder Gesundheitsbeeinträchtigungen die Rückkehr in die alte Heimat unmöglich machten.

Die italienischen Älteren schienen eine bessere Lage im Sinne von Lebensqualität und allgemeinen Wohlbefinden zu haben. Im Kontrast zu den türkischen Älteren waren sie EU-Bürger mit einem höheren sozioökonomischen Status und waren besser integriert in die deutsche Gesellschaft. Die positivsten Antworten gaben jedoch die teilnehmenden (Spät-)Aussiedler – trotz ihres schlechteren Gesundheitszustand bzw. ihrer schwierigeren sozioökonomischen Lage: 64% von ihnen schätzten ihre Lebensqualität als „gut" oder „sehr gut" ein. Erklärend kann hier ihre Migrationsgeschichte hinzugezogen werden. Erstens gab diese Probandengruppe zumeist ökonomische Gründe sowie Rücksiedlung als Migrationsmotive an, und sie waren mehrheitlich deutsche Staatsbürger (vgl. „Definitionen und Abgrenzungen" oben). Zweitens hatten sie von allen Untersuchungsgruppen die kürzeste Aufenthaltsdauer in Deutschland und nahmen daher die ökonomischen und sozialen Vorteile der deutschen Gesellschaft gegenüber der Situation im Herkunftsland eventuell bewusster wahr als die übrigen Gruppen. Drittens, im Gegensatz zu vielen Arbeitsmigranten, hatten sich die (Spät-)Aussiedler bewusst dafür entschieden, den Rest ihres Lebens in Deutschland zu verbringen.

Verfügbare (soziale) Unterstützung
Neben dem Ausmaß an benötigter medizinischer Hilfe wurde in der MEC-Studie der Bedarf und die Verfügbarkeit von sozialer Unterstützung abgefragt: "War im letzten Monat irgendjemand verfügbar, als Sie Hilfe brauchten oder wollten? (Z.B. wenn Sie sich sehr nervös, einsam, traurig, oder krank fühlten und im Bett bleiben mussten, wenn Sie Hilfe im Alltag oder bei persönlichen Bedürfnissen oder einfach nur jemanden zum Reden brauchten)". Nur 44% der Probanden gab an, dass Hilfe verfügbar war "immer, wenn ich jemanden brauchte". In dieser Hinsicht hatten die türkischen Älteren die beste soziale Unterstützung: 53% von ihnen bekamen all die Hilfe, die sie wollten. Allerdings gaben auch weitere 10% von ihnen an, dass sie gar keine soziale Unterstützung erhielten (Tab. 8).

Die (Spät-)Aussiedler waren diesbezüglich in der misslichsten Lage: 12% von ihnen konnten sich nach eigenen Angaben auf keine soziale Unterstützung verlassen und nur 39% hatte bei Bedarf immer Hilfe. Dieser Befund unterstreicht den Zusammenhang zwischen Alter und Unterstützungsbedarf: Je älter die Probanden, desto seltener fanden sie die verfügbare soziale Unterstützung ausreichend.

Tabelle 8: Verfügbare Hilfe bei Bedarf nach ethnische Gruppe, in %

Hilfe verfügbar	Türkisch (N=148)	Italienisch (N=86)	(Spät-)Aussiedler (N=154)	Gesamt (N=388)
Nie	10	7	12	10
Selten	8	21	11	12
Manchmal	14	14	21	17
Oft	16	20	17	17
Immer	53	38	39	44

Quelle: Eigene Darstellung nach MEC

Für soziale Bedürfnisse („An wen wenden Sie sich, wenn Sie jemanden zum Reden brauchen?") suchten 63% der Älteren ihre Familien, 25% ihre Freunde auf. Wenn sie emotionale Bedürfnisse hatten („„An wen wenden Sie sich, wenn Sie sich nervös, einsam oder traurig fühlen?"), gaben 11% der türkischen bzw. 14% der italienischen Älteren „niemanden" an. Die (Spät-)Aussiedler dagegen blieben mit ihren Sorgen nicht allein, sondern suchten ihre Familie oder Freunde auf. Für emotionale Bedürfnisse wurde selten professionelle Hilfe konsultiert (insgesamt nur 4% der Probanden). Für gesundheitliche Bedürfnisse („Wer kümmert sich um Sie, wenn Sie sich unwohl fühlen oder krank sind?") konnten sich 83% aller Probanden auf ihre Familien stützen. Die Aussiedler gaben mit 12% an, von Fachkräften versorgt zu werden.

Abbildung 11: Physische und Psychische Gesundheitsfaktoren nach Lebensform

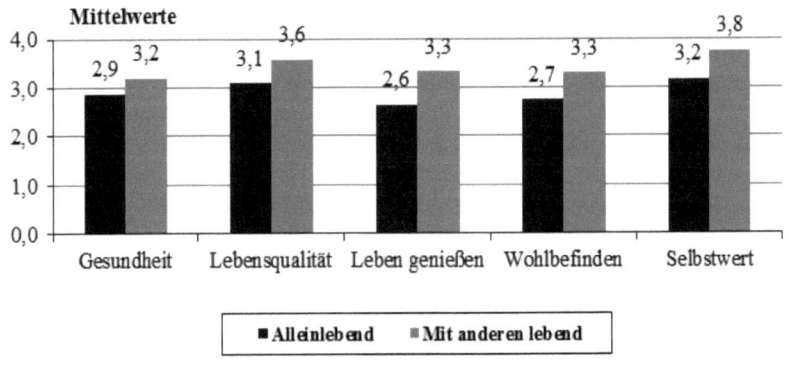

Quelle: Eigene Abbildung nach MEC

Einige türkische (3%) bzw. italienische (7%) Probanden hatten niemanden, der sich bei Bettlägerigkeit um sie gekümmert hätte. Eine tiefere Analyse der Befunde zeigte, dass die jeweilige Lebensform der Probanden einen signifikanten Einfluss auf die physischen und psychischen Dimensionen des Wohlbefindens hatte: Die Alleinlebenden zeigten in allen fünf Kategorien schlechtere Bewertungen als diejenigen, die mit anderen zusammen lebten (Abb. 11).

4.4.3 Ältere Migranten als Klienten

Perspektive der älteren Befragten
Als Klienten von sozialen bzw. Gesundheitsdienstleistungen waren die untersuchten ethnischen Gruppen genauso heterogen wie ihre Lebenslagen. Dies wurde anhand einer Liste möglicher Dienstleistungen und der folgenden Fragen ermittelt: „Haben Sie jemals eine der folgenden Leistungen/Angebote in Anspruch genommen? Falls ja: Wie oft nutzten Sie dieses Angebot und wie zufrieden waren Sie damit?" bzw. „Falls nein: Warum nutzen Sie diese Leistungen nicht?"

Die Inanspruchnahme der Dienstleistungen durch die Probanden variierte von Gruppe zu Gruppe. Im Allgemeinen hatten die befragten (Spät-)Aussiedler – wohl auch altersbedingt – die meisten Gesundheits- bzw. Sozialdienste in Anspruch genommen. Speziell bei den sozialen Diensten ergab sich das folgende Bild: Als die jüngste Probandengruppe hatten die türkischstämmigen Älteren nur wenige Dienstleistungen benutzt, waren aber relativ zufrieden mit denjenigen, von denen sie Erfahrungen hatten. Die italienischen Älteren dagegen hatten mehr Erfahrung mit sozialen Dienstleistungen, aber äußerten durchweg nur mittelmäßige Zufriedenheit mit den benutzten Diensten. Die (Spät-)Aussiedler hatten die meisten Dienstleistungen am häufigsten benutzt und waren damit im Großen und Ganzen zufrieden bis sehr zufrieden (Abb. 12). Insgesamt 22% der Probanden hatten Beratungsstellen für Ältere aufgesucht, von den türkischen Älteren 28%, von den (Spät-)Aussiedlern 26% und von den Italienern nur 4%.

Als Gründe für die Nicht-Nutzung der Dienstleistungen gaben die Probanden erwartungsgemäß am häufigsten an: „Ich brauche sie nicht". Allerdings war von allen übrigen Antwortmöglichkeiten die am häufigsten genannte "Ich kannte sie nicht". Bei den Altenberatungsstellen war dieser Anteil mit 21% der Probanden am höchsten. Viele der Probanden gaben außerdem an, dass sie von bestimmten Diensten gehört hatten, wussten jedoch nicht, wie sie diese nutzen könnten. Zwischen den ethnischen Gruppen gab es besonders beim Informationsmangel deutliche Unterschiede. Insbesondere die türkischen Älteren gaben häufig diesen Grund für die Nicht-Nutzung der Dienste an. Dies könnte einerseits die schlechteren Deutschkenntnisse dieser Probandengruppe reflektieren, andererseits könnte die Tatsache eine Rolle spielen, dass die türkischen Frauen häufig keiner Beschäftigung außerhalb der Familie nachgegangen waren und die Anbindung an die Gesellschaft außerhalb der eigenen ethnischen Community dementsprechend schwach war. Die älteren (Spät-)Aussiedler dagegen schienen besser informiert über das Dienstleistungsangebot zu sein, höchstwahrscheinlich durch ihre relativ guten Sprachkenntnisse, ihren höheren Bildungs- und Berufsstatus sowie ihre ausgeprägten informellen Netzwerke.

Abbildung 12: Benutzung von und Zufriedenheit mit Sozialdienstleistungen nach ethnischen Gruppen

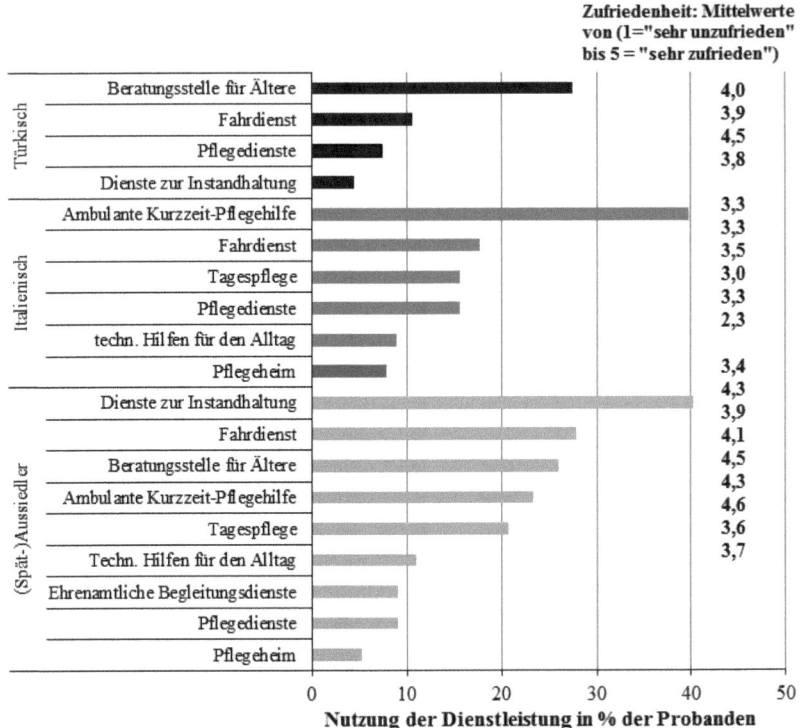

Quelle: MEC 2004

Ältere Migranten als Klienten

Zusammengefasst wurde in dieser Untersuchung klar, dass es deutliche Zugangsbarrieren zu den sozialen Dienstleistungen gibt, und dass diese zwischen verschiedenen ethnischen Gruppen unterschiedlich ausgeprägt sind. Die wichtigsten Zugangsbarrieren aus der Perspektive der Klienten waren laut der Untersuchung:

- Sprachprobleme und Informationslücken
- Finanzielle Probleme
- Fehlende interkulturelle Kompetenz seitens des Personals
- Die Kontakte konzentrieren sich auf die eigene ethnische Community

Die Wahrnehmung der Servicequalität wurde in der Studie mit einer Batterie von Aussagen über Dienstleistungen untersucht. Für jede Aussage wurden die diesbezüglichen persönlichen Erwartungen (auf einer Skala von 1 = „Lehne ab" bis 5 = „Stimme zu") mit den tatsächlichen Erfahrungen (von 1 = „Erwartungen nicht erfüllt" bis 5 = „erfüllt") kontrastiert. Die insgesamt 55 Aussagen ordneten sich unter folgende Dimensionen der Servicequalität:

- *Zuverlässigkeit* (z.B. „Ich erwarte, dass die Dienste ihre Leistungen exakt zu der Uhrzeit erbringen, die sie zugesagt haben")
- *Zugang* (z.B. „Ich erwarte, dass ich leicht mit Einrichtungen in Verbindung treten kann")
- *Reaktion auf Bedürfnisse* (z.B. „Ich erwarte, dass die Fachleute bereit sind, mir zu helfen")
- *Äußerer Eindruck* (z.B. „Ich erwarte, dass die Einrichtungen sauber sind")
- *Empathie und besondere Bedürfnisse* (z.B. „Ich erwarte, dass die Fachleute die besonderen Bedürfnisse von Minderheiten kennen")
- *Das menschliche Element der Dienstleistungen* (z.B. „Ich erwarte, dass das Personal mich mit Respekt behandelt")
- *Service-Kultur* (z.B. „Ich erwarte, dass ich in Entscheidungen über meine Behandlung, Pflege etc. mit einbezogen bin")
- *Angemessenheit* (z.B. „Ich erwarte, dass das Personal, das die Dienste leistet, fähig ist, kulturelle Werte von Minderheiten zu verstehen")
- *Emotionaler Aspekt der Servicequalität* (z.B. „Ich erwarte, dass ich beim Nutzen von Diensten/Angeboten mich nicht wie ein Fremder fühle")
- *Vertrauen und Sicherheit* (z.B. „Ich erwarte, dass es keine Sanktionen geben wird, wenn ich die Dienste nutze")

- *Versorgungssystem und Kompetenz* (z.B. „Ich erwarte, dass die Dienste ihre Leistungen und Abläufe verständlich und leicht nachvollziehbar organisieren")
- *Information und Kommunikation* (z.B. „Ich erwarte, dass mir Informationen über meine Rechte in verständlicher Weise gegeben werden")

Bei der anschließenden Auswertung der Ergebnisse wurden die Lücken zwischen Erwartungen und Erfahrungen bezüglich dieser Aussagen ermittelt (*gap analysis*). Generell stellten die befragten Älteren relativ hohe Erwartungen an die deutschen Dienstleistungen. Die höchsten Erwartungen betreffen eher allgemeine Bedürfnisse wie gleichberechtigten Zugang und respektvolle Behandlung als kultur- oder religionsspezifische Adaptation der Dienstleistungsvorgänge. Die Erfahrungen waren allgemein positiv, obwohl es gruppenspezifische Unterschiede in der Wahrnehmung von Servicequalität gab. Nichtsdestotrotz zeigten sich deutliche Qualitätslücken – aus der Perspektive der älteren Migranten – in Information und Kommunikation sowie in der Übersichtlichkeit des Dienstleistungssystems. Die größten Lücken in der Servicequalität fanden sich laut den befragten Älteren in den folgenden Bereichen:

- Muttersprachliche Informationen
- Einfache, verständliche Information
- Dolmetscher verfügbar
- Vermeidung von Wartezeiten
- Klare Information über Leistungsbefugnis
- Wenig Papierkram/Formulare
- Klare Verwaltungswege

Damit betrafen die wahrgenommenen Defizite weniger kulturspezifische Faktoren (die selbstverständlich zu den abgefragten Aussagen gehörten) als Information, Kommunikation und Übersichtlichkeit des Dienstleistungssystems.

Perspektive der Dienstanbieter
Die Befragung der Anbieter von Gesundheits- und Sozialdienstleistungen umfasste ebenfalls Fragen zur Inanspruchnahme der Dienstleistungen durch ältere Migranten. Auch die Wahrnehmung von Servicequalität insgesamt sowie Einstellungen der Dienstanbieter im Hinblick auf ältere Migranten wurden beleuchtet. Die besondere Lage der älteren Klienten mit Migrationshintergrund wurde von 60% der befragten Dienstanbietern erkannt: Diese fanden die folgende Aussage zutreffend: „Ältere aus ethnischen/nationalen Minderheiten haben besondere Bedürfnisse, spezielle Probleme und Zugangsbarrieren im Hinblick auf die

Ältere Migranten als Klienten 117

Leistungen des Gesundheits- und Sozialwesens": In dieser Hinsicht stimmten die Vertreter der sozialen Dienstleistungen häufiger als diejenigen von den Gesundheitsdiensten der Aussage zu (Tab. 9). Als ausschlaggebend für die spezielle Lage der älteren Klienten mit Migrationshintergrund wurden von den befragten Dienstanbietern am häufigsten Sprache und kulturspezifische Faktoren angegeben. Die sozioökonomische Lage bzw. migrationsspezifische Faktoren wurden seltener als Gründe für die besonderen Bedarfslagen anerkannt.

Tabelle 9: Aussage über besondere Lage der Klienten

„Ältere aus ethnischen/nationalen Minderheiten haben besondere Bedürfnisse, spezielle Probleme und Zugangsbarrieren im Hinblick auf die Leistungen des Gesundheits- und Sozialwesens"

Finde die Aussage...	Anbieter Sozialdienste		Anbieter Gesundheitsdienste	
	N	%	N	%
zutreffend	35	70	28	51
teils-teils	12	24	23	42
unzutreffend	3	6	4	7
Gesamt	50	100	55	100

Quelle: Eigene Darstellung nach MEC

61% der Dienstanbieter schätzten den Anteil älterer Migranten an ihrer Klientel niedriger als deren Bevölkerungsanteil vor Ort ein. Dabei haben sie explizite Zugangsbarrieren der älteren Migranten erkannt, von denen die am häufigsten genannten waren:

- Die Kontakte der älteren Migranten konzentrieren sich auf die eigene ethnische Community
- Informationslücken und Sprachprobleme
- Informelle Pflegeformen und Familie ersetzen formelle Pflegeformen
- Scham darüber, formelle Hilfe zu suchen
- Kulturelle Unterschiede

Nur wenige der befragten Dienstanbieter fanden die reine Anzahl der älteren Migranten (noch) zu niedrig, um eine relevante Zielgruppe für die Dienste darzustellen, und eine noch geringere Zahl sah gesetzliche Barrieren als Grund für die unterdurchschnittliche Nutzung der Dienste durch diese Klientengruppe. Sektorspezifisch betrachtet schätzten die Anbieter sozialer Dienstleistungen alle gelisteten Zugangsbarrieren insgesamt als wichtiger ein als die Gesundheitsdienste, insbesondere „das Gefühl, nicht dazu zu gehören", „fehlende interkulturelle Kompetenz seitens des Personals", „kulturelle Unterschiede", "informelle Pflegeformen und Familie ersetzen formelle Pflegeformen" sowie „die Kontakte konzentrieren sich auf die eigene ethnische Umgebung". Für die Ermittlung der wahrgenommenen Servicequalität wurde den Dienstanbietern die gleiche Aussagenliste wie den älteren Klienten präsentiert. Als Lücken in der Servicequalität erkannten die Dienstanbieter am häufigsten:

- Dolmetscher verfügbar
- Muttersprachliche Informationen
- Genug Zeit für einzelne Kunden
- Alternative Heilmethoden
- Genügend Personal für gute Dienstleistungen
- Leichte Kommunikation mit Personal
- Die besonderen Bedürfnisse von Minderheiten kennen

Ein Drittel der teilnehmenden Dienste hatte spezifische Zielgruppen von älteren Migranten (Sozialdienste eher als Gesundheitsdienste). Die wenigsten zielten ihre regelmäßigen Dienstleistungen explizit auf diese Klientengruppen – diese Anbieter waren ausschließlich im Bereich der Altenberatung angesiedelt. Darüber hinaus wurden einzelne Programme und Kampagnen für Ältere im Allgemeinen und einige wenige speziell für ältere Migranten genannt.

Bei der Frage nach den Gründen, warum sie keine Leistungen speziell für ältere Migranten anboten, gaben die meisten Dienstanbieter an, dass sie einem interkulturellen Prinzip folgten statt spezifische Dienste für spezifische Gruppen anzubieten. Allerdings konnten nur wenige der Teilnehmer konkrete Schritte in Richtung interkulturelle Öffnung nennen. Als weitere Gründe, warum keine Leistungen speziell für ältere Migranten angeboten wurden, wählten die Probanden aus einer vorgegebenen Liste am häufigsten die folgenden (Reihenfolge nach Häufigkeit):

- Statt aktiv für unsere Leistungen bei den Minderheiten zu werben, erwarten wir generell, dass die Kunden zu uns kommen
- Minderheiten haben hier vor Ort ihre eigenen Systeme der gegenseitigen Hilfeleistung, sie würden spezialisierte Dienste nicht in Anspruch nehmen, auch wenn wir sie anbieten
- Wir verfügen nicht über die erforderlichen Sprachkenntnisse oder interkulturellen Kompetenzen
- Wir erwarten nicht, dass die älteren Minderheitenangehörigen besondere Leistungen brauchen

Zur Förderung der Inanspruchnahme von Dienstleistungen durch ältere Migranten hatten die teilnehmenden Dienstanbieter nach eigenen Angaben am häufigsten Maßnahmen zur Förderung von Kommunikation mit Klienten (z.b. durch Zurverfügungstellung von Dolmetschern oder Involvierung muttersprachlicher Begleitpersonen) sowie Zusammenarbeit mit anderen Dienstanbietern zwecks Austausch von Erfahrungen und Informationen über die Bedürfnisse älterer Minderheiten implementiert. Die Anbieter von Sozialdiensten hatten bereits mehr Maßnahmen durchgeführt als die Gesundheitsdienste. Allerdings waren die angegebenen Maßnahmen größtenteils nicht formell verankert, weder organisatorisch, zeitlich noch finanziell. Außerdem kooperierten nur 30% mit Minderheitenorganisationen, und nur bei 15% der Anbieter waren ältere Migranten selbst in der Planung der Maßnahmen involviert.

Weniger als die Hälfte der befragten Dienstanbieter gab an, dass ihre Organisation konkrete Ziele in Bezug auf ältere Migranten als Klienten hatte. Von den diesbezüglich vorgegebenen Zielen waren „Anpassung der vorhandenen Dienste für die besonderen Bedürfnisse der ethnischen Minderheiten" mit 48% bzw. „Beschaffung neuer Kunden aus ethnischen Minderheiten" mit 42% die am häufigsten ausgewählten. Die "Anpassung der Dienstkultur entsprechend der Veränderung der ethnischen Struktur des Marktes" (z.B. mehr multikulturelle Dienste) (18%) bzw. „Anpassung der Personalstruktur entsprechend der Veränderung der ethnischen Struktur des Marktes" (z.B. besonderes Training und/oder Einstellung von multikulturellem Personal) (28%) waren seltener geplant. Ein Drittel der Probanden plante „Entwicklung neuer Dienste, um den besonderen Bedürfnissen der ethnischen Minderheiten entgegenzukommen".

4.5 Schlussfolgerungen für die soziale Arbeit

4.5.1 *Ältere Migranten stellen heterogene Zielgruppen dar*

Die Ergebnisse der MEC-Studie bestätigen die Angaben aus der Migrationsforschung, dass es sich bei „älteren Migranten" nicht um eine Klientengruppe handelt, sondern um heterogene Gruppen mit unterschiedlichen Bedarfslagen (z.B. Baykara-Krumme & Hoff, 2006; Deutscher Bundestag, 2000; Olbermann, 2003). Ihr Zugang an Dienstleistungen wird durch unterschiedliche sprachliche, kulturelle und migrationsspezifische Hintergründe bedingt. Hinzu kommt, dass es zwischen den, aber auch innerhalb der, verschiedenen Ethnien unterschiedliche Subgruppen bzw. soziale Lagen hinsichtlich Bildung, Einkommen, sozialen Netzwerken, gesellschaftliche Anbindung usw. gibt. Damit die Dienstanbieter im sozialen Sektor ältere Migranten als Klienten dort erreichen, wo Hilfebedarf besteht, müssen sie u.a. folgende kohortenspezifische Faktoren berücksichtigen: die Ausgangsethnie, die Aufenthaltsdauer, den rechtlichen Status, den Grad der sprachlichen, kulturellen und sozialen Akkulturation (z.b. Arbeitsmigranten mit Rückkehrorientierung vs. Spätaussiedler mit weitgehend deutscher Identifikation). Die folgende Abbildung veranschaulicht die ausgesprochene Heterogenität dieser Klientengruppen:

Abbildung 13: Ältere Migranten: ein heterogener Kundenkreis

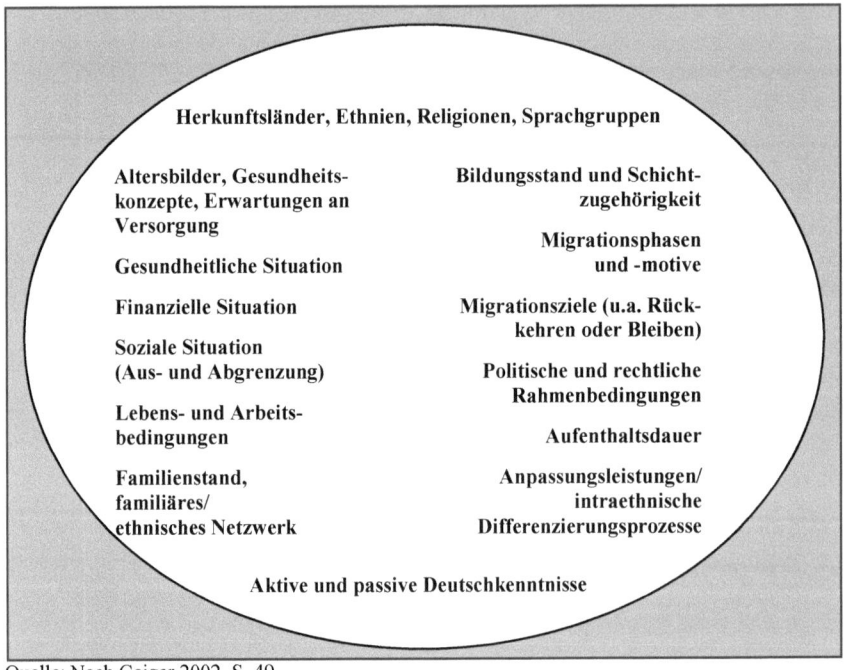

Quelle: Nach Geiger 2002, S. 49

Die heutigen Lebenslagen gelten jedoch nur für die heutigen älteren Migranten. In der Zukunft werden die älteren Klienten mit Migrationshintergrund sich aus unterschiedlichen Kohorten mit zum Teil anderen Bedarfslagen und Anforderungen zusammensetzen. Unter ihnen sind nach wie vor die erste Generation der Arbeitsmigranten, deren Kinder, (Spät-)Aussiedler unterschiedlicher Generationen sowie aktuelle und zukünftige Migranten mit politischen oder wirtschaftlichen Migrationsmotiven (Flüchtlinge aus Krisengebieten in aller Welt, zu erwartende Wirtschaftsmigranten aus dem Euro-Raum usw.).

Die Zusammensetzung der heutigen und zukünftigen Migrantenkohorten führt unvermeidbar zu immer größerer ethnischer Diversität der älteren Klienten (Ulrich, 2001; Dietzel-Papakyriakou, 2005). Damit steht die Planung bzw. Durchführung von Dienstleistungsangeboten zweifelsohne vor großen Herausforderungen.

4.5.2 Ältere Migranten sind eine besonders vulnerable Klientengruppe

Die sozialen, gesundheitlichen und emotionalen Bedürfnisse älterer Migranten ergeben sich aus dem jeweiligen spezifischen soziokulturellen Milieu. Die Migration selbst als zentrale Lebenserfahrung prägt den Alternsprozess und die damit verbundenen Bedarfslagen mit (Dietzel-Papakyriakou, 2005, S. 397). Studien zeigen, dass Menschen mit Migrationshintergrund in Deutschland auf der Basis einer ungünstigen und benachteiligenden Ausgangssituation altern. Es kommt häufig zu einer Kumulation von migrationsspezifischen und altersspezifischen Merkmalen, woraus besondere Problemkonstellationen entstehen. Aufgrund von migrationsbedingten Erwerbsbiographien altern viele von ihnen unter einer sich verschlechternden finanziellen Situation, was zu einer Reduzierung der sozialen Aktivität bzw. der Partizipation im gesellschaftlichen Leben führen kann. Damit treten neben die materiellen Nachteile psychosoziale, migrationsbedingte Probleme (vgl. Backes & Clemens, 2008; Olbermann, 2003, Kökgiran & Schmitt, 2011). Daher muss festgestellt werden, dass die Migrationssituation eine besondere Lebenslage darstellt. Es ist „ein biografisches Schlüsselerlebnis mit weit reichenden Auswirkungen für das ganze Leben" und sollte als solches bei der Planung von bedarfsorientierten Beratungs- und Versorgungsangeboten berücksichtigt werden. Dies impliziert die konzeptionelle Verknüpfung von kommunaler Altenarbeit und Migrationsarbeit (Kökgiran & Schmitt, 2011, S. 247-248).

4.5.3 Ältere Migranten haben besondere Zugangsbarrieren

Besonders vulnerable Zielgruppen werden oft besonders spät durch die Hilfsangebote erreicht. In dem sozialen Sektor - inklusive Beratungssektor - erschweren kulturelle, sprachliche und soziale Barrieren die Anbindung älterer Migranten an die vorhandenen Hilfsangebote (vgl. Deutscher Bundestag 2000, Grieger, 2003; Arbeitskreis Charta für eine kultursensible Pflege, 2002). Die angebotenen Dienstleistungen treffen auch nicht immer die Bedarfe der Klienten. Beispielsweise ist die Geschlechterverteilung bei den älteren Migranten aufgrund der

Arbeitsmigration umgekehrt als in der deutschen Bevölkerung: Es gibt mehr ältere Männer als Frauen. Die herkömmlichen sozialen Angebote orientieren sich jedoch stark an der Geschlechterstruktur der Gesamtbevölkerung. Dies verursacht unter Umständen zusätzliche Zugangsbarrieren für ältere Männer mit Migrationshintergrund, besonders wenn diese einer ethnischen Gruppe angehören, wo die Trennung der Geschlechter eine wichtige Rolle im sozialen Leben spielt (Heinecker & Kistler, 2004; Olbermann, 2003). Allerdings sind die erkannten Zugangsbarrieren nicht ausschließlich sprachlich und kulturell bedingt. Hinzu kommen Hindernisse, die nicht migrationsspezifisch sind sondern auch einheimische Ältere betreffen: Isolation, Unübersichtlichkeit der Hilfesysteme, Informationslücken, sozioökonomische und gesundheitliche Probleme. Auch mangelhafte zugehende Beratung sowie fehlende interkulturelle Kompetenz seitens der Dienstanbieter stellen bedeutende Zugangsbarrieren dar.

> „Mangelhafte Kenntnisse über die Infrastruktur des Altenhilfesystems, über dessen Aufgaben und Dienstleistungen sind ein wesentliches Hindernis für die Inanspruchnahme seitens der Migrantinnen und Migranten. Zielgruppennahe aufsuchende Aufklärung über Angebote und Möglichkeiten ist daher eine vordringliche Aufgabe. Eine bessere Information bietet die Möglichkeit, die eigenen Vorstellungen zu prüfen, Fragen zu stellen und eine eigene Altersperspektive zu entwickeln" (Arbeitskreis Charta für eine kultursensible Pflege 2002, S.97).

Folglich belegen auch die MEC-Ergebnisse, dass ältere Klienten aus ethnischen Minderheiten unterrepräsentiert – in Bezug auf ihren Anteil an der Bevölkerung – bei den Angeboten des sozialen Sektors sind. Aus aktuellerer Forschung im (kommunalen) Beratungssektor der „Arbeitseinheit interdisziplinäre Gerontologie" an der Hochschule München gibt es Hinweise darauf, dass diese Ergebnisse nach wie vor hochaktuell sind (Pohlmann et. al., 2011).

4.5.4 Wir kennen diese Zielgruppen noch zu wenig

Wir wissen noch zu wenig über die spezifischen psychosozialen Bedürfnisse der älteren Migranten. Nach wie vor prägen Vorurteile über Ältere insgesamt und insbesondere stereotypes Denken über ältere Migranten die Versorgungslandschaft. Ein Beispiel für solche Denkmuster ist die Annahme, dass ältere Migranten auch in Zukunft überwiegend von der Familie bzw. der eigenen ethnischen Community versorgt werden. Dies muss in der heutigen Gesellschaft zunehmend in Frage gestellt werden. Einerseits ist es unbestritten, dass die zunehmende Ethnisierung im Alter, „ethnischer Rückzug" (Dietzel-Papakyriakou, 2005, S. 401), als identitäts- und sinnstiftende Grundlage im Alter dienen kann, und dass der generationsübergreifende familiäre Zusammenhalt für die älteren Migranten eine größere Ressource darstellt als für die deutschen Älteren (ebenda). Andererseits zeigen Untersuchungen (u.a. MEC), dass ältere Migranten immer häufiger alleine leben, und dass trotz der großen Erwartung auf Unterstützung durch die Familie es vielen älteren Migranten selbst unklar ist, ob ihre Angehörigen den Erwartungen tatsächlich gerecht werden wollen und können. Außerdem verweisen Studien auf die prekäre Situation Älterer ohne familiäre Netzwerke, besonders wenn sie einer kleineren ethnischen Gruppe angehören (Baykara-Krumme & Hoff, 2006; Kökgiran & Schmitt, 2011; Olbermann, 2003). Zwar ist die dringende Lage im Hinblick auf die Versorgung dieser Zielgruppen insgesamt längst erkannt:

„Einhellig verweisen alle quantitativen und qualitativen Untersuchungen auf den notwendigen sozialpolitischen Informations- und Handlungsbedarf hinsichtlich der Versorgung der älteren Migrantinnen und Migranten im Rahmen der Alten- und Pflegehilfe" (Baykara-Krumme & Hoff, 2006, S. 452).

Jedoch, ausgehend von dem Konzept der objektiven Lebenslage (materiell, sozial, gesundheitlich), wissen wir bisher wenig über die subjektive Bedeutung bzw. das Erleben dieser Faktoren (Backes & Clemens, 2008). Die offene Frage hier lautet, wie das Konzept der Lebenslage stärker durch das Konzept der Lebensqualität ergänzt werden kann, um die Dienstleistungen am passgenauesten zu organisieren. In der MEC-Untersuchung weisen die unterschiedlichen Bewertungen der Lebensqualität und des subjektiven Wohlbefindens (trotz ähnlich schweren Lebenslagen) darauf hin, dass die Lebensqualität auch kulturell normiert ist. Im sozialen Sektor sollte man sich daher stärker mit den verschieden ethnischen Gruppen älterer Migranten auseinandersetzen, um mehr über ihre jeweiligen Lebenslagen bzw. ihre Auffassungen von Lebensqualität zu erfahren – statt von der jeweils eigenen, persönlichen Auffassung auszugehen.

Für ein adäquates und passgenaues Angebot von Versorgungs- und Beratungsleistungen ist die Verzahnung der verschiedenen Akteure unumgänglich. Hier sollte die (kommunalen) Alten- bzw. Migrationsarbeit den Kontakt zu bestehenden Migrantenorganisationen und anderen sozialen Verknüpfungspunkten der Migranten-Communities, zu Multiplikatoren der ethnischen Gruppen und, nicht zuletzt, zu den Älteren selbst suchen und pflegen. Denn nur durch gegenseitige, kontinuierliche Weitergabe von Informationen können bestehende Barrieren bei der Nutzung professioneller Beratungs- und Versorgungsangebote überwunden und diese wichtigen Zielgruppen der sozialen Dienstleistungen dort erreicht werden, wo sie stehen. Wir können adäquate und passgenaue Hilfeleistungen nur dann anbieten, wenn wir wissen, wer unsere Klienten sind und wenn wir ihre besonderen Bedürfnisse kennen.

5 Folgen veränderter Lebens- und Arbeitswelten für Unternehmen

Annette Angermann & Markus Solf

In den letzten Jahrzehnten haben sich sowohl die Gesellschaft als auch der Arbeitsmarkt in Deutschland verändert. Diese Veränderungen haben direkte und indirekte Auswirkungen auf das tägliche Leben in den Familien und in der gesamten Gesellschaft. Die Menschen werden im Zuge des fortschreitenden demografischen Wandels[2] zunehmend älter, die Geburtenzahlen sinken und auch die Familienstrukturen haben sich, durch die verstärkte Einbeziehung von Frauen in den Arbeitsmarkt[3], gewandelt. Diese Frauen stehen nun nicht mehr, wie im vorherigen Maße, für familiäre Pflegetätigkeiten zur Verfügung.[4] Zudem ist auch ein geringeres Zeitkontingent für Betreuungsaufgaben zu verzeichnen.[5] Die räumliche Mobilität[6] reduziert die Verfügbarkeit von Pflegenden zusätzlich. Diesen Entwicklungen steht die prognostizierte steigende Zahl der Pflegebedürftigen von derzeit 2,25 Millionen auf mehr als vier Millionen im Jahr 2050 gegenüber (Blinkert & Gräf, 2009, S. 12).

5.1 Veränderte Alters- und Familienstrukturen

Aufgrund des demografischen Wandels verändert sich die Altersstruktur der Gesellschaft in Deutschland – die gesamte Gesellschaft altert. Viele der älter werdenden Menschen können ein gesünderes, längeres Leben führen. Dennoch benötigen sie Unterstützung, beispielsweise bei körperlich anstrengenden

---

[2] Nach Angaben des Statistischen Bundesamtes wird es im Jahr 2030 17% weniger Kinder und Jugendliche in Deutschland geben. Wohingegen die Altersgruppe der über 65jährigen um etwa ein Drittel ansteigen wird. (Statistisches Bundesamt Deutschland, 2011a).
[3] Laut dem Institut für Arbeitsmarkt- und Berufsforschung (IAB) steigt die Erwerbsquote der 30-49-jährigen Frauen von 86,6% (2008) auf 93,4% (2050) (IAB, 2011).
[4] vgl. Colombo et al., 2011, S. 64ff.
[5] Wobei hier zu bedenken ist, dass ohne die Notwendigkeit der Betreuung von Kindern sowohl die Doppelbelastung in der Pflege wegfallen als auch, dass Kinderlosigkeit die Möglichkeit einer Erwerbstätigkeit erhöhen kann.
[6] Die Wohnorte von pflegebedürftigen Angehörigen und berufstätigen Pflegenden liegen aufgrund der räumlichen Mobilität oft weiter voneinander entfernt. In diesen Fällen ist die Pflege der Angehörigen schwerer zu organisieren, als wenn der/die Pflegende vor Ort zur Verfügung stehen würde.

Tätigkeiten, wie der Haushaltsarbeit, um ihren Alltag möglichst selbstbestimmt – in den eigenen vier Wänden – meistern zu können. Gerade der Anteil hochaltriger Menschen, bei denen die Wahrscheinlichkeit steigt, dass sie Unterstützung benötigen, nimmt stark zu, wie die folgenden Schaubilder der OECD-Länder verdeutlichen.

Abbildung 14: Anteil der Bevölkerung im Alter zwischen 65 und 79 Jahren

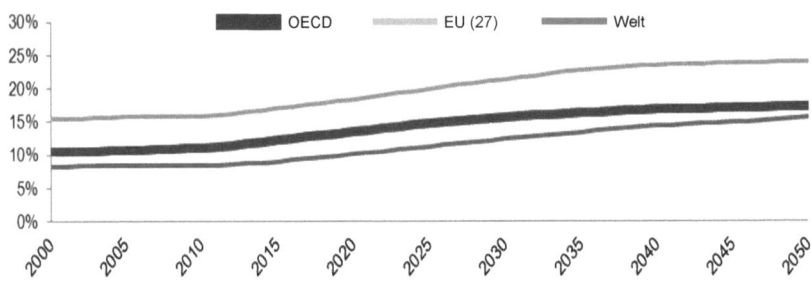

Quelle: Colombo et al. (2011) S. 65.

Abbildung 15: Anteil der Bevölkerung im Alter über 80 Jahre

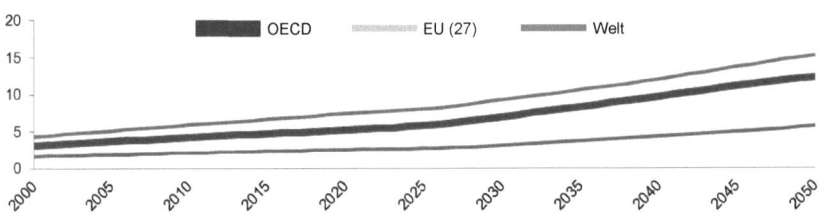

Quelle: Colombo et al. (2011) S. 65.

Die Unterstützung und Betreuung der hilfe- sowie pflegebedürftigen Personen wird zu einem Großteil von Angehörigen erbracht. Nahezu die Hälfte der 4,6 Millionen Deutschen, die sich derzeit um ihre hilfsbedürftigen Familienmitglieder kümmern, ist jedoch berufstätig[7] und damit auf gute Rahmenbedingungen für eine Vereinbarkeit von Beruf und Pflege angewiesen. Hinzu kommt, dass neben

---

[7] 46% bzw. 2,1 Millionen (BMFSFJ, 2011, S. 7).

Folgen veränderter Lebens- und Arbeitswelten für Unternehmen 127

dem Wunsch[8] der Beschäftigten die eigenen Angehörigen zu pflegen, oft auch die finanzielle Notwendigkeit gegeben ist, dies zu tun. Die durch den demografischen Wandel bedingte strukturelle Arbeitskräfteknappheit (Eichhorst & Thode, 2010, S. 7) erfordert zudem, dass diese schrumpfende Zahl der Beschäftigten auch länger arbeiten wird müssen, um die steigenden Kosten für Pflege und Rente decken zu können. Neben dem längeren Arbeiten (auch in Teilzeitbeschäftigung) könnten folgende Maßnahmen diese Entwicklung eventuell auffangen, beispielsweise in dem die derzeit arbeitende Bevölkerung effektiver arbeitet, mehr Menschen in Beschäftigung gebracht werden oder der Staat höhere Steuern einnimmt.

Die Familie ist die tragende Säule in der Pflege älterer Menschen. Familiäre Betreuungsarbeit wird überwiegend von Frauen[9] und anderen, zumeist älteren Familienmitgliedern erbracht. Aufgrund der steigenden Beschäftigungsraten von Frauen sowie der stärkeren Einbeziehung älterer Menschen in den Arbeitsmarkt, steht in den Familien ein geringeres Zeitkontingent bzw. eine geringere Anzahl von Personen für Pflege- und Betreuungsaufgaben zur Verfügung (Blinkert & Gräf, 2009, S. 12). Die von der Politik[10] aber auch von den Unternehmen angestrebten höheren Beschäftigungsraten der Frauen[11] und älteren Menschen[12] bewirken eine steigende Anzahl von Doppelverdienern und reduzieren die Nutzung des „althergebrachten" Einernährermodells.

---

[8] 65% der Berufstätigen präferieren die familiale Pflege durch Angehörige. 57% derjenigen, die bisher noch keine Pflegeaufgabe wahrnehmen, würden ihre Angehörigen selbst pflegen (BMFSFJ, 2011, S. 6).
[9] 80-85% der familiären Betreuungsarbeit wird von Frauen erbracht (Meichenitsch & Österle, 2008, S. 4ff.).
[10] Die Erhöhung der Beschäftigungsquote ist ein Kernziel der Europa 2020 Strategie, sie soll von derzeit 69% auf 75% der 20-64jährigen angehoben werden (EU KOM, 2010, S. 5ff.).
[11] Aktivierung unausgeschöpfter Fachkräftepotenziale von Frauen (Eichhorst et al., 2010, S. 2f.)
[12] Die Beschäftigungsrate von älteren Arbeitskräften ist in Deutschland seit etwa 2004 deutlich gestiegen (Eichhorst, 2011, S. 12f.).

Abbildung 16: Veränderung der Erwerbsmuster von Paarhaushalten mit Kindern, 1994-2007

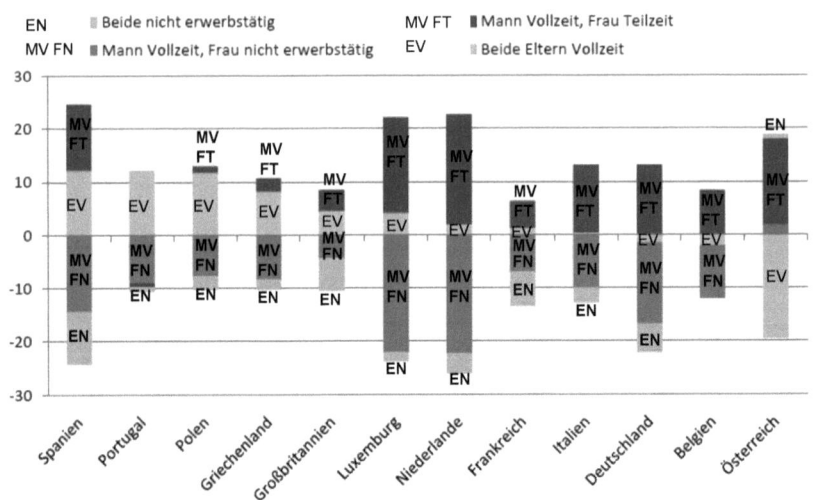

Quelle: Eichhorst & Thode (2010) S. 15 nach OECD Family Database 2010.

Zudem sinkt die Anzahl der Personen im erwerbsfähigen Alter von 15-64 Jahren, wie das folgende Schaubild verdeutlicht (Abb. 17). Ferner wandeln sich Familienstrukturen auch aufgrund der hohen Zahl von alleinerziehenden Elternteilen. Durch die geringere Verfügbarkeit von Familienangehörigen für Pflege- und Betreuungsaufgaben verändert sich die familiäre Organisation maßgeblich. Zudem ist eine deutliche Mehrfachbelastung der Pflegenden aus Erwerbsarbeit, Betreuung der Angehörigen und Haushaltstätigkeiten zu beobachten (Enste et al., 2009, S. 4), die dazu führen kann, dass berufstätige pflegende Angehörige ihre Arbeitszeit reduzieren (müssen). Das Schaubild 18 zeigt die Reduktion der Arbeitszeiten von berufstätigen pflegenden Angehörigen auf.

Folgen veränderter Lebens- und Arbeitswelten für Unternehmen 129

Abbildung 17: Anteil erwerbsfähiger Personen im Alter von 15-64 Jahren an der Gesamtbevölkerung

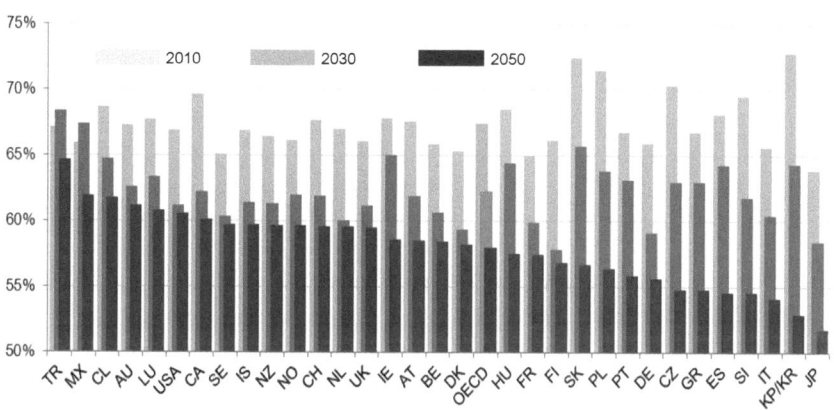

Länderabkürzungen: TR (Türkei), MX (Mexiko), CL (Chile), AU (Australien), LU (Luxemburg), USA (Vereinigte Staaten), CA (Kanada), SE (Schweden), IS (Island), NZ (Neuseeland), NO (Norwegen), CH (Schweiz), NL (Niederlande), UK (Vereinigtes Königreich), IE (Irland), AT (Österreich), BE (Belgien), DK (Dänemark), OECD (Organization for Economic Co-operation and Development), HU (Ungarn), FR (Frankreich), FI (Finnland), SK (Slowakei), PL (Polen), PT (Portugal), DE (Deutschland), CZ (Tschechien), GR (Griechenland), ES (Spanien), SI (Slowenien), IT (Italien), KP/KR (Korea), JP (Japan).
Quelle: Colombo et al. (2011), S. 64.

Aufgrund der steigenden Anzahl Pflegebedürftiger bei einem gleichzeitigen Absinken potentiell Pflegender, dem sogenannten informellen Pflegepotential, wird es zu einer Deckungslücke kommen, wie Abbildung 19 Schaubild verdeutlicht.

Abbildung 18: Pflegende Angehörige arbeiten weniger Stunden. Anteil Pflegender und nicht pflegender Angehöriger, die Teilzeit (d.h. weniger als 30 Stunden/Woche) arbeiten

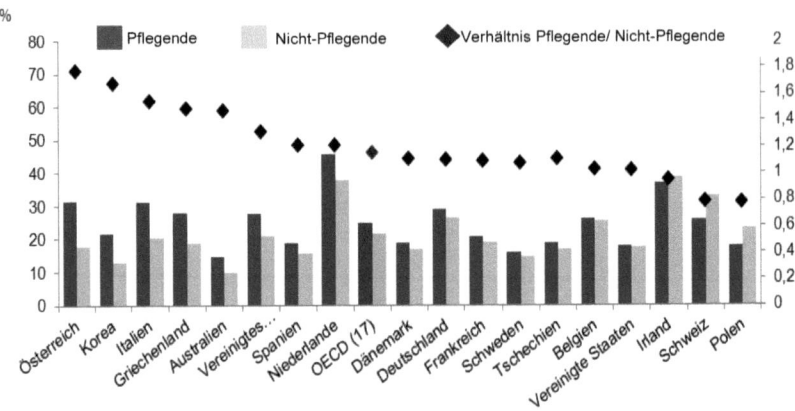

Hinweis: Stichprobe enthält 50-65jährige. Die Daten der Vereinigten Staaten beinhalten nur Pflege der Eltern. Die folgenden Jahre werden für das jeweilige Land zugrunde gelegt: 2005-07 für Australien; 1991-2007 für das Vereinigte Königreich; 2004-2006 für andere europäische Staaten; 2006 für Korea und 1996-2006 für die Vereinigten Staaten. Teilzeit bezieht sich auf weniger als 30 Stunden/Woche.
Quelle: Colombo et al., 2011, S. 92.

Abbildung 19: Pflegebedürftige und informelles Pflegepotenzial: 2006=100, Szenario „Nur demografischer Wandel"

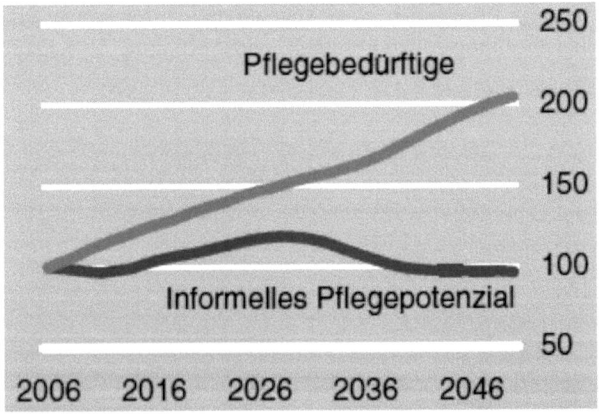

Quelle: Blinkert & Gräf, 2009, S. 21.

5.2 Zeitliche und räumliche Flexibilität und ihre Folgen

In den letzten Jahren ist auf dem Arbeitsmarkt insgesamt ein Zuwachs an Flexibilität zu verzeichnen. Flexibilisierung ist ein Prozess, in dem sich gesellschaftliche Akteure und Organisationen an die sich zügig verändernden Bedingungen anpassen. Die Auswirkungen dieser Anpassungen wandeln die Gesellschaft stark. Arbeitszeit ist Lebenszeit und betriebliche Arbeitszeitmuster sind Taktgeber des Alltags (Weichert, 2011, S. 161), daher prägt die Arbeitswelt einen wesentlichen Teil des individuellen Lebens. Aus den Veränderungen in der Arbeitswelt resultiert ein Anpassungsdruck, die „Erfordernisse für Arbeitnehmer und deren Netzwerke" steigen. Von den Beschäftigten wird in ihren Arbeitskontexten zunehmend ein anpassungsfähiges Verhalten an die Auswirkungen technologischer Entwicklungen (Informationsverarbeitung, Kommunikationsbeschleunigung etc.), des verstärkten globalen Wettbewerbs (als Folge der Handels- und Finanzliberalisierung) und der Reorganisation der Arbeitswelt, erwartet (Eichhorst et al., 2010, S. 5); zusätzlich verstärken Arbeitsmarktflexibilitäten sich in Wirtschaftskrisen (Bäcker, 2004, S. 137f.). Die Anforderungen, die an die Beschäftigten durch eine verdichtete und intensivierte Arbeitswelt sowie die zeitliche und räumliche Flexibilität gerichtet werden, kann sowohl die Arbeits- als auch die Lebenswelt aus den bekannten Grenzen heben, sozusagen „entgrenzen" (Jurczyk et al., 2009), da eine Trennung von Arbeit und Privatleben maßgeblich erschwert wird. Diese Entgrenzungen sind insbesondere anhand einer – aufgrund der höheren Belastungen – größeren Anzahl von erschöpften und gestressten Beschäftigten zu beobachten. Daher ist der Umgang der Betriebe und Unternehmen mit diesen Rückwirkungen aus dem Familien- und Erwerbsbereich von großer Bedeutung. Denn der Umgang mit der Entgrenzung beeinflusst die Erhaltung der Arbeitskraft der Beschäftigten maßgeblich (ebd.: 326ff.). Es wird zunehmend von einer Work-Life-Integration gesprochen, das heißt Arbeitgeber kommen den Bedürfnissen der Mitarbeiter und Mitarbeiterinnen durch flexible Arbeitszeitmodelle (Gleitzeit, Arbeitszeitkonten etc.) sowie Unterstützung beim Zugang zu Beratung und Vermittlung familienunterstützender Dienstleistungen entgegen (Eichhorst et al., 2010, S. 29ff.). Die Unternehmen handeln, um dem, in einigen Branchen bereits bestehenden, Fachkräftemangel und dem – aufgrund der demografischen Entwicklung in Deutschland zu erwartenden – allgemeinen Fachkräftemangel (Eichhorst, 2011, S. 10) entgegenzuwirken oder ihn zumindest zu reduzieren und so die Fachkräfte für das eigene Unternehmen zu sichern (Bäcker, 2004, S. 135).[13]

---

[13] Stichwort "war of talents"

5.3 Handlungszwänge für Unternehmen

Die Unternehmen sind gezwungen, Lösungen für die Vereinbarkeit von Beruf und Familie und insbesondere für die Vereinbarkeit von Beruf und Pflege zu finden, da es ihnen sonst nicht gelingen wird, bei rückläufigem Arbeitskräftepotential gute Mitarbeiter/innen für sich gewinnen und halten zu können. Gute Entlohnung allein reicht somit in den Augen vieler Unternehmensverantwortlicher nicht mehr zur Mitarbeiter/innenbindung aus.

Abbildung 20: Welche Motive haben Sie dazu veranlasst, familienfreundliche Maßnahmen in Ihrem Unternehmen einzuführen?

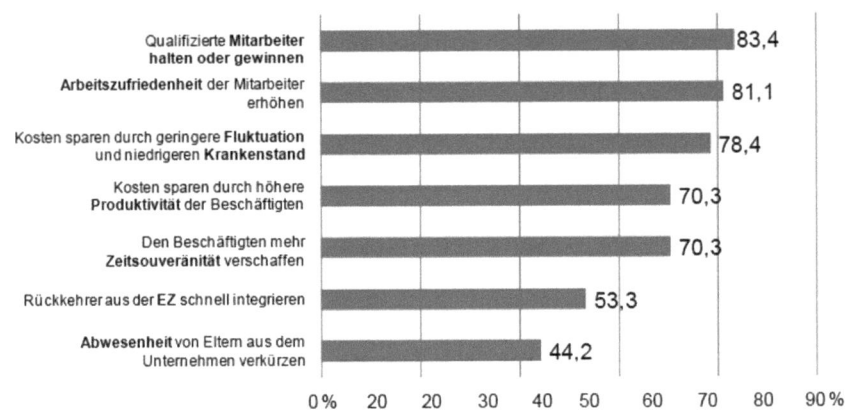

Quelle: BMFSJ, 2006, S. 19.

Die Vereinbarkeit von Beruf und Familie beinhaltet für viele Unternehmen in erster Linie die Vereinbarkeit von Kinderbetreuung und der beruflichen Tätigkeit. Die Betreuung von Kindern wird allerdings im Gegensatz zur Betreuung von älteren Angehörigen als positiver besetzt betrachtet; der/die Betreuende zieht das Kind groß, bereitet es auf das Leben als selbstständige/r Erwachsene/r vor. Im Unterschied dazu wird die Betreuung und Pflege von älteren Angehörigen, neben der körperlichen Anstrengung, auch als psychisch anstrengend wahrgenommen, da sich oft auch mit Sterben und dem Tod auseinandergesetzt werden muss. Was die praktischen Belange angeht, so ist der Unterschied zwischen der Betreuung von Kindern und älteren Angehörigen vorrangig in der geringeren Planbarkeit des Eintritts und der Dauer der Pflegebedürftigkeit sowie der räumlichen Distanz der Wohnorte von Pflegendem und Pflegebedürftigem zu sehen. Letzteres ist zunehmend bei pflegebedürftigen Angehörigen aus strukturschwa-

Folgen veränderter Lebens- und Arbeitswelten für Unternehmen 133

chen Gegenden gegeben. Zusammengefasst können Unternehmen ihre Mitarbeiter/innen in den drei Bereichen Geld, (Arbeits-)Zeit und Infrastruktur unterstützen, um eine bessere Vereinbarkeit zu erzielen. Im Folgenden werden vor allem die Faktoren flexible Arbeitszeit und Infrastruktur, das heißt die Beratung und Vermittlung familienunterstützender Dienstleistungen im Bereich Pflege/ eldercare näher beleuchtet.

5.4 Flexible Arbeitszeitregelungen

Die demografischen Herausforderungen werden nicht mehr allein auf nationalstaatlicher Ebene wahrgenommen, sondern Lösungsansätze werden auch auf europäischer Ebene diskutiert. Die Europäische Kommission hat beispielsweise eine Konsultation zu Pflegezeiten eröffnet, um herauszufinden welche Maßnahmen getroffen werden können, um pflegende Angehörige bei der Vereinbarkeit von Beruf und Pflege besser zu unterstützen. Eine dieser Maßnahmen könnte eine Pflegefreistellung als Teil eines breiten Paktes zu den EU-Vorschriften für Urlaube, neben dem Mutterschutz, dem Vaterschaftsurlaub sowie dem Elternurlaub, sein. Derzeit ist eine Pflegefreistellung auf europäischer Ebene nicht geregelt – zwischen den EU-Mitgliedsstaaten bestehen große Unterschiede, sowohl was das Vorhandensein von Freistellungen für die Pflege älterer Angehöriger als auch die Bezahlung und Dauer der Pflegefreistellungen betrifft. Die Pflegefreistellungen können sich von zwei Tagen bis hin zu zwei Jahren erstrecken (Confederation of family organisations in the European union, 2012)[14]

In Deutschland gibt es bereits flexible Arbeitszeitregelungen, unterteilt in überbetriebliche Regelungen, das heißt vor allem gesetzliche Bestimmungen[15] sowie Betriebsvereinbarungen und individuelle Lösungen. So ermöglichen die allgemeinen gesetzlichen Bestimmungen in Deutschland es den Beschäftigten in Teilzeit zu arbeiten.[16] Das speziell auf die Pflege älterer Angehöriger zugeschnittene Pflegezeitgesetz[17] erlaubt zudem kurzfristige Freistellungen von bis zu zehn Tagen sowie eine längere Freistellungszeit von bis zu sechs Monaten. Während dieser Freistellungen ist jedoch keine Lohnfortzahlung vorgesehen. Die Familienpflegezeit[18] hingegen beruht auf einer Art Ausgleichssystem. Die

---

[14] http://coface-eu.org/en/upload/04_Policies_WG2/2011%20COFACE-D%20CarersLeaveConsultation%20en.pdf
 http://www.caritas-europa.org/module/FileLib/110914CEreactiontoCarersLeaveConsultation.pdf
[15] Tarifverträge/Sektorale Abkommen und Selbstverpflichtungen gehören ebenfalls dazu.
[16] Gesetz über Teilzeit und befristete Arbeitsverträge (TzBfG), seit 2001
[17] Das Pflegezeitgesetz (PflegeZG) wurde seit seiner Einführung am 1. Juli 2008 von hochgerechnet 18.000 Beschäftigten in Deutschland genutzt (BMG, 2011, S. 32).
[18] http://www.familien-pflege-zeit.de

Beschäftigten können bis zu zwei Jahre ihre Arbeitszeit reduzieren, um ihre Angehörigen zu pflegen. Während der Pflegezeit erhalten sie weiterhin einen großen Anteil ihres Lohns, müssen ihre Zeit- und Gehaltskonten nach der Pflegezeit jedoch wieder ausgleichen. Es handelt sich demnach nicht um eine Lohnersatzleistung. Zudem haben die Beschäftigten keinen gesetzlichen Anspruch auf Inanspruchnahme der Familienpflegezeit.

Auf betrieblicher Ebene gibt es eine Vielzahl von Arbeitszeitregelungen, die die Unternehmen bereits anbieten. Maßnahmen die – auch im Rahmen der Kinderbetreuung – in Anspruch genommen werden können sind flexible Arbeitszeiten[19], wie beispielsweise Gleitzeit und Arbeitszeitkonten. Des Weiteren sind Teilzeitmodelle und temporäre Arbeitszeitreduktionen möglich. Dies gilt sowohl für Teilzeit mit einheitlicher als auch mit episodisch wechselnder Wochenarbeitszeit (term-time work). Maßnahmen, die den Arbeitsort oder die Arbeitsorganisation flexibilisieren, wie Telearbeit, Jobsharing oder auch die Erlaubnis sich während der Arbeitszeit um Pflegeaufgaben kümmern sowie die Arbeitszeit spontan unterbrechen zu dürfen, können die „Zerrissenheit" der berufstätigen Pflegenden reduzieren. Die folgende Tabelle veranschaulicht personalpolitische Maßnahmen zur Verbesserung der Vereinbarkeit von Familie und Beruf.

---

[19] Viele Beschäftigte betrachten flexible Arbeitszeiten als Voraussetzung für eine bessere Vereinbarkeit von Berufs- und Privatleben (BMFSFJ, 2011, S. 11).

Folgen veränderter Lebens- und Arbeitswelten für Unternehmen 135

Tabelle 10: Personalpolitische Maßnahmen zur Verbesserung der Vereinbarkeit von Familie und Beruf

Familienfreundliche Maßnahme	Anteil der befragten Unternehmen, die diese Maßnahme anbieten
Arbeitszeitflexibilisierung	
Flexible Tages- oder Wochenarbeitszeit	70,2
Flexible Jahres- oder Lebensarbeitszeit	28,3
Keine Arbeitszeitkontrolle	46,2
Sabbaticals	16,1
Individuelle Arbeitszeiten	72,8
Telearbeit	21,9
Teilzeit	79,2
Jobsharing	20,4
Elternzeit/Elternförderung	
Patenprogramme während der Elternzeit	27,3
Weiterbildungsangebote während der Elternzeit	19,8
Teilzeit- oder phasenweise Beschäftigung während der Elternzeit	60,5
Einarbeitungsprogramme nach Rückkehr aus Elternzeit	35,6
Besondere Rücksichtnahme auf Eltern bei Planungs- und Organisationsprozessen	80,1
Ermutigung von Männern, Elternzeit zu nehmen oder Teilzeit zu arbeiten	16,2
Zusätzliche finanzielle Leistungen	12,6
Kinder- und Angehörigenbetreuung	
Betriebliche Kinderbetreuung	2,4
Freiwillige Unterstützung bei Kinderbetreuung	15,1
Freiwillige Unterstützung bei Pflege	8,9
Arbeitsfreistellung bei Krankheit der Kinder	52,2
Arbeitsfreistellung zur Pflege von Angehörigen	34,6
Familienservice	
Angebot haushaltsnaher Dienstleistungen	4,9

Quelle: Eichhorst et al. (2010), S. 13 (aufbereitete Daten von BMFSFJ, 2010).

5.5 Beratung und Vermittlung unterstützender Dienstleistungen

Neben einer flexiblen Arbeitszeitgestaltung kann ferner die unterstützende Infrastruktur eine nicht zu unterschätzende Entlastung für die Mitarbeiter/innen darstellen. Insbesondere wenn pflegende Mitarbeiter/innen aufgrund beruflicher Veränderungen nicht mehr in derselben Kommune wie der/die pflegebedürftige Angehörige wohnt. Erschwert wird in solch einem Fall die Situation durch eine vielfach zersplitterte und unübersichtliche Angebotssituation von Unterstützungsangeboten in Ballungsräumen sowie von Versorgungsdefiziten insbesondere im ländlichen Raum. Ein stark fragmentiertes System medizinischer, pflegerischer und sozialer Dienste behindert darüber hinaus auch die Kooperation zwischen den Anbietern und kann eine potentiell mögliche, optimale Betreuung verhindern. Aufgrund fehlender kommunen- und trägerübergreifender Standards fehlen einheitliche Angebots- und Informationsplattformen, die auf einen Blick regional geordnet alle Angebote – auch qualitativ – darstellen.

Identifikation passender Dienstleister
Die Identifikation passender Dienstleister ist aufgrund fehlender Transparenz schwierig. Notwendig wäre eine flächendeckende Beschreibung von Angebot- und Nachfrage der Altersangebote wie Pflege, Betreuung, haushaltsnahe Dienstleistungen und ähnliches. Geeignete Systematiken dieser Dienstleistungen für zusammenfassende Statistiken und Analysen fehlen in Deutschland jedoch bisher. Und auch ein einheitliches, vermittelndes Beratungsangebot besteht bisher nicht. Es gibt lediglich nicht-standardisierte und sehr personalintensive Beratungs- und Vermittlungsansätze zur Identifikation passender Dienstleister. Als Beispiele solcher Beratungs- und Vermittlungsdienstleister sind die Pflegestützpunkte oder Fallmanager privater Familienserviceagenturen zu nennen.

Fehlende Beratungsstandards
Dreh- und Angelpunkt von überregional und lokal sinnvoll vernetztem Fallmanagement sind transparente und optimierte Beratungs- und Betreuungsstandards auf Seiten der Beratenden. Die seit 1998 aktive Bundesarbeitsgemeinschaft Alten- und Angehörigenberatung e.V., als die einzig sichtbare Vertreterorganisation für Berater- und Beraterinnen in diesem Segment, fasst ihre Qualitätsstandards auf lediglich einer DIN-A4 Seite zusammen. Darin gibt nur der Punkt fünf, mit nachfolgenden Aussagen, Auskunft über die Eckpunkte von Beratungsprozessen (Prozessschema der professionellen Fallarbeit). Detaillierte Ausführungen oder Herleitungen dieser vier Punkte werden nicht vermittelt.

1. Anamnese: Sammlung von Informationen
2. Diagnose: Problemdefinition, Klärung, Ursachen und Konzepte für Lösungswege
3. Intervention: Informationstransfer, Darstellung unterschiedlicher Problemlösungswege
4. Evaluation: Bewertung der Fallarbeit und der Beratungsergebnisse

Nutzung moderner Informations-technologien (IT)
In unterschiedlichen deutschen Projekten wurden in den letzten zehn Jahren zur modernen stationären oder mobilen Alten- und Angehörigenberatung Informationstechnologien in Form von Softwareunterstützung integriert. Zentral sind dabei die ganzheitliche Situationsbeurteilung, der gesamte Dokumentationsprozess, die automatisierte Ausgabe von Statistiken und gelegentlich auch der erleichterte Datenaustausch zwischen den beteiligten Institutionen. Software transportiert zum einen Dokumentations- und Beratungsstandards und ermöglicht zum anderen eine zeitverkürzte Aktenführung.[20] Software bleibt jedoch immer beschränkt auf die Nutzung durch professionelle Kräfte und folgt möglichst deren gegenwärtigen „analogen" Arbeitsprozessen. Systematisierte Überlegungen zur Erweiterung oder gar Änderung der Beratung durch den Einsatz von Software sind selten (Janatzek, 2011). Im britischen National Health System (NHS) hingegen wird seit langem, mit großer Zufriedenheit der telefonisch beratenden Pflegekräfte, zur Auswahl der geeigneten Services eine entsprechende Software eingesetzt (O´Neill, 2005). Überlegungen zum Einbezug der Angehörigen in den direkten Nutzerkreis von Beratungs-Software wurden in Deutschland bisher nicht realisiert.

Subventionierung der Dienstleistung durch Gutscheine
Neben Optimierungspotentialen bei der Identifikation passender Dienstleister, also der Beratung und Vermittlung gibt es natürlich auch Verbesserungsmöglichkeiten bei der vermittelten Dienstleistung selbst. Damit familienunterstützende Dienstleistungen von den Mitarbeiter/innen angenommen werden, müssen sie nicht nur qualitativ gut, sondern auch bezahlbar sein. Dies hat französische Unternehmen veranlasst, auch die Dienstleistung selbst, neben der Beratung und Vermittlung zu subventionieren, was standardisiert über Gutscheine erfolgt. In Frankreich gewähren verschiedene Unternehmen ihren Angestellten – als eine Art nicht monetäre Entlohnung – beispielsweise Gutscheine, also Einmalleistungen, die von den Arbeitgebern vorfinanziert und auf den Namen der Beschäftigten ausgestellt werden. Die so zu erhaltenden haushaltsnahen und pflegerischen Dienstleistungen, wie z.B. Hausreinigung, aber auch Lebenshilfe für pflegebedürftige bzw. behinderte Personen[21] können die Angestellten entlasten und das frühzeitige Hinzuziehen externer Dienstleister steigern. Die Aufgabe der beruflichen Tätigkeit des pflegenden Mitarbeiters oder der pflegenden Mitarbeiterin kann so vielfach vermieden werden. Der Gutschein kann auch von Sozialversicherungsträgern, Krankenkassen, Kommunen und anderen Organisationen mitfi-

---

[20] http://www.synectic.de
[21] CESU (Chèque Emploi Service Universel)
(http://vosdroits.service-public.fr/F2107.xhtml#N100DA)

nanziert werden. Anreize für Unternehmen, eine solche Gratifikation einzusetzen, sind vor allem umfangreiche Steuererleichterungen. Der vorfinanzierte Gutschein wird auch von kommunalen Partnerschaften und Rentenkassen eingesetzt, um Zuschüsse oder Beihilfen an Senioren, Pflegebedürftige oder Menschen mit Behinderung zu leisten (Angermann & Stula, 2010, S. 10). In Deutschland besteht lediglich die Möglichkeit, die Beschäftigten bei der Übernahme von Kinderbetreuungskosten direkt zu unterstützen: Arbeitgeberleistungen (Sach- oder Barleistungen), die zur Unterbringung, Betreuung und Verpflegung von nicht schulpflichtigen Kindern der Beschäftigten in Kindergärten oder vergleichbaren Einrichtungen gezahlt werden, sind steuer- und sozialversicherungsfrei.[22] Im Bereich der Pflege/ eldercare ist dies zum gegenwärtigen Zeitpunkt nicht möglich.

Zukünftige Lösungsansätze für Unternehmen
Unternehmen benötigen qualitativ einheitliche, bundesweit verfügbare Lösungsansätze, die zugleich bezahlbar sind. Hierzu bietet es sich an, Informations- und Technologie- (IT)unterstützte Beratungs- und Vermittlungsverfahren zu prüfen, die auf kommunen- und trägerübergreifenden Standards, sowohl in der Beratung und Vermittlung, als auch der Dienstleistung selbst beruhen. In der Medizin sind derartige „computer-based clinical decision support systems" mit gesichertem Erfolg bekannt, in der Psychotherapie gibt es gar komplette Therapien, die über den Einsatz von Computersoftware gestaltet werden.[23] Diese Beispiele unterstreichen, dass auch in verwandten und durchaus vergleichbar komplexen Anwendungsgebieten die Unterstützung durch Computersysteme möglich ist. Das heißt, durch nachweisbare Regelhaftigkeit der Beratungsfälle diese entsprechend klassifiziert, also eingeordnet und der Gesamtprozess dadurch optimiert werden kann. So können z.B. Informationen standardisiert erhoben und in digitaler Form verfügbar gehalten werden, anstatt in jedem Einzelfall neu manuell herausgesucht werden zu müssen.

---

[22] § 3 Nr. 33 EStG i.V.m. § 1 Sozialversicherungsentgeltverordnung, R 21 a LStR.
[23] vgl. das Projekt "Patientendialog Kreuzschmerzen oder Depression" der Techniker Krankenkasse

5.6 Ausblick

Einige Unternehmen in Deutschland unterstützen ihre Beschäftigten bereits jetzt durch eine Vielzahl individueller arbeitszeit- und infrastrukturbezogene Maßnahmen. Dabei muss allerdings die Arbeitszeitgestaltung den Anforderungen der familiären Pflege noch stärker Rechnung tragen. Aufgrund der rückläufigen Anzahl erwerbsfähiger Personen in Deutschland, der steigenden Frauenerwerbstätigkeit (aller Altersgruppen) sowie dem Anwachsen der Zahl der Pflegebedürftigen ist – weiterhin – eine Reaktion möglichst vieler betrieblicher Akteure und der Politik dringend geboten (Bäcker, 2004, S. 131ff.).

Ein erster Schritt zur Entlastung berufstätiger, pflegender Angehöriger könnten einheitliche Angebots- und Informationsplattformen sein, die auf einen Blick, regional geordnet, alle Unterstützungs- und Entlastungsangebote – auch qualitativ – darstellen. Hierfür sind transparente kommunen- und trägerübergreifende Standards Voraussetzung und zwar nicht nur für das Dienstleistungsangebot selbst, sondern auch für die vorgelagerte Beratung. Hier ist neben der Politik und den Unternehmen auch die Wissenschaft gefordert, empirisch getestete Standards bereitzustellen, anhand derer ein derartiges Angebot aufgebaut werden kann. Nur so können Effizienzsteigerungspotentiale durch den Gebrauch moderner Datenbanktechnologie nutzbar gemacht werden. Letztere ermöglicht es, derartige Beratungs- und Vermittlungsangebote einer großen Anzahl an berufstätigen, pflegenden Angehörigen zur Verfügung zu stellen. Diese Maßnahmen sollten durch eine Subventionierung der Dienstleistung selbst, z.B. durch Gutscheinmodelle ähnlich dem französischen Beispiel, ergänzt werden. Dort ist auch eine Einbindung der Arbeitgeber als Sponsoren durchaus üblich (Angermann, 2011, S. 14). Es sollte Ziel sein, eine – auf Vereinbarkeit von Beruf und Pflege ausgerichtete – Unternehmenspolitik, die notwendige Budgets zur Verfügung stellt und damit konkrete und passgenaue Einzelfallhilfe ermöglicht, zu etablieren und auszuweiten.

Aufgrund der erwarteten steigenden Anzahl von Pflegebedürftigen ist es dringend angezeigt, bereits jetzt Standardprozeduren für die bessere Vereinbarkeit von Beruf und Pflege zu entwickeln, die nach erprobter Testphase flächendeckend eingeführt werden könnten, um die zu erwartenden Kostensteigerungen so gering wie möglich zu halten. Frühzeitig eingeführte Maßnahmen, in Form von Beratung und Vermittlung unterstützender Dienstleistungen, helfen sowohl Arbeitnehmer/innen als auch Arbeitgebern. Den pflegenden Beschäftigten erleichtert es, den Alltag – trotz Pflegesituation – zu meistern und reduziert zudem die Wahrscheinlichkeit selbst, z.B. an einem Burn-out-Syndrom, zu erkranken. Die Unternehmen können so zugleich in Zeiten des Fachkräftemangels gute Mitarbeiter/innen für sich gewinnen und halten. Aufgrund der Tatsache, dass in vielen Unternehmen die Vereinbarkeit von Beruf und Pflege (noch) ein Tabuthema ist und sich die Mitarbeiter/innen daher erst spät oder gar nicht zu ihrer persönlichen Vereinbarkeitsproblematik äußern, fehlt es den Unternehmen noch an Informationen und Strategien rechtzeitig und adäquat auf die speziellen Bedürfnisse ihrer pflegenden Beschäftigten reagieren zu können. Nur wenn die Situation der pflegenden Angehörigen frühzeitig professionell analysiert und bearbeitet wird, können sich längere Freistellungen verhindern lassen sowie eine rasche und erfolgreiche Rückkehr in die Berufstätigkeit ermöglicht werden, was sowohl für die Arbeitgeber- als auch für die Arbeitnehmerseite von Vorteil ist.

6 Zu Hause wohnen wollen bis zuletzt

A. Hedtke-Becker, R. Hoevels, U. Otto, G. Stumpp & S. Beck

Die meisten Menschen formulieren dies als dringenden Wunsch: „Wohnen bleiben wollen, im angestammten Zuhause, bis zuletzt". Für sehr viele Menschen aber geht dieser Wunsch nicht in Erfüllung. Ihn auch unter anspruchsvollen Rahmenbedingungen, komplexen Beeinträchtigungen und Bedürfnisverläufen und bisweilen spärlichen psycho-sozialen Ressourcen einerseits erfüllen zu wollen, andererseits dabei aber auch „ageing in place" angesichts seiner enormen öffentlichen und auch politischen Zustimmung nicht per se bereits als Lösung zu betrachten, sondern auch qualitative Aspekte kritisch-reflexiv im Auge zu behalten (vgl. Wiles, 2005) – dies scheint ein mächtig dickes Brett. Entsprechende intensive Bohrversuche stehen im Vordergrund dieses Aufsatzes. Sein Schwerpunkt[24] liegt in einer detaillierten Fallstudie.

In intensivem empirischem Blick wird eine Familie begleitet, die versucht, nach einer jahrelangen Zeit der Bewältigung einer schwierigen doppelten Pflege- und Hilfebedürftigkeitssituation ohne fremde Hilfe von außen, ihre Bedürfnisse nach Autonomie auch dann zu erhalten, wenn unterschiedliche professionelle Hilfen dazu kommen. War schon die gegenseitige Hilfe im Kreise der Familie gewöhnungsbedürftig und haben sich die Machtverhältnisse verschoben, so sind erst recht die fremden Personen der Dienstleistungsorganisationen und ihre Interventionen in das Familiensystem hinein von allen Beteiligten zu bewältigen. Vorweg gesagt: Das Ehepaar, um das es hier geht, kam nach ca. 10 Jahren des Zuhauselebens mit starker Pflegebedürftigkeit doch ins Heim.

Wie diese Jahre aber abliefen und von allen Beteiligten gestaltet wurden, und dass der Heimeintritt – im Sinne einer Kann-Bruchstelle – letztlich weniger mit der Pflegebedürftigkeit der alten Menschen selbst, sondern vielmehr mit den Machtstrukturen in der Familie und der Beziehung zu den professionellen HelferInnen zu tun hatte, davon handelt dieser Aufsatz. Wesentlich geht es uns dabei um die Frage, welche Möglichkeiten ein spezifischer, sehr intensiver Beratungs- und Interventionsansatz entfalten kann.

---

[24] Die zentralen allgemeinen Fragestellungen in Bezug auf das „Wohnen bleiben wollen im angestammten Zuhause bis zuletzt" so wie einige weitergehende Hinweise werden bereits im Aufsatz von U. Otto, G. Stumpp, S. Beck, A. Hedtke-Becker, R. Hoevels: „Im spät gewählten Zuhause wohnen bleiben können bis zuletzt? – Befunde aus dem Generationenwohnen mit GWA" (in diesem Band) beschrieben. Vgl. auch Hedtke-Becker, Hoevels, Otto & Stumpp (2012).

Zuerst werden Setting und methodische Durchführung der Studie beschrieben, anschließend die besondere Vorgehens- und Arbeitsweise der ausgewählten Dienstleistungsorganisation VIVA (Verein zur Beratung und Begleitung älterer und verwirrter Menschen und ihrer Angehörigen e.V.). Im Anschluss wird die Familie mit den beteiligten Personen vorgestellt, ihr Kommunikationsstil, ihre Krisenbewältigung. Im Weiteren folgt die Netzwerkanalyse zu verschiedenen Zeitpunkten des Prozesses. Eine detaillierte Darstellung und Analyse der Interventionen und Geschehnisse im Prozess sowie die Bündelung im Sinne eines Fazits schließen den Beitrag ab.

6.1 Settings der Untersuchung und methodische Durchführung

Das Forschungs- und Entwicklungsprojekt InnoWo[25] geht an drei Standorten mit jeweils unterschiedlichen Wohn- bzw. Care-Setting der Frage nach, ob und wie „Zuhause wohnen bleiben bis zuletzt" machbar ist. Zwei der Standorte werden im Aufsatz von Otto et al. (in diesem Band) beschrieben. Der zentrale Blickwinkel liegt bei allen Teilstudien des Projekts auf den komplexen Prozessen bei chronischer Erkrankung und wachsender Hilfebedürftigkeit im Alter im Rahmen eines dynamischen längsschnittbezogenen Forschungsparadigmas. Im Folgenden wird das Teilprojekt „Wohnen im angestammten eigenen Ein- oder Zweipersonenhaushalt mit Unterstützung eines umfassenden Begleitdienstes" vorgestellt. Es geht hierbei um ein professionelles Unterstützungskonzept, das weit über übliche, flächendeckend ausgebaute Angebote hinausgeht. Die Arbeitsweise der modellhaften Best Practice des Vereins VIVA e.V. wird dabei detailliert untersucht und in diesem Aufsatz anhand einer exemplarischen Fallstudie ausgeleuchtet. Drei Hauptfaktoren für das Zuhause-Wohnen bis zum Lebensende werden in dieser Studie diskutiert, von denen angenommen wird, dass sie zu großen Teilen beeinflussbar sind:

- ein intensives, passgenaues Dienstleistungsangebot,
- die Bedingungen des persönlichen Wohn-, Lebens- und Netzwerkumfelds,
- die Verknüpfung des informellen/familiären und des professionellen Netzwerks (Dienstleistungsanbieter)

---

[25] Das binationale Kooperationsprojekt zwischen der Hochschule Mannheim (D) und der FHS St. Gallen (CH)wurde im Rahmen des BMBF-Programms Silqua 2009-2012 gefördert. Von studentischer Seite aus haben auch Mirja Horn und Sarah Fuchs (Hochschule Mannheim, Fakultät für Sozialwesen) intensiv mitgearbeitet.

Die qualitative Untersuchung selbst erfolgte mit Instrumenten wie leitfadengestützten Interviews mit AdressatInnen bzw. relevanten Bezugspersonen, Professionellen und HelferInnen des Netzwerks, fortlaufenden Falldokumentationen, teilnehmenden Beobachtungen sowie Dokumenten- und Aktenanalysen und Gruppendiskussionen. Die in einem Zeitraum von 18 Monaten erhobenen Daten wurden einer qualitativen Analyse unterzogen. Hierzu wurden Gespräche mit Angehörigen, VIVA-Beraterinnen, VIVA-Helferinnen[26], Gesetzlichen BetreuerInnen, einer Sozialarbeiterin, Pflegediensten, einer Tagespflegeeinrichtung, dem örtlichen Sozialamt und mit ÄrztInnen geführt.

In den Ausführungen der weiteren Abschnitte wird insbesondere widersprüchlichen und heiklen Situationen nachgegangen, die das Versorgungsgefüge ins Ungleichgewicht bringen und zur Entwicklung von Krisensituationen beitragen. Wenn solch schwierige Situationen dazu führen, dass eine von den alten Menschen nicht gewünschte Heimeinweisung droht und das Zu-Hause-wohnenbleiben kaum noch bzw. gar nicht mehr möglich erscheint, ist dies auf „Kann-Bruchstellen" bzw. „Bruchstellen" zurückzuführen. Diese und ihre Vorstufen werden herausgearbeitet.

6.2 Die Arbeitsweise von VIVA und deren Grundlagen

Der Kooperationspartner „Verein zur Beratung und Begleitung älterer und verwirrter Menschen und ihrer Angehörigen e. V. – VIVA" besteht seit 1995. Die intensiven Beratungs- und Unterstützungsangebote von VIVA entsprechen der Vorstellung eines „Welfare Mix", des möglichst passgenauen Zusammenwirkens von unterschiedlichen Akteuren sowie der Vorstellung sozialer Unterstützung in sozialen Netzwerken (z.B. Otto, 2008). Im Versorgungsarrangement wird ein mehrdimensionales professionelles Handeln angestrebt, das die biologischen, psychologischen und sozialen Dimensionen beachtet und in Bezug zueinander bringt (vgl. Hedtke-Becker & Hoevels, 2005).Dabei finden Generationenverhältnisse besondere Beachtung und Angehörige werden in die Unterstützung einbezogen.

---

[26] Die hauptamtlichen Mitarbeiterinnen von VIVA sind mehrfach qualifiziert und verfügen über psychosoziale Beratungs- bzw. psychotherapeutische Ausbildungen, um den hohen Anspruch des hier ausführlicher beschriebenen Arbeitsansatzes dauerhaft gewährleisten zu können. Sie werden im Folgenden „Beraterin" genannt. Die nebenamtlichen MitarbeiterInnen sind nach interner Schulung entweder neben- oder hauptberuflich hauswirtschaftlich tätig. Sie werden nachfolgend „HelferInnen" genannt.

Wesentliche Grundlage für die Arbeitsweise VIVAs ist der personzentrierte Ansatz nach Rogers (1972), der den hilfebedürftigen alten Menschen in den Mittelpunkt des Interesses stellt (für die Arbeit mit alten Menschen ausführlich dargestellt in: Klein, 2009). Das empathische und gleichzeitig akzeptierende Eingehen der Beraterin auf die KlientInnen erleichtert es für in ihrer Autonomie bereits eingeschränkte alte Menschen, begleitende Hilfen anzunehmen. Die VIVA-Beraterin nimmt dabei eine anwaltliche Funktion für die Klientin bzw. den Klienten ein. Berücksichtigung finden während des Unterstützungsverlaufs systematisch und prozessdynamisch auch das familiäre und soziale Umfeld sowie das professionelle Netzwerk. Für die Einnahme dieser Perspektive eignet sich der systemische Ansatz (Hedtke-Becker & Hoevels, 2005). Mit dem niederschwelligen Konzept der „zugehenden Beratung" (Klein, 2009) geht die VIVA-Beraterin aktiv auf KlientInnen zu. In der Regel finden zu Beginn des Klientenkontakts Hausbesuche statt. Diese werden bei Bedarf kontinuierlich auch im weiteren Verlauf fortgesetzt. Die biografisch orientierte Beratung und Begleitung ist ebenso Bestandteil des Begleitungsansatzes von VIVA (ebd.). Diese Beratung erleichtert es Betroffenen, sich mit eigenen Erfahrungen konkret und emotional einzubringen, so dass der Dialog mit der Beraterin gegenseitig zu einem erweiterten Verstehen und zu einem Sich-Verständigen führt (Galliker& Klein, 2002).

Neben einem mehrdimensional angelegten Beratungsansatz mit psychosozialen und sozialrechtlichen Inhalten bietet VIVA vielfältige Hilfen für Menschen an, die eine umfassendere Unterstützung zur Bewältigung ihres Alltags benötigen. Diese praktischen Hilfen des Alltags sind immer gekoppelt mit der psychosozialen Dimension des Kontakts mit Ansprache, Zuhören und Austausch. Für derlei Aufgaben werden VIVA-Helferinnen und Helfer eingesetzt. Aus unterschiedlichen beruflichen Hintergründen kommend werden die HelferInnen von VIVA eingearbeitet und regelmäßig fortgebildet. Deren passgenaue Vermittlung übernehmen die VIVA-Beraterinnen, die von den Grundberufen her Soziologin, Pädagogin, Sozialarbeiterin und Sozialpädagogin sind. Parallel zur Einzel- und Familienberatung sind sie auch für die Einsatzleitung, Moderation, Fortbildung und Supervision der MitarbeiterInnen zuständig. VIVA verfügt über vier Beraterinnen, 80 MitarbeiterInnen, die etwa 100 KlientInnen zur gleichen Zeit betreuen.

Zu Beginn eines KlientInnenkontakts erfolgt die sorgfältige – bei Bedarf mehrschrittige Klärung – hinsichtlich der Bedürfnisse, der Wünsche und der Hoffnungen der AdressatInnen unter Berücksichtigung der Perspektive der Angehörigen. Erst nach einer Phase des eingehenden Kennenlernens kann die Beraterin einschätzen, welche HelferInnen geeignet sind. Die betreffenden MitarbeiterInnen werden an die Aufgabenstellungen fachlich und persönlich herangeführt. Falls sich in einer ersten Probezeit herausstellt, dass der alte Mensch und die Helferin, der Helfer nicht miteinander zurechtkommen, werden weitere Helferinnen/Helfer versuchsweise eingesetzt, bis eine bessere Passung erreicht wird. Monatliche Besprechungen finden für das jeweilige Team statt, das eine bestimmte Person betreut. Diese Form der Personzentrierung führt zu einer hohen Informationsdichte, so dass eine flexible und unmittelbare Reaktion auf sich verändernde Lebensumstände des alten Menschen möglich ist. Unerlässlich sind dabei kontinuierliche und detaillierte Absprachen der MitarbeiterInnen eines Teams untereinander. VIVA bindet – wenn erforderlich – Angehörige in Teambesprechungen ein, so dass verschiedene Perspektiven, Anliegen und Kritikpunkte zur Sprache kommen können.

Die Aufgabenstellungen der Beraterinnen entsprechen einem klassischen Arbeitsfeld der Sozialarbeit/Sozialpädagogik, der Bezugssozialarbeit. Mit diesem Angebot stehen Klientinnen und Klienten eine beständige Ansprechperson zur Verfügung. Auf diese Weise können Vertrauen und Perspektiven aufgebaut und Umsetzungsbereitschaft entwickelt werden. Fortbildungen und Supervision sind für HelferInnen verpflichtend und finden in der Arbeitszeit statt. In der Reflexion im Rahmen der Supervision können wichtige Elemente wie Nähe und Distanz, Wünsche und Übertragungen geklärt werden, so dass eine Personenzentrierung erhalten bleibt, die um die Aspekte der Verhaltensmodifikation und der Systembezüge erweitert wird. In der Beratung schälen sich Richtungen heraus, die auf unterschiedliche Versorgungsphasen hinweisen und auf die dementsprechend verschieden eingegangen wird: Geht es eher um einen psychosozialen Entscheidungs- und Klärungsprozess, der Klienten zu einem weiteren selbständigen Handeln befähigt? Oder geht es um die Art und Weise der Umsetzung eines Unterstützungsbedarfs, die einer ständigen Modifikation ausgesetzt ist?

6.3 Fallstudie: Das Ehepaar Jung

Aus den, für die Studie gewonnenen, qualitativen Analysen folgt an dieser Stelle eine Zusammenschau von relevanten Erkenntnissen und Hypothesen für den Betreuungsverlauf des Ehepaares Jung[27]. Die über 18 Monate angelegte Fallstudie des Ehepaares Jung beschreibt dabei beispielhaft einen Betreuungsverlauf bei VIVA. In der Studie wird der letzte Abschnitt der insgesamt drei Jahre währenden intensiven Begleitung durch VIVA und andere Dienste in den Blick genommen. Die vorliegenden Ausführungen nehmen retrospektiv Bezug auf den Gesamtverlauf, der schließlich mit der Heimübersiedlung des Ehepaares endet. Besonderes Augenmerk gilt Situationen, in denen sich bestimmte Aspekte für die

---

[27] Die im Fallbeispiel genannten Namen sind Aliasnamen.

Betreuung im eigenen Zuhause als ungünstig erweisen oder sogar dazu beitragen, die weitere häusliche Versorgung zu gefährden. Die sich zeigenden, hier so genannten „Kann-Bruchstellen" und die „Bruchstelle", die im Falle Jung zur Heimlösung führt, werden heraus gearbeitet.

Tabelle 11: Überblick über die Lebenssituation der Eheleute Jung, 2009-2011

Frau Jung, 60 Jahre, Herr Jung, 65 Jahre		
Familie/ Soziale Kontakte:		Sohn, Schwiegertochter und Enkel, Frau Jungs 8 Jahre ältere Schwester, deren Sohn und Ehemann
Gesundheitlicher Zustand:	Frau Jung:	Demenz, Erstdiagnose 2006. depressiv.
	Herr Jung:	Z.n. 3 Schlaganfällen (1992, 1999, 2005). Seit 2005 rechtsseitig gelähmt, Sprachzentrum blockiert, Adipositas, depressiv.
		jeweils 100% Schwerbehinderung, Pflegestufe 2 Gesetzliche Betreuung seit 2006: Schwester und Sohn
Pflegedienst:		pflegt Herrn Jung seit 2006, Frau Jung seit 2008
VIVA:		berät Angehörige seit März 2008
VIVA:		hauswirtschaftliche u. psychosoziale Hilfen seit August 2009
Wohnsituation:		Das Ehepaar wohnt seit 30 Jahren in einer ebenerdigen Drei-Zimmer-Mietwohnung mit Vorgarten.
Heimunterbringung der Eheleute auf einer Demenzstation ab Januar 2011		

Da mit Herrn und Frau Jung selbst nicht gesprochen werden konnte, wurden bestimmte Informationen über das Ehepaar, über Familienangehörige und Professionelle gewonnen. Aus den Biografien beider Eheleute erschließen sich für den Betreuungsprozess wichtige persönliche Merkmale und Verhaltensweisen. Ebenso werden familiäre Bindungen und die jeweilige Stellung der Familienangehörigen in der Familie sichtbar. Lebenseinstellungen und Lebensstile zeichnen sich ab, Kommunikations- und bisherige Bewältigungsmuster in Krisen werden deutlich. Auch können aus den vorliegenden Informationen familien- und psychodynamische Aspekte herausgelesen und interpretiert werden, die den Verlauf der Betreuung plausibel machen und Beweggründe der im Hilfeprozess beteiligten Personen erklären. Zumeist unausgesprochene, verdeckte Informationen sind ansonsten kaum zugänglich – gleichwohl bedeutsam, um die oben erwähnten Kann-Bruchstellen und Bruchstellen im Falle der Familie Jung nachzuvollziehen.

Die im Hilfeprozess hinzukommenden, fachlich unterschiedlich ausgerichteten professionellen Instanzen treffen zum einen auf das komplexe Familiensystem der Jungs und deren familiäre Verstrickungen und Widersprüche. Zum anderen sind von Professionellen Kooperationsleistungen auch untereinander gefordert, um das Versorgungsarrangement dauerhaft gelingen zu lassen. Die Analyse der Netzwerkdynamik zeigt einen für das Ehepaar Jung spezifischen Betreuungsverlauf und stellt auf den ersten Blick kaum sichtbare „Fallstricke" heraus. Im abschließenden Fazit erfolgen Überlegungen, inwieweit die fallspezifischen Befunde und Erkenntnisse allgemeinrelevant für andere Versorgungssituationen sein können.

6.3.1 *Darstellung der Personen, biografische sowie familien- und psychodynamische Zusammenhänge*

Im Folgenden werden Lebensverläufe, familiäre Bindungen des Ehepaares Jung und der Kinder und Enkelkinder biografisch betrachtet und eingeordnet. Des Weiteren geht es darum, wie in der Familie kommuniziert und Krisen bewältigt werden. Auch werden Überlegungen zu möglichen inneren Beweggründen der Familienangehörigen ausgeführt.

Marita Jung
Frau Jung wurde als zweites Kind, acht Jahre nach ihrer Schwester geboren. Von Anfang an sei sie die Lieblingstochter des Vaters gewesen, berichtet ihre Schwester Roswitha Wacht. Ihre nach dem Hauptschulabschluss begonnene Lehre als Friseurin beendet Marita vorzeitig, als sie mit ihrem Sohn Bernd schwanger ist. Die noch sehr junge Frau wird Hausfrau und Mutter und ist nicht mehr berufstätig. Allerdings verdient sie sich ein Taschengeld, indem sie Freundinnen und Schwester gelegentlich die Haare frisiert. Wichtiger als das zuverdiente Taschengeld seien ihr dabei die Kontakte mit den Freundinnen gewesen, meint Frau Wacht. Frau Jungs Leben habe sich nämlich hauptsächlich im Kreise

ihrer Familie abgespielt. Im Laufe der Jahre übernimmt Frau Jung dann auch immer mehr Fürsorge für Familienmitglieder und scheint daran gewachsen zu sein. Sie sei immer bestrebt gewesen, alles zu „managen", nicht zu versagen und die Kontrolle zu behalten, so die Schwester. Auch die alleinerziehende Frau Wacht selbst habe davon profitiert, weil Frau Jung ihren kleinen Sohn immer wieder betreut und beaufsichtigt hat.

Als der inzwischen erwachsene Sohn Bernd im Jahr 1990 von seiner damaligen Frau verlassen wird (diese kehrt nach Übersee zurück) nehmen die Großeltern den nunmehr mutterlosen 2jährigen Enkelsohn Martin auf, da sein Vater ihn nicht allein versorgen kann. Der nun bei den Großeltern aufwachsende Enkel wird vor allem für Frau Jung, damals gerade erst 39 Jahre alt, zu einem wichtigen Lebensinhalt: Sie nimmt den Jungen an Mutterstelle an und gibt ihm ihre ganze Liebe. Damit habe sie möglicherweise den Mangel ihres bis dahin recht eintönigen Lebens mit einem häufig abwesenden und später kranken Mann ausgleichen wollen, meint die Schwester. Neben der Erziehung des Enkels Martin übernimmt Frau Jung über Jahr hinweg die tägliche häusliche Pflege ihres Vaters. Sein Tod 2001 trifft sie hart. Auch ihr schwergewichtiger Ehemann Karl benötigt nach seinem Schlaganfall 1999 ihre Hilfe. Nach einem dritten Schlaganfall 2005 ist er halbseitig gelähmt – sie pflegt ihn. Eines der wenigen Vergnügen der Mutter, das sie mit Mann und Sohn teilen kann, besteht darin, zu Hause gemeinsam stark zu rauchen.

Bernd Jung berichtet mit einer gewissen Bewunderung von seiner Mutter und ihrer klaglosen Fürsorge für die ganze Familie. Für ihn und alle anderen im Umfeld sei es von daher plausibel gewesen, ihre noch unerkannte beginnende Demenz seit dem Jahr 2000 und die immer deutlicheren kognitiven Schwierigkeiten mit einem „Burn-Out-Syndrom" zu erklären. Frau Jung, in ihrem eigenen Selbstverständnis und in den Augen ihrer Familie eine tüchtig und lebenspraktische Frau, sei über die sich zeigenden zunehmenden kognitiven Defizite entsetzt gewesen und habe diese selbst ihrer Schwester lange verschwiegen. Erst als Karl Jung sich im Jahr 2006 ohne weitere Erklärung weigert, sich von seiner Frau waschen zu lassen, erklärt sich Marita Jung bereit, einen Pflegedienst zu akzeptieren. Damit verliert sie eine weitere, ihrem Leben sinngebende Aufgabe nach dem Tod ihres Vaters und dem Erwachsenwerden des Enkels. Seither zieht sich Frau Jung immer mehr zurück und verlässt kaum noch die eigene Wohnung. Sie raucht immer noch stark. Dies scheint sie mit ihrer Familie weiterhin zu verbinden.

Karl Jung
Über die Kindheit und Jugend von Herrn Jung wird wenig berichtet. Er wächst zusammen mit seiner Schwester auf und erlernt nach dem Realschulabschluss einen handwerklichen Beruf. Nach der Lehre bleibt er bei seiner Firma und arbeitet dort bis zu seiner Frühberentung nach dem Schlaganfall 1999. In jüngeren Jahren ist er aktiver Fußballer. Der Sohn berichtet mit zwiespältigen Gefühlen von seinem Vater. Dieser habe das Leben genießen, aber auch hart arbeiten können, meint er stolz über den Vater. Kritischer sieht er dessen Verhalten, wenn es um die Familie geht. Für seine Frau und seinen Sohn habe der Vater kaum Interesse gezeigt und die Mutter herumkommandiert, diese habe sein Verhalten nicht hinterfragt. Roswitha Wacht berichtet, dass Karl Jung häufig allein ausgegangen sei. Im Hause Jung sei es dann lebhaft und unbeschwert zugegangen, wenn die häufigen Gäste in fröhlicher Runde beim Rauchen und Trinken zusammen saßen.

Den erkrankten und darüber depressiv gewordenen Herrn Jung und dessen Frau habe es häufiger in eine nahe gelegene Gaststätte gezogen, um mit den Bekannten weiterhin zusammen zu kommen. Erst im Jahr 2005 setzt Frau Jung den teuer werdenden Ausflügen mit der Begründung der Geldknappheit ein Ende. Frau Wacht vermutet, dass sich ihre Schwester nunmehr weigerte, außer Haus zu gehen, da sie sich andernorts kaum noch zurechtfinden kann. Die einzige Möglichkeit für Außenkontakte besteht für die Eheleute seitdem darin, gemeinsam vor der Haustür im Vorgarten zu sitzen und die Vorbeigehenden freundlich zu grüßen und wieder gegrüßt zu werden.

Roswitha Wacht, die Schwester von Frau Jung
Frau Wacht beschreibt die Beziehung zu ihrer jüngeren Schwester als eng. Eine mögliche Rivalität zwischen den Schwestern kommt nicht zur Sprache – selbst wenn es um den verstorbenen Vater geht, der seine jüngere Tochter zur Lieblingstochter auserkoren hatte. Die beiden Schwestern hätten sich gegenseitig immer zur Seite gestanden. Frau Wacht ist ihrer Schwester noch heute dankbar, weil diese sich häufig ihres Sohnes angenommen habe. Bis zum Ausbruch der Demenzerkrankung habe sie die Schwester immer als die Stärkere und Tüchtigere empfunden. Frau Wacht übernimmt im November 2006 gemeinsam mit ihrem Neffen Bernd – auf Anraten des Hausarztes – für Marita und Karl Jung die gesetzliche Betreuung. Seitdem tritt sie unermüdlich vor allem für ihre Schwester ein und ihr Einfluss auf die Lebenssituation des Ehepaares wächst. So schreibt sie dem Pflegedienst und den VIVA-Helferinnen vor, die Schwester nun zu schonen, da diese in ihrem Leben allzu viel gearbeitet habe. Roswitha Wacht verbietet auch den Familienangehörigen geradezu, der Schwester Alltagsaufgaben zu überlassen. Ihr vorrangiges Ziel ist es nun, dem Ehepaar das Verbleiben in der eigenen Wohnung zu ermöglichen. Sie seien zu jung für ein Pflegeheim.

Außerdem passe deren Lebensstil, das starke Rauchen etc. nicht in eine solche Einrichtung. Roswitha Wacht selbst ist heute verheiratet; ihr Ehemann betrachtet das starke Engagement seiner Frau für ihre Schwester und den Schwager sehr kritisch und befürwortet die Übersiedlung der beiden in ein Heim.

Bernd Jung, der Sohn
Herr Jung ist in dritter Ehe mit der aus Osteuropa stammenden Kristina verheiratet und lebt im selben Stadtteil wie die Eltern Jung. Er hat insgesamt drei Kinder, von denen die beiden Jüngeren aus der Ehe mit Kristina bei ihnen leben. Kristina unterstützt zwei Jahre lang täglich den Haushalt, nachdem Marita Jung dieses nicht mehr kann. Nach einer Zeit der Arbeitslosigkeit versucht Bernd Jung gerade, sich selbständig zu machen. Er berichtet, dass er als Einzelkind aufgewachsen sei. Den Vater habe er immer als emotional wenig präsent erlebt, zur Mutter hingegen habe er immer ein inniges Verhältnis gehabt. Keinen Wunsch habe sie ihm früher ausschlagen können. Heute werde er traurig, wenn die Mutter ihm kaum noch Zuwendung zeige, wohl wissend, dass sie aufgrund der Demenzerkrankung dazu nicht mehr in der Lage sei. Bernd Jung und seinen Vater verbindet heute von außen gesehen anscheinend nicht viel mehr, als das gemeinsame Rauchen.

Es mag bei Bernd Jung nicht nur Dankbarkeit hervorrufen, dass seine Eltern seinen eigenen Sohn Martin großgezogen haben und eine starke Bindung zum Enkelsohn entwickelt haben, sondern auch Enttäuschung und Wut darüber, emotional nicht mehr den ersten Platz bei ihnen einzunehmen. Möglicherweise treffen damit verbundene Gefühle unvermittelt den eigenen Sohn – sehr spät und mit einer plötzlichen Konsequenz und Härte – als er nämlich 2009 ein väterliches Machtwort spricht und den inzwischen 21jährigen aus dem ‚warmen Nest' bei den Großeltern hinauswirft. Vielleicht fällt er diese Entscheidung auch, um dem Sohn zu ermöglichen, was ihm selbst bis dahin nicht recht gelang, nämlich ein eigenständiges gutes Leben, beruflich und privat, zu führen. Um seine eigene innere Ablösung von den Eltern zu erreichen und seine dritte Ehe zu retten, ist er derjenige, der auch die Heimeinweisung der Eltern gegen den Wunsch der Eltern und Tante vorantreibt.

Als er die Aufgabe der gesetzlichen Betreuung der Eltern übernimmt, verändern sich die Rollen in der Familie gravierend. Bernd Jung bekommt deutlich mehr Macht als bisher und übernimmt eine väterliche Funktion gegenüber den eigenen Eltern. Er entscheidet schließlich über diese, als er sie in einem Pflegeheim unterbringt. Bernd Jung scheint in vieler Hinsicht der Erste zu sein, der aus dem bisher gewohnten familiären Muster des Schweigens und des Allein-Zurechtkommens ausbricht.

Kristina Jung, Ehefrau von Bernd Jung

Kristina Jung ist die dritte Ehefrau von Herrn Jung und stammt aus einem osteuropäischen Land. Das Ehepaar hat zwei gemeinsame Kinder im Schulalter. Kristina habe 2006 die Haushaltsführung ihrer Schwiegereltern übernommen und von ihnen dafür aus der gesetzlichen Pflegeversicherung das Pflegegeld erhalten. Nach zwei Jahren habe sie jedoch angefangen, wieder erwerbstätig zu werden, was auch finanziell einträglicher sei, so die VIVA-Beraterin. Zudem sei es zwischen ihr und ihrem Mann wegen dessen Eltern zu heftigen Ehekonflikten gekommen.

Martin Jung, der Enkel

Seit seinem zweiten Lebensjahr wächst Martin bei den Großeltern auf. Diese haben aus ihrer Sicht alles Erdenkliche für den von seiner Mutter verlassenen Jungen getan. Möglicherweise haben sie ihm dabei die für seine Entwicklung wichtigen Grenzen nicht gesetzt. Martins schwierige Lebensgeschichte lässt vermuten, dass ihm bestimmte Schritte in ein selbständiges Jugendlichen- und Erwachsenenleben sehr schwer fallen. Beispielsweise hat er bereits drei Ausbildungen abgebrochen. Auch räume er nach dem Kochen nicht auf, lasse überall seine Sachen herumliegen, berichten einige der VIVA-Helferinnen und weigern sich, „ihn durchzufüttern" oder die von ihm hinterlassene Unordnung zu beseitigen. Vermutlich fehlt ihm, seitdem bei der Großmutter die Demenz begann und der Großvater hilfebedürftig wurde (er war 12 Jahre alt), ein geregeltes und strukturiertes Leben. Dies könnte dazu beigetragen haben, dass Martin sich nur schwer von den Großeltern trennen und ein eigenes Leben beginnen kann.

Die Großeltern hätten Martin sehr verwöhnt, berichtet Frau Wacht. Dass Martin seinerseits von klein auf für die Großeltern da ist, wird interessanterweise nicht nur vom Vater, sondern von der gesamten Familie weder gesehen noch positiv konnotiert. Es erscheint ihnen eine lange Zeit selbstverständlich, dass Martin für die zunehmend hilfebedürftigen Großeltern beispielsweise als Helfer beim Baden und für die demenzkranke Großmutter als Hilfe beim Kochen unentbehrlich wird. Der häufige Besuch seines Freundes Mehmet in der Wohnung der Großeltern trägt stark zu deren Lebensfreude bei. Der Hinauswurf durch den Vater bedeutet für Martin, dass er erneut seine engsten Bezugspersonen verliert und möglicherweise alte Wunden wieder aufgerissen werden. Es bleibt offen, ob ihm die – ja aufgezwungene – Eigenständigkeit gelingt.

Sohn und Schwester als gesetzliche Betreuer

Roswitha Wacht und Bernd Jung übernehmen 2006 gemeinsam die gesetzliche Betreuung der Eheleute Jung. Damit sind sie nicht nur wichtige Bezugspersonen, sondern auch Funktionsträger für eine offizielle Aufgabe. Dies scheint sie beide in ihrer Bedeutsamkeit aufzuwerten. Obwohl es viele Meinungsverschiedenheiten zwischen ihnen gibt, ist Herr Jung froh, große Teile der Verantwortung der Tante überlassen zu können. Frau Wacht ist dies Recht, denn vermutlich bestärkt sie dies in ihrem Selbstverständnis, wie sie sagt, „die treibende Kraft" zu sein.

6.3.2 Kommunikationsstil und Krisenbewältigung in der Familie Jung

Herr Jung wird bereits vor Beginn einer, nach dem dritten Schlaganfall auftretenden, Sprachstörung im Jahr 2005 als wortkarg beschrieben, wenn es um Konfliktsituationen gegangen sei. Den Kontakt zu seiner Schwester beispielsweise habe er wegen eines Streits endgültig abgebrochen und in der Familie darüber kein Wort verloren, kommentiert Bernd Jung, ein für seinen Vater typisches Verhalten. Die Mutter hingegen habe alle schwierigen Situationen mit ihrem Vater und nach dessen Tod mit ihren Freundinnen, aber nicht mit ihrem Mann besprochen. Auch andere Mitglieder der Familie bewältigen schwierige Situationen eher im Alleingang, ohne darüber zu sprechen und sich auszutauschen. Vielmehr erdulden sie vieles, begeben sich in den Rückzug und vermeiden dadurch Konflikte.

Frau Jung schickt sich in ein recht eintöniges Ehe- und Familienleben. Sie begnügt sich dabei mit wenig Zuwendung Seitens ihres häufig eigene Wege gehenden Mannes. Bald widmet sie sich ohne Aufheben und bis zur Selbstaufgabe jahrelang ihren pflegerischen Aufgaben. Über Jahre hinweg spricht niemand in der Familie die immer deutlicher werdende Demenzsymptomatik Frau Jungs an. Auch erweisen sich die Schwestern untereinander wenig gesprächig, wenn es darum geht, Konflikte und Rivalitäten zu thematisieren. Der Enkel Martin kommt über der Fürsorge für die Großeltern vom eigenen Weg ab. Niemand gibt ihm eine Richtung vor und unterstützt ihn dabei, diesen zu finden und zu gestalten. Der Vater und alle anderen Familienmitglieder nehmen es wortlos und als selbstverständlich hin, dass Martin die Großeltern unterstützt. Martin wiederum findet sich ohne Protest in die Rolle des pflegenden Enkelsohnes ein. Frau Wacht ist es seit ihrer Kindheit gewohnt, zurückzustecken und der Schwester den Vortritt beim Vater zu lassen. Ihre Rolle der älteren Schwester nimmt erst spät an Bedeutung zu, als Marita Jung immer hinfälliger wird und Frau Wacht immer mehr über diese verfügen kann.

6.4 Netzwerkanalyse

Mit Hilfe der Netzwerkperspektive (Otto, 2011) kommen die vorhandenen internen und externen Ressourcen, die der Familie Jung zur Bewältigung der Situation zur Verfügung stehen, in den Blick. Auch werden die im Verlauf notwendigen Netzwerkveränderungen erläutert und tabellarisch dargestellt. Zudem geht es um die Einbindung von Professionellen in das vorhandene soziale Netzwerk und die hierdurch ausgelösten Bewegungen. Hierbei werden sowohl positive als auch negative Einflüsse, die das Eingebundensein im Netzwerk mit sich bringen, analysiert. Anhand von zwei Tabellen ist das Versorgungsgeschehen vor und nach Integration professioneller Netzwerkveränderungen im Überblick zu sehen.

6.4.1 Netzwerkressourcen und Netzwerkbelastungen

Die größte Kraftquelle der Familie sei diese selbst und ihr Zusammenhalt, darin sind sich Frau Wacht und Bernd Jung einig. Die Gewissheit, dass die Familie zusammenhält, wenn Schwierigkeiten entstehen, und dass gemeinsam Lösungen gefunden werden können, gibt in herausfordernden Situationen das Gefühl der Stärke. Deutlich wird dabei für den außenstehenden Betrachter des Familiengeschehens, dass es sich zumindest in der ersten Generation vor allem um die Frauen handelt, die schwierige Situationen meistern. Als Frau Jung nicht nur den Enkel als Kleinkind aufnimmt, sondern auch den Sohn der alleinerziehenden Schwester häufig betreut, leistet sie viel für den Zusammenhalt der Familie. Anstelle der verstorbenen Mutter springt Frau Jung für den Vater ein und pflegt ihn bis zu seinem Tod. Über mehrere Jahre hinweg pflegt Frau Jung später gleichzeitig Vater und Ehemann. Dies tut sie klaglos, mit Selbstverständlichkeit und mit bewundernswerter Kraft, so Frau Wacht. Als die jüngere Schwester nicht mehr in der Lage ist, das Familiengeschick zum Positiven zu wenden, springt die ältere Schwester ein und wird zur „treibenden Kraft", wie ihr Neffe sie charakterisiert und wie sie sich selbst bezeichnet. Sie setzt sich unermüdlich nicht nur für Frau Jung, sondern auch für ihren Schwager ein. Dabei hat sie die Fäden in der Hand, wie zuvor die Schwester.

In der folgenden Tabelle wird das autarke, aber seit 2000 zunehmend belastete Netzwerk der Familie Jung skizziert. Ersichtlich wird hier, dass Frau Jung und deren beginnende Demenzsymptomatik eine zentrale Rolle für die Belastungen und Veränderungen im Netzwerk spielen.

Tabelle 12: Soziales Netzwerk der Familie Jung – ohne professionelle Unterstützung (Stand 2005)

Informelles NW	Emotionale Unterstützung/ Kontaktform: Telefon (T), Besuch (B)	Praktische Unterstützung/ Kontaktform: Telefon (T), Besuch (B)	Geselligkeit Telefon (T), Besuch (B)	Persönliche Belastung
Familie				
Schwestern, Frau Jung und Frau Wacht	Fürsorgliche Beziehung zwischen Schwestern B: mindestens 2-3 x Wo	Gegenseitiger Austausch der Schwestern u. gegenseitige Hilfen: Frau Jung übernimmt Haarpflege bei der Schwester; Frau Wacht regelt Finanzen. B und T = mind. 2 x Wo	Ehepaar Wacht ist häufig bei Ehepaar Jung zum Sonntagskaffee B: 1x Wo	Frau Jung ist entsetzt über ihre zunehmende Desorientiertheit. Frau Wacht ist seit 2000 beunruhigt: Wesens- und kognitive Veränderungen bei der Schwester.
Herr Wacht	Freundliche Beziehung zu Ehepaar Jung. Herr Wacht distanziert sich, akzeptiert jedoch familiäres Engagement der Ehefrau.		B: 1 x Wo	Fühlt sich von seiner Frau vernachlässigt. Ist wegen ihrer Klagen über fam. Belastung irritiert.
Sohn	Innige Beziehung zur Mutter, distanzierter zum Vater. B bzw. T: 2-3 x Wo	Kümmert sich um Finanzen. B bzw. T: 2-3 x Wo	Raucht gemeinsam mit Eltern. B: 2-3 x Wo	Familiär, beruflich und emotional instabile Situation. Vermisst emotionale mütterliche Unterstützung.
Enkelsohn	Wächst seit 2. Lebensjahr bei Großeltern auf. Innige Beziehung zwischen Großmutter und Enkel.	Wird von den Großeltern verwöhnt, unterstützt diese im Alltag, Tag und Nacht in der Wohnung	Leistet Großeltern täglich Gesellschaft.	Geht kaum eigene Wege, wenig „Rückenstärkung" durch Familie in der Adoleszenz.

Zu Hause wohnen wollen bis zuletzt 155

Soziales Netzwerk der Familie Jung (Fortsetzung)

Informelles NW	Emotionale Unterstützung/ Kontaktform: Telefon (T), Besuch (B)	Praktische Unterstützung/ Kontaktform: Telefon (T), Besuch (B)	Geselligkeit Telefon (T), Besuch (B)	Persönliche Belastung
Bekannte/Freunde				
Freundinnen v. Fr. J.	Regelmäßiger Austausch	Haarpflege durch Frau Jung wird weniger. B	Regelm. Treffen und Haarpflege: B und T: weniger	Bemerken kognitive und Wesensveränderungen
Memet: Freund v. Enkel	Bringt Frohsinn	Ist häufig mit Enkel in der Wohnung und leistet den Eheleuten Gesellschaft.	B: Freund des Enkels	
Bekannte der Jungs	Sind gern zusammen.		Einladungen u. Kneipenbesuche	Bemerken kognitive und Wesensveränderungen.

6.4.2 Verknüpfung des familiären Netzwerks mit professionellen Diensten

Bernd Jungs Ehefrau übernimmt 2006 die tägliche Führung des Haushaltes der Schwiegereltern. Als Außenstehende in der Familie regt Kristina Jung an, dass im Jahr 2007 ein Pflegedienst hinzugeholt wird. Nach einem weiteren Jahr bricht sie mit der Tradition der Selbsthilfe innerhalb der Familie bis zur Selbstaufgabe. Sie nimmt eine Erwerbstätigkeit an und öffnet damit das Familiensystem dem Einfluss fremder Hilfe. Frau Wacht beteiligt sich maßgeblich daran, das bisher unabhängige Familiensystem von professioneller Seite zu ergänzen, um die von ihrem Neffen geforderte Heimeinweisung seiner Eltern zu verhindern. Ihr ist es anscheinend ein Anliegen, dass ihre Schwester und ihr Schwager so lange, wie möglich in ihrer Wohnung bleiben können. Die größten Befürchtungen hat Frau Wacht, als sie sich vorstellt, dass ihr Schwager ins Krankenhaus käme und Frau Wacht allein zu Hause bliebe. Damit wäre der häuslichen Betreuung ein Ende gesetzt, da Frau Jung nicht allein zu Hause verbleiben könnte.

Das bislang eigenständige familiäre Netzwerk muss mit professionellen Hilfen ergänzt werden. In der folgenden Tabelle wird ersichtlich, dass sich nun das familiäre und insbesondere das soziale Netzwerk verändern. Bekannte und Freunde fühlen sich in Gegenwart des Ehepaares überfordert und kommen nur dann zu Besuch, wenn die Schwester bzw. der Sohn dort sind. VIVA verwirklicht ein recht effizientes komplementäres Netzwerk, das zuverlässig unterstützt.

Tabelle 13: Netzwerk des Ehepaares Jung (Stand Juli 2009)

Informelles NW	Emotionale Unterstützung/ Kontaktform: Telefon (T), Besuch (B)	Praktische Unterstützung/ Kontaktform: Telefon (T), Besuch (B)	Geselligkeit Telefon (T) Besuch (B)	Anliegen bzgl. Betreuung	Persönliche Belastung
Familie					
Schwester, Frau Wacht	Übernimmt gleichzeitig mütterliche informelle Rolle und formelle Rolle für die Schwester. Kontrolliert und überwacht das Helfersystem der Jungs. B und T	Ges. Betreuung seit 2006: Aufenthalt, Gesundheit, Finanzen. Frau Wacht lässt Frau Jung die Haare färben. Kontakt mit allen involvierten Professionellen. Zuständig für Hilfsmittel, Rezepte ect. B 2-3xWo; T 5-8x Wo	Ehepaar Wacht ist bei Jungs zum Sonntagskaffee. B 1xWo	Verbleib der Eheleute zu Hause solange wie möglich. Denkt über 24-h-Betreuung der Eheleute nach.	Belastung wegen der zunehmenden Demenz und Depressivität der Schwester, Frau Jung. Deswegen belastete Ehe. Massive gesundheitl. Probleme
Ehemann Herr Wacht	Ehemann ist skeptisch und verständnislos gegenüber seiner Frau		B 1x Wo	Ist für Heimlösung	Toleriert Engagement der Ehefrau kaum noch. Belastete Ehe.
Sohn	Wie zuvor	Ges. Betreuung seit 2006. Gemeinsam mit Tante. Überlässt dieser viele Bereiche.	Leistet Eltern Gesellschaft.	Ambivalenz gegenüber Heim. Sammelt Heiminfos für Eltern.	Sohn ist familiär und emotional labil. Wird von Tante unterstützt. Belastete Ehe.
Enkelsohn	Wie zuvor. Bleibt in der Nähe wohnen. B 1-3x Wo	Unterstützt Opa beim Baden.	Leistet Großeltern ab und zu Gesellschaft.		Muss 7/2009 bei Großeltern ausziehen.

Zu Hause wohnen wollen bis zuletzt

Netzwerk des Ehepaares Jung (Fortsetzung)

Informelles NW	Emotionale Unterstützung	Praktische Unterstützung	Geselligkeit Telefon (T) Besuch (B)	Anliegen bzgl. Betreuung	Persönliche Belastung
Bekannte/ Freunde					
Memet	Bringt Paar zum Lachen	Gemeinsames Lachen	B: 1xWo mit Martin		
Freundinnen v. Fr. Jung: haben sich zurückgezogen					
Bekannte/Freunde: haben sich zurück gezogen					
Professionelles Netzwerk					
Ärzte: Hausärztin, Neurologe: Medikamentöse Behandlung der Eheleute					
Pflegedienst seit 2007	Pflege morgens u. abends		Sozialer Kontakt, Abwechslung	Verbleib zu Hause + familiäre Entlastung.	Ungünstige Einsatzzeiten
VIVA – Beratung: seit März 2008	Angehörigenberatung		Sozialer Kontakt, Abwechslung	Verbleib zu Hause + familiäre Entlastung.	
Helferin 1: Anfang 2009; HelferInnen 1-10: ab 7/2009		Haushaltsführung vormittags			

6.5 Beraten und intervenieren – ein prozesshaftes Geschehen

Es folgt ein detaillierter Einblick in die Art und Weise, wie VIVA und andere involvierte Akteure im Fall Jung vorgehen. Nach der Beschreibung des Betreuungszeitraums ab Januar 2008, dem Beginn der VIVA-Begleitung, folgen die den 18 Monatsdokumentationen der Studie entnommenen Verlaufsschritte bis hin zur Heimeinweisung. Die vielfältigen und in sich differenzierten Interventionen werden aus der Perspektive der VIVA-Beraterin dargestellt. In der Prozessanalyse entsteht das Bild eines Mobiles, das sich durch verschiedenste wechselseitige Impulse in ständiger Bewegung befindet. Die sich dabei zeigenden heiklen Situationen, Fallstricke und Kann-Bruchstellen, werden als Kasten dargestellt und schließlich zusammengefasst kommentiert. In der Prozessinterpretation werden schwierige Situationen auf ihre Bedeutung hin, im Kontext des Geschehens, als „heikel", als „Fallstricke" bzw. als „Kann-Bruchstellen" eingestuft.

Die VIVA-Beraterin wird zur Vereinfachung des Texts „Beraterin", die VIVA-Helferin wird „Helferin" und die Beratungsstelle VIVA wird „Beratungsstelle" genannt. Das vorangestellte Hilfediagramm soll Orientierung über die chronologische Abfolge und die Zusammensetzung der Unterstützungsmaßnahmen geben.

Tabelle 14: Hilfediagramm zur häuslichen Versorgung von K. und M. Jung

	Martin: Unterstützung der Großeltern	Ges. Betreuung: Fr. Wacht und Bernd Jung	Pflegegeld/ Verhinderungs pflege	Pflegedienst-Einsätze	Kristina Jung: Tägliche Haushalts-Führung (HH)	Sozialamt: Ergänzende Hilfe zur Pflege	VIVA Beratung (B) + hauswirtschaftliche Betreuung (HH) + Nachtdienst (ND)
2005	„		Pflegestufe I Herr Jung				
2006	„	ab 11/2006	„	Morgentoilette: Herr Jung			
2007	„	„	Pflegestufe I für beide Eheleute		HH		
2008	„	„	„	„	HH	ab 11/2008	Ab 02/2008: B
2009	„	„	Pflegest. II für beide Eheleute	Ab 07/11 Morgen u. Abendtoil. Herr Jung	HH (3 Mon. überlappend mit VIVA)	„	B + HH 1. Helferin Fr. Leber 2. Helferin Fr. Zeiten 3. Helferin Fr. Malz + zeitw. Spätdienst + zeitw. Nachtdienst
2010	„	„	„	„	„	„	B + HH = 4 Helferinnen +zeitweise Nachtdienst

Zu Hause wohnen wollen bis zuletzt 159

Im Studienverlauf von 18 Monaten erfolgten 22 dokumentierte Interventionsschritte (Beratungsgespräche und Telefonate mit den verschiedenen Akteuren) von Seiten der Beraterin. Diese zweigten sich auf in weitere, hier nicht genannte Teilschritte. Die Beraterin führte in dieser Zeit fünf Hausbesuche durch und es fanden ca. neun Teamsitzungen statt. Insgesamt lernten die Eheleute zehn Helferinnen – zwei von ihnen waren nur eine kurze Zeit bei Jungs eingesetzt – kennen. Die Anzahl der Personen des Pflegedienstes ist nicht bekannt. Es fanden zudem vier Runde Tische im Sozialamt statt.

6.5.1 Betreuungsbeginn durch VIVA: Januar 2008

Die Beraterin macht einen Hausbesuch, um die aktuelle Situation und die Bedürfnisse des Ehepaares einschätzen zu können, nachdem Frau Wacht Ende 2007 Kontakt zur Beratungsstelle aufnimmt.

Erste Beratungsgespräche finden in der Beratungsstelle statt, in denen Roswitha Wacht und Bernd Jung ihre unterschiedlichen Standpunkte darlegen. Herr Jung tendiert dazu, die Eltern in einem Pflegeheim unterzubringen, da der Hilfebedarf der Eltern den familiären Rahmen zu sprengen droht. Jedoch sprechen finanzielle Gründe dagegen. Frau Wacht hingegen denkt über Alternativen zur Heimlösung nach, um insbesondere der Schwester das Zuhause zu erhalten.

(1) Strittige unterschiedliche Standpunkte der Angehörigen bleiben nicht länger unausgesprochen oder führen zur Polarisierung im Geschehen, sondern werden verbalisiert, angehört und von der Beraterin vorsichtig kommentiert.

Nach mehrmaligen Beratungen zu ambulanten Hilfsangeboten und deren Finanzierung ist Herr Jung bereit, die Eltern durch VIVA versuchsweise betreuen zu lassen.

Die Beraterin sucht eine geeignete Helferin. Der probeweise Einsatz erfolgt ab Februar 2008. Die Helferin gewinnt jedoch nicht Marita Jungs Vertrauen und wird anderweitig eingesetzt. Die Beraterin stellt ohne Bewertung fest, die Helferin sei für Frau Jung zu aktiv und könne auf deren Rhythmus nicht genügend eingehen.

Die Beraterin wählt eine neue Helferin aus. Mit Frau Leber, einer ausgebildeten Altenpflegerin, kommt Frau Jung sogleich gut aus – die Passung gelingt.

Die Beraterin schafft einen fließenden Übergang über den Zeitraum von drei Monaten und setzt abwechselnd die bisher täglich den Haushalt versorgende Schwiegertochter Kristina Jung und die Helferin Frau Leber ein. Damit lässt sie Frau Jung Zeit genug, um sich mit der ihr bisher unbekannten Frau Leber vertraut zu machen.

(2) Die sorgfältige Passung der eingesetzten Helferin ist sowohl vor dem ersten Einsatz als auch im weiteren Betreuungsverlauf wiederholt zu überprüfen.

Die Beraterin geht aktiv auf den bereits eingeführten Pflegedienst zu, um die Zusammenarbeit zu etablieren und bewirkt mit dem unüblichen Angebot bei diesem Erstaunen und Irritation.

(3) Das geäußerte Kooperationsangebot von VIVA erscheint dem Pflegedienst als ungewöhnlich.

Die Helferin trägt zur Stabilität des nun ergänzten Netzwerks bei: Sie wirkt mit ihrer ruhigen und kompetenten Art positiv insbesondere auf Frau Jung. Die Helferin wird insbesondere Frau Jungs vertraute Ansprechpartnerin. Sie kümmert sich auch um den Haushalt und bereitet die Mahlzeiten zu.

(4) Die Helferin macht den Haushalt. Der dabei wie „nebenbei" hergestellte psychosoziale Kontakt ist mindestens ebenso wichtig und unumgänglich, da er an die Stelle der mangelnden Alltagskontakte rückt.

Ein Gespräch mit der Beraterin, dem Pflegedienst und den Angehörigen (ges. Betreuer und Martin) findet in den Räumen des Pflegedienstes statt. Der gemeinsam abgesteckte Hilferahmen erweist sich für die Familie als akzeptabel.

Die Beraterin führt selbst mindestens einmal monatlich einen Hausbesuch durch, hält den Kontakt mit den Eheleuten, überzeugt sich selbst von dem neuesten Stand des Versorgungsbedarfs, um bei künftigen Veränderungen schnell reagieren zu können.

Die Beraterin führt mit Frau Wacht mehrere parallele Einzelgespräche. Frau Wacht hat hier Gelegenheit, die Geschehnisse in der Familie anzusprechen und die gewöhnungsbedürftige Situation zu verarbeiten, intensive Hilfeleistungen von außen anzunehmen.

(5) Parallel zur häuslichen Versorgung findet eine begleitende Beratung der Angehörigen statt, in der das zukünftige Betreuungsarrangement besprochen und die Angehörigen angehört werden. So wird ein gegenseitiges Einvernehmen erreicht und das Arbeitsbündnis immer wieder hergestellt.

Mit Unterstützung der Beraterin beantragt Frau Wacht die Finanzierung der hauswirtschaftlich-psychosozialen Hilfe bei der Pflegekasse sowie die Folgefinanzierung beim Sozialamt.

(6) Die konkrete Hilfe bei der Beantragung finanzieller Leistungen ist hier der Schlüssel für die Herstellung eines tragfähigen Arbeitsbündnisses mit den Angehörigen.

Die Beraterin moderiert ein Konfliktgespräch mit Frau Leber und der inzwischen zusätzlich für den Morgendienst eingeführten zweiten Helferin, Frau Zeiten. Es geht um verschiedene Meinungen zum Verhalten des bei den Großeltern lebenden Enkels Martin. Während Frau Leber Martins Unordnung akzeptiert, weigert sich Frau Zeiten, das von ihm verursachte Chaos in der Wohnung zu beseitigen. Sie ist auf der Seite Bernd Jungs und plädiert dafür, dass Martin endlich aus der Wohnung der Großeltern auszieht.

(7) Kontroversen zwischen den Helferinnen werden im Team angesprochen, um eine zuverlässige Teamarbeit zu gewährleisten.

(8) Einige der Helferinnen richten ihren Unmut gegen den Enkel und stellen sich damit auf die Seite des Vaters und der Tante. Hier fühlt sich Bernd Jung mehrfach in seinem Entschluss bestätigt, ein Machtwort zu sprechen und den Sohn zu nötigen, auszuziehen.

6.5.2 Die 18 Monatsdokumentationen der Studie

MONAT 1
Die Beraterin bespricht telefonisch mit dem Pflegedienst die Verbesserung der Abendversorgung der Eheleute. Seitens des Pflegedienstes ist diese „aus organisatorischen Gründen" bis spätestens 18 Uhr möglich. VIVA schlägt vor, den Abenddienst selbst zu übernehmen, dadurch könne das Zubettbringen später stattfinden. So könne dem Lebensrhythmus der Jungs besser entsprochen werden. Die Pflegedienstleitung reagiert „pikiert".

(9) Auf VIVAs Vorschlag, den Abenddienst zu übernehmen, finden in Hinsicht auf den Pflegedienst Grenz- und Kompetenzüberschreitungen statt. VIVAs hauswirtschaftliche Helferinnen begeben sich damit in die Grauzone zwischen hauswirtschaftlicher Versorgung und Fachpflegetätigkeit. Die Frage stellt sich hier: Ist es wichtiger, Fachpflege früh abends durchzusetzen, oder dem Lebensrhythmus des Ehepaares zu entsprechen?

Die Beraterin organisiert nach Auszug des Enkels einen Spätdienst, den die dritte Helferin, Frau Malz, von 23.00 – 24.00 Uhr übernimmt. Dieser Spätdienst stellt sich bald als nicht notwendig heraus, da die Jungs zu diesem Zeitpunkt bereits schlafen.

Beim nächsten Hausbesuch der Beraterin ist auch Frau Wacht dabei. Das Gespräch hat überwiegend praktisch/organisatorische Inhalte. Auch die zeitliche Abstimmung zwischen Pflegedienst und VIVA ist Thema. Morgens von 7.00 Uhr bis 8.30 Uhr kommt der Pflegedienst für Herrn Jung. Der Vormittagsdienst für die sich abwechselnden Helferinnen, Frau Leber und Frau Zeiten, ist zwischen 8.30 und 13.30 Uhr. Der einstündige Einsatz einer dritten Helferin, Frau Malz, für den Nachmittag zwischen 16.00 – 18.00 Uhr wird vorgesehen, um die Zeit bis zum Abend zu überbrücken. Die Finanzierung wird zunächst über die Verhinderungspflege der Pflegekasse und sodann weiter beim Finanzamt beantragt.

Teamsitzung mit nunmehr vier Helferinnen und den beiden gesetzlichen Betreuern: Festlegung der erforderlichen Tätigkeiten. Morgens: Frühstück, Unterstützung der Frau Jung beim Waschen, Toilettengang mit Herrn Jung, Kochen und Putzen. Nachmittags: Kaffee, Kuchen und Vorbereitung des Abendessens.

MONAT 2
Telefonat der Beraterin mit der Pflegedienstleitung: Die Beraterin regt an, dass Frau Jung dazu angehalten werden solle, ihrem Mann beim Ankleiden zu helfen. Der Pflegedienst rechtfertigt sich damit, dass die Angehörigen anderer Meinung seien. Diesen sei es wichtig, dass Frau Jung geschont werde und nicht mitzuhelfen brauche. Die Beraterin weist darauf hin, dass man dadurch Frau Jung letzte Möglichkeiten nehme, sich einzubringen und sie auf diese Weise ihre Alltagskompetenzen zunehmend vergesse.

> (10) Anregungen eines anderen Fachdienstes gelten als heikel, da sie als ein „Hereinreden" in das eigene Fach gedeutet werden können. Die Beraterin versucht hier, eine gemeinsame fachliche Ebene zu finden, und spricht das Wissen über die Demenz an."

Am Runden Tisch im Sozialamt sind zwei Mitarbeiter, die Beraterin und Frau Wacht und Herr Jung als gesetzliche Betreuer anwesend. Es findet eine Gesamtschau der Betreuungssituation des Ehepaares Jung statt. Die Finanzierung der VIVA-Abendbetreuung wird beantragt.

MONAT 3
Teamsitzung mit den gesetzlichen Betreuern. Eine vierte Helferin ist als Springerin notwendig geworden: Frau Ayran stellt sich vor.

Die Beraterin informiert Frau Wacht telefonisch darüber, dass eine neue Helferin hospitieren wird, um Frau Zeiten zu ersetzen.

Kurzer Hausbesuch der Beraterin.

MONAT 4
Die Beraterin wählt eine neue Helferin, Frau Vierling aus.

Im Teamgespräch finden sich die Beraterin, Frau Leber und die neu hinzugewonnene Frau Vierling ein:
Thematisiert wird das Ausscheiden von Frau Zeiten. Diese habe sich insbesondere für Herrn Jung zuständig gefühlt. Frau Zeiten habe Frau Jung vieles selbst machen lassen, so dass diese eher ihre Selbständigkeit erhalten konnte. Dies habe Frau Wacht missbilligt. Sie wolle ihre Schwester vor jeglicher Aufgabe schonen. Herr Jung vermisse Frau Zeiten mit ihrer lustig-hemdsärmeligen und frischen Art und habe sie über das Mobiltelefon erreichen wollen.

Frau Leber richte ihre Aufmerksamkeit viel stärker auf Frau Jung und Frau Wacht. Eine besondere Beziehung habe sich zwischen Frau Wacht und Frau Leber entwickelt. Frau Wacht habe der Helferin das Du angeboten. Frau Leber habe es entgegen den Regeln für VIVA-Mitarbeiter angenommen. Durch die freundschaftliche Beziehung zu Frau Wacht komme es zu Loyalitätskonflikten. Auch wenn Frau Leber eigentlich Frau Jung vieles selbst machen lassen möchte, folgt sie der Aufforderung Frau Wachts, für Frau Jung Aufgaben zu übernehmen.

(11) Frau Wachts Duzangebot verändert die Arbeitsbeziehung zu Frau Leber. Über die freundschaftliche Annäherung verstärkt sich ihr Einfluss auf das Verhalten der Helferin zu ihren eigenen Gunsten.

MONAT 5
Während des Hausbesuchs der Beraterin spricht Frau Jung sie an: „Wenn man jemand mag, ist man traurig, wenn jemand die Wohnung verlässt." Frau Jungs Bemerkung zeigt, wie genau sie Frau Zeitens Weggang registriert hat.

Die Beraterin telefoniert mit Frau Wacht. Frau Wacht berichtet entsetzt, dass Frau Jung Gegenstände und Kleidungsstücke aus dem Fenster in den Vorgarten werfe. Auch habe ihre Schwester Müll aus dem Mülleimer an die Passanten verteilen wollen. Die Beraterin fragt sich, ob Frau Jung mit ihrem Tun etwas ausdrücken möchte.

In der Teamsitzung wird berichtet, dass Frau Jung derzeit besonders traurig wirke und dann wiederum unruhig umhergeistere.

MONAT 6
Die Beraterin telefoniert mit Frau Wacht. Sie erfährt, dass eines Morgens die Wohnungstür offen steht. Frau Jung habe dieses Mal wichtige Unterlagen auf dem Vorgartenboden verstreut bzw. zerrissen.
Die Beraterin vermutet, dass Frau Jung nachts zu lange allein ist.

(12) Der vorangegangene Personenwechsel bei den Helferinnen beunruhigt möglicherweise Frau Jung, so dass sie mit diesem Verhalten darauf reagiert.

In der Teamsitzung erfährt die Beraterin von den Helferinnen, dass der Pflegedienst häufig morgens später und abends früher komme als vereinbart. Sie meint dazu: „Das liegt am Dienstplan und nicht in der Absicht der Pflegekräfte."
Die beiden Nachtwachen stellen sich im Team vor und vereinbaren, dafür zu sorgen, dass ein Windelwechsel bei Herrn Jung erfolgt, um das massiv gewordene Einnässen des Bettes zu verhindern.

(13) Die mit dem Pflegedienst getroffene Vereinbarung widerspricht den Organisationsstrukturen des Pflegedienstes, in dem sehr frühe und vergleichsweise späte Dienste nicht enthalten sind. Hier wird ersichtlich, dass die vorhandenen Strukturen nicht genügend flexibel verändert werden können, auch wenn es um grundlegende Bedürfnisse der Klienten geht.

Herrn Jungs rechter Fuß weist eine nekrotisiert wirkende Stelle auf, die beobachtet werden müsse. Mit Frau Wachts Einverständnis soll abgewartet werden, bis die Hausärztin aus dem Urlaub zurück ist. Diese erachtet dann allerdings den Hausbesuch nicht für notwendig und bittet darum, Herrn Jung in ihre Sprechstunde zu bringen.

Bernd Jung fährt seinen Vater in die Krankenhausambulanz, um den Fuß untersuchen zu lassen. Eine stationäre Behandlung wird als notwendig angesehen.

(14) Es ist abzuwägen, ob dringende ärztliche Hilfe geboten ist und ein anderer Arzt zu Rate gezogen werden muss oder ob abzuwarten bleibt, bis die Hausärztin wieder in der Praxis ist. Bernd Jung entscheidet sich zu handeln – entgegen Frau Wachts Meinung – und seinen Vater in der Krankenhausambulanz vorzustellen. Die Rollen des Pflegedienstes und der Beratungsstelle sind in dieser Frage unklar.

Die Beraterin unterstützt Frau Wacht bei der Beantragung von Verhinderungspflege bei der Pflegeversicherung. Frau Jung erhält während des Krankenhausaufenthaltes ihres Mannes eine 24-Stundenpflege für vier Tage. Es werden erstmals Nachtdienste von VIVA organisiert, da Frau Jung ohne ihren Mann auch nachts nicht allein bleiben kann. Dazu werden ein Helfer und eine Helferin für den einzuführenden Nachtdienst (23.00 – 6.00 Uhr) ausgewählt.

MONAT 7
Die Beraterin erfährt in einem Telefonat mit Frau Leber, dass es Herrn Jung nach der Krankenhausentlassung wieder besser gehe. Frau Leber trägt mit dazu bei, dass das häusliche Gleichgewicht wieder hergestellt wird. Frau Jung erscheint auch wieder ruhiger.

Eine weitere Helferin, Frau Vierling wird von Frau Leber eingeführt.

Die Beraterin bespricht mit der Pflegedienstleitung die Wundpflege für Herrn Jungs Fuß, weil die VIVA-Helferinnen daran mit beteiligt sind.

KANN-BRUCHSTELLE
(15) Die Wundpflege liegt teilweise bei den VIVA-Helferinnen. Damit wird erneut die „Grauzone" zwischen Pflege und Hauswirtschaft erreicht.

In einem gemeinsamen Gespräch mit Frau Wacht und Herrn Jung in der Beratungsstelle erfährt die Beraterin, dass diese erneut über eine Heimeinweisung nachdenken. Herr Jung scheint schon entschieden zu sein, Frau Wacht hofft noch auf eine andere Lösung.

(16) Die Veränderungen in der letzten Zeit – der Wechsel von Frau Zeiten zu Frau Vierling und Karl Jungs Krankenhausaufenthalt wirken sich stark auf Frau Jungs Verhalten aus. Sie reagiert mit nächtlicher Unruhe. Die Angehörigen reagieren hierauf in ihrer Verantwortung als gesetzliche Betreuer und befürchten, dass die Eheleute nicht mehr ohne Aufsicht zu Hause gelassen werden können.

MONAT 8
Telefonisch berichtet Bernd Jung der Beraterin, dass er seine Mutter morgens um 6.00 Uhr mit dem Nachthemd auf der Straße angetroffen habe. Sein Vater habe zu dieser Zeit noch geschlafen. Besonders besorgniserregend sei die Tatsache, dass Frau Jung, die Wohnung verlassen könne, ohne dass dies bemerkt würde. Auch seien Notsituationen zu befürchten, in denen die Eltern zu Hause keine Hilfe erhielten.

(17) Als Zuständige für die Belange des Ehepaares fühlen sich Bernd Jung und Frau Wacht dafür auch von offizieller Seite verantwortlich, auf die aus ihrer Sicht zuspitzende Situation zu reagieren. Insbesondere Bernd Jung drängt nun unter dem Druck der Verantwortung auf eine Heimunterbringung.

Im Sozialamt findet eine Krisensitzung statt, nachdem die Sozialamtsmitarbeiterin am Vortag bei den Eheleuten Jung einen Hausbesuch abgestattet hat. Sie berichtet, dass Herr Bernd Jung darunter leide, wenn die Mutter Dinge im Vorgarten verteile und Passanten dieses mitbekämen. Er frage sich zudem, was mit der Mutter geschehe, wenn der Vater sterbe.

Die Mitarbeiterin des Sozialamts stellt bei dieser Gelegenheit zur aktuellen Versorgungssituation der Jungs folgende Veränderungen fest:

- Herrn Jungs Inkontinenz und die damit verbundenen Hautprobleme, seine abnehmende Mobilität, Durchblutungsstörungen in den Beinen mit folgendem Krankenhausaufenthalt;

- Frau Jungs zunehmende Aktivität, die dazu führt, dass sie auch morgens und nachts Gefahr läuft, das Haus allein zu verlassen;
- Die Belastungen der Angehörigen werden größer durch den Anstieg der organisatorischen Aufgaben sowie hohe emotionale und finanzielle Belastung durch die veränderte Versorgungssituation"

Für das Sozialamt stellt sich die Frage: Was können wir noch verantworten?

(18) KANN-BRUCHSTELLE:
Die Mitarbeiterin des Sozialamts ist als Bevollmächtigte der finanzierenden Behörde dazu verpflichtet, zu einer neuen Einschätzung der akuten Situation zu kommen (Hausbesuch). Die jetzige Versorgung erscheint auch ihr nicht mehr ausreichend und müsste aufgestockt werden. Dies würde mehr Kosten verursachen. Dabei würden die Kosten der ambulanten Versorgung über denen eines Heimaufenthaltes liegen. Die Heimlösung steht im Raum.

(19) KANN-BRUCHSTELLE:
Die bisher nach außen gemeinsam vertretene Haltung der gesetzlichen Betreuer, das Ehepaar Jung in ihrem Zuhause zu betreuen, bricht auf. Während sich Bernd Jung an das Sozialamt wendet und sich mit diesem darüber einig wird, dass die häusliche Versorgung der Eltern nun an nicht mehr bewältigbare Grenzen stößt, bleibt Roswitha Wacht im Sinne von VIVA dabei, die Heimüberweisung vermeiden zu wollen.

In der VIVA-Teambesprechung wird diskutiert, ob der Einsatz einer den Eheleuten fremden Person als Nachtwache Unruhe und Ängste insbesondere bei Frau Jung erzeuge. Die Beraterin gibt zu bedenken, dass die Situation im Heim auch manchmal belastend für Angehörige sein könne. Es wird erneut eine Nachtwache installiert.

Die Beraterin berichtet am nächsten Runden Tisch im Sozialamt über das Problem des Spätdienstes:
„Die Beobachtungen des Schlaf- und Wachrhythmus Frau Jungs, die während des Krankenhausaufenthaltes ihres Mannes von VIVA durchgehend betreut wurde, zeigten, dass Frau Jung erst zwischen 22.00-22.30 Uhr ins Bett gehe und morgens um 6.00 Uhr wieder wach und aktiv werde."

MONAT 9
In der VIVA-Teamsitzung wird das erneut auffällige Verhalten Frau Jungs beschrieben: Frau Jung sei mit Bettzeug vor der Tür gewesen, und habe jemanden gesucht. Der Sohn habe Angst, dass seine Eltern hinausgehen und nicht mehr hineinkommen.

Die Beraterin führt Telefonate mit der Pflegedienstleitung und mit dem Sozialamt und versucht, veränderte Anwesenheitszeiten des Pflegedienstes zu erreichen. Sie erfährt, dass Versuche, die Eheleute später zu Bett zu bringen, gescheitert seien und deshalb kein Bedarf bestehe, die Zeiten zu verändern. Der Pflegemitarbeiter habe der Pflegedienstleitung berichtet, dass er seit zwei Jahren für Herrn Jung zuständig sei und sich mit ihm gut verstehe. Frau Wacht verstünde sich jedoch nicht mit ihm.

(20) Die unterschiedlichen Auffassungen zum Betreuungsbedarf und zu den Bedürfnissen der Eheleute führen trotz der Versuche des einen Kooperationspartners (VIVA) lange Zeit nicht zu Veränderungen bzw. zu einer Kompromisslösung. Die Bemühungen stoßen auf die mangelnde Bereitschaft des Pflegedienstes und auf das geringe Interesse der gesetzlichen Betreuer und des Sozialamts für eine bessere Zeitanpassung.

In der Teamsitzung kündigt die vierte Helferin, Frau Malz an, dass sie ihre Stunden bei Jungs wegen ihrer Schwangerschaft reduziert. Eine neue Helferin stellt sich vor. Veränderung durch Verlagerung des Einkaufstages auf Mittwoch. Ein zweimaliger Einkauf pro Woche ist zeitlich nicht möglich. Die neue Nachtwache hat sich eingelebt. Es treten zeitliche Engpässe im Team auf, da eine der Helferinnen, seit sechs Wochen dringend bei jemand anderem eingesetzt werden musste. Frau Vierling werde ab jetzt an Nachmittagen weniger Einsätze haben, da sie auf ihre Kinder aufpasst.
Im Team herrscht Uneinigkeit über den Dienstplan. Die Beraterin mahnt, dass das Team sich bis zu einem gewissen Grad selbst organisieren und sich für die Abdeckung der Dienste verantwortlich fühlen müsse.

(21) Die Bereitschaft im VIVA-Team ist begrenzt, sich untereinander bei Engpässen zu einigen und damit Verantwortung im Team zu übernehmen.

An einem weiteren runden Tisch im Sozialamt nehmen die Beraterin, Frau Wacht und die Pflegedienstleitung teil. Die Pflegedienstleitung teilt mit, dass der Pflegedienst weder morgens früher noch abends später kommen könne. Er habe für diese außergewöhnlichen Zeiten kein Personal.

Entgegen der Ansicht der Beraterin besteht nach Meinung des Sozialamts kein Bedarf für eine spätere Betreuung der Eheleute am Abend: In der Tagesversorgung werden kleinere Veränderungen vorgenommen, sodass die Übergänge der beiden Morgendienste insbesondere in den Morgenstunden fließender gestaltet werden können. Die Anzahl der Stunden, die VIVA bei der Versorgung von Frau Jung benötigt und die von vier Stunden täglich auf sechs Stunden seit Monat acht erhöht wurden, werden flexibel je nach Bedarf von Frau Jung eingesetzt und derzeit nicht voll ausgeschöpft.

Das Sozialamt stellt nach Rücksprache mit VIVA und mit dem Pflegedienst fest, dass Frau Jung derzeit keine Weglauftendenzen zeige und die ambulante Versorgung annehme. Der gesundheitliche Zustand von Herrn Jung sei stabil. Allerdings heile die Wunde am rechten Fuß kaum. Eine Kontrolle durch die Hausärztin sei nicht mehr erfolgt, da diese nur begrenzt Hausbesuche mache. Die bestehende Inkontinenz beider Eheleute sei aufgrund veränderter Inkontinenzmaterialien sowie wegen der Mitarbeit von Herrn Jung selbst besser handhabbar.

Aktueller Einsatz der Dienste:
- 7:00 Uhr Pflegediensteinsatz
- 8:00–13:00 Uhr   VIVA
- 15:30–17:00 Uhr   VIVA
- 18:15 –18:30 Uhr   Pflegedienst

Die Beraterin berichtet, dass die zuständige Mitarbeiterin des Sozialamts anlässlich eines Hausbesuchs die Frage an Herrn Jung richtet: „Wollen Sie ins Heim?". Die Beraterin fragt sich, in welcher Funktion die Mitarbeiterin des Sozialamts diese Frage stellt. Als Mitarbeiterin der Behörde, die große Teile der Mittel bereitstellt, müsse Sie wohl die kostengünstiger gewordene Lösung des Heims favorisieren.

(22) Die psychosoziale Beurteilung der Heimfrage liegt nicht in der Befugnis des Sozialamtes. Dies ist Aufgabe der anderen Fachstellen – die pflegerische Dimension die des Pflegedienstes und die psychosoziale Dimension die der Beratungsstelle VIVA oder anderer gerontopsychiatrischer Fachinstanzen. Das Sozialamt schließt sich der Meinung des Pflegedienstes an und geht damit unausgesprochen den kostengünstigeren Weg.

Die Beraterin führt mit Bernd Jung ein Gespräch in der Beratungsstelle: Er wolle nichts über die Schwierigkeiten seiner Eltern hören. Die Beraterin hat den Eindruck, dass der Sohn zu den Eltern „keine psychische Distanz" habe und deswegen übliche Schwierigkeiten nicht ertragen könne.

Bernd Jung und Frau Wacht haben sich zwei Pflegeheime angeschaut.

MONAT 10
Nach einem Gespräch mit Frau Wacht und Bernd Jung in der Beratungsstelle stellt die Beraterin fest:„Sie fühlen sich immer stärker belastet – auch wenn das Ehepaar bestens versorgt ist! Die Entscheidung für eine Heimeinweisung der Eltern ist gefallen".

Frau Wacht begleitet die Schwester zur Umstellung der Medikamente zum Neurologen. Das über einen langen Zeitraum verabreichte Tavor wird gegen eine andere beruhigende Medikation ausgetauscht.

(23) Zwischen dem seit 2006 Frau Jung medikamentös behandelnden Neurologen und VIVA besteht keine Kooperation.

MONAT 11
Die Beraterin stellt bei einem abendlichen Hausbesuch erneut fest, dass Herr Jung später ins Bett wolle. Auch falle ihm das lange Sitzen nicht schwer. Als die Beraterin um 18.15 Uhr kommt, ist der Pflegedienst bereits da. Sie vermutet, dass er schon früher gekommen sei als vereinbart. Die Beraterin kommentiert dies: „Hier steht Aussage gegen Aussage."
Die Beraterin befindet nach dem Hausbesuch, dass es derzeit keine weiteren Schwierigkeiten gebe.

(24) Der schwelende Konflikt zwischen VIVA und Pflegedienst kann nicht behoben werden.

Frau Wacht informiert die Beraterin telefonisch darüber, dass sie Freunden und Bekannten Besuche bei Herrn und Frau Jung verboten habe. Auch gefalle ihr nicht, dass die beiden vor der Tür säßen und mit den Passanten Kontakt aufnähmen.

(25) Die Scham der Angehörigen gegenüber dritten führt dazu, dass die Eheleute ihre früheren Kontakte nicht einmal mehr ansatzweise ausüben können.

MONAT 12
Die Beraterin erfährt von dem weiterhin zu spät kommenden Morgendienst. Sie findet eine Lösung für das Problem: VIVA kommt parallel bereits um 7.30 Uhr, um Frau Jung zu versorgen und bleibt statt bis 14.00 nur bis 13.00 Uhr.

> (26) VIVA wendet die Schwierigkeiten der morgendlichen Versorgung ab, indem deren Morgendienst früher und damit parallel zum Pflegediensteinsatz für Herrn Jung stattfindet.

MONAT 13
Frau Leber übernimmt Frühdienste und einen Nachtdienst in der Woche.

MONAT 14
Die Beraterin erfährt von Frau Wacht, dass die Zusage des ausgewählten Heimes erwartet werde. Es folgt die Verschiebung der Zusage auf Anfang Januar 2011. Frau Jung und Herr Jung sollen ein Zimmer auf einer Demenzstation bekommen.

MONATE 15/16/17
Frau Jung und Herr Jung werden ohne weitere Zwischenfälle zu Hause versorgt.

MONAT 18
Zu Beginn des neuen Jahres zieht das Ehepaar in das vorgesehene Pflegeheim.

Nachtrag
Frau Wacht berichtet in einem sechs Monate nach dem Umzug der Eheleute geführten Gespräch im Pflegeheim: Herr Jung sitze, nach wie vor, vor dem Fernseher und habe keine Lust hinauszugehen. Positiv sei, dass er mehr Abwechslung im Heim habe. Aber er werde nicht angehalten, sich zu bewegen und tue dies nun gar nicht mehr. Über die Schwester könne sie nicht viel berichten, meint Frau Wacht. Sie vermute, dass diese ihr sofort in ihr Zuhause zurückfolgen würde, wenn sie sie fragen würde. Ein Jahr später trifft die Beraterin zufällig auf Frau Wacht und deren Schwester in der Ambulanz der örtlichen psychiatrischen Einrichtung. Sie seien dort wegen einer erneuten medikamentösen Umstellung Frau Jungs.

6.5.3 Von der Vermeidung heikler Situationen, Fallstricken und Kann-Bruchstellen

Das hier im Detail beschriebene vielschichtige Vorgehen zeigt den höchst komplexen Prozess, in dem sich Beraten und Intervenieren immer wieder bedingen, aufeinander folgen, parallel laufen bzw. gleichzeitig ablaufen. Zu den oben aufgeführten 22 Interventionen allein im Zeitraum der Studie kommen unzählige kleinste, für das Geschehen bedeutsame, Mikroprozesse auslösende Interaktionen hinzu. Das geschilderte schrittweise Vorgehen klingt fast banal und so, als ob einfach regelhaft nach Manual ein Schritt vor den anderen zu setzen sei. Dabei handelt es sich um die Bildung eines kunstvollen Geflechts, in dem sich die Akteure in verschiedenster Weise aufeinander beziehen. Die hervorgehobenen nummerierten Kommentare weisen auf Situationen hin, die sich für den Betreuungsverlauf als heikel und störend erweisen können, zum Fallstrick und damit hinderlich für das Ziel der langen Verweildauer zu Hause werden oder gar die Heimeinweisung provozieren. An dieser Stelle soll auf kritische Punkte und deren Vermeidung noch einmal zusammengefasst hingewiesen werden. Zudem werden die in dem geschilderten Versorgungsprozess identifizierten Kann-Bruchstellen herausgestellt.

Beratung der Angehörigen (1; 5; 6; 19; 26)
- Die Herstellung eines Arbeitsbündnisses mit den Angehörigen gelingt nicht bzw. nicht mit allen.
- Die Beratung läuft anfangs nicht bzw. nicht parallel und regelmäßig zur häuslichen Versorgung.
- Unterschiedliche strittige Standpunkte der Angehörigen erweisen sich für den Prozess hinderlich,
- wenn sie nicht rechtzeitig aufgefangen werden
- Es existieren in der Familie unterschiedliche Meinungen über den Zeitpunkt, wann ein Heimaufenthalt in Frage kommt.

Klienten (13; 16)
- Beobachten der Reaktion auf personelle Veränderungen und „Lesen" des Verhaltens sind wesentlich.

Passung der Helferin (2; 4)
- Eine zu wenig sorgfältig vorgenommene Auswahl bringt kurz- oder langfristig Schwierigkeiten.
- Einstellen auf den Rhythmus der Erkrankten und der Angehörigen.

- Integration von HelferInnen erfolgt erst dann, wenn der Betreffende es akzeptiert und einsieht.
- Sorgfältige Einführung der HelferInnen, so, dass auch sie für sich für oder gegen den Klienten entscheiden können.
- Die Hilfe im Haushalt ist der Türöffner für die wichtigen „nebenbei" entstehenden Kontakte. Wird der Kontakt forciert, bleibt die Tür geschlossen.
- Soweit wie möglich Selbständigkeit erhalten bei genauer Kenntnis der Fähigkeiten durch Beobachten und Reflektieren (2).

Teamarbeit (7; 21)
- Kontroversen zwischen MitarbeiterInnnen gehören in die Teambesprechung.
- Mangelnde Förderung der Zuverlässigkeit und Eigenständigkeit der MitarbeiterInnen

Zusammenarbeit von Professionellen und Angehörigen (11)
- Duzangebote sind zu vermeiden.

Zusammenarbeit mit Kooperationspartnern (3; 9; 10, 14, 15; 20; 25)
- Zeitmangel, um die Zusammenarbeit sorgfältig „einzufädeln".
- Mangelnder Respekt der Grenzen des anderen
- Grenzen sind nicht verschiebbar bzw. starr.
- Fachkompetenzen werden gegenseitig nicht gewürdigt.
- Fließende Übergänge der Zuständigkeiten spielen sich, wenn überhaupt erst langsam ein.
- „Hineinreden" in die Arbeitsaufgaben des Kooperationspartners
- Mangelnde Klärung der Rollen und Zuständigkeiten: Wer kümmert sich um was?
- Grauzonen, in denen sich die Arbeit, der Pflege und der hauswirtschaftlichen Hilfe überlappt, werden nicht geklärt.

Zusammenarbeit mit Ärzten (14; 15; 24)
- Klärung, wer Kontakt mit dem behandelnden Arzt hat.
- Klärung der Zuständigkeit, welcher Dienst die medikamentöse Behandlung mitbeobachtet.

Kann-Bruchstellen
1. Die Angehörigen schämen sich des Verhaltens ihrer gerontopsychiatrisch erkrankten Angehörigen.
2. Die Doppelrolle der Angehörigen mit familiären und formellen Aufgaben (gesetzliche Betreuung) kann zur Doppelbelastung werden, wenn es z.b. um Verantwortungsübernahme oder Krisenbewältigung geht.
3. Mangelndes Einstellen auf den Rhythmus der Erkrankten.
4. Konkurrenzen und schwelende Konflikte zwischen Pflege und Hauswirtschaft.
5. Klärung der Zuständigkeit, wer die Wundbehandlung ärztlich behandelt und pflegerisch versorgt bzw. die Wunde mitbetreut.
6. Das Sozialamt: Die Kosten ambulanter Hilfen übersteigen die eines Heimaufenthaltes.

6.6 Von den machtvollen Bestrebungen der Akteure

In den vorliegenden Ausführungen kann nur eine Annäherung an die wirklichen Belastungen erfolgen, denen die Angehörigen seit Ausbruch von Marita Jungs Erkrankung zunehmend ausgesetzt waren und nur eine Ahnung vermittelt werden, welcher Präzision und aufmerksamer Feinarbeit es seitens der Dienste bedurfte, die Versorgung der Jungs nach deren Bedürfnissen, unter Berücksichtigung der vorhandenen emotionalen, praktischen und finanziellen Kapazitäten auszurichten. Und dies erfolgte immer bei – die ambulante Versorgung unterlaufenden – Gegenströmungen. Obwohl die Devise „Ambulant vor Stationär" aller Ortens propagiert wird, ist in der Praxis dieser Weg im Falle einer umfassenden Versorgung bis zuletzt noch immer ungewohntes Terrain. Und klar geworden ist auch, warum so viele Menschen gegen ihren Willen in ein Heim kommen! Im Falle Jung gelang es aus den beschriebenen Gründen, den letzten Schritt ins Heim zwar deutlich hinauszuzögern, aber letztendlich nicht zu vermeiden, auch wenn die in den letzten Monaten optimierte, maßgeschneiderte Unterstützung durch die Dienste nahezu reibungslos verlief.

Mit den letzten kurzen Anmerkungen über die Zeit nach der Heimeinweisung wird erkennbar, dass die Interventionsgeschichte der Jungs weiter geht und weiter gehen wird. Nach ihrem Einzug ins Heim sind Frau Jung und Herr Jung an ihrem neuen Wohnort ähnlich vielschichtigen Gegebenheiten wie zuvor ausgesetzt. Der Unterschied mag darin liegen, dass diese auf den Betrachter von außen als zwangsläufig und normal wirken. Das Räderwerk der Institution greift, übernimmt die Versorgung und scheint die Angehörigen und Gesetzlichen Betreuer beträchtlich zu entlasten. Im ambulanten Bereich hingegen ist jeder Schritt pfadfinderisch neu zu gehen, da hier die Wege noch wenig vorhanden geschweige denn geebnet sind. Mühselig ist es vor allem, eine geeignete Stelle zu finden, die sich der Angelegenheit umfassend, zuverlässig und langfristig annimmt. Wünschenswert wäre, dass eine Beratungsstelle und gleichzeitig Einsatzstelle, wie VIVA, zur Regel würde - und nicht eine Ausnahme bleibt. Bei Betrachtung der Geschehnisse in der Familie Jung ist ersichtlich, wie stark die – von ihren Versagungen geprägten und von ihren Bedürfnissen geleiteten – Familienmitglieder die Geschicke der Jungs mitlenken. Die jeweiligen persönlichen Motive liegen dabei jedoch nicht offen zu Tage, sondern zeigen sich vage und verschleiert, werden deshalb häufig verkannt oder bleiben unentdeckt. Einiges kann aus der Biografie der Familienmitglieder geschlossen werden. So ist das verborgene Streben nach Bedeutung und Einfluss erst bei der sich in der Pflege anderer verausgabenden jüngeren Marita zu finden und sodann bei Roswitha, die in ihrer Position als gesetzliche Betreuerin an allen Fäden zu ziehen scheint, und das Sagen bei der Versorgung der Schwester hat. Bis zuletzt scheint Roswitha Wacht der Meinung, dass die Schwester und ihr Mann in ihrer Wohnung bleiben sollten. Später, als die Entscheidung getroffen war, stellt sich heraus, dass Frau Wacht am Ende ihrer Kräfte angelangt, ihre Ehe hoch belastet und sie nun ebenso wie der Neffe für den Heimumzug gewesen sei. Bernd Jung erstarkt zusehends, indem er mit dem Sohn nach vielen Jahren der Distanz schließlich ein „Machtwort" spricht. Der bisher dominierenden Tante tritt er entgegen und entscheidet nach mehreren Anläufen über die Heimeinweisung der Eltern allein – allerdings mit Rückenstärkung durch das Sozialamt. Seine Eltern selbst hat er nicht mehr im Blick – es geht für ihn wohl darum, dass die nachfolgenden Männer der Familie sich gegen die Übermacht von Versorgung und Pflege wehren und in ihr eigenes Leben hineinkommen.

Das Sozialamt mit seinen hoch engagierten Fachkräften zeigt sich aktiv und kooperativ. Deren sozialarbeiterisch-pflegerisch-pädagogische Qualifizierungen führen dazu, dass nicht nur übliche finanzielle Entscheidungen getroffen werden, sondern auch psychosoziale und gerontopsychiatrische Expertise Einfluss nehmen kann, wenn es um die Frage der Heimeinweisung geht, auch wenn dies letztlich dafür ausgewiesenen Fachstellen zu überlassen ist. Die indirekte Einflussnahme auf die Gesetzlichen Betreuer hinsichtlich der Heimunterbringung zeigt ein in Richtung Kosteneinsparung gehendes Vorgehen. Dass die Eheleute die letzten Monate in ihrem Zuhause ohne weitere Zwischenfälle gut versorgt werden und zufrieden erscheinen, spielt für die Heimentscheidung keine Rolle mehr. Die Würfel fielen bereits zuvor. Die Rollen der beiden kooperierenden Dienste erscheinen häufig unklar und trotz aller Bemühungen zu wenig abgesprochen. Die Barriere für eine gute Zusammenarbeit liegt in beidseitig festgefügten Vorstellungen darüber, wie die Versorgung der Eheleute vor sich zu gehen hat. Insgesamt zeigt sich, dass die Versorgung chronisch schwer kranker, alter Menschen zu Hause lange gelingen kann, dabei aber eine starke Störanfälligkeit aufweist. Als wesentliches Element der Begleitung eines älteren Menschen in seinem Zuhause stellt sich das Prinzip der Entschleunigung heraus. Es erfordert ein stufenweises, immer wieder fein zu justierendes Vorgehen. Dies kann im vorliegenden Fallbeispiel deutlich nachvollzogen werden. Bevor es zu weiteren Interventionen und zur praktischen Unterstützung kommt, werden – wenn als notwendig erachtet – monatelange Phasen des Beziehungsaufbaus, der versuchsweise eingeführten Hilfemaßnahmen und lange Übergangsphasen vorgeschaltet. Dabei gestaltet sich die Begleitung umso diffiziler, je mehr Akteure und divergierende Interessen zu beachten und einzubeziehen sind.

7 Im spät gewählten Zuhause wohnen bleiben können bis zuletzt

U. Otto, G. Stumpp, S. Beck, A. Hedtke-Becker & R. Hoevels

Fast unhinterfragt und mit größter Selbstverständlichkeit gehen die unterschiedlichsten Personen – ob Profis oder Laien, Sozial- oder Pflegekräfte, WissenschaftlerInnen oder PraktikerInnen – davon aus, dass es „irgendwann halt nicht mehr geht" – zu Hause wohnen zu bleiben bei höherem oder höchstem Alter und verstärktem Unterstützungs- oder Pflegebedarf. Dabei gibt es eine ganze Reihe spannender Hinweise, wie sehr es sich dabei um eine in Teilen „hausgemachte Stolperschwelle" – in der Regel in die Klinik oder ins Pflegeheim – handelt. Um eine Schwelle, die sich bei genauer Analyse gewissermaßen aus vielen weitverbreiteten einzelnen Stolpersteinen zusammensetzt. Wird freilich der Blick auf Diagnose- und Handlungsmöglichkeiten in einem systemischen Verständnis dynamisiert, werden vor allem die Schnittstellen zwischen formellen und informellen Care-Beiträgen und -Systemen zentral beachtet und wird hier nach besseren „linkages" gesucht (Carpentier, 2012, S. 41), lässt sich die o.g. Schwelle vielmehr in eine häufig deutlich gestaltbare „Zone" auflösen – analytisch wie empirisch.

7.1 Kontextbedingungen

Im vorliegenden Aufsatz werden weitere Teilergebnisse eines Forschungs- und Entwicklungsprojektes vorgestellt, das genau danach fragt: unter welchen Bedingungen können Ältere möglicherweise deutlich länger zu Hause wohnen bleiben? Länger als gemeinhin und unter hergebrachten Bedingungen angenommen? Jedenfalls jene, die sich dies „länger" wünschen? Das deutsch-schweizerische F+E-Projekt „InnoWo – zuhause wohnen bleiben bis zuletzt – in innovativen Wohnformen bzw. mit innovativ-ganzheitlichen Diensten", geht dieser Frage in drei, vorab als chancenreich beurteilten Settings, in einem intensiven qualitativen Forschungsdesign nach (vgl. Hedtke-Becker, Hoevels, Otto & Stumpp 2012, S. 248ff.). Das binationale Kooperationsprojekt zwischen der Hochschule Mannheim (D) und der FHS St. Gallen (CH) wurde im Rahmen der ersten Welle des BMBF-Programms SILQUA 2009-2012 gefördert. In ihm haben von studentischer Seite aus auch Mirja Horn sowie Sarah Fuchs intensiv mitgearbeitet. Über das – *erste* – Setting des angestammten Zuhauses wurden erste Befunde bereits kürzlich veröffentlicht (Hedtke-Becker, Hoevels, Otto & Stumpp, 2012), weitere Aspekte thematisiert der vorangehende Aufsatz. Der dort fokussierte Innovationsansatz „bezieht sich auf unterschiedliche professionelle Unterstützungskonzepte, die über die flächendeckend ausgebauten Angebote hinausgehen und die Perspektive von ‚integrated care' systematisch ausloten". Im Zentrum steht eine modellhafte best practice-Aktivität einer intensiven psychosozialen Beratung, die mit verbindlicher und flexibler Bezugssozialarbeit kombiniert wird. Die Beachtung der bio-psycho-sozialen Dimensionen ist dabei ebenso kennzeichnend, wie eine spezifische systemische Herangehensweise.[28] Dieses Hilfeangebot stellt mehr als nur einen Baustein im Rahmen dessen dar, was andernorts bspw. als „multiprofessionelle Pflegebegleitung" (Seidl, Walter & Labenbacher, 2007, S. 245ff.) gefordert wird.

Im vorliegenden Aufsatz geht es um Ergebnisse aus dem – *zweiten* – Setting mittelgroßer generationengemischter Jung- und Alt-Wohnanlagen, deren Besonderheit die kontinuierliche Arbeit einer Nachbarschafts- und Netzwerkstifterin – also einer spezifischen Form professioneller Quartiersarbeit – ist. Ergebnisse zum *dritten* Setting – selbstorganisierten gemeinschaftlichen Wohnformen – sowie zu settingübergreifend vergleichenden Analysen werden in Kürze folgen. Die o.g. Schwelle: dass es „irgendwann halt nicht mehr zuhause gehe", wird im Projekt ebenso differenzierend ausgeleuchtet – und partiell infrage gestellt – wie jene andere ähnlich breit konsentierte Überzeugung, die eng mit der erstgenannten verwoben ist: dass die weit überwiegende Zahl Älterer so lange wie möglich zuhause bleiben möchte und dass es sich bei dem zuhause um die langjährig angestammten vier Wände handele.

So sehr dies ja als Mehrheitsbefund stimmt, so sehr wird es relevanten und offenbar größer werdenden Minderheiten sowie einigen besonders chancenreichen Lebensarrangements nicht gerecht. Gemeint ist das ausgesprochen weite Spektrum gemeinschaftlicher Wohnformen, das – trotz großer Schwierigkeiten hinsichtlich seiner Potenzialabschätzung – auch zahlenmäßig in vielen Kreisen wohl unterschätzt wird (vgl. Otto & Langen, 2009, S. 88ff.) – der Schweizer Age

---

[28] Zu den Befunden auf der Grundlage von drei längsschnittlich verfolgten Fallvignetten vgl. Hedtke-Becker et. al. (2012, S. 250ff.). Systemische Herangehensweisen werden gerade bei Arbeitsansätzen, die systematisch die sozialen Netzwerkpersonen mit einbeziehen, mittlerweile stärker beachtet, vgl. bspw. Salomon (2009). In der von Carpentier (2012) ganz aktuell publizierten längsschnittlichen Fallstudie zur häuslichen Pflege einer demenzerkrankten Person wird ebenfalls mit Bezug auf netzwerk- und familiensystemanalytische Konzepte gearbeitet. Die dort gezeigte Analyse der „Caregiver identity" zeigt überaus instruktiv sowohl die Verknüpfungen wie Fremdheiten und Inkompatibilitäten zwischen formellen und informellen Care-Systemen zwischen den Polen einerseits medizinorientierter, andererseits psychosozialer Modelle.

Report 2009 spricht demgegenüber lapidar von einer „wachsenden Minderheit" (Höpflinger, 2009, S. 156). Dies gilt umso mehr für die *nicht* selbst-organisierten Formen, deren Zugangsmöglichkeit eben viel weniger voraussetzungsvoll ist, als bei den meisten der selbstinitiierten Projekte (vgl. ebd., S. 96ff.). Bei aller Binnendifferenzierung setzen die meisten älteren BewohnerInnen gemeinschaftsorientierter Wohnformen häufig ebenso stark oder sogar noch stärker auf ein „Leben und Sterben, wo ich hingehöre" (Dörner, 2007), geben aber genau deshalb ihr angestammtes Zuhause zu einem Zeitpunkt zugunsten einer neuen Wohnung in der Hoffnung und Erwartung auf, sich dort bald wieder sehr zuhause – hingehörig – zu fühlen. Und durch die mittlerweile teilweise sehr erfolgreichen trägerinitiierten Modelle gemeinschaftlichen Wohnens weitet sich auch der Kreis derjenigen, für die mit Blick auf soziokulturelle, bildungs- aber auch kräftemäßige und nicht zuletzt finanzielle Voraussetzungen die Wahl eines solchen Wohnsettings realisierbar ist – und dies oft innerhalb überschaubarer Zeithorizonte, wie sie auch für den sonstigen Wohnungsmarkt vor Ort bestehen.

Im vorliegenden Aufsatz stellen wir empirische Befunde mit Blick auf Menschen vor, die in höherem Alter in eine ebensolche Wohnform – die „Lebensräume für Jung und Alt" – gezogen sind, und für die dabei in unterschiedlichem Maße und unterschiedlichen Gestalten auch das „zuhause wohnen bleiben am neuen Ort" bedeutsam wird. Dabei zieht sich die Frage, was den einzelnen Menschen die unterschiedlichen Aspekte des zuhause-seins und -bleibens je bedeuten, wie ein roter Faden durch die Betrachtungen: was je das Heimischwerden, das Eingebundensein in nahräumliche Bezüge, die konkrete bauliche Hülle, die organisatorische Rahmung des Wohnens und des Umfeldes u.a.m. bedeuten.

Der Aufsatz beschreitet mit Bezug auf empirische Forschung im Themenfeld ziemliches Neuland. Denn zur Frage, was es bedeutet und wie es aussieht, in gemeinschaftsorientierten Wohnsettings stärker hilfe- und pflegebedürftig zu werden, liegen vor allem – teilweise deutlich überzogene – Erwartungen und Hoffnungen vor, und dies seit langem (vgl. Otto, 1996, S. 139ff.). In der kritischen Diskussion werden diese Erwartungen teilweise im Kontext von Instrumentalisierungsversuchen von Gemeinschaftlichkeit im sozialen Nahraum verortet. Das Thema wird in seiner Relevanz mittlerweile erkannt[29], wissenschaftlich aber steht es noch ganz am Anfang.

---

[29] Vgl. z.B. die beiden Texte zum „fragilen Alter" im Age Dossier der Schweizer Age Stiftung (2010) oder die Passagen in der aktuellen Handreichung der Schader Stiftung „Gemeinschaftliches Wohnen" (Berghäuser, 2011, S. 8f.).

Dies gilt mit Bezug auf Wirkungsaspekte und ganz besonders längsschnittliche Perspektiven für das Feld gemeinschaftlichen Wohnens insgesamt, für die engere Frage hinsichtlich ansteigenden Unterstützungsbedarfs gemeinschaftlich wohnender Älterer freilich noch deutlicher.[30]

7.2 Zwischen „kleinem" und „großem" Generationenvertrag

Seit 1994 gibt es die „Lebensräume für Jung und Alt" der St. Anna-Hilfe gGmbH, inzwischen an über 20 Standorten vorrangig im süddeutschen Raum, mittlerweile aber auch in Österreich.[31] Die Anlagen bieten jeweils etwa 20 bis 40 Miet- oder Eigentumswohnungen für SeniorInnen, Alleinstehende, Paare und Familien. Die Philosophie des Konzepts zielt auf ein gelingendes Miteinander und gegenseitige Unterstützung zwischen den BewohnerInnen und über die Generationengrenzen hinweg, wobei u.a. eine gesteuerte Belegung der Wohnungen vorgesehen ist. Insbesondere bei älteren BewohnerInnen soll damit die Pflegebedürftigkeit hinausgezögert oder unter Umständen verhindert werden. Bei Bedarf kommen Hilfen von außen hinzu. Zusammengenommen von der Konzeption her eines der vielen aktuellen und chancenreichen Konzepte „zwischen ‚kleinem' und ‚großem' Generationenvertrag" (Naegele, 2010) – mit einer klaren Idee der „Nachbarschaft als menschlichem Maßstab" (Lingg & Stiehler, 2011, S. 171).

Es ist damit letztlich eine lebensweltorientierte Konzeption, geht es ihr doch zuallererst um die „Stützung all jener Ressourcen in direkter und indirekter Arbeit, die als zentrale Voraussetzungen kompetenten, unabhängigen Lebens auch im höheren Alter gelten – von sozialen Netzwerken und durch sie ermöglichter sozialer Unterstützung über Wohnumfeld- und Gemeinwesenqualität bis zu Möglichkeiten lebenslangen Lernens" (Otto, 2010, S. 480). Sowohl für die Arbeit in (noch) nicht belasteten Kontexten, wie für lebensweltorientierte Pflege bzw. Soziale Arbeit oder Arbeit in pflegenahen Kontexten (Otto, 2008), gilt, dass sie „sich nicht darauf verlassen kann, auf vorhandene Ressourcen zu treffen, die es nur in Anspruch zu nehmen gilt. (Dies; d. Verf.) erweitert den Anspruch noch deutlich: es kann im Interesse der Wiederherstellung eines verlässlichen Lebensraums auch nötig sein, in Kooperation mit anderen Sozial- und Gesundheitsdiensten verschüttete oder ganz neu erschließbare Ressourcen ausfindig zu machen und/oder neu aufzubauen. Lebensweltorientierung hat sich hier als Netzwerkstiftung bzw. -förderung zu bewähren" (Otto & Bauer, 2008, S. 202). Im

---

[30] In den wenigen Längsschnittstudien – im wesentlichen Nachuntersuchungen – die es im Feld gibt, wurde das Thema des Unterstützungsbedarfs im höheren Alter in der Regel ausgeklammert, vgl. bspw. in der ExWoSt-Studie zu integrierten Wohnmodellen von Scherzer (2004).
[31] http://www.st.anna-hilfe.de/einrichtungen/standorte/lebensraeume/index.html?no_cache=1#c23 02

Feld des Wohnens, zumal in explizit kontextuierenden Wohn- und Wohnumfeldarrangements, ist das Postulat der Lebensweltorientierung besonders fruchtbar anschlussfähig (Otto, 2010, S. 487ff.). Ein zentraler – und viel rezipierter – Kernpunkt des Konzepts aber ist der explizite Einsatz von Gemeinwesenarbeit. Die in jeder der Anlagen vorfindlichen Fachkräfte unterscheiden sich dabei wesentlich von jenen in Formen des Servicewohnens, des betreuten Wohnens oder der Seniorenresidenzen. Nicht konkrete Dienstleistung oder gar Case Management ist ihre Hauptaufgabe, sondern Nachbarschafts- und Netzwerkstiftung. Sie sind ganz wesentlich VernetzerInnen – aber auch dies weniger mit Blick auf formelle Dienste als auf die Menschen selbst: BewohnerInnen, ihre Netzwerkpersonen, NachbarInnen und Quartiersbevölkerung. Und aus dieser Grundhaltung und Aufgabenbeschreibung heraus wirken sie auch dabei mit, Wohnungen zu vermitteln, die Bewohnerschaft zu beraten, Selbsthilfe und Nachbarschaftshilfe mehr zu ermutigen als zu organisieren und die Kontakte zum Gemeinwesen zu koordinieren.

Die Stellen der GemeinwesenarbeiterInnen und die laufenden Kosten für das Servicezentrum werden aus dem Zinsertrag des sogenannten „Sozialfonds" getragen. In diesen fließen der Erlös aus Bauträgergewinn und Grundstück ein (vgl. Netzwerk SONG, 2009, S. 37ff.). Die Kommune ist insofern „beteiligt", als wesentliche Teile der Kapitalerträge aus dem Grundstücksvermögen eines besonders zentral gelegenen Grundstücks resultieren, das durch die Kommune den „Lebensräumen" häufig kostenfrei oder weit unter Marktpreis zur Verfügung gestellt wird. Insofern es ein so zentraler Aspekt des Konzepts ist, die „Lebensräume" in das jeweilige Gemeinwesen zu integrieren und gegenseitige Kontakte und Unterstützungsgelegenheiten, -bereitschaften und -fähigkeiten zu initiieren und zu entwickeln, verfügen alle „Lebensräume" neben dem Element der Gemeinwesenarbeit u.a. auch über einen Gemeinschaftsraum. Dieser kann für Aktivitäten der Hausgemeinschaft genutzt werden und auch nach außen vermietet bzw. geöffnet werden, z.B. für private Feiern, also zur gemeinsamen Nutzung von BewohnerInnen der „Lebensräume" und der Kommune gedacht ist. Großes öffentliches Interesse haben die „Lebensräume für Jung und Alt" nicht nur aufgrund ihrer Aufnahme in des SONG-Netzwerk gefunden, sondern dort insbesondere durch die Untersuchungen zum „Social Return on Investment" (vgl. Netzwerk SONG, 2009a). In diesen Wirkungsanalysen finden sich sehr deutliche Hinweise, sowohl für die qualitative Bereicherung des sozialen Lebens in den „Lebensräumen", wie für monetär quantifizierbare sozioökonomische Zusatznutzen im Sinne späterer oder auch verhinderbarer Heimübertritts unterstützungsbedürftiger BewohnerInnen.

Zur Auswahl und Spezifik der in der Untersuchung berücksichtigten Anlagen: Die hier vorliegende Untersuchung wurde an drei Standorten der „Lebensräume" durchgeführt, die dem Forschungsteam von Seiten der Leitung der St. Anna-Hilfe vermittelt wurden. Bei dieser speziellen Auswahl der drei Standorte handelt es sich allerdings in einigen Punkten um Sonderfälle innerhalb des Gesamtkonzepts der „Lebensräume". So war zum Zeitpunkt der Untersuchung einerseits die Stelle der Gemeinwesenarbeit in allen drei Fällen mit der der Leitung eines angegliederten Pflegeheims der Stiftung Liebenau gekoppelt, ein Modus, der so unserem aktuellen Kenntnisstand nach nur an diesen drei Standorten der „Lebensräume" üblich ist. Zudem ist an einem der drei Standorte ein Mehrgenerationenhaus (aus dem gleichnamigen Bundesmodellprogramm) angeschlossen, für das die Gemeinwesenarbeit ebenfalls zuständig ist. Diese speziellen Bedingungen müssen bei der Betrachtung der Forschungsergebnisse mit berücksichtigt werden.

7.3 Methodendesign und Durchführung

Unter den Prämissen rekonstruktiver Sozialforschung (Bohnsack, 2008) wurde hier eine prozessbezogene Untersuchungsmethode zur methodisch kontrollierten Falldokumentation entwickelt. In einem Längsschnitt von 18 Monaten sollten hier biografische Prozesse und Unterstützungsverläufe von älteren Menschen in den „Lebensräumen" mit besonderer Tiefenschärfe dokumentiert werden. Dabei ging es zentral darum, dass sie mit Hinblick auf ihre konstituierenden Prinzipien für die Fragestellung sowie für den Vergleich der Standorte interpretiert werden konnten. Hierfür wurde ein – methodisch triangulierendes Instrumentarium (vgl. Flick, 2003) entwickelt, dessen Kern auf der subjektbezogenen Ebene monatliche Intensivinterviews mit BewohnerInnen der „Lebensräume" darstellten.

Die spezielle Auswahl der Befragten sowie der Feldzugang kamen in erster Linie durch Vermittlung der jeweiligen GemeinwesenarbeiterInnen zustande. Im Sample sollte dabei die Genderperspektive berücksichtigt sein, ebenso wie der Familien- bzw. Haushaltsstatus (alleinlebend/ in Paarbeziehung). Ein schwieriges aber im Sinne des Projektziels besonders bedeutsames Auswahlkriterium war bereits vorhandener bzw. erwartbar steigender Unterstützungs- und Hilfebedarf.[32] Die subjektive Perspektive der befragten Älteren wurde erweitert und ergänzt durch teilnehmende Beobachtung bei Gemeinschaftsaktivitäten, infor-

---

[32] Im Vergleich zum Sample des ersten Settings (konventionelle private Häuslichkeit mit intensiver psychosozialer Beratung und Bezugssozialarbeit) innerhalb des InnoWo-Gesamtprojekts war dabei zum Zeitpunkt der Auswahl der InterviewpartnerInnen der Autonomiegrad der ProbandInnen deutlich höher.

melle Gespräche und Interviews mit relevanten Bezugspersonen der Befragten, BewohnerInnenbeiräten sowie den GemeinwesenarbeiterInnen an den drei untersuchten Standorten. Insgesamt wurden vier solche Intensivfalldokumentationen durchgeführt.[33] Durch die erläuterte methodische Herangehensweise ergab sich eine große Nähe zwischen der Forscherin und den beteiligten älteren Menschen. Sie wurde noch dadurch verstärkt, dass die Treffen in den Wohnungen der Befragten stattfanden und im Verlauf der Zeit mehr und mehr zu „festen Besuchen" und die Kontakte mit der Forscherin immer persönlicher wurden. Gerade für diese älteren Menschen mit oft reduzierten oder erschwerten Außenkontakten wurden die Interviewbesuche ein fester Bestandteil des Alltags der TeilnehmerInnen. Diese Dichte hatte einerseits den Vorteil, dass sich über die Zeit ein Vertrauensverhältnis bildete, innerhalb dessen es möglich wurde, recht persönlich in die Tiefe zu fragen, was gerade im Kontext der hier relevanten Fragestellung notwendig war. Gleichzeitig brachte diese Nähe auch Eigenheiten und Schwierigkeiten mit sich, die methodisch besonders berücksichtigt, ausgehalten und reflektiert werden mussten (vgl. dazu Steinke, 1999). Die Auswertung der unterschiedlichen Daten erfolgte auf der Basis der Grounded Theory (vgl. Glaser & Strauss, 1998). Dabei erfolgten Auswertung und Interpretation gemäß dieser methodischen Herangehensweise sukzessive bereits während des Forschungsprozesses, um auftauchende Fragestellungen durch weitere Erhebungen mit einzubeziehen

7.4 Teilprojekt Mehrgenerationenwohnen in den „Lebensräumen"

7.4.1 Die Sicht der GemeinwesenarbeiterInnen und Bewohnerbeiräte

An allen drei hier untersuchten Standorten wird – wie oben erwähnt – die Gemeinwesenarbeit in den „Lebensräumen" in Stellenkombination mit der Leitung des Pflegeheims ausgeübt. Grundsätzlich sehen auch alle drei GemeinwesenarbeiterInnen diese Kombination zunächst einmal als positiv. Bei genauerem Hinsehen wird jedoch offensichtlich, dass der jeweilige professionelle Hintergrund, das individuelle professionelle Selbstverständnis sowie die Sicht auf und Einbindung in die Kommune hier in der praktischen Umsetzung zu ganz unterschiedlichen Modalitäten bei der Konzeption und Gestaltung der konkreten Gemeinwesenarbeit in den „Lebensräumen" führen.

---

[33] Eine der Falldokumentationen konnte nachfolgend nicht in der Auswertung verwendet werden, da der Teilnehmer sein Einverständnis widerrief.

In den „Lebensräumen" C., wo ein Mehrgenerationenhaus angeschlossen ist, hat Frau Karl[34] neben der Stelle der Gemeinwesenarbeit noch mit 50% Anteil die Leitung eines Pflegeheims in einem anderen Ort inne. Ihre langjährige Ortsansässigkeit, die gute Vernetzung in der Kommune sowie ihr dezidiertes, auch vielfach ehrenamtliches Engagement führen dort zur Verwirklichung vielfältiger Gemeinschaftsaktivitäten zwischen „Lebensräumen" und Kommune rund um das Mehrgenerationenhaus. Als besonders positives Resultat dieses aktiven Engagements wird das Beispiel eines alten Bewohnerehepaares angeführt, bei dem ein Rücktransfer vom Pflegeheim in die Wohnung in den „Lebensräumen" ermöglicht wurde, wo die beiden Eheleute bis zuletzt auch mit großer Unterstützung der Hausgemeinschaft versorgt werden konnten. Auf der anderen Seite wird jedoch in den Gesprächen mit Frau Karl auch deutlich, dass eine solche „Omnipräsenz" – bei letztlich zu knappen Ressourcen – auf Dauer so nicht durchzuhalten ist, ohne dass es zu Frustrationen und Konflikten kommt.

Dies spiegelt sich auch in der Sicht des dortigen BewohnerInnenbeirats, bestehend aus sechs langjährigen BewohnerInnen mittleren Alters. So beurteilt der Beirat die Hausgemeinschaft grundsätzlich als sehr positiv, obwohl es – ähnlich wie an den anderen Standorten – auch hier einen Teil von BewohnerInnen gibt, die sich nicht beteiligen und die man kaum sieht. Gleichzeitig erleben die Beiräte die vielfältigen Aktivitäten, in die sie gerade auch durch die sehr aktive Moderation der Gemeinwesenarbeiterin eingebunden werden, teilweise als Belastung. Den Profit dieser Aktivitäten veranschlagt der Beirat dabei eher auf Seiten des Gemeinwesens, bei einem eher einseitigen Transfer, als hier sehr stark die Ressourcen von Bewohnerbeiräten und auch BewohnerInnen der „Lebensräume" gebunden werden. Dadurch hat sich die eigentliche Hausgemeinschaft aus Sicht der Beiräte gegenüber früher eher negativ entwickelt, vor allem weil interne, gemeinsame Aktivitäten zu kurz kommen und die vielfältigen kommunikativen Anforderungen unübersichtlicher werden bzw. an entscheidenden Stellen keine ausreichende Kommunikation stattfindet.

Völlig anders stellen sich die Dinge in den „Lebensräumen" B. dar. Die Gemeinwesenarbeiterin dort, Frau Elser, ist gleichzeitig Leiterin des angegliederten Pflegeheims, allerdings mit einer Stellenaufteilung von 30% Gemeinwesenarbeit und 70% Heimleitung. Von ihrem beruflichen Hintergrund her kommt sie aus der Krankenpflege und der Klinikverwaltung. Auch sie sieht die Kombination – wie die beiden anderen befragten GemeinwesenarbeiterInnen – zwar als positive Herausforderung, allerdings ist sie in der Realität hier an ihre Grenzen gestoßen und beurteilt die praktische Umsetzung als unbefriedigend. Schwierig ist es für sie einerseits, innerhalb des geringen Stellenanteils für Gemeinwesen-

---

[34] Sämtliche Namen im Text wurden geändert.

arbeit, sowohl die vielfachen Verwaltungsangelegenheiten, wie z.b. Abrechnungen, Wohnungsvermietungen, etc. und eben auch die Netzwerkarbeit innerhalb der „Lebensräume" und außerhalb in der Kommune zu vereinbaren. Hinzu kommt noch, dass oft mehr Zeit für die Leitung des Pflegeheims benötigt wird als vorgesehen, so dass der Anteil für die Gemeinwesenarbeit sich noch einmal reduziert.

Zudem hat Frau Elser bislang keine Erfahrungen in Punkto Gemeinwesenarbeit und als Ortsfremde kann sie auch auf keine Vernetzung in der Kommune zurückgreifen. Obwohl auch sie bestimmte Ideen hat, wie sich sinnvolle Gemeinschaftsaktivitäten in den „Lebensräumen" und Vernetzungen im Sozialraum herstellen ließen, kann und will sie hierfür jedoch kein weiteres Engagement einbringen, da dies nur „ehrenamtlich", also außerhalb ihres bezahlten Stellenumfangs und an Wochenenden oder abends möglich wäre. Vor diesem Hintergrund und gemäß ihrem Rollenverständnis beschränkt Frau Elser sich schwerpunktmäßig auf verwaltungstechnische Belange und sie überlässt die Moderation gemeinschaftlicher Belange hauptsächlich den Beiräten bzw. den BewohnerInnen selbst.

Der BewohnerInnenbeirat der „Lebensräume B." besteht aus einem langjährigen, engeren Kreis von etwa sechs Personen, überwiegend Frauen, die alle mittleren Alters oder jünger sind. Auch sie sind sich mit den Beiräten der anderen befragten Standorte darin einig, dass das Wohnen in den „Lebensräumen" Vorteile hat, weil es sich positiv von einer „normalen Wohnumgebung" unterscheidet. Dabei spielt vor allem die geringere Anonymität eine Rolle, die dazu führt, dass man in Notfällen oder Krisen weiß, wen man ansprechen kann, was auch an konkreten Beispielen von Unterstützung untereinander deutlich gemacht werden kann.

Der BewohnerInnenbeirat hat unter dem Gesichtspunkt der Partizipation und sozialen Integration – und abgeleitet der sozialen Unterstützung – eine mehrfache wichtige Funktion. Die eine bezieht sich freilich exklusiv auf die im Beirat Aktiven. Durch die gemeinsame Tätigkeit im Beirat haben sich – so zeigen die Interviews in den „Lebensräumen B" – innerhalb von diesem speziellen BewohnerInnenkreis besonders intensive Kontakte ergeben, wo man sich gegenseitig unterstützt und gemeinsam die Freizeit verbringt. Im Hinblick auf gemeinschaftliche Hausaktivitäten – für alle – setzt der Beirat nach eigener Aussage überwiegend auf sporadische, spontane Aktionen, wie z.B. gemeinsames Grillen im Hof, was von sehr vielen BewohnerInnen, auch solchen, die sich sonst weniger beteiligen, gerne angenommen wird. Über solche positiven Erfahrungen, mit Aktivitäten im Kontext von gemeinsamem Essen, berichten auch die BewohnerInnenbeiräte der anderen „Lebensräume". Offenbar sind dies auch die Aktivitäten, an denen es am ehesten zu einem gemeinsamen Miteinander der Generationen und sonst wenig beteiligten BewohnerInnen kommt. Solche offenen und spontanen Aktivitäten stellen einen wichtigen Beitrag zur Herstellung eines Gemeinschaftsgefühls innerhalb der „Lebensräume" dar, schon schlicht und pragmatisch deshalb, weil man hierdurch neue BewohnerInnen zum Teil überhaupt erst kennen lernt, ein Faktor, der gerade bei relativ hoher MieterInnenfluktuation zentral wichtig erscheint.

Gerade unter diesem Aspekt erscheint es auch einer Bewohnerin der „Lebensräume B".[35] als schlechtes Zeichen für die Hausgemeinschaft, dass der bislang einmal wöchentlich im Gemeinschaftsraum stattfindende Kaffeenachmittag nun nur noch vierzehntägig stattfindet. Als Grund wurde der Bewohnerin hier nur gesagt, es hätten sich immer weniger Personen beteiligt. Diese Aktivität im Gemeinschaftsraum, an der sich auch Jüngere aus dem BewohnerInnenbeirat beteiligten, war ganz offenkundig besonders für einige Ältere ein wichtiger gemeinschaftlicher Fixpunkt. Und so verstärkt gerade dieses Beispiel den Eindruck, dass es in den „Lebensräumen B." hausgemeinschaftsübergreifend eher wenig auch formal abgestützte bzw. ermöglichte Kommunikation mit Hinblick auf gemeinschaftliche Belange und Aktivitäten gibt und auch zwischen Beirat und Gemeinwesenarbeit wenig Kommunikation über solche Belange existiert.

Daran schließt die Frage an, die möglicherweise noch mehr Bedeutung als die schon genannten Funktionen für das Alltagsleben, für die soziale Integration sowie potenziell die informelle soziale Unterstützung haben könnte. In dem Maße in dem die Opportunitätsstrukturen für das Entstehen zunächst sozialer Kontakte und dann weitergehenden sozialen Miteinanders ausgedünnt werden – und dies ist geradezu *das* Alleinstellungsmerkmal der „Lebensräume" im Kontext der Projektfrage – fehlt möglicherweise geradezu der Humus, auf dem ebenso soziale Integration, wie Unterstützung breiter, stärker und nachhaltiger entstehen könnte, als in hergebrachten Wohnformen.

Gehen wir von dieser sehr grundsätzlichen Zwischenfrage also zu einer ebenso dazu gehörenden potenziellen Sozialform: Generell konnte in der Untersuchung festgestellt werden, dass die Konzeption der „Lebensräume" zwar auch regelmäßige BewohnerInnenversammlungen vorsieht, die Aussagen zur Frequenz solcher Versammlungen zeigten jedoch, dass diese kaum öfter als einmal jährlich stattfinden. Die Kommunikation in der Hausgemeinschaft wird zwar teilweise über ein schwarzes Brett bzw. eine Hauszeitung organisiert, aber es wird auch deutlich, dass viele allgemeine Belange deshalb stark individualisiert nur zwischen Einzelnen oder innerhalb kleinerer Untergruppierungen besprochen und verhandelt werden. Die Auswertung der Interviews sowohl mit den BeirätInnen wie mit den BewohnerInnen zeigt deutlich, dass dies mit Bezug auf eine

---

[35] Siehe Fallbeispiel Frau Braun (unten).

gemeinschaftsübergreifende Hauskommunikation und Transparenz als nicht förderlich eingeschätzt wird. Definiert man die beiden oben angeführten Beispiele der Rollendefinition von Gemeinwesenarbeit stark pointiert als „stark steuernde Moderation mit Burn-Out-Folgen" („Lebensräume" C.) und „pragmatisch begründetes Nicht-Moderieren" („Lebensräume" B.), so zeigt sich in den „Lebensräumen" A. eine andere, dritte Variante.

Der dortige Gemeinwesenarbeiter, Herr Engel, kommt von seiner Ausbildung her aus der Altenpflege, hat jedoch danach ein Studium in Pflegewissenschaft absolviert. Er ist seit einem Jahr mit je einer 50%-Stelle für die Gemeinwesenarbeit in den „Lebensräumen" und als Leiter des neu eröffneten, angegliederten Pflegeheims angestellt. Er beurteilt diese Kombination als sehr positiv, da er gerade die Vernetzung dieser beiden Einrichtungen für ideal hält, weil sie Kooperation und Transfers in beiden Richtungen zwischen den „Lebensräumen" und dem Pflegeheim ermöglicht. So berichtet er dazu von konkreten Beispielen, wo er Anfragende für das Pflegeheim erst einmal zum Wohnen in den „Lebensräumen" motivierte, da sie seiner Ansicht nach noch keine solch weitgehende Unterstützung benötigten.

Herr Engel zeigt ein sehr differenziertes und reflektiertes Verständnis von beiden Bereichen (stationärer Teil sowie Gemeinwesenarbeit/Sozialraumorientierung), das es ihm aus seiner Sicht ermöglicht, seine Aktivitäten so zu verknüpfen und auch mit den jeweils beteiligten AkteurInnen so auszutarieren, dass er die Kombination der Bereiche als positive Herausforderung und nicht als Zumutung erlebt. In seinem professionellen Verständnis einer gelingenden Gemeinwesenarbeit wird auch deutlich, dass er sich zwar einerseits stark auf den BewohnerInnenbeirat stützt und mit diesem auch regelmäßig kommuniziert, er aber andererseits keine forcierende Moderation betreibt, sondern eine Haltung bevorzugt, die auf „zulassen und abwarten können" setzt. Für ihn ist der BewohnerInnenbeirat ein wichtiges Kommunikations- und Vermittlungsgremium zwischen Gemeinwesenarbeit und BewohnerInnenschaft.

Dabei kann Herr Engel in den „Lebensräumen" auf einen Beirat zurückgreifen, dem einige sehr engagierte, überwiegend ältere BewohnerInnen angehören. Dieser Beirat setzt sich gerade auch für die Belange der Älteren besonders ein und ist mit der Herausgabe einer Hauszeitung, bei der Organisation von Hausfesten, kulturellen Aktivitäten und Events, die den Sozialraum mit einbeziehen, stark engagiert. So gibt es z.B. Boccia spielen im Hof der „Lebensräume" mit BewohnerInnen aus dem Stadtteil oder gemeinsames Laternenlaufen mit dem örtlichen Kindergarten. Zudem wird der wöchentliche Kaffeenachmittag von einem ehemaligen Mitbewohner ehrenamtlich organisiert, so dass dieses Treffen zu einem gerne und rege genutzten Fixpunkt insbesondere für die Älteren gehört und zeitweilig auch BewohnerInnen des angrenzenden Pflegeheims hier teilnehmen. So unterschiedlich sich die Ausgestaltungen der gemeinschaftlichen Aktivitäten in den drei „Lebensräumen" auch darstellen, so liegen doch auf der anderen Seite die Meinungen der hier befragten BewohnerInnenbeiräte und GemeinwesenarbeiterInnen zumindest theoretisch nicht allzu sehr auseinander, was die konkrete Frage nach der potenziell möglichen Reichweite von Unterstützung von Älteren in den „Lebensräumen anbetrifft. Nur Frau Karl hält auch bei ausgeprägter Hilfebedürftigkeit einen Transfer in das stationäre Setting generell für vermeidbar, während die anderen hier durchaus Grenzen sehen. Auf den Punkt gebracht lassen sich hier zwei Tendenzen aufzeigen: Zum einen halten es die Akteure für durchaus praktikabel, kleinere, nicht medizinisch oder pflegerisch orientierte Hilfen für jemanden bei klarem Bedarf und zumindest für eine begrenzte Zeit organisieren zu können, z.B. Einkaufen, Hilfe beim Putzen oder Medikamentengabe. Bei BewohnerInnen mit fortgeschrittener Demenz oder bei kontinuierlicher Hilfe-und Pflegebedürftigkeit würde die Hausgemeinschaft jedoch damit als überfordert angesehen.

Aus diesem knappen Umriss wird bereits deutlich, dass die „Lebensräume" ein hochkomplexes soziales Netzwerk darstellen, in dem von mehreren Ebenen aus (BewohnerInnen, Gemeinwesenarbeit, Bewohnerbeiräte, Gemeinwesen) unterschiedlichste AkteurInnen mit ganz verschiedenen Erwartungen und Vorstellungen aufeinander treffen. Die Komplexität erhöht sich noch dadurch, dass es sich nicht um ein statisches Netzwerk handelt, sondern um eines, das sich in ständiger Veränderung befindet. Mieterwechsel – und damit Änderungen in der sozial- und altersstrukturellen Zusammensetzung der BewohnerInnenschaft – spielen dabei ebenso eine Rolle, wie Veränderungen in der Mitgestaltung und Moderation gemeinschaftlicher Aktivitäten durch BewohnerInnenbeirat, Gemeinwesenarbeit aber auch durch die BewohnerInnen selber. Konsequenzen für die Hausgemeinschaft können aber auch durch geänderte Bedingungen im Gemeinwesen entstehen.[36]

---

[36] Ein solcher Fall waren z.B. straßenbauliche Maßnahmen in der Gemeinde, die zur Folge hatten, dass der Ortsteil, in dem sich die Einkaufsmöglichkeiten befanden, nur noch über einen Steg zu erreichen war. Für ältere, gehbehinderte Menschen wurde dies zu einem unüberwindbaren Hindernis und führte bei einer von uns befragten Frau dazu, dass sie dadurch plötzlich ihre Einkäufe nicht mehr ohne fremde Hilfe bewältigen konnte, was weitere Konsequenzen innerhalb ihres sozialen Netzwerks in den „Lebensräumen" nach sich zog.

7.4.2 Die Perspektive der BewohnerInnen

Es liegt damit auf der Hand, dass ein solches komplexes Netzwerk hohe Kommunikationsanforderungen stellt, wenn das Ziel einer funktionierenden und aktiven Hausgemeinschaft erreicht oder aufrecht erhalten werden soll. Systemisch gewendet ist es daher eine Herausforderung, dass auch schon kleine Veränderungen in diesem System in positiver oder negativer Hinsicht weitreichende Auswirkungen auf das gemeinschaftliche Miteinander haben können.

Gerade solche detaillierten Aspekte wurden unter der zentralen Fragestellung der hier durchgeführten Studie in den Blick genommen. Dabei galt es, prozessual begleitend nachzuvollziehen, wie sich gerade ältere Menschen mit zunehmendem Hilfebedarf in diesem komplexen System arrangieren und welche Unterstützungsmöglichkeiten sich hier für sie ergeben können. Vor diesem Hintergrund wird deshalb systematisch die Perspektive der BewohnerInnen untersucht. Nachfolgend werden die Ergebnisse aus zwei Falldokumentationen dargestellt.

Fallbeispiel Lebensräume A.: Frau Albus

„Wissen Sie, man merkt erst, aus wie viel hundert Dingen ein Leben sich zusammensetzt, wenn man es nicht mehr kann." (Zitat Frau Albus, Interview 1,1294).

Frau Albus war zum Zeitpunkt der Untersuchung 80 Jahre alt, ledig und aufgrund eines Rückentumors seit ihrer Pensionierung schwer behindert und auf den Rollstuhl angewiesen. Sie lebte seit drei Jahren in den „Lebensräumen" A. Frau Albus war nie verheiratet gewesen und hatte ihr ganzes Berufsleben über eine gehobene Beamtenstelle inne gehabt, so dass ihre Biografie in dieser Hinsicht eher untypisch für Frauen ihrer Generation ist. Aufgrund ihrer lebenslangen Selbständigkeit bedeutete Altwerden und chronisch krank und behindert zu sein für Frau Albus die Gefahr des Verlustes dieser Autonomie der Lebensgestaltung.

Soziale Kontakte oder enge Beziehungen und Freundschaften spielten – abgesehen von ihrer 20 km entfernt lebenden einzigen Verwandten und deren Familie – im Leben von Frau Albus so gut wie keine Rolle. Außer dem Kontakt mit ein paar ehemaligen Schulfreundinnen unterhielt sie keine engeren Kontakte in ihrer Biografie. Frau Albus war vor drei Jahren in die „Lebensräume" gezogen, weil sie aufgrund ihrer zunehmend eingeschränkten Mobilität eine behindertengerechte Wohnung brauchte. Erwartungen hinsichtlich einer Einbindung in eine Bewohnergemeinschaft waren von ihrer Seite her so gut wie nicht vorhanden bzw. sie war sich von vorneherein eher klar darüber, dass sie sich auf eine solche Gemeinschaft kaum würde einlassen wollen oder können:

„Und dann hab' ich gedacht, so Lebensräume für Jung und Alt, schaden kann's nichts, gell, ... nicht dass ich vielleicht da draußen keinen Kontakt hab', das hab' ich, aber ich habe gedacht, du wirst älter, gell, und damit ist vielleicht dann die Notwendigkeit, dass du dich vielleicht ein bisschen mehr um dein Umfeld kümmerst, gell, das wäre vielleicht grad' auch nicht so unangebracht, gell. Also ich habe eigentlich, sagen wir mal, insofern eine vage Vorstellung gehabt....Nicht, dass ich da jetzt hier mir ein Netzwerk aufbaue, ich sage Ihnen gleich, wie mein Netzwerk schon bereits aussieht....Sondern ich hab' das, erstens hab' ich gesagt, ein Aufzug, der ist für mich sehr wichtig." (Interview 1, 926-952)

Frau Albus' Definition von „Zuhause" bezog sich primär auf eine behindertengerechte Wohnumgebung, die ihren Bedürfnissen aufgrund der sehr eingeschränkten Mobilität entsprach. Die „Lebensräume" im Sinne eines sozialen und unterstützenden Netzwerks sowie unter sozialräumlichen Aspekten spielten in ihrem Fall so gut wie keine Rolle. An den wöchentlichen Kaffeemittagen nahm sie zwar gelegentlich teil, nutzte diese aber weniger für soziale Kontakte denn als „Informationsforum" für praktische Hausbelange. Da dort fast nur Ältere zusammen kamen, gefielen ihr diese „Altentreffen" auch nicht sonderlich und sie bemängelte, dass sie dort „eigentlich keine jungen Leute sähe". Von anderen gemeinschaftlichen Aktivitäten hielt sie sich trotz wiederholten Einladungen seitens der Gemeinschaft oft lieber fern, da sie ihren streng geregelten Tagesablauf um ihre Pflegebelange herum nicht dadurch durcheinander bringen wollte.

So zeigt sich auch, dass das soziale Netzwerk von Frau Albus stark um die Personen der medizinisch-pflegerischen Dienste zentriert war, die sie für sich arrangiert hatte, also Pflegedienst, Hausärztin, Haushaltshilfe, Krankengymnastik, Wundberatung, etc., während andere Personen, wie z.B. MitbewohnerInnen aus den „Lebensräumen", hier so gut wie keine Rolle spielten.

Frau Albus verstarb während des Untersuchungszeitraums nach einem Krankenhausaufenthalt von wenigen Wochen. Trotz zahlreicher Krankenhausaufenthalte und zunehmend immer schwerwiegenderer gesundheitlicher Probleme war es für sie möglich, bis zuletzt in ihrer Wohnung zu leben. Hierfür sind vor allem zwei Aspekte ausschlaggebend: Zum einen war sie in der Lage, in kluger Weise und über Jahre hinweg für sich selber in Eigenregie ein ganz ausgefeiltes Pflegemanagement zu organisieren, in das zahlreiche Dienste von außen integriert waren. Zum anderen verfügte sie über ausreichende finanzielle Mittel, um diese Dienste entsprechend ihren Bedürfnissen bezahlen zu können.

Aufgrund ihres biografischen Hintergrundes überrascht es wenig, dass Frau Braun wenig Anteil an der Gemeinschaft in den Lebensräumen nahm, obwohl der dortige BewohnerInnenbeirat mit seinen Aktivitäten insgesamt ihren Ansprüchen und kulturellen Interessen sicher in vieler Hinsicht entgegen kam. Frau Albus profitierte vom Konzept der „Lebensräume" insofern, als sie die räumliche

Nähe und den Kontakt zum angeschlossenen Pflegeheim als beruhigend empfand für den Fall, dass sie schließlich doch dorthin hätte übersiedeln müssen. So erlebte sie es als positiv, zu wissen, dass sie – nach einem ihrer zahlreichen Krankenhausaufenthalte – dort immer in unmittelbarer Nähe ihrer Wohnung einen Kurzzeitpflegeplatz reserviert hatte, weil Herr Engel ihr zusicherte, er würde dort immer „ein Plätzchen für sie frei halten".

Obwohl Frau Albus insgesamt so gut wie keine Ansprüche an die Gemeinschaft der „Lebensräume" hatte, erlebte sie doch insgesamt die Hausatmosphäre als sehr positiv und in einiger Hinsicht sicherlich auch als verlässliche Umgebung. Dies bestätigte auch der Gemeinwesenarbeiter, der z.B. davon berichtete, dass Frau Albus gemeinsame Hausfeste durchaus genossen habe, wenn sie sich einmal dazu durchgerungen hatte doch teilzunehmen.

Fallbeispiel Lebensräume B.: Frau Braun

„Alleinsein ist das Allerschlimmste und wenn man tagelang drin sitzt, das ist auch nichts, das kann ich nicht, ich muss raus." (Interview 2, 825-826).

Im Gegensatz zur Biografie von Frau Albus ist die von Frau Braun typisch für ihre Frauengeneration. Ihr Lebenslauf ist geprägt von Ehe, dem Großziehen der Kinder, der Mithilfe in einem Geschäft der Familie sowie einer 20 Jahre währenden Witwenzeit nach der Pflege und dem Tod ihres Mannes. Sie hat zwei Kinder und mehrere Enkel.

Frau Brauns Leben war geprägt von häufigen Wohnungswechseln. Ihrem früheren Wohnort – vor dem Umzug in die Lebensräume vor vier Jahren – war Frau Braun immer noch sehr verbunden. Dort verfügt sie auch über die sozialen Kontakte, die ihr am wichtigsten sind. Altwerden und zunehmend nicht mehr mobil zu sein bedeutet für Frau Braun die Gefahr des Verlustes dieser wichtigen sozialen Bezüge. Zum Zeitpunkt der Untersuchung war Frau Braun 85 Jahre alt und gesundheitlich durch Hypertonie, Diabetes, chronische Magen-Darmprobleme sowie eine langjährige Rückenerkrankung mit starken Mobilitätseinschränkungen belastet. Ihre geistige Verfasstheit war jedoch ebenso wie die von Frau Albus in keiner Weise beeinträchtigt.

Frau Braun war zwar einerseits aufgrund ihrer Mobilitätsprobleme, bei näherem Hinsehen jedoch vor allem auf Druck ihrer Kinder nach dem Verkauf ihrer Eigentumswohnung in ihrer bevorzugten Heimatstadt in die „Lebensräume" umgezogen. Sie bereute diesen Schritt sehr, vor allem auch, weil sie nun durch die vorzeitige Verteilung des Erbes an die Kinder und eine sehr kleine Rente finanziell stark eingeschränkt war.

In ihrer Definition meint „Zuhause wohnen bleiben" vor allem das soziale Beziehungsumfeld eines konkreten Ortes, wo sie die ihren Bedürfnissen entsprechenden sozialen Kontakte und Interaktionen haben kann. Da sie aus finanziellen Gründen nicht in ein Betreutes Wohnen an ihrem ursprünglichen Wohnort ziehen konnte, zog sie in die Lebensräume B. in einer dörflichen Umgebung, etwa 10 km von ihrer alten Heimat entfernt. Den Aspekt der Hausgemeinschaft in den Lebensräumen fand sie attraktiv und positiv empfand sie auch die Botschaft des Konzepts, bei zunehmendem Bedarf auf Unterstützung zählen zu können. Anfangs erfüllten sich ihre positiven Erwartungen auch, da sich in den neu entstandenen Lebensräumen eine lebendige Gemeinschaft bildete, unterstützt durch eine Gemeinwesenarbeiterin, die diesen Prozess begleitete.

Zunehmend veränderten sich die Dinge jedoch für Frau Braun in einer desillusionierenden Weise. Aufgrund von hoher Mieterfluktuation, durch den Wegzug von Personen oder den Tod einiger Älterer sowie wegfallende gemeinsame Hausaktivitäten empfand Frau Braun die Hausgemeinschaft zunehmend als kaum noch existent. Was an Gemeinschaftlichkeit übrig blieb, erlebte Frau Braun als „Cliquenbildung" unter einzelnen Bewohnergruppen, wo sie sich ausgeschlossen fühlte. Erschwerend kam hinzu, dass die neue Gemeinwesenarbeiterin, die nun ebenfalls für das neu eröffnete Pflegeheim gleich nebenan zuständig war, ihrer Meinung nach zwar nett und bemüht war, aber in der Doppelfunktion überlastet und nicht in der Lage, auf die Belange der Hausgemeinschaft genügend einzugehen. Auch den dörflichen Sozialraum erlebte sie als „verschlossen", „abweisend" und unerfreulich, so dass sie hier keine neuen Kontakte aufbauen konnte. Die Umgebung entsprach in keiner Weise ihren Erwartungen an ein „Zuhause-Gefühl". Somit fand sie zunehmend nicht mehr jene unterstützende soziale Gemeinschaft vor, die sie sich erhofft hatte. Das soziale Miteinander wurde von ihr als „kommunikatives Chaos" empfunden, in dem sie sich nirgends verorten konnte, obwohl sie aktiv zahlreiche Versuche unternahm, sich persönlich einzubringen und auch Dinge zu initiieren. Zunehmend stellte sie sich auch die Frage, wie sie ihren zunehmenden Unterstützungsbedarf organisieren und bezahlen sollte:

> „Wie soll das funktionieren, wenn niemand da ist, außer der Dings, der Diakonie, wenn sonst niemand guckt, wie soll das funktionieren? Dann müssen Leute da sein, wo regelmäßig die besuchen, gell. Das müsste dann organisiert sein.....Und das will man ja schon jahrelang machen und bis jetzt hat es einfach nicht funktioniert. Am Anfang hat es besser funktioniert, ich weiß nicht warum, ich weiß nicht warum, aber das liegt schon an den Leuten, weil wir haben einfach ganz viel andere Leute und jetzt zieht schon wieder eine aus, da, hier und oben ziehen schon wieder zwei aus, jetzt sind dann fast sämtliche Wohnungen schon ein- oder zweimal gewechselt....Der Wechsel macht viel aus" (Interview 4, 1230 ff.).

Für ihre negative Bilanz des Wohnens in den „Lebensräumen" kamen noch erschwerend ihre eigenen wachsenden Mobilitäts- und Gesundheitsprobleme hinzu, aufgrund derer sie weniger soziale Kontakte außerhalb pflegen konnte und sich mehr auf solche innerhalb der Hausgemeinschaft angewiesen sah. Auch benötigte sie zunehmend mehr Hilfe, z.B. beim Putzen, und hier tat sie sich schwer, einerseits Hilfe bei ihrer Tochter und Enkelin nachzufragen und auf der anderen Seite standen hier ihre knappen finanziellen Mittel im Wege, Putzhilfe von Seiten einer Mitbewohnerin in Anspruch zu nehmen, die dies jedoch nicht umsonst gemacht hätte. Die Knappheit finanzieller Ressourcen war ohnehin in vieler Hinsicht ein beständiges und bedrückendes Thema für Frau Braun.

Als sehr schwierig erwies sich auch die Tatsache, dass das sehr große soziale Netzwerk von Freunden und Bekannten, das Frau Braun ihr ganzes Leben lang gehabt hatte, durch Krankheit oder Tod von Personen immer weiter reduziert wurde und sich in den „Lebensräumen" hier für sie kein adäquater Ersatz fand. Generell wurde aber auch deutlich, dass spezielle Persönlichkeitsmerkmale, wie z.B. (zu) hohe Erwartungen und das subjektive Gefühl von anderen abgelehnt zu werden, bei Frau Braun ebenfalls dazu beitrugen, dass es zu Rückzügen und gegenseitigen, enttäuschten Erwartungen in ihrem sozialen Netzwerk kam.

So fühlte sich Frau Braun in den Lebensräumen und allemal im dortigen dörflichen Umfeld immer mehr vereinsamt, ausgegrenzt und hilflos. Besonders verängstigte sie die Vorstellung, demnächst nicht einmal mehr mobil genug zu sein, um mit dem Bus wenigstens einmal wöchentlich in ihre alte Heimatstadt fahren zu können. Sie mobilisierte deshalb nach einem weiteren Krankenhausaufenthalt alle ihre Ressourcen und schaffte es, aus den „Lebensräumen" wieder auszuziehen und in ein für sie bezahlbares Appartement in einem Seniorenheim in ihrer alten Heimatstadt zu ziehen.

7.5 Von der Schwierigkeit des Gemeinschaftlichen

Wie sich bereits an diesen beiden sehr kurz zusammengefassten Fallrekonstruktionen zeigen lässt, gibt es offenbar ganz unterschiedliche und unterschiedlich differenzierte Prozesse, wie Altwerden und zunehmender Unterstützungsbedarf individuell erlebt und bewältigt werden und wie sich BewohnerInnen dabei mit dem Wohnen in den „Lebensräumen für Jung und Alt" arrangieren. Der biografische Hintergrund scheint in hohem Maße ausschlaggebend dafür zu sein, aus welchen Gründen und mit welchen Erwartungen und Vorstellungen jemand in die „Lebensräume" kommt. Biografische Erfahrungen sowie Persönlichkeitsmerkmale spielen eine entscheidende Rolle dabei, wie das Arrangement mit dem dort vorgefundenen System durch die einzelnen BewohnerInnen nachfolgend gestaltet wird und wie Personen sich einerseits in die Hausgemeinschaft einbringen können und wollen, wie sie sie andererseits aber auch produktiv mehr oder eben auch weniger nutzen können oder wollen. Grundsätzlich deuten die Ergebnisse darauf hin, dass das Wohnen in den „Lebensräumen" eher dann positiv bewertet wird, wenn die Erwartungen an die Gemeinschaft nicht zu hoch sind und ausreichend eigene Ressourcen sozialer/familiärer oder finanzieller Art vorhanden sind. Ob und mit welcher Lebensqualität man Zuhause wohnen bleiben kann, hängt dann nämlich nicht in erster Linie von (durchaus schwierig nachzufragenden und eventuell nicht ohne weiteres verfügbaren) Ressourcen innerhalb der „Lebensräume" ab. Die Hausgemeinschaft kann dann eher „wertneutral" als gute Nachbarschaft oder als Ort geselliger, sozialer Aktivitäten und als Anbindungsquelle an vielfältige Informationen geschätzt werden, ohne dass eventuell nicht realisierbare Erwartungen daran geknüpft wären. Hingegen können eher hohe Erwartungen in Verbindung mit geringen oder schwindenden eigenen Ressourcen zu Frustrationen führen, wie das Beispiel von Frau Braun deutlich macht.

Relevante Wirkungen werden sich vor diesem Hintergrund deutlich je nach Konstellation unterscheiden. Mit Blick auf den positiven Pol dieser Bandbreite können bspw. im Kontext des (im InnoWo-Forschungsdesign ebenfalls verankerten Salutogenese-Konzepts bzw. mit Blick auf die „Haupteffekt-These" im Rahmen der Netzwerkforschung oder weitere Modelle der Modellierung von Person, Handeln und Umwelt durchaus relevante Wirkungen erwartet werden, die keineswegs an konkreten Interaktionen – schon gar nicht nur an Hilfeleistungen – ablesbar sein müssen. „Bewirken die gemeinschaftlichen Prozesse (...) im Mehrgenerationenhaus eine Steigerung des Sozialkapitals, so werden das psychische Befinden und dadurch die Leistungsfähigkeit der einzelnen Bewohner sowie der Bewohnergruppe bzw. Bewohnergemeinschaft verbessert, was wiederum Auswirkungen auf den Gesundheitsverlauf der Bewohner hat" (Schulz-Nieswandt, Köstler, Langenhorst & Marks, 2012, S. 39).

Schwierigkeiten mit dem Wohnen in den „Lebensräumen" können für alte Menschen nämlich dann auftauchen, wenn zunehmend Unterstützungsbedarf entsteht und Hilfe nachgefragt werden muss. Wenn dann eigene Ressourcen fehlen, kann sich das soziale Netzwerk der Hausgemeinschaft im individuellen Fall als unzureichend oder sperrig erweisen. Dies insbesondere dann, wenn die individuelle Problematik durch unzureichende oder schwierige Kommunikationskanäle nicht transparent wird. Hier geht es mit Hinblick auf eine gelingende soziale Netzwerkstruktur innerhalb der Hausgemeinschaft also ganz konkret um Faktoren einer sensiblen Moderation durch die Gemeinwesenarbeit sowie die Aktivierung von adäquaten Kommunikationsplattformen gemeinsam mit dem

BewohnerInnenbeirat, der Hausgemeinschaft sowie relevanten AkteurInnen aus dem Gemeinwesen. Dennoch deuten die hier vorliegenden Ergebnisse an, dass Zuhause wohnen bleiben können bis zuletzt auch im optimalen Fall einer gut funktionierenden und moderierten Hausgemeinschaft ohne ausreichende eigene Ressourcen vermutlich allenfalls in seltenen Ausnahmefällen möglich wäre. Jenseits davon zeigt sich jedoch, dass eine gute Hausgemeinschaft mit dem Gefühl, in einer sozialen Gemeinschaft ein Stück weit aufgehoben zu sein und bei Bedarf auch ein Stück weit auf Unterstützung vertrauen zu können, gerade für ältere Menschen ein wichtiger Faktor für Lebensqualität ist – zumindest dann, wenn sie solche Formen der Vergemeinschaftung wertschätzen. Hier macht es dann sicher auch einen Unterschied, ob man in einer eher anonymen Umgebung wohnt oder in einer Hausgemeinschaft wie in den „Lebensräumen". Allerdings zeigt sich auch in den Interviewbefunden, wie sehr es weniger die Faktizität einer „gemeinschaftlichen Wohnanlage" sondern viel mehr die je konkrete und wahrgenommene – und überdies im Zeitverlauf keineswegs notwendig stabile – differenziert-zonierte Mikro- und Mesostruktur der Hausgemeinschaft ist, die ebenso über die positiven wie die negativen Qualitäten von Gemeinschaftlichkeit entscheidet.

In diesem Kontext erweist sich gerade der Gemeinschaftsraum mit seinen wöchentlichen Treffen und geselligen Aktivitäten als ein zentral wichtiges Forum, das besonders für ältere BewohnerInnen offenbar eine wichtige Funktion erfüllt. Dieses Forum allerdings wird zu einem solchen erst, wenn die infrastrukturelle Ressource auch entsprechend bespielt wird. Damit dieses potenzielle Forum seine Möglichkeiten, gerade auch zur Begegnung und dem lebendigen Austausch zwischen den Generationen und in Öffnung zum Gemeinwesen, voll ausschöpfen kann, dazu scheint es allerdings in vielen Fällen einer austarierten, sensiblen und kontinuierlichen Moderation durch die Gemeinwesenarbeit zu bedürfen. Gewiss, auch ohne eine solche hausübergreifende Aktivierung entstehen und existieren kleine Gemeinschaften und Cliquen in den „Lebensräumen", wo gegenseitige Unterstützung möglich ist und auch in unterschiedlichem Maße stattfindet.

Begünstigende Faktoren hierfür bestehen in den Lebensräumen schon strukturell natürlich zunächst in der sozialräumlichen Grundstruktur: zentrumsnah, in mittlerer Größenordnung, mit vielerorts gestuften Innen- und Außenraumübergängen und diversen privaten aber auch halböffentlichen und öffentlichen Zonen usw. Auch eine selektive Selbstrekrutierung der BewohnerInnen – ggf. im Zusammenwirken mit entsprechenden Auswahlaktivitäten durch die GemeinwesenarbeiterInnen – könnte prinzipiell zu den begünstigenden Faktoren gerechnet werden. Hinzu kommen ganz konkrete Faktoren auf der Konstellationen-Ebene: zum Beispiel in den Lebensräumen A., wo ein sehr aktiver BewohnerInnenbeirat die Öffnung zum Gemeinwesen und auch zum angeschlossenen Pflegeheim hin stark unterstützt, aber auch in den Lebensräumen B., wo die langjährige Einbindung in den BewohnerInnenbeirat zur zentral wichtigen Unterstützung einer Beirätin wurde, als ihr Mann an Depressionen erkrankte. Das Vorhandensein solcher gut funktionierender, partieller Gemeinschaften verweist aber zugleich auf die sozialen Netzwerken in vieler Hinsicht eigene Ungleichheitsthematik (vgl. Otto, 2005). Es kann eben auch bedeuten, dass soziale Kontakte und potenzielle Unterstützung eher zufällig oder stark selektiv werden können und es außerhalb einer „cliquenspezifischen Kohärenz" viele „blinde Flecke" für die Belange der übrigen Hausgemeinschaft geben kann. Im Extremfall würde eine solche Struktur der „Verinselung" ohne ein gewisses Maß an gemeinschaftlichem Dach auch dazu führen, dass wesentliche Vorteile des Mehrgenerationenwohnens unterminiert würden, also z.b. eine geringere „Anonymität" und höhere gegenseitige Achtsamkeit. Gerade auch dadurch aber unterscheidet sich das Konzept der „Lebensräume" ja (potenziell) positiv von gängigen Wohnarrangements. Hier gelingende, austarierte und auf die speziellen Bedürfnisse der jeweiligen Hausgemeinschaft zugeschnittene Pfade zu initiieren und zu moderieren, dies erscheint als eine zentral wichtige Herausforderung für die Gemeinwesenarbeit in den „Lebensräumen".

Zuletzt basiert ein spannendes Ergebnis der Studie auf der Erkenntnis, dass es offenbar verkürzt ist, von einer allgemein gültigen Definition von „Zuhause Wohnen bleiben bis zuletzt" auszugehen. Die detaillierten Analysen förderten hier vielmehr individuell ganz unterschiedliche Definitionen zutage, die wiederum nur aus der jeweiligen Biografie und vor dem Hintergrund der je subjektiven Konstruktionen von „Zuhause" verstehbar sind.

In den hier untersuchten Fällen ist „Zuhause" von vornherein nicht mehr mit der vor dem Umzug in die „Lebensräume" langjährig bewohnten Wohnung gleich zu setzen. Alle Befragten haben bereits einen Wegzug aus ihrer früheren, angestammten Wohnumgebung erlebt bzw. aktiv verfolgt – mit freilich je sehr unterschiedlichen Antrieben. So oder so mussten sie für sich „Zuhause" neu definieren – ein Zuhause in den vier Wänden der Wohnung ebenso wie im weiteren Umfeld, im Quartier, in der Gemeinde bzw. Stadt. Und in der spezifischen Rahmung der „Lebensräume". Es kann sich dabei – dies verbindet die „Lebensräume" mit vielen Formen aus dem Spektrum innovativer und teilweise gemeinschaftsorientierter Wohnalternativen – potenziell um die selbstgewählte und nicht aus einer Druck- oder Notsituation heraus getroffene Entscheidung für ein neues spätes Zuhause handeln.[37]

---

[37] Vgl. die Bildung von Typen zu auf das Wohnen im Alter bezogenen phasenspezifischen Entscheidungssituationen im Lebenslauf bei Kremer-Preiss & Stolarz (2003). Hochheim & Otto (2011) entwickeln im Kontext der Suche nach alternsbezogenen Selbstkonzepten im Feld der Wohnvorstel-

Dass die (neue) Wohnung und Wohnumgebung in den „Lebensräumen" wirklich als eigenes Zuhause angeeignet, erlebt und geschätzt wird, gelingt offenbar nicht immer, wie wir bei Frau Braun sehen können. Gleichzeitig kann aber gerade dieses Beispiel auch zeigen, wie entschlossen sich ältere Menschen als aktiv gestaltende AkteurInnen ihrer lebensweltlichen Situation erweisen. Indem sie eben beispielsweise auch im sehr fortgeschrittenen Alter versuchen, ihre Wünsche und Vorstellungen mit den real vorgefundenen Gegebenheiten in Einklang zu bringen und – wie Frau Braun – bei Diskrepanzen mit den Vorstellungen von „Zuhause" lieber einen weiteren Wohnortwechsel in Kauf nehmen.

Im Sinne eines Fazits lässt sich sagen: Die o.g. spezifische Konstellation in der persönlichen Wohnbiografie – der aktive und sehr bewusste Umzug in ein sehr spezifisches neues Zuhause – in Verbindung mit einer Reihe von ebenso kommunikations- wie autonomieförderlichen Potenzialen gemeinschaftsorientierten Generationenwohnens vom Typus „Lebensräume für Jung und Alt" kann sich in spezifischen Konstellationen sehr günstig für eine lange Aufrechterhaltung des Wohnens in der hier neu begründeten privaten Häuslichkeit auswirken. Abhängig ist dies natürlich auch von der je individuellen Gesundheits- bzw. Krankheitsentwicklung. Und Bedingungen dafür sind nicht zuletzt eine gute Passung zu den individuellen Wohnwünschen, aktive Aneignungsstrategien der „Lebensräume"-Umgebung und darin der eigenen Wohnung als sozial eingebundenes neues Zuhause sowie die ebenfalls aktive Nutzung nicht zu eng gesetzter Spielräume des chancenreichen Konzepts der Nachbarschaftsförderung durch kluge professionelle Fachkräfte.

Damit zeigt sich aber zugleich: Ein Patentrezept für ein dort mögliches Zuhause Wohnen bleiben können bis zuletzt kann auch eine Umgebung wie die Lebensräume nicht sein. Um deren – potenziell starke – Potenziale in dieser Dimension entfalten zu können, dazu sind in einem sehr anspruchsvollen und verletzlichen Zusammenwirken sehr viele Faktoren notwendig. Immerhin erlaubt deren sehr genaue Rekonstruktion in länger begleiteten Fallverläufen auch eine Reihe von Hinweisen, wo eben auch hier die Stolperschwellen und Kannbruchstellen liegen – für ein Wohnen bleiben und sterben können – wo ich mich hingehörig fühle.

---

lungen und des Wohnhandelns eine Dreier-Typologie, in der sie die Befragten u.a. auch mit Blick auf Wünsche nach Wohnstabilität, die Antizipation von Einschränkungen bzw. darauf bezogene Anpassungen sowie die Zukunftsorientierung verorten, interessanterweise aber den ebenso früh bedachten und geplanten, aber eben auch noch ohne Not umgesetzten Umzug in eine altersgerechte Wohnung und Wohnumwelt nicht berücksichtigen.

Teil III: Lösungen erproben

„Es ist sinnlos zu sagen: Wir tun unser Bestes. Es muss dir gelingen, das zu tun, was erforderlich ist."

Winston Churchill, britischer Politiker
* 30. November 1874; † 24. Januar 1965

8 Die Arnsberger „Lern-Werkstadt" Demenz

Martin Polenz & Hans-Josef Vogel

Die demografische Entwicklung in Deutschland prägt nahezu alle Bereiche des gesellschaftlichen Lebens. Auf der lokalen Ebene nehmen diese Veränderungen persönlich erfahrbare Dimensionen an. Hier entscheidet sich, ob der Grundschule noch genug Neuanmeldungen vorliegen, um eine neue Klasse einrichten zu können (Schrumpfung). Hier entscheidet sich, ob eine mobiler und bunter werdende Gesellschaft in den Quartieren und Nachbarschaften einer Stadt zueinander findet und aus Vielfalt auch Gewinn schöpft (Heterogenisierung). Und nicht zuletzt wird auf der lokalen Ebene die Frage beantwortet, ob es gelingt, Städte des langen und guten Lebens zu gestalten, die es ihren älteren Bürgerinnen und Bürgern ermöglichen, ihr Leben selbstbestimmt zu gestalten und sich mit ihren Erfahrungen und Interessen einzubringen (Alterung).

Städte und Gemeinden stehen vor der Herausforderung, den demografischen Wandel an Ort und Stelle zu gestalten. Die nordrhein-westfälische Stadt Arnsberg stellt sich seit langem aktiv dieser Aufgabe. Dabei setzt sie auf die innovative Produktivität der Bürgerinnen und Bürger als Experten in eigener Sache. In zahlreichen Forschungs- und Modellprojekten wurden Ansätze und Methoden erprobt, neue Verantwortungsrollen definiert und Verwaltungsstrukturen angepasst.

Von 2008 bis 2011 führte die Stadt das von der Robert Bosch Stiftung geförderte Modellprojekt „Arnsberger ‚Lern-Werkstadt' Demenz" durch. Denn im Hinblick auf die demografische Entwicklung zeichnet sich deutlich ab, dass mit einer Zunahme der Hochbetagten auch die Zahl von Menschen mit Demenz deutlich ansteigen wird. Aktuelle Schätzungen gehen von 2,6 Millionen Menschen mit Demenz im Jahre 2050 aus (2010: 1,3 Millionen).[38] Schon heute sind die Herausforderungen einer angemessenen Pflege und Betreuung von Menschen mit Demenz sehr groß. Es wird von einem Fachkräftemangel in der Pflege gesprochen, der in Zukunft weiter zunehmen wird. Es mangelt vielerorts an Zeit, an Zuwendung und an Förderung der individuellen Kreativität. Dies wird sich in der Zukunft noch verschärfen.

---

[38] http://www.deutsche-alzheimer.de/fileadmin/alz/pdf/factsheets/FactSheet01.pdf (abgerufen am 25.01.2012)

Im Folgenden soll der Entwicklungsprozess des kommunalen Handlungskonzeptes „Zukunft Alter in Arnsberg" beschrieben werden, um anschließend das Modellprojekt „Arnsberger ‚Lern-Werkstadt' Demenz" vorzustellen.

8.1 Konzepte zum demografischen Wandel

Bereits seit vielen Jahren ist die alternde Gesellschaft ein zentrales Thema für die Stadt Arnsberg, in der gegenwärtig 75.000 Einwohner leben. Für das Jahr 2030 gehen Prognosen von einem Rückgang der Bevölkerung auf 65.000 Einwohner aus. Gleichzeitig wird der Anteil der über 65jährigen an der Gesamtbevölkerung um etwa 23 Prozent zunehmen (von 16.060 auf 19.730 Personen). Allein die Zahl der über 80jährigen wird von 4.100 auf 5.800 Personen ansteigen.

Damit werden auch Demenzerkrankungen zunehmen. Die Zahl der Menschen, die mit einer Demenz in Arnsberg leben, kann heute nur geschätzt werden, da sie an keiner Stelle zentral erfasst werden und in vielen Fällen keine medizinisch abgesicherten Diagnosen vorliegen. Für die Stadt Arnsberg beläuft sich die Schätzung auf etwa 1200 Menschen mit Demenz, für die Zukunft wird mit einer Steigerung gerechnet, insbesondere wird der Anteil der Demenzbetroffenen an den Bürgerinnen und Bürgern der Stadt Arnsberg deutlich steigen. Das Leben mit Demenz gehört damit zur Gesellschaft des langen Lebens.

Das aktuelle Konzept „Mehr Lebensqualität im Alter – Zukunft Alter in Arnsberg gestalten" ist Ergebnis eines gesellschaftlichen Lernprozesses. Einen ersten wichtigen Schritt stellte die Initiative „Wie möchte ich leben, wenn ich älter bin?" aus dem Jahr 1995 dar, in deren Rahmen eine Befragung von rund 28.000 Arnsbergerinnen und Arnsbergern über 50 Jahren stattfand. Die persönliche Ansprache führte zu einer zahlenmäßig großen Beteiligung, vor allem aber zu einer intensiven Diskussion der Auswirkungen des demografischen Wandels auf die eigenen Verhältnisse vor Ort. Als Ergebnis der Befragung wurden die Wünsche und Erwartungen der Befragten wie folgt zusammengefasst:

Ich wünsche mir,
- dass ich im Alter nicht allein leben muss.
- dass ich bis zum Lebensende mitten im Leben stehe, dazugehöre, wichtig für die Gesellschaft bin.
- dass ich neugierig und offen für den Lebensabschnitt des Älterwerdens bleibe.

Die Arnsberger „Lern-Werkstadt" Demenz

- dass ich auch als hilfsbedürftiger Mensch in Arnsberg am gesellschaftlichen Leben teilhaben kann.
- dass die Ältesten unter uns aufrichtige Zuwendung, Respekt und Gemeinschaft als Ausdruck unserer menschlichen Solidarität erfahren.

Unter Berücksichtigung dieser Erkenntnisse wurde ein Konzept erarbeitet, mit dessen Hilfe gute lokale Rahmenbedingungen für eine alternde Gesellschaft etabliert werden sollen. Es ist kontinuierlich erweitert und immer wieder angepasst worden. Zentraler Bestandteil des Konzeptes ist eine neue Sicht auf das Alter.

Anpassung der Vorstellungen vom „Alter"
Lange Zeit waren Vorstellungen vom Alter vor allem von einer Konzentration auf Defizite gekennzeichnet. Die kommunale Seniorenpolitik beschäftigte sich entsprechend mit Altenhilfeplänen und der Organisation von Unterstützungsangeboten für Ältere.

In Arnsberg wurde dieses Aufgabenfeld unter Berücksichtigung des Subsidiaritätsprinzips fortgeführt. Darüber hinaus weitete sich das Verständnis von kommunaler Seniorenpolitik auf den Bereich der Älteren, die keiner „Altenhilfe" bedarf. Dieser Teil, der die ganz überwiegende Mehrheit der Älteren ausmacht, beläuft sich in Arnsberg auf etwa 20 Prozent der Gesamtbevölkerung. Es handelt sich um Menschen, die meist aus der beruflichen Tätigkeit ausgeschieden und offen sind für neue Aufgaben. Die Stadt Arnsberg hat das Potenzial, das diese Gruppe von Älteren für die Stadt darstellt, früh erkannt – und die Voraussetzungen geschaffen, um es zu erschließen. Dabei hat die Stadt Arnsberg von Anfang an klar gemacht, dass es ihr um die Entwicklung des Potentials jeder und jedes Einzelnen geht, im Sinne der Selbstverwirklichung durch Teilhabe. Jede und jeder sollen für andere oder für ihr eigenes Lebensumfeld das einbringen, was ihnen Freude macht oder was ihre Stärken sind. Diese bürgerschaftliche Strategie setzt auf Inspiration und Nachfrage, auf Unterstützung und Wertschätzung, auf Qualifizierung und Vernetzung von bürgerschaftlichem Engagement in allen Generationen.

Anpassung der Verwaltungsstrukturen
Anfang 2000 wurde die Verwaltung um die „Zukunftsagentur" ergänzt. Diese Stabstelle ist für die die strategische Gestaltung des demografischen Wandels verantwortlich. Ihr angegliedert ist die „Fachstelle Zukunft Alter". In der Zukunftsagentur arbeiten Fachleute für die infrastrukturelle sowie die soziale und kulturelle Entwicklung der Stadt zusammen.

So werden die kommunalen Entwicklungsprozesse der Schrumpfung und Alterung auf Stadtteilebene interdisziplinär gestaltet und begleitet. Die Fachstelle Zukunft Alter ist verantwortlich für die Bereiche

- Unterstützung des aktiven Alters
- Entwicklung/Unterstützung neuer personaler Zuwendung bei besonderen Belastungen durch das Alter (Demenz etc.)
- Dialog der Generationen.

Sie ist mittlerweile zentraler Knotenpunkt eines weit verzweigten lokalen Netzwerkes, das von den Bereichen Gesundheit und Soziales über Jugend, Bildung und Kultur bis zu Politik und Wirtschaft reicht. Die Fachstelle trägt somit dazu bei, Aspekte einer alternden Gesellschaft gerade in Bereichen zu thematisieren, die zunächst keine oder wenige Bezugspunkte zum Alter(n) sehen. Durch die Initiierung und Koordination von Projekten unterschiedlicher Netzwerkpartner werden lokale Kooperationen aufgebaut oder gestärkt.

Die Fachstelle Zukunft Alter begleitet diese Aktivitäten mit intensiver Öffentlichkeitsarbeit, die Informationen und Wissen zum Thema Altern einem großen Kreis Interessierter zugänglich machen. Die stetige Weiterentwicklung des Konzeptes liegt ebenfalls in der Verantwortung der Fachstelle Zukunft Alter. In der aktuellen Fassung werden fünf zentrale Handlungsfelder definiert:

1. Förderung des aktiven Alters
2. Förderung hochwertiger Sozial- und Gesundheitsleistungen
3. Berücksichtigung der Bedürfnisse älterer Menschen in der städtischen Entwicklung
4. Förderung der Chancengleichheit, der bürgerschaftlichen Beteiligung und der ehrenamtlichen Tätigkeit älterer Menschen
5. Förderung der Solidarität und Zusammenarbeit zwischen den Generationen.

Das Thema Demenz als lokale Herausforderung wird in Arnsberg auf der Grundlage dieses Gesamtkonzeptes behandelt. Die Stadt als politisch-administrative Kommune und als Bürgerkommune muss lernen, diese Herausforderung wahrzunehmen, zu kommunizieren und gemeinschaftlich zu gestalten. Nur dann schafft sie sozialen Wohlstand oder soziales Wachstum, d. h. verbessert sie die Lebensqualität von Menschen mit Demenz und deren Angehörigen. Und deren Zahl nimmt stetig zu.

8.2 Herausforderung Demenz

Nach Angaben des Bundesgesundheitsministeriums leben in Deutschland etwa 1,2 Millionen Menschen mit Demenz. Das Berlin-Institut für Bevölkerung und Entwicklung geht in seinem „Demenz-Report" 2011[39] davon aus, dass der Anteil der Menschen mit Demenz an der Gesamtbevölkerung bei etwas über 1.600 je 100.000 Einwohnerinnen und Einwohnern liegt und sich innerhalb der nächsten 30 Jahre verdoppeln dürfte. Da gleichzeitig immer weniger Jüngere nachwachsen, gibt es – wenn auch regional unterschiedlich – immer weniger Menschen, die sich um Menschen mit Demenz kümmern können.

Häufigste Form der Demenz ist die Alzheimer-Krankheit, deren Ursache weiterhin unklar ist. Ihr folgt die Multiinfarkt-Demenz, die noch nach mehreren Schlaganfällen auftreten kann. Seltenere Formen der Demenz sind Frontotemporale oder Lewy-Body, je nachdem welche Gehirnregion betroffen ist. Je nachdem, um welche Demenzform es sich handelt, variieren die auftretenden Symptome und der zeitliche Verlauf. Darüber hinaus entwickelt sich eine Demenz meist sehr individuell. Gemeinsam ist allen Demenzformen jedoch ein Nachlassen der kognitiven Fähigkeiten. Es kommt zu Gedächtnisstörungen, Wortfindungsstörungen, Orientierungsschwierigkeiten, Irritation des Zeitgefühls etc. Im zeitlichen Verlauf nehmen diese Störungen zu, im fortgeschrittenen Stadium beschränkt sich die Sprache auf wenige Wörter oder versiegt ganz, und die Betroffenen sind zunehmend auf Unterstützung, Betreuung und Pflege angewiesen.

Häufig wird das Thema Demenz, vor allem die Betreuung und die Pflege der betroffenen Menschen, als ein Thema „für Profis" behandelt. Dies gilt insbesondere, wenn demenziell Erkrankte in stationären Einrichtungen leben. Aber auch diejenigen, die zu Hause leben und von ihren Angehörigen versorgt werden, erhalten vor allem professionelle Hilfe zum Beispiel von ambulanten Pflegediensten. Für pflegende Familienmitglieder gibt es Entlastungsangebote für ein paar Stunden, wenn sie ihre an Demenz erkrankten Angehörigen für einige Zeit durch professionelle Betreuung versorgt wissen. Anbieter sind zumeist Caritas, Diakonie oder andere Organisationen der freien Wohlfahrtspflege am Ort. Zivilgesellschaftliches Handeln scheint für diesen Bereich auf den ersten Blick nicht auszureichen bzw. dem Bedarf der Menschen und ihren Angehörigen nicht gerecht zu werden. In der „Lern-Werkstadt" Demenz geht es darum, Möglichkeiten aufzuzeigen, die beides miteinander verbinden, und Beispiele dafür zu entwickeln, wie das aussehen kann. Das Modellprojekt konnte auf den gewachsenen und mittlerweile weit verzweigten Netzwerken unterschiedlicher Partner in

---

[39] Berlin-Institut für Bevölkerung und Entwicklung (2011). Demenz-Report. Wie sich die Regionen in Deutschland, Österreich und der Schweiz auf die Alterung der Gesellschaft vorbereiten können. Berlin: Berlin-Institut.

Arnsberg aufbauen. Es berücksichtigt sämtliche Bereiche, die den an Demenz erkrankten Menschen betreffen und sich auf seine Versorgung und Lebensqualität auswirken. Dazu gehören neben den professionellen – Medizin, Pflege, Physio-/Ergotherapie oder Beratungsangebote – auch die persönlichen Bereiche wie das Wohnumfeld und die jeweilige soziale Situation. Mit dem Projekt sollte gezeigt werden, wie professionelle Versorgungsangebote mit zivilgesellschaftlichen Aktivitäten zum Wohle von Menschen mit Demenz und ihren Angehörigen verknüpft werden können.

8.3 Ausgestaltung eines Modellprojekts

8.3.1 *Vorbereitung*

Die Initialzündung für das Projekt stellte die Abschlussveranstaltung der Initiative „Gemeinsam für ein besseres Leben mit Demenz" der Robert Bosch Stiftung im Jahr 2006 dar, an der auch Vertreter aus Arnsberg teilnahmen. Schon während der Tagung wurden erste Planungen für eine entsprechende Unternehmung in Arnsberg diskutiert. Kurz darauf wurde in der Stadt Arnsberg eine Initiativkonferenz veranstaltet, die sich die Frage stellte: Was müssen wir tun, um eine demenzfreundliche Kommune zu werden?

Zu den Mitgliedern der Initiativkonferenz zählten neben Mitarbeitern der Stadtverwaltung auch Vertreter von stationären Pflegeeinrichtungen und Tagespflegen für Menschen mit Demenz, Mitglieder des Arnsberger Seniorenbeirates und der bürgerschaftlichen Projektgruppe „Patenschaften von Mensch zu Mensch" sowie der Chefarzt der geriatrischen Abteilung eines örtlichen Krankenhauses. Diese Initiativgruppe stellte das Aktionsprogramm zusammen, das die zentralen Aktionsfelder definierte und Ziele formulierte. Das Programm wurde als Antrag bei der Robert Bosch Stiftung eingereicht, die schließlich eine dreijährige Förderung des Projektes bewilligte.

Zielsetzung
Als Ziel des Aktionsprogramms wurde festgelegt, die Lebensqualität von Menschen mit Demenz zu verbessern und zu stabilisieren. Daneben stellen die Angehörigen von Menschen mit Demenz eine zweite Akteursgruppe dar. Sie leisten oft den größten Beitrag in der Unterstützung von Menschen mit Demenz und gehen dabei oft an die Grenzen ihrer Belastbarkeit. Sie sollen Entlastung erfahren und Hilfen besser erreichen können.

Die dritte Akteursgruppe stellt die lokale Bürgergesellschaft insgesamt dar. Hier sollten das Wissen und die Einstellungen zum Thema Demenz positiv verändert, die Demenz „enttabuisiert" werden. Als weiteres Ziel sollten neue Rollen für bürgerschaftliches Engagement entwickelt werden. Hier geht es um die sinnvolle Verknüpfung von Beratung und Netzwerkarbeit, also von professionellen und bürgerschaftlich getragenen Angeboten für Menschen mit Demenz und ihre Angehörigen. Mit dem Slogan „Weiter-Denken" beschrieb das Projekt das Ziel, neue Wege zu suchen. Am Anfang steht die Überzeugung, dass eine gute Versorgung von Menschen mit Demenz die Kombination von professionellen und zivilgesellschaftlichen Hilfen erfordert und dass diese Verbindung in Arnsberg beispielhaft erarbeitet und umgesetzt werden kann.

8.3.2 *Vorgehensweise*

Um das Thema anzustoßen und die Angebote in die lokale Bürgergesellschaft zu tragen und dauerhaft zu verankern, hat Arnsberg eine eigene Grundstruktur entwickelt: drei Büros als dezentrale Anlaufstellen zu Beratung und Vernetzung in den Stadtteilen und ein koordinierendes, steuerndes und strukturierendes Projektbüro.

Beratungsstellen
Für den Aufbau der Beratungsbüros wurde die Kooperation mit Mitgliedern der Initiativkonferenz gesucht. Drei Partner aus der Konferenz – das St. Johannes-Hospital Arnsberg-Neheim, der Caritas-Verband Arnsberg-Sundern e. V. und das Ev. Perthes-Werk e. V. – stellten Räumlichkeiten und Personal (jeweils eine halbe Stelle) zur Verfügung. Die Mitarbeiter wurden für das Projekt freigestellt und verfügten über jeweils unterschiedliche beruflich-fachliche Kompetenzen (examinierte Altenpflegerin/Leiterin Tagespflege, Diplom-Sozialarbeiter und eine Ergotherapeutin/Mitarbeiterin einer Geriatrischen Station). Sowohl die verschiedenen beruflichen Hintergründe als auch die Anbindung an unterschiedliche Träger bedeuteten insbesondere in der Startphase Anstrengungen hinsichtlich der Schärfung des eigenen Profils und der Arbeitsweise.

Diese ursprünglich geplante Arbeitsaufteilung wandelte und veränderte sich im Projektverlauf. Es wurde deutlich, dass die Projektmitarbeiter dem doppelten Anforderungsprofil – Einzelfallberatung und Netzwerkarbeit – nicht ausreichend gerecht werden konnten. Das Nachsteuern an diesem Punkt bedeutete für das Projektbüro zusätzliche Aufgaben, die aber auch Synergien für eine dauerhaft erfolgreiche Netzwerkarbeit brachten.

Das breite Aufgabenspektrum der Mitarbeiter des Projektes erforderte sowohl Gemeinwesenarbeit als auch Einzelfallarbeit. Denn es ist ein Unterschied, ob nach dem Wunsch eines etablierten Anbieters professionelle Casemanagement-Strukturen in einer Beratungsstelle aufgebaut werden sollen oder ob es neben der schnellen und professionellen Hilfe und Information für die Betroffenen auch darum gehen soll, Kooperationen mit Profis und anderen Partnern wie Kita, Altenheim oder bürgerschaftlichen Initiativen zu etablieren sowie deutlich wahrnehmbar in die Öffentlichkeit zu gehen. Dieser Spagat war in den Beratungsbüros im Alltag nicht einfach umzusetzen.

Die Kooperation mit den Projektpartnern hat die Vernetzung innerhalb der Arnsberger Beratungslandschaft vereinfacht. Die Partner verfügten über viel „Laufkundschaft", die durch die dort professionell Tätigen – Ärzte, Pflegepersonal, Therapeuten, Sozialdienst und andere – schnell und direkt erreicht und mit Informationen zum Projekt versorgt werden konnten. Mit dieser Empfehlung fiel es vielen Angehörigen erheblich leichter, sich mit ihrem konkreten Anliegen zu öffnen und Unterstützung auch außerhalb der ihnen bekannten professionellen Pfade zu suchen und anzunehmen. Allerdings gelang es in der dreijährigen Projektlaufzeit nur ansatzweise, das neue Beratungsangebot des Projektes in der Versorgungslandschaft nachhaltig zu etablieren. Hier bedarf es mehr Zeit, bis eingefahrene Wege verlassen und neue Beratungsangebote in bestehende Strukturen vor Ort integriert werden können. Eine Schlüsselposition kommt in diesem Zusammenhang dem niedergelassenen Hausarzt zu, wie das Projekt deutlich gezeigt hat. Seine Bedeutung auch für Information und Beratung darf nicht unterschätzt werden.

Zusammenarbeit mit Wunschpartnern
Die Arnsberger Berater sehen rückblickend durchaus die Schwachstellen hinsichtlich des Beratungsangebotes im Allgemeinen: Es sei schwierig gewesen, innerhalb von drei Jahren ein zusätzliches, als eigenständig wahrgenommenes Beratungsangebot zum Thema Demenz in der existierenden Beratungslandschaft zu etablieren. Zu dem Problem der zeitlichen Begrenzung kamen gelegentlich auch Fragen der Hierarchie und des Status der Berater hinzu. Nicht jeder Chefarzt am Krankenhaus oder Facharzt in seiner Praxis war bereit, mit einem Berater „auf Augenhöhe" zu sprechen, ihn als Fachmann oder Fachfrau zum Thema Demenz ernst zu nehmen und Vorschläge zur Zusammenarbeit zu akzeptieren. Hier konnte der Hinweis, dass es sich bei dem Projekt um ein kommunales Vorhaben handelt, allerdings viele Türen öffnen.

Die Arnsberger „Lern-Werkstadt" Demenz 209

Kommunale Anbindung – Fachstelle Zukunft Alter
Von zentraler Bedeutung für das Projekt war die klare und deutlich kommunizierte Anbindung an die Stadtverwaltung. Die Netzwerkkontakte der Fachstelle Zukunft Alter boten dem Projekt sehr gute Möglichkeiten, um weitere Kooperationen zu initialisieren. So entstanden im Projektverlauf zahlreiche weitere, neue Kontakte, die das Netzwerk ergänzten und vervollständigten.

Praxisprojekte anstoßen und aufbauen
Parallel zur Arbeit in den Stützpunkten arbeitete das Projektbüro vor allem daran, zusammen mit bürgerschaftlichen Akteuren bestehende Angebote zu öffnen und Impulse für neue Angebote in der Stadt zu geben, die sich auch oder speziell an Menschen mit Demenz richten. Auf diese Weise wurden zahlreiche Praxisprojekte aufgebaut, die es Menschen mit Demenz ermöglichen, sich kreativ und in Gesellschaft zu betätigen. Im Gesamtkonzept waren dafür ausdrücklich Finanzmittel vorgesehen. Es entstanden unter anderen ein Zirkusprojekt der Generationen, ein Café Zeitlos, eine Lese-Ecke zum Thema Demenz in der städtischen Bücherei, eine Kooperation mit dem Kneipp-Verein oder eine Mal-Werkstatt mit dem Titel Malort Memory. Mehr dazu findet sich auf der Internetseite des Projektes: www.projekt-demenz-arnsberg.de/ich-will-helfen/gutebeispiele.

8.4 Projektbilanz

In der dreijährigen Projektphase ist es gelungen, dem Thema Demenz einen besonderen Stellenwert in der lokalen Öffentlichkeit zu verschaffen und eine nachhaltige Kommunikation zu etablieren.

Kommunikation
In über 300 Artikeln in lokalen Zeitungen wurde das gesamte Spektrum behandelt: Porträts von Menschen mit Demenz und ihren Familien, Berichte und Reportagen aus Projekten, Interviews mit Verantwortlichen im Stadtgebiet, Hintergrundinformationen zum demografischen Wandel, der Alterung der Gesellschaft, der zahlenmäßigen Zunahme von Demenzerkrankungen und vielem mehr. Der in Arnsberg gedrehte Film „Diagnose Demenz" diente vielfach als Türöffner und Einstieg in die Thematik. Er zeigt am Einzelschicksal, was Demenz für eine Familie bedeutet und welche Unterstützung sowohl von professioneller Seite als auch aus dem Freundes- und Bekanntenkreis, der Nachbarschaft und dem Stadt-

viertel gebraucht wird. Er wird online abgerufen[40] oder als DVD versendet und zur Schulung auch in anderen Städten verwendet. Auf der Projektseite ist inzwischen auch ein zweiter Film abrufbar, der das Projekt porträtiert.[41] Die Veranstaltungen im Rahmen des Projektes, die sich an die Öffentlichkeit wandten, trafen auf großes Interesse (bis zu 400 Teilnehmer bei einer der Veranstaltungen). Alle diese Maßnahmen und Initiativen dienten dazu, die Projektziele zu vermitteln, die Öffentlichkeit zu sensibilisieren und das Thema Demenz zu enttabuisieren.

Im Rahmen der Evaluation des Projektes gaben 62 Prozent der befragten Multiplikatoren an, ihr Wissen über Demenz habe sich durch die „Arnsberger ‚Lern-Werkstadt' Demenz" erweitert. 79 Prozent hatten den Eindruck, dass das Bild von Demenz in der Öffentlichkeit positiv beeinflusst wurde. 97 Prozent kannten eine Anlaufstelle, an die sie sich mit Fragen oder im Beratungsfall wenden können. Damit haben die Anstrengungen der Stadt Arnsberg auf diesem Gebiet gute Ergebnisse erzielt.

Qualifizierung
Das Qualifizierungsangebot wurde von allen Akteuren genutzt. Veranstaltungen für Angehörige (Kommunikation mit Menschen mit Demenz, Umgang mit herausforderndem Verhalten, Pflege zu Hause etc.) wurden besonders häufig nachgefragt. Diese Veranstaltungen werden nun im Halbjahresrhythmus wiederholt, da immer wieder neue Angehörige vor denselben Fragen stehen. Daneben wurden Schulungsangebote für unterschiedliche Zielgruppen entwickelt. Die Auswertung von 15 der insgesamt über 30 Schulungen für Teilnehmer aus unterschiedlichen beruflichen Feldern hat ergeben, dass sie das vermittelte Wissen gut in ihrem beruflichen Alltag verwenden können. Angeboten wurden vor allem Kurse zu den Themen Umgang/Kommunikation mit Menschen mit Demenz sowie Menschen mit Demenz im jeweiligen Berufskontext. Mit den Schulungsangeboten im beruflichen Kontext wurden etwa 550 Menschen erreicht. Qualifizierungsangebote für die breite Öffentlichkeit (Engagierte, Angehörige, Interessierte) erreichten über 2.700 Personen im Rahmen von rund 70 Veranstaltungen.

---

[40] http://www.projekt-demenz-arnsberg.de/demenz/diagnose-film
[41] http://www.projekt-demenz-arnsberg.de/ueber-uns/projekt-portraet---film

Die Nachfrage nach derartigen Angeboten ist weiterhin groß. Inzwischen wurde verabredet, das Angebot zu verstetigen und in Zukunft mit lokalen Partnern ein dauerhaftes Fortbildungsprogramm für die unterschiedlichen Gruppen anzubieten. Im Laufe des Projektes entstand in Zusammenarbeit mit der Sozialplanung des Hochsauerlandkreises, dem Demenz-Servicezentrum NRW Region Südwestfalen und der Alzheimergesellschaft Hochsauerland e. V. eine Initiative zur gemeinsamen Qualifizierung für niedrigschwellige Betreuungsangebote, um Entlastung zu Hause gerade auch in den ländlicher geprägten Teilen des Hochsauerlandkreises zu ermöglichen.

Praxisprojekte
Die Entwicklung von Angeboten für Menschen mit Demenz ist auf eine große Bereitschaft zur Beteiligung der lokalen Akteure gestoßen. Es wurden bestehende Angebote für Menschen mit Demenz geöffnet und neue entwickelt. Die langjährigen intensiven Kontakte zu Ehrenamtlichen, Vereinen, Chören oder anderen bürgerschaftlichen Gruppen wirkten sich positiv aus. Die Kooperation mit Bildungs- und Erziehungseinrichtungen führte gerade unter der Zielsetzung des Dialogs der Generationen zu vielen Initiativen, die Kinder und Jugendliche mit den Fragen des Älterwerdens und der Demenz in Verbindung brachten. Gleichzeitig nahmen auch die kulturellen und kreativen Angebote für Menschen mit und ohne Demenz zu. Entscheidend war hier der Ansatz, alle interessierten Akteure zur Zusammenarbeit einzuladen. Schulen und Kindergärten, Vereine, Alteneinrichtungen und viele andere wendeten sich mit eigenen Projektideen an die Projektleitung.

Es wurden über 40 Einzelprojekte im Stadtgebiet umgesetzt, von Kindergarten-Altenheim-Kooperationen über eine Broschüre zum Thema Wohnraumanpassung bei Demenz für das Handwerk bis zu Kreativ-Angeboten wie Tanzen, Handwerken und Malen oder den Zirkus der Generationen oder der Begegnung mit Tieren. In diesen Angeboten konnten Menschen mit und ohne Demenz sich auf Augenhöhe begegnen, gemeinsam ihre Fähigkeiten entfalten und Neues entdecken. Gleichzeitig wurde in den Medien immer wieder über einzelne Projekte berichtet. Die überwiegende Zahl dieser Projekte gibt den Demenzbetroffenen eine Rolle und aktiviert sie. Gleichzeitig bedeutet sie eine Entlastung der Angehörigen, die einen dementen Partner, Vater oder Mutter etc. betreuen und unterstützen. Für die kooperierenden Akteure jeden Alters sind es lohnende Bildungsprozesse.

Einzelfallberatung
Den Erfahrungen auf der Einzelfallebene kommt ein besonderer Stellenwert zu. In der Einzelfallberatung wurde der individuelle Unterstützungsbedarf ermittelt, um anschließend die verfügbare Unterstützung sowohl aus dem professionellen Sektor als auch aus dem zivilgesellschaftlichen Bereich zu vermitteln. Die passgenaue Vermittlung von bürgerschaftlichem Engagement im Einzelfall erwies sich als schwierig. Dies zeigte der Kontakt zu etwa 250 Klienten, die im Laufe der Projektphase Kontakt zu den Projektberatern hatten. In der Beratungsarbeit stieß die Vermittlung zivilgesellschaftlicher Entlastungs- und Unterstützungsangebote auf Hürden. Dazu zählten:

- Wunsch von Familien nach ausschließlich professionellen Entlastungsangeboten wie Tagespflege, Kurzzeitpflege oder Unterstützung durch ambulante Dienste
- Akuter Hilfebedarf, der schnelle Hilfe erforderlich macht
- Schneller und verbindlicher Einsatz von zivilgesellschaftlichen Unterstützungs- und Entlastungsstrukturen erfordert eine hohe Stabilität des jeweiligen Angebotes
- Eine schon seit einigen Jahren relative Zurückgezogenheit der Betroffenen erschwert die Vermittlung von zivilgesellschaftlichen Angeboten

Als Erfolgsfaktoren für eine gelungene Vermittlungsarbeit konnten identifiziert werden:

- Etablierte kommunale Beratungsstellen für den Ansatz gewinnen
- Gespräche mit vermittelnden Stellen führen (Hausärzte, Sozialdienst der Krankenhäuser, Pflegedienste etc.)
- Existierende lokale bürgerschaftliche Angebote sammeln, Kontakte herstellen, Möglichkeiten der Zusammenarbeit klären
- Die Atmosphäre der Kooperation/Beziehungspflege zu bürgerschaftlichen Gruppen und Einzelpersonen
- Stimmige „Blickrichtung" des Beraters in Richtung Potenziale der Zivilgesellschaft
- Niedrigschwellige, meist kurzfristige Hilfe- und Betreuungsangebote, deren Vermittlung durch einen Pool von geschulten Helferinnen ermöglicht wird
- Familien mit relativ guter Integration in ein soziales Umfeld sind besonders offen für zivilgesellschaftliche Unterstützungsangebote
- Einbeziehung bürgerschaftlicher Hilfen so früh wie möglich, um spätere Abschottungsprozesse erst gar nicht auszulösen

Der Erfolg hängt stark von dem Engagement und der Überzeugungskraft der handelnden Personen (Einzelfallberater) ab. Der entscheidende Faktor mit Blick auf den Einzelfallberater ist, den Fokus der Beratung darauf zu richten, wie die Potenziale bürgerschaftlichen Engagements zu nutzen sind, wie sie erweitert werden können, inwiefern die betreffenden Familien hierfür generell offen sind und was für diese Offenheit im Einzelnen erfolgversprechend zu leisten ist.

Die Verknüpfung von professionellen und zivilgesellschaftlichen Ressourcen durch den Aufbau neuer Angebote für Menschen mit Demenz und ihre Angehörigen war möglich und erfolgreich. Betreuungs- und Kreativangebote aus Kunst und Kultur konnten durch das hohe Engagement von Kooperationspartnern im Stadtgebiet aufgebaut werden. Sie wurden gut angenommen und ermöglichten Menschen mit Demenz Teilhabe am öffentlichen Leben. Gleichzeitig stehen heute allgemeine Entlastungs-, „Auszeit"- sowie Notfall-Angebote für betreuende Angehörige zur Verfügung, die bürgerschaftlich getragen werden.

Wissenstransfer
Aufgabe der „Arnsberger ‚Lern-Werkstatt' Demenz" war es schließlich, das gewonnene Wissen, die „gelernten Lektionen" aufzubereiten und für andere Städte und Gemeinden ebenso wie für zivilgesellschaftliche Initiativen zur Verfügung zu stellen. Es wurde ein kleines Praxis-Handbuch erarbeitet, dass sich in zwei Teile gliedert. Der erste Teil richtet sich vornehmlich an Entscheider, die sich mit dem Thema Demenz als lokale Gestaltungsaufgabe befassen. Der zweite Teil orientiert sich an der Praxis. Hier werden konkrete Ansätze und Projekte dargestellt, die im Rahmen des Modellprojektes umgesetzt wurden. Das Handbuch steht im Internet als PDF-Datei zum Download bereit und kann darüber hinaus in gedruckter Form über die Stadt Arnsberg bestellt werden.

Verstetigung
Die „Arnsberger ‚Lern-Werkstatt' Demenz" wird auch nach der Modellphase als ein bedeutender Schwerpunkt der kommunalen Fachstelle Zukunft Alter in der Zukunftsagentur Arnsberg weitergeführt und somit nachhaltig gesichert, weil sie eine Antwort auf die drängenden Fragen des demografischen Wandels darstellt. Die kommunale Koordinierungsstelle, und damit die Stelle der Projektleitung, wird in die Regelfinanzierung der Stadt Arnsberg aufgenommen. Sie konzentriert sich zukünftig vor allem auf die Netzwerkarbeit und dient als Schnittstelle zwischen professionellen und zivilgesellschaftlichen Akteuren sowie der Beratung der Stadtverwaltung. Es wird ihre Aufgabe sein, die vielfältigen Aktivitäten des bürgerschaftlichen Engagements zu registrieren, neue zu initiieren und Netzwerke auszubauen. Sie wird an die beratenden Stellen im Stadtgebiet wie die trägerunabhängige Pflege- und Wohnraumberatung des Hochsauerlandkrei-

ses, die Beratungsangebote der Wohlfahrtsverbände und die privaten Beratungsstellen herantreten und für den Ansatz werben, neben den professionellen Angeboten auch auf die Ressourcen der Zivilgesellschaft zurückzugreifen und bürgerschaftliche Angebote im Beratungsprozess aktiv zu vermitteln. Die kommunale Koordinierungsstelle wird als Dienstleister für die Berater im Einzelfall auf Anfrage klären, welches bürgerschaftliche Angebot in Frage kommt und die passenden Kontakte herstellen.

Im Projektverlauf ist es gelungen, die Netzwerkarbeit auf eine breite Basis zu stellen. Es wurde das Arnsberger Netzwerk Demenz in Form eines runden Tisches gegründet, das als Plattform für unterschiedliche Partner dient und gemeinsame Aufgaben bearbeitet. Die Zusammenarbeit mit dem Demenz-Servicezentrum NRW Region Südwestfalen, der Sozialplanung des Hochsauerlandkreises und der Alzheimergesellschaft Hochsauerlandkreis ist ebenfalls ein auf Langfristigkeit ausgelegter Beitrag zum Wissenstransfer, der Netzwerkarbeit und Qualifizierung.

Arnsberg verfolgt in Zukunft das Leitbild der „demenzfreundlichen Kommune" weiter und setzt dabei auf die guten Erfahrungen aus dem Dialog der Generationen und der Netzwerkarbeit. Ein dichtes Netz um die Familien und die Unterstützung von möglichst vielen Partnern können eine bessere Lebensqualität für Menschen mit Demenz und ihre Angehörige ermöglichen.

Zudem wird sich die Stadt Arnsberg zukünftig mit Fragen der Prävention und Rehabilitation beschäftigen. Die Akteure vor Ort sind sich sicher, dass sie wieder Menschen, Gruppen und Einrichtungen gewinnen werden, die – auch um sich selbst zu entwickeln und einen eigenen Mehrwert zum Beispiel in Form von Bildungsprozessen zu erreichen – ihre Möglichkeiten einbringen werden und zwar dort, wo sie zu Hause sind.

Lessons learned – Zusammenfassung

Abschließend können die im Projekt „Arnsberger ,Lern-Werkstadt' Demenz" gewonnenen Erkenntnisse, die „gelernten Lektionen" wie folgt beschrieben werden:

- Das Thema „Demenz" kann erfolgreich enttabuisiert werden. Voraussetzung ist eine stetige gesellschaftliche Kommunikation, die insbesondere über Projekte organisiert werden kann. Die Folge: mehr Wissen, mehr Prävention, mehr und bessere Unterstützung durch Familie, sowie mehr und bessere Unterstützung der Betroffenen und ihrer Familien durch engagierte Bürger und Profis. Voraussetzung: Die Stadt muss Verantwortung übernehmen – von allein geht es nicht.

Die Arnsberger „Lern-Werkstadt" Demenz

- Ein besseres Leben mit Demenz ist möglich, wenn wir familiäre Begleitung, professionelle Unterstützung und bürgerschaftliches Engagement eng und individuell miteinander verknüpfen. Voraussetzung: Offenheit füreinander, frühzeitige Information und Beratung, Qualifikation und lokale Netzwerke. Die Stadt initiiert, vernetzt und unterstützt. Eine besondere Bedeutung kommt dem Hausarzt zu.
- Von besonderer Bedeutung ist eine frühzeitige Beratung, die nicht defizitorientiert arbeitet, sondern die individuellen Potenziale der Betroffenen und ihrer Familien in den Blick nimmt und die die Unterstützung von Profis und freiwilligem Engagement passgenau koppelt und vermittelt. Individuelle, flexible und vielfältige Unterstützungsmöglichkeiten entstehen, die wir vorher noch gar nicht gekannt haben.
- Die neue Unterstützung von Menschen mit Demenz und ihrer Familien macht die Stadt sozial produktiver und lebendiger. Sie verbindet über das Thema „Demenz" Generationen miteinander und schafft sozialen Zusammenhalt.

Nicht zuletzt: Ein besseres Leben mit Demenz wird möglich durch ein neues kommunales „Management" von bürgerschaftlichem Engagement und professionellem Handeln, von Einzelaktivitäten und Netzwerken. Es wird möglich durch eine neue Kultur des Miteinanders der Generationen, die mit Mut, Freiheit und Neugierde beginnt. Neugierde, auch auf das, was wir von Menschen mit Demenz für unsere Zukunft lernen können, in der wir alle Demenzbetroffene oder deren unterstützende Angehörige sein können. Das Lernen des Lebens mit Demenz ist ein Thema der Gesellschaft des langen Lebens. Diese Gesellschaft vor Ort zu organisieren bedeutet, Städte des guten und langen Lebens zu organisieren und zu unterstützen. Dies aber ist eine neue Aufgabe kommunaler Selbstverwaltung, keine freiwillige, sondern eine Pflichtaufgabe der Kommunen.

9 Rahmenbedingungen für ein Altern mit Zukunft

David Stoll, Birgit Greger & Doris Wohlrab

Für das Ziel einer zukunftsorientierten Gestaltung des Alter(n)s in unserer Gesellschaft ist es erforderlich, gemeinsam mit den Bürgerinnen und Bürgern geeignete Rahmenbedingungen für das heutige und zukünftige Alter und Altern zu schaffen, aufrecht zu erhalten und kontinuierlich weiter zu entwickeln. Lange wurde Alten- und Seniorenpolitik vor allem als Altenhilfepolitik aufgefasst. Seit einiger Zeit kommt es hierbei allerdings zu einem Paradigmenwechsel hin zu einer „erweiterten sozial- und gesellschaftspolitischen Konzeptualisierung von Alter(n) und Altsein" (Naegele, 2010, 98). Kommunale Altenpolitik muss daher auch das Miteinander der Generationen berücksichtigen (vgl. u. a. Klie, 2010, 76). Den Kommunen kommt dabei eine Schlüsselrolle zu - es sind zuallererst die örtlichen Gemeinden, d. h. die (Land-)Kreise, (kreisfreien) Städte und Gemeinden, die für die Gestaltung der Rahmenbedingungen für das heutige und zukünftige Alter und Altern eine wesentliche Verantwortung dafür tragen.

9.1 Kommunen im demografischen Wandel

Im Rahmen der intensiver werdenden Diskussionen über die Zukunft des Alter(n)s sind die bekannten gesellschaftlichen Veränderungsprozesse des soziodemografischen Wandels („weniger, älter, bunter") zu benennen:

- Zunahme der Anzahl alter, insbesondere hochaltriger Menschen
- Zunahme der Anzahl alter Menschen mit Migrationshintergrund
- Zunahme der Anzahl alter Menschen mit Behinderungen
- Zunahme der Anzahl pflegebedürftiger Menschen
- Zunahme der Anzahl von Menschen mit Demenzerkrankungen
- Zunahme der Anzahl der von Armut betroffenen alten Menschen
- Zunahme der Anzahl allein lebender, teilweise kinderloser, alter Menschen
- Abnahme des familiären Pflegepotenzials

Zusätzlich zu diesen Entwicklungen muss insbesondere die o. g. „Variabilität des Alter(n)s" beachtet werden, z. B. die Heterogenität, Individualisierung, Differenzierung der Lebenslagen alter Menschen. Nahezu jede Gemeinde in Deutschland ist derzeit mit diesen perspektivischen Entwicklungen konfrontiert. Die Kommunen bewegen sich in der Bewältigung des demografischen Wandels und in der Etablierung zeitgemäßer Altenhilfestrukturen in einem extremen Spannungsfeld: Einerseits wird es im Sinne eines Verständnisses von Alter(n) als Querschnittsaufgabe darum gehen, eine „thematisch-inhaltliche Perspektiven- und Zielgruppenerweiterung" vorzunehmen, andererseits wird parallel dazu eine „Akzentuierung der traditionellen Daseinsvorsorgeaufgaben" stattfinden (Naegele, 2010, 98 ff.).

Das kann einerseits z. B. bedeuten, dass das Themen wie „Wohnen und Wohnumfeld älterer Menschen", „Verkehr und Mobilität" oder „Bildung, Kultur und neue Medien" intensiver in der örtlichen Seniorenpolitik in den Blick genommen werden und auch dass gut (aus-)gebildete alte Menschen mit einer hohen Bereitschaft zu gesellschaftlichen Engagement in der Kommune mitgestalten können und dabei gefördert werden. Andererseits muss dies jedoch auch bedeuten, dass Menschen in spezifischen, oft komplexen und/oder problematischen Lebenslagen mit sehr unterschiedlichen Unterstützungsbedarfen (z. B. hilfs- und/oder pflegebedürftige, von sozialen Netzwerken weitgehend abgeschnittene alte Menschen mit geringen finanziellen Ressourcen) im Rahmen der kommunalen Daseinsvorsorge noch stärker berücksichtigt werden (vgl. u. a. Klie, 2010, 75-76, Naegele, 2010, 100-101). Die gemeinhin angespannte kommunale Haushaltslage erschwert die Bewältigung dieser Aufgaben allerdings zunehmend.

9.2 Gesetzliche Rahmenbedingungen

Städte und Gemeinden repräsentieren diejenige öffentliche und gesellschaftliche Ebene, die am unmittelbarsten mit den Folgen von gesellschaftlichen Entwicklungen konfrontiert sind. Darüber hinaus liegt auch die Aufgabe zur Gestaltung der „öffentlichen Altenhilfe" in der Verantwortung der Kommunen. Grundlage dieser Verantwortung ist zunächst ganz allgemein die Zuständigkeit der Städte und Gemeinden für die „Angelegenheiten der örtlichen Gemeinschaft" (Art. 28, Abs. 2 Grundgesetz und z. B. in Bayern Art 83, Abs. 1 der Bayerischen Verfassung, i.V.m. Art. 57 der Gemeindeordnung). Die Kommunen müssen und können damit – im Rahmen der sogenannten „kommunalen Daseinsvorsorge" – in eigener Verantwortung geeignete Maßnahmen ergreifen bzw. Aufgaben im Zusammenhang mit der Sorge um alte Menschen enthalten zudem die Regelungen des § 71 Zwölftes Sozialgesetzbuch (SGB XII – „Altenhilfe"). Die darin aufgeführten Maßnahmen (u. a. Hilfen bei der Beschaffung und beim Erhalt einer altersgerechten Wohnung, bei der Inanspruchnahme altersgerechter Dienste oder zur Teilnahme am kommunikativen und kulturellen Leben) sollen – anders als im Sozialhilferecht sonst üblich – ohne Rücksicht auf vorhandenes Einkommen oder Vermögen gewährt werden, womit grundsätzlich alle alten Menschen als Bezieher dieser Dienstleistungen in Frage kommen. Diese Regelung bildet damit die zentrale Basis der meisten kommunalen Aktivitäten zur Unterstützung alter Bürgerinnen und Bürger.

Klare, gesetzlich verankerte Standards bezüglich der Art und Weise der entsprechenden Versorgungsstrukturen für ältere Menschen fehlen jedoch im Gegensatz zur Jugendhilfe (KJHG) im Bereich der Altenhilfe nahezu völlig. Aus diesem Grund ist die inhaltlich-fachliche Gestaltung der kommunalen Versorgungsstrukturen in vielen Fällen lediglich „freiwillige Aufgabe" der Städte und Gemeinden. Entsprechend uneinheitlich stellt sich die Versorgungslandschaft in Deutschland in diesem Feld dar - zumal die Möglichkeiten zur Förderung von geeigneten Angeboten in diesem Feld aufgrund der nur eingeschränkten rechtlichen Normierung stärker von der jeweiligen kommunalen Haushaltslage abhängt, als dies bei gesetzlich verbindlich festgelegten und präzise definierten Aufgaben der Fall ist. Ein dezidiertes, individuelles „Recht auf Beratung", wie im Kinder- und Jugendhilferecht, gibt es beispielsweise für ältere Menschen nicht.

Dieser strukturelle Mangel wird zudem durch den Umstand verstärkt, dass der Gesetzgeber mit der Einführung der gesetzlichen Pflegeversicherung (Elftes Sozialgesetzbuch - SGB XI) im Bereich der pflegerischen Versorgung einen „Pflegemarkt" geschaffen hat, durch den die Möglichkeiten kommunaler Steuerung von Versorgungsstrukturen erheblich eingeschränkt wurden (vgl. § 82 Abs. 5 SGB XI). In ihrer Gesamtheit bilden diese Rahmenbedingungen damit eine durchaus zwiespältige Grundlage für die kommunale Zukunftsaufgabe „Gestaltung des gesellschaftlichen Alterns". Sie bergen gleichermaßen Chancen wie Risiken: Chancen, weil jede Kommune einen relativ flexibel und individuell gestaltbaren Spielraum zur Verfügung hat, um die regional notwendigen und gewünschten Versorgungsstrukturen zu schaffen bzw. zu unterstützen. Risiken, weil die recht labile normative Grundlage im Umkehrschluss keine verbindlichen Standards definiert und „freiwillige" kommunale Leistungen insgesamt deutlich schlechter gegenüber Haushaltskürzungen abgesichert sind, als gesetzlich konkret vorgeschriebene Standards und Maßnahmen.

9.3 Aktive Gestaltung des Alter(n)s in München

Die Landeshauptstadt München hat sich auf der Basis der dargestellten Rahmenbedingungen traditionell für eine sehr weite Auslegung ihrer kommunalen Spielraums bei der Gestaltung der Angebote und Hilfen für alte Menschen entschieden. Dennoch sei an dieser Stelle auch noch einmal auf die Schwierigkeiten kommunaler Planungsprozesse in der Seniorenpolitik der Stadt München hingewiesen. Die bereits erwähnten, teilweise sehr dürftigen gesetzlichen Grundlagen der Altenhilfe machen diese stärker als beispielsweise die Jugendhilfe von der finanziellen Lage und dem politischen Willen einer Kommune abhängig. Angesichts der vergleichsweise stabilen Haushaltslage in der Stadt München sind diese Wirkungen derzeit jedoch noch weniger relevant. Was den konkreten Aufgabenbereich der Altenhilfeplanung betrifft, so schränkt vor allem der mit Einführung der Pflegeversicherung entstandene freie Pflegemarkt die Steuerungsmöglichkeiten der Kommune in diesem Feld deutlich ein. Die Differenzierung der Verwaltung in einzelne Fachreferate und Produkte erschwert Planungsprozesse zudem insofern, als zum einen die finanzielle Verantwortung von Angeboten bei den zuständigen Produktverantwortlichen angesiedelt ist und die Planungsverantwortlichen ihrerseits über kein eigenes Budget verfügen. Zum anderen erfordert diese Fach- und Produktlogik eine laufende Koordination der einzelnen Fachbereiche und Referate hinsichtlich dieser Thematik. Die Größe der Stadt München mit etwa 1,4 Mio. Einwohnerinnen und Einwohnern stellt darüber hinaus besondere Anforderungen an Partizipationsprozesse von Bürgerinnen und Bürgern in der Planung. Die von der Stadt München gewählten Ziele und Maßnahmen werden regelmäßig in den Seniorenpolitischen Konzepten dargelegt. Das Vorgehen in der Gestaltung der Seniorenpolitik ist über eine Reihe von maßgeblichen, einstimmigen Beschlüssen im Sozialausschuss des Münchner Stadtrats festgelegt.

9.3.1 Tradition der Seniorenpolitischen Konzepte in München

Die Seniorenpoltischen Konzepte bilden den strategischen Rahmen für die Seniorenpolitik in München. Es handelt sich dabei um inzwischen drei grundlegende Beschlüsse zur Situation und Perspektive der Altenhilfe in München, die in einem vier- bis fünfjährigen Rhythmus aktualisiert und in den Sozialausschuss des Münchner Stadtrates eingebracht werden (Landeshauptstadt München 2003, 2007, 2012). Wichtige Impulse für dieses Vorgehen der Landeshauptstadt München lieferten einerseits das 2001 bis 2004 vom Bundesministerium für Familie, Senioren, Frauen und Jugend initiierte Modellprogramm „Altenhilfestrukturen der Zukunft" (Bundesministerium für Familie, Senioren, Frauen und Jugend, 2004) und die Empfehlungen der Bayerischen Staatsregierung zur Gestaltung kommunaler Seniorenpolitik (Bayerisches Staatsministerium für Arbeit und Sozialordnung, Familie und Frauen, 2009). Ein wesentliches Kernprinzip der Münchner Seniorenpolitik bildet die strategische Zusammenführung der in vielen Kommunalverwaltungen getrennt bearbeiteten Fachbereiche der „klassischen Altenhilfe" (offene Angebote der Kommunikation, Begegnung und Bildung alter Menschen und Hilfen zur Beratung, Information und Vermittlung für alte Menschen und ihre Angehörigen) und der „Hilfen bei Pflegebedürftigkeit". Die Landeshauptstadt München hat die kommunale Steuerung dieser Felder daher folgerichtig in einer Organisationseinheit (ergänzt noch um die „Hilfen für Menschen mit Behinderungen") zusammengefasst: in der „Abteilung Hilfen im Alter und bei Behinderung im Amt für Soziale Sicherung des Sozialreferats". Die im Jahr 2006 in dieser Form gebildete Verwaltungsorganisation hat seitdem insbesondere folgende Entwicklungen in München aktiv vorangetrieben:

- Ausbau häuslicher Pflege- und Versorgungsformen (z. B. ambulant betreute Wohngemeinschaften für pflegebedürftige Menschen)
- Fortführung des bedarfsgerechten, flächendeckenden Ausbaus der Alten- und Servicezentren
- fachliche Weiterentwicklung der Informations- und Beratungsangebote für alte Menschen und ihre Angehörigen
- konsequente Fortführung der Strategie der Qualitätsverbesserung in der pflegerischen Versorgung durch städtische Förderprogramme
- Sicherung städtischer Flächen und Grundstücke für zeitgemäße vollstationäre Pflegeeinrichtungen (auf der Basis eines fachlichen Anforderungsprofils und nach regionalen Kriterien).
- laufende fachliche Weiterentwicklung der „Hilfen zur Pflege" nach dem SGB XII
- Förderung eines inklusiven Gemeinwesens
- Erprobung von quartiersbezogenen Versorgungskonzepten für alte und pflegebedürftige Menschen und Menschen mit Behinderungen
- verstärkte Öffnung der Angebote der Altenarbeit und Pflege für neue Zielgruppen (insbesondere für Menschen mit Migrationshintergrund, und/oder mit Behinderung und/oder mit gleichgeschlechtlicher Identität).

9.3.2 Städtisch geförderte Angebote für ältere Menschen

Auf der Basis der Münchner Seniorenpolitischen Konzepte und der dargestellten Rahmenbedingungen ist eine große Zahl sehr unterschiedlicher, von der Stadt München geförderter Strukturen zur Versorgung alter Menschen entstanden, z. B.:

- 32 Alten- und Service-Zentren (ASZ)
- 6 Beratungsstellen für alte Menschen der Verbände der freien Wohlfahrtspflege, z. B. Beratungsstelle Demenz (Alzheimer Gesellschaft München e. V.) oder Beratungs- und Vernetzungsstelle für ältere Lesben, Schwule und Transgender (rosaAlter der Münchner Aids-Hilfe e. V.)
- 13 „Fachstellen für pflegende Angehörige im Bayerischen Netzwerk Pflege" (vom Freistaat Bayern finanziert, von den 13 Stellen werden 6 durch die LH München, Sozialreferat kofinanziert)
- 13 „Fachstellen häuslichen Versorgung" in den städtischen Sozialbürgerhäusern
- Angebote der Wohnberatung und Wohnungsanpassung
- Angebote der offenen Altenhilfe, z. B. Seniorentreffs
- Münchner Pflegebörse
- städtische Beschwerdestelle für Probleme in der Altenpflege
- Kommunal geförderte Programme der „Heiminternen Tagesbetreuung", der „Pflegeüberleitung" und der „Pflegeergänzenden Leistungen"
- Modellprojekt „Präventive Hausbesuche", d. h. zugehende Beratung und Hilfevermittlung für 75jährige und Ältere

Mit ihrem Angebot versucht die Stadt München die beschriebenen vielschichtigen Herausforderungen hinsichtlich einer nachhaltigen Unterstützung und Versorgung ihrer alten Bürgerinnen und Bürger zu bewältigen. Dabei geht es darum, allen Gruppen alter Menschen in München möglichst passende Angebote zu machen, z.b. aktive alte Menschen bei ihrem Engagement zu fördern und zu unterstützen, hilfebedürftigen Menschen und ihren Angehörigen dezentrale und neutrale Anlaufstellen zur Verfügung zu stellen und für pflegebedürftige Bürgerinnen und Bürger mögliche Nachteile des Pflegemarktes durch ergänzende Hilfen auszugleichen. Darüber hinaus gibt es in München weitere Angebote für alte Menschen, wie beispielsweise die Gerontopsychiatrischen Dienste (Förderung durch den Bezirk Oberbayern) oder die vielfältigen Angebote kirchlicher Gemeinden.

Rahmenbedingungen für ein Altern mit Zukunft

9.3.3 Das aktuelle Seniorenpolitische Konzept des Sozialreferats der Landeshauptstadt München

Das aktuelle dritte Seniorenpolitische Konzept des Sozialreferats der Landeshauptstadt München wurde am 12.01.2012 im Sozialausschuss des Münchner Stadtrats beschlossen. Wie in den vorausgegangenen Kapiteln erläutert, sind Alter, Altern und Älterwerden ein gesamtgesellschaftliches Thema, das weit über soziale Fragen hinausgehen. Das Seniorenpoltische Konzept des Sozialreferats ist kein umfassendes, seniorenpolitisches Gesamtkonzept (Art. 69 Bayerisches Gesetz zur Ausführung der Sozialgesetze, AGSG), das die Lebenslagen alter Menschen beispielsweise auch in den Bereichen Kultur, Verkehr, Bauen, Arbeit, Gesundheit, Stadtplanung betrachtet. Da das Thema Senioren von allen (Fach)Referaten der Stadt München als Querschnittsthema bearbeitet wird, reduziert sich das Seniorenpolitische Konzept auf „die Darstellung der in sozialpolitischer Hinsicht relevanten Fragestellungen und Entwicklungen mit den entsprechenden Steuerungsmöglichkeiten des Sozialreferats der LH München". Dennoch wird in der nachfolgenden Darstellung der Handlungsfelder mit den Zielen und Maßnahmen deutlich, dass eine „Perspektivenerweiterung" und „Akzentuierung der traditionellen Daseinsvorsorgeaufgaben" versucht wird, vorzunehmen (vgl. Landeshauptstadt München, 2012, S. 1-2; Naegele, 2010, S. 101-102 – und siehe Punkt 9.1 dieses Artikels). In diesem Konzept wurde für die fachliche Weiterentwicklung der dargestellten kommunalen Strategie eine Fokussierung auf folgende sozialpolitische „Handlungsfelder" beschlossen:

- Bürgerschaftliches Engagement von alten und für alte Menschen
- Prävention – mit dem Ziel des Erhalts von Selbständigkeit und Lebensqualität alter Menschen
- Altern in Nachbarschaft und im Viertel
- Information, Beratung und unterstützende Begleitung
- Versorgung und Pflege
- Armut im Alter

Die Querschnittsthemen Geschlecht, Migration, Behinderung, gleichgeschlechtliche Lebensweise werden jeweils innerhalb der Handlungsfelder mit betrachtet. So wird beispielsweise das Sozialreferat in den nächsten Jahren an einem Konzept zur interkulturellen Öffnung der Einrichtungen in der Alten- und Behindertenhilfe arbeiten. Zudem wird derzeit ein referatsübergreifender Aktionsplan zur Umsetzung der UN-Behindertenrechtskonvention erstellt.

Die wichtigsten Aspekte der fachlichen Diskussion, die zentralen Ziele und einige beispielhafte Maßnahmen zur Erreichung dieser Zielsetzungen in München werden in den folgenden Kapiteln beschrieben. Grundlage ist das Anfang 2012 vom Stadtrat verabschiedete dritte Seniorenpolitische Konzept des Sozialreferats.

9.3.4 Bürgerschaftliches Engagement von alten und für alte Menschen

Die Förderung von Leistungen im Bereich des gesellschaftlichen Engagements ist explizit als Aufgabenbereich der Altenhilfe nach § 71 SGB XII benannt. Bürgerschaftliches Engagement und Selbsthilfe sind wichtige Bausteine gesellschaftlicher Integration und für eine solidarische Stadtgesellschaft. Sie bilden mit ihrer eigenen Qualität und Intensität eine wertvolle und aus der Münchner Stadtgesellschaft nicht mehr wegzudenkende Ergänzung zum professionellen System der Sozialen Arbeit. Bürgerschaftliches Engagement und Selbsthilfe dienen nicht der Konsolidierung öffentlicher Haushalte und ersetzen keine Sozialleistungen, sondern besitzen einen eigenen Stellenwert. Sie ergänzen die bestehende soziale Infrastruktur durch selbstorganisierte, lebensweltnahe Angebote.

Bürgerschaftliches Engagement von alten Menschen wird häufig einseitig verkürzt und ausschließlich als Engagement „für" alte Menschen diskutiert. Auf der Basis dieser Sichtweise werden alte Menschen vorwiegend als krank, hilfe- und pflegebedürftig wahrgenommen. Der zweifelsohne quantitativ sehr viel größere Bereich des Engagements „von" alten Menschen in kirchlichen, kulturellen und sozialen Bezügen tritt damit ungerechterweise in den Hintergrund. Der sechste Altenbericht der Bundesregierung fordert daher, die Produktivität und den Beitrag alter Menschen für die Gesellschaft stärker in den Fokus der öffentlichen Aktivitäten im Bereich der Altenhilfe zu rücken (Bundesministerium für Familie, Senioren, Frauen und Jugend, 2010. S. 27ff, 113ff, 124ff, 138ff). Diese Entwicklung ist auch im Kontext eines Diskurses zu sehen, der echte Beteiligungsprozesse engagierter Bürgerinnen und Bürger an der Planung und Ausgestaltung des Sozialraums fordert (Albrecht, 2010). Der Deutsche Verein für öffentliche und private Fürsorge verweist in seinem Eckpunktepapier zum bürgerschaftlichen Engagement im Gemeinwesen auf die Verantwortung der Kommunen zur Förderung engagementfreundlicher Strukturen (Deutscher Verein für öffentliche und private Fürsorge, 2008). Die Orientierung der Altenarbeit im Bereich des Bürgerschaftlichen Engagements an sozialraumbezogenen Zielen ist auch deshalb besonders relevant, da hier alte Menschen ihre Ressourcen und Potentiale besonders gut einbringen können. Für München gelten daher in diesem Handlungsfeld folgende Zielsetzungen:

Rahmenbedingungen für ein Altern mit Zukunft 225

- Bürgerschaftliches Engagement, Teilhabe, politische Partizipation und Mitgestaltung alter Menschen (an) der Gesellschaft sind gesichert
- Selbsthilfepotentiale von alten Menschen werden erhalten und gefördert
- Die Zusammenarbeit von Professionellen und Ehrenamtlichen ist koordiniert

Dies soll unter anderem mit folgenden Maßnahmen erreicht werden:

- Gewinnung neuer Ehrenamtlicher im Rahmen der jährlichen „Münchner Freiwilligenmesse"
- Förderung der Schulungen für an Bürgerschaftlichem Engagement interessierte Bürgerinnen und Bürger
- Konzeptionelle Verankerung des Weiteren, bedarfsgerechten Ausbaus des Bürgerschaftlichen Engagements in den Einrichtungen der Altenhilfe in München (Alten- und Service-Zentren, Beratungsstellen etc.)
- Aufbau eines Kreises mehrsprachiger Helferinnen und Helfer für Besuchs- und Begleitdienste
- Ausweitung des Projekts „Mobilkultur" – Stadtteilerkundigungen für Menschen mit Migrationshintergrund (Evangelisches Bildungswerk)
- Prüfung der Potenziale und Grenzen des neuen Bundesfreiwilligendienstes für München

9.3.5 Prävention – mit dem Ziel der Erhaltung von Selbständigkeit und Lebensqualität alter Menschen

Die Präventionspotenziale bei alten Menschen sind hoch. Die Sachverständigenkommission des sechsten Altenberichts erachtet die Förderung präventiver Maßnahmen für alte Menschen daher als besonders wichtig (Sachverständigenkommission, 2010). Präventive Angebote im Alter sollen altersspezifische Erkrankungen (dabei auch psychische Erkrankungen) vermeiden, ihr Auftreten oder ihr Fortschreiten verzögern bzw. die Folgen abmildern – mit dem Ziel die Selbständigkeit und Lebensqualität alter Menschen zu erhalten. Zu unterscheiden ist hierbei zwischen der gesundheitlichen und der sozialen Prävention. Im Bereich der sozialen Prävention geht es um die Vermeidung negativer sozialer Folgen des Alterns, wie z.b. fehlende Teilhabemöglichkeiten. Gesundheitliche Prävention stellt Gesundheitsförderung in den Vordergrund. Der Eintritt von z. B. Pflegebedürftigkeit soll damit verzögert oder deren Auswirkungen zumindest gemildert werden. Die präventiven Angebote der Landeshauptstadt München orientieren sich dabei an den Ressourcen und Potenzialen alter Menschen und gründen auf einer Haltung des Empowerments. Relevante Aktivitäten und Themen im Bereich der Prävention bei alten Menschen sind insbesondere Bewegung, Ernährung, Stressbewältigung, Gedächtnistraining, Maßnahmen zur Früherkennung, Sturzprophylaxe, Vorsorgeuntersuchungen, Gesundheitsförderung pflegender Angehöriger, Vorbereitung auf den Ruhestand, Bildung etc.

Die Landeshauptstadt München versucht trotz schwieriger kommunaler Haushaltslage im Bereich der Prävention Angebote für alte Menschen zu erhalten und zu schaffen. Angebote der Altenhilfe nach § 71 SGB XII sollen auch dann erbracht werden, wenn sie der Vorbereitung auf das Altern und damit präventiven Zielen dienen. Die dezentral angesiedelten Alten- und Service-Zentren bieten präventive Angebote für alte Menschen an, wie z. B. Bewegungskurse oder Gedächtnistraining. Die Fachstellen häusliche Versorgung und die Beratungsstellen für alte Menschen und pflegende Angehörige führen u. a. Hausbesuche durch, um frühzeitigen Handlungsbedarf alter Menschen zu erkennen. Zudem hat die Landeshauptstadt München mit dem Modellprojekt „Präventive Hausbesuche" ein Angebot realisiert, das sich vorrangig an hochaltrige, alleinstehende alte Menschen mit geringem Einkommen und in einem Projektgebiet speziell an alte Menschen mit Migrationshintergrund wendet. Die wesentlichen Ziele in diesem Handlungsfeld sind in München daher in den kommenden Jahren:

- Angebote der Prävention sind in München flächendeckend vorhanden und bekannt
- Ressourcen alter Menschen sind aktiviert und mögliche negative Folgen des Alter(n)s sind vermieden, hinausgezögert und verringert
- Es besteht ein bedarfsgerechtes Angebot zur Vorbereitung auf das Alter(n)

Diese Ziele sollen insbesondere mit diesen Maßnahmen erreicht werden:

- Ermittlung bisher nicht erkannter Bedarfe und möglicher Kooperationspartner im Rahmen des Modellprojekts „Präventive Hausbesuche"
- Gezielte Öffentlichkeitsarbeit über die bestehenden Angebote der Prävention im Alter
- Förderung und Weiterentwicklung mehrsprachiger Angebote der Prävention
- Maßnahmen zur gegenseitigen Unterstützung über die Förderung von Selbsthilfegruppen und Nachbarschaftshilfen
- Angebote von Fachveranstaltungen, Vorträgen und Gruppenangeboten zur Gesundheitsförderung in den Alten- und Service-Zentren und Einrichtungen der offenen Altenarbeit

Rahmenbedingungen für ein Altern mit Zukunft 227

- Durchführung eines Projekts zur Suizidprävention bei alten Menschen
- Förderung der selbständigen Alltagsgestaltung und der Auseinandersetzung mit dem Älterwerden durch Angebote der Bildungsträger – inklusiver spezieller Kurse zur Vorbereitung auf den Ruhestand (auch muttersprachlich)

9.3.6 Altern in Nachbarschaft und im Viertel

Der Ausbau von wohnortnahen und kleinräumig organisierten Unterstützungs- und Versorgungsstrukturen, auch ohne bzw. bereits im Vorfeld von Pflegebedürftigkeit, ist eine unerlässliche Voraussetzung, um den Grundsatz „ambulant vor stationär" des Art. 69 des Bayerischen Ausführungsgesetzes für die Sozialgesetze (AGSG) umsetzen zu können. Ein unterstützendes Gemeinwesen ist dabei die Basis für ein selbständiges Leben und den Verbleib im bisherigen Wohnumfeld. Die Förderung gemeinwesenorientierter Wohnformen erhält zudem durch die 2009 in Kraft getretene UN-Behindertenrechtskonvention (UN-BRK) eine zusätzliche Bedeutung, da die UN-BRK „Inklusion" in allen Lebensbereichen fordert. Für alte Menschen und Menschen mit Behinderungen steigt in der Regel die Bedeutung des Quartiers. Quartiere sind diejenigen geografischen und sozialen Orte, in denen Teilhabe am unmittelbarsten ermöglicht werden kann. Dabei ist die Unterstützung bei Pflegebedarf nur ein Aspekt von vielen, die zur Sicherung der Lebensqualität im Alter beitragen. Das Quartier stellt zum einen spezifische Angebote, wie z. B. Freizeitmöglichkeiten, kulturelle Angebote, lokale Nahversorgung, bereit – zum anderen ist es vor allem jener Ort, an dem alte Menschen als wichtige Akteure im sozialen Netz aktiv sind und mit ihrem quartiersbezogenen Wissen und Sozialkapital einen wichtigen Beitrag für ihr Wohnumfeld leisten (Böhme & Franke, 2010).

Inwiefern Kommunen Nachbarschaften gestalten sollten oder auch können, wird fachlich unterschiedlich bewertet. Schließlich ist Nachbarschaft etwas, das sich im Grunde „von unten" her organisieren muss und nicht „von oben" verordnet werden kann. Allerdings können kommunale Strukturen diese Entwicklungen fördern. Eine solche Unterstützung kann dabei nur im Sinne von Kooperation und Partizipation mit den Bürgerinnen und Bürgern auf Augenhöhe erfolgen. Dabei ist zu beachten, dass unterstützende Nachbarschaften nicht von heute auf morgen entstehen. Engagement für das Quartier ist ein langfristiger Prozess. Aus diesem Grund fördert die Landeshauptstadt München bereits seit längerem sog. „Nachbarschaftstreffs" in ausgewählten Wohngebieten mit sozialem Handlungsbedarf. Diese sind nicht explizit für alte Menschen konzipiert, sondern bewusst durch ihren sozialraumorientierten Ansatz für alle Bewohnerinnen und Bewohner eines Quartiers offen. Die Erfahrungen zeigen allerdings, dass die Nachbarschaftstreffs gerne auch von alten Menschen in Anspruch genommen werden. Nachbarschaftsarbeit im Rahmen von gemeinwesenorientierter Quartiersarbeit hat das Ziel, die Entwicklung von Orten der sozialen Begegnung sowie soziale Netzwerke und des bürgerschaftlichen Engagements anzuregen (Scholl & Konzet, 2010). Eine professionelle Begleitung in der Aufbau- und Stabilisierungsphase ist wichtig, um die Nachhaltigkeit nachbarschaftlicher Aktivitäten sicherzustellen. Da sich in einer Großstadt wie München die Lebenslagen, Bedarfe und Ressourcen in verschiedenen Quartieren stark voneinander unterscheiden und auch relativ rasch verändern können, müssen spezifische Lösungen für jedes Quartier entwickelt werden. München hat sich daher für die Umsetzung einer stadtweiten Strategie „Versorgung im Viertel" entschieden. Die Ziele in diesem Feld lauten für München daher:

- Ein Konzept zur Schaffung von Strukturen, die einen längeren Verbleib im Viertel ermöglichen, ist erarbeitet
- Stadtviertel mit vorrangigem Handlungsbedarf und Eignung für das Konzept „Versorgung im Viertel" sind identifiziert
- Bereits bestehende Strukturen zum Erhalt der häuslichen und nachbarschaftlichen Versorgung sind weiterentwickelt

Diese Ziele sollen mit verschiedenen Maßnahmen erreicht werden, z. B. durch

- die Durchführung kleinräumiger Bedarfs- und Bestandanalysen (bzgl. der Versorgung und Pflege alter Menschen, Menschen mit Migrationshintergrund, mit Behinderungen, Angeboten der sozialen, medizinischen und alltäglichen Infrastruktur etc.)
- die Analyse bestehender Konzepte und Maßnahmen anderer Kommunen und deren Überprüfung hinsichtlich einer Umsetzbarkeit in München
- die Veranstaltung eines Fachtages zum Thema „Wohnungswirtschaftliche Kompetenz und soziale Verantwortung unter einem Dach" im Jahr 2012
- die Umsetzung eines Modellprojekts für ein „Mehrgenerationenwohnen im Wilhelmine-Lübke-Haus" mit Begegnungszentrum, Kindertagesstätte, barrierefreien Wohnungen für alte Menschen und Familien und Stützpunkt für einen ambulanten Pflegedienst.

9.3.7 Information, Beratung und unterstützende Begleitung

Die Bereitstellung von geeigneten Beratungsangeboten für alte Menschen ist eine wichtige Aufgabe im Rahmen der kommunalen Altenhilfe nach § 71 SGB XII. Darin sind die Grundlagen für eine präventiv und offen ausgerichtete Altenarbeit aufgezeigt, die sich vom tradierten Fürsorgeverständnis abwendet und die Defizitorientierung durch eine an den Ressourcen alter Menschen ausgerichtete Soziale Arbeit ersetzt (Rohden & Villard, 2010). Die Aufgaben in diesem Handlungsfeld sind vielfältig und reichen von der Informationsvermittlung, Vermittlung an andere Einrichtungen bis zur Begleitung und Unterstützung im Beratungsprozess. Die im sechsten Altenbericht der Bundesregierung dargestellte Vielfalt der Altersbilder und Lebenslagen alter Menschen sollte sich entsprechend auch in den kommunalen Angebotsstrukturen wiederfinden. Eine grundsätzliche Herausforderung ergibt sich dabei jedoch aus der leistungsrechtlichen Ungleichstellung der verschiedenen Beratungsangebote. Während die Beratung im medizinisch –pflegerischen Bereich leistungsrechtlich relativ gut geregelt und finanziert ist, (Pflegeberatung nach § 7a SGB XI) fehlen entsprechende Grundlagen für die Beratung im Bereich der sozialen Teilhabe und der psychosozialen Unterstützung (Wissert, 2010). Im Rahmen einer gemeinwesenorientierten Alten- und Stadtteilarbeit ist dabei die Vernetzung einzelner Angebote zu tragfähigen Strukturen ein wichtiges Ziel. Auf der Grundlage der UN-Behindertenrechtskonvention (s.o.) kommt zudem der Schaffung von entsprechenden kleinräumig und ortsnah angesiedelten Beratungsangeboten eine besondere Bedeutung zu (Zeman, 2009). Auch die Sicherung einer nachhaltigen Bereitstellung und Wirkung von Beratungsstrukturen und -prozessen sind wichtige Aspekte, die insbesondere durch die Entwicklung von Qualitätsstandards und die Sicherstellung einer längerfristigen Finanzierungsgrundlage erreicht werden müssen.

Darüber hinaus müssen Möglichkeiten einer besseren Erreichbarkeit bestimmter Zielgruppen ausgebaut werden, z.B. von alleinstehenden, wenig integrierten alten Menschen, psychisch erkrankten alten Menschen, alten Menschen mit Migrationshintergrund, Menschen mit Demenzerkrankungen und alten Menschen mit Behinderungen. München hat im Feld der Information, Beratung und unterstützenden Begleitung in den vergangenen Jahrzehnten bereits eine sehr vielfältige und nahezu flächendeckende Angebotsstruktur aufgebaut. Der Fokus der Zielstellungen für die kommenden Jahre liegt daher im Erhalt und der fachlichen Weiterentwicklung dieser Einrichtungen, d.h.

- das bestehende differenzierte und flächendeckende Angebot wird dem Bedarf angepasst und
- eine Anpassung der Beratungs- und Unterstützungsstrukturen an die soziodemografische und fachliche Entwicklung erfolgt fortlaufend.

Folgende Maßnahmen sollen dazu beitragen diese Ziele zu erreichen:

- Durchführung einer Wirksamkeitsstudie sozialer Einrichtungen durch die Forschungsabteilung „Interdisziplinäre Gerontologie" an der Hochschule München und unter Leitung von Professor Pohlmann
- Übertragung der so erhobenen Forschungsergebnisse auf die kommunalen Beratungsangebote
- Weiterentwicklung bestehender spezifischer Beratungsangebote, z.B. im Zuge des Modellprojekts „Präventive Hausbesuche" in einer Region für Menschen mit Migrationshintergrund
- Fort- und Weiterentwicklung von Kooperationsvereinbarungen, z.B. Kooperationsvereinbarung zwischen dem Sozialreferat der Landeshauptstadt München und dem Krisendienst Psychiatrie München oder Kooperationsvereinbarung zwischen den städtischen Fachstellen häusliche Versorgung, der Bezirkssozialarbeit, den Alten- und Service-zentren und den Beratungsstellen der Verbände der freien Wohlfahrtspflege
- Entwicklung von Qualitätsstandards zur Beratung von Menschen mit Demenzerkrankungen durch die Fachstellen häusliche Versorgung
- Ausbau muttersprachlicher Pflegekurse für pflegende Angehörige mit Migrationshintergrund
- Durchführung eines Fachtages „Inklusive offene Angebote" für alte Menschen im Jahr 2012.

9.3.8 Versorgung und Pflege

Die pflegerische (und hauswirtschaftliche) Versorgung wird in München im Wesentlichen über folgende Strukturen sichergestellt:

- Häusliche Pflege durch pflegende Angehörige (für rund 11.000 pflegebedürftige Personen)
- Professionelle ambulante Pflege durch mehr als 200 ambulante Pflegedienste (für ca. 7.500 pflegebedürftige Menschen)
- Alternative Pflege- und Versorgungsformen, z.B. in ca. 30 ambulant betreuten Pflegewohngemeinschaften

- Teilstationäre Angebote in 13 Tagespflegeeinrichtungen mit ca. 180 Plätzen
- Kurzzeitpflege als besondere Form der vollstationären Pflege
- Vollstationäre Pflege in 53 vollstationären Pflegeeinrichtungen mit über 7.000 Pflegeplätzen

Seit dem Beginn der Erhebungen der amtlichen Pflegestatistik ist in München eine konstante, leichte Abnahme häuslich-informeller Pflege durch Angehörige und eine entsprechende Zunahme professioneller ambulanter und vollstationärer Versorgungssettings erkennbar. Der Anteil von Empfängern stationärer Leistungen der Pflegeversicherung ist in München vergleichsweise niedrig und liegt bei 25%.Die wesentlichen Herausforderungen im Bereich der Pflege liegen künftig zum einen in der Versorgung der steigenden Anzahl pflegebedürftiger Menschen im Zuge der gesellschaftlichen Alterung bei gleichzeitig schwindendem familiär-informellen (Angehörigenpflege) und professionellem Pflegepotenzial (zunehmender Fachkräftemangel) und zum anderen in der Bewältigung neuer qualitativer Herausforderungen, z. B. durch den hohen Anteil demenziell erkrankter Pflegebedürftiger in vollstationären Pflegeeinrichtungen oder die notwendige interkulturelle Öffnung der Pflegedienste. Ergebnisse der großen gerontologischen Repräsentativerhebung „Möglichkeiten und Grenzen selbständiger Lebensführung in stationären Einrichtungen (MUG-III und MUG IV)" (Schneekloth & von Törne, 2009, v. a. S. 151 ff) verdeutlichen beispielsweise den Strukturwandel in der vollstationären Altenpflege. Die Verweildauer der Bewohnerinnen und Bewohner in den Einrichtungen betrug 1994 durchschnittlich viereinhalb Jahre, 2005 nur noch rund dreieinhalb Jahre.

60 bis 80 % aller Bewohnerinnen und Bewohner in vollstationären Pflegeeinrichtungen sind von einer psychischen Störung betroffen - insbesondere Alzheimer Demenz und vaskuläre Demenz, schizophrene Störungen, Suchterkrankungen, neurotische Störungen etc.. Es muss davon ausgegangen werden, dass der Anteil der Menschen mit psychischen Erkrankungen in Pflegeeinrichtungen künftig weiter zunehmen wird. Parallel dazu verändern sich auch die Strukturen und Angebotsformen der Pflegeeinrichtungen – so entwickeln sich beispielsweise verstärkt Wohngruppenkonzepte mit Bezugspflege neben der bislang vorherrschenden klassischen Stationspflege (vgl. u. a. Schneekloth & von Törne, 2009, S. 152). Aufgrund dieser Entwicklungen hat sich die Landeshauptstadt München dafür entschieden, neben der weiteren Schaffung von ambulant betreuten Wohngemeinschaften für Pflegebedürftige auch eine Umsetzung moderner Konzepte des Pflegeheimbaus[42], also z. B. eine Ausweitung stationärer Haus-

---

[42] z. B. Konzepte des Kuratoriums Deutsche Altershilfe: 4. Generation des Altenpflegeheimbaus mit dem Leitbild „Geborgenheit, Normalität und Wohnen – stationäre Hausgemeinschaften" oder 5. Generation des Altenwohnbaus mit dem Leitbild „Wohnen im Quartiershaus" siehe u. a.: Michell-

gemeinschaften und gerontopsychiatrischer Wohngruppen in vollstationären Pflegeeinrichtungen zu unterstützen. Dabei bildet das städtische Flächensicherungsprogramm eine der wenigen verbleibenden Möglichkeiten, um von Seiten der Landeshauptstadt München bedingt steuernd auf den Pflegemarkt einwirken zu können. Die hierbei in Besitz der Landeshauptstadt München befindlichen Grundstücke werden für eine Nutzung mit vollstationären Pflegeeinrichtungen reserviert und in Verbindung mit einem fachlichen Anforderungsprofil am Markt ausgeschrieben. Vorrangiges Vergabekriterium ist hierbei die Güte des fachlichen Konzepts der Bewerber, zum Beispiel die Umsetzung eines Hausgemeinschaftskonzepts, Konzepte zur interkulturellen Öffnung oder die Berücksichtigung spezieller Zielgruppen bzw. Leistungsangebote etc. Die Grundstücke werden von der Landeshauptstadt anschließend durch Entscheidung des Münchner Stadtrates in Erbpacht vergeben. Das Ziel dieses Handlungsfeld, eine möglichst flächendeckende und fachlich fundierte Versorgungsstruktur in allen wesentlichen Feldern der Pflege (häuslich, ambulant, teilstationär und vollstationär) zu erreichen, soll in München insbesondere mit folgenden Maßnahmen gefördert werden:

- Schaffung von 500 ambulanten Versorgungsplätzen in weiteren alternativen Pflege- und Versorgungsformen - insbesondere ambulant betreute Wohngemeinschaften für Pflegebedürftige
- Schaffung von 500 Plätzen in vollstationären Pflegeeinrichtungen im Rahmen des städtischen Flächensicherungsprogramms
- Abschluss des Bauprogramms der städtischen Pflegeeinrichtungen der Gesellschaft MÜNCHENSTIFT GmbH
- Erarbeitung beispielhafter Schulungskonzepte zur interkulturellen Öffnung der Pflegeeinrichtungen
- Erstellung eines jährlichen „Marktberichts Pflege" für München
- Laufende Evaluation und Fortschreibung der folgenden Fördermaßnahmen zur Optimierung der Qualität in der ambulanten, teilstationären und vollstationären Pflege, z.B. pflegeergänzende Leistungen in der ambulanten Pflege, Fort- und Weiterbildung in der ambulanten Pflege und in Tagespflegeeinrichtungen, Supervision für Pflegende, Personalentwicklungsmaßnahme zur Verbesserung des Umgangs mit Bewohnerinnen und Bewohnern mit Demenzerkrankungen in vollstationären Pflegeeinrichtungen. Programm „Heiminterne Tagesbetreuung" und Programm „Pflegeüberleitung" in vollstationären Pflegeeinrichtungen

---

Auli, P. (2011). KDA-Quartiershäuser: Die 5. Generation der Alten- und Pflegeheime. In: Pro Alter 43 (5), S. 11-19.

9.3.9 Armut im Alter

In München erhalten aktuell mehr als 11.000 Personen über 65 Jahre Grundsicherung im Alter.[43] Das Sozialreferat der Landeshauptstadt München rechnet mit einer Zunahme der Zahl dieser Menschen auf rund 24.000 im Jahr 2020. Alte Migrantinnen und Migranten sind dabei um ein Vielfaches häufiger betroffen als alte Menschen mit deutscher Staatsbürgerschaft.

Ein wesentliches Ziel der Münchner Programme und Maßnahmen zur Bekämpfung von Altersarmut ist es, die materielle Existenz und die Teilhabe am gesellschaftlichen Leben für alle alten Menschen zu sichern. Die kommunalen Ansätze zur Bekämpfung von Altersarmut setzen bei der Linderung der Folgen von Armut an. Denn alte Menschen mit geringem Einkommen und/oder Grundsicherungsbezug können ihre Einkommenssituation kaum oder gar nicht mehr entscheidend verändern. Die Möglichkeiten eines zusätzlichen Erwerbseinkommens sind sehr eingeschränkt oder fallen mit Eintritt in das Rentenalter weitgehend weg. Einer selbständigen Lebensführung und sozialer Teilhabe sind dadurch enge Grenzen gesetzt. Niedriges Einkommen, soziale Isolation, Krankheit, Pflege- und Hilfsbedürftigkeit führen damit zu altersspezifischen Armutslagen, die einen besonderen Unterstützungsbedarf erforderlich machen.

Die Landeshauptstadt München hat in den vergangenen Jahren für die Grundsicherung im Alter erhebliche Beträge aufgewendet. Allein im Jahr 2010 wurden dafür mehr als 67 Millionen Euro zur Verfügung gestellt. Allerdings wird der Bund die Kommunen künftig in diesem Feld entlasten und ab 2014 die Kosten für die Grundsicherung in vollem Umfang erstatten. Ob es München im dann geltenden Gesetzesrahmen noch möglich sein wird, den für München erhöhten Regelsatz zahlen zu können, ist derzeit noch nicht absehbar, da es nicht auszuschließen ist, dass der Bund im Gegenzug für die Kostenübernahme auch stärker regulierend eingreifen wird. Viele altersspezifische Bedarfe, wie z. B. höhere Medikamentenkosten, Kosten für Dienstleistungen wie Pflege, Einkaufsdienste, hauswirtschaftlichen Hilfen, sind mit höheren Kosten für alte Menschen verbunden, die mit dem Sozialhilferegelsatz oder mit leicht darüber liegenden Renteneinkünften alleine nicht zu finanzieren sind. Bedürftige alte Menschen sind daher in besonderem Maße auf die Angebote der Altenhilfe, Altenarbeit und weitere soziale Dienstleistungen sowie finanzielle Unterstützung in Notlagen angewiesen. Wo erforderlich und möglich, bietet die Landeshauptstadt München

---

[43] Derzeit bezahlt München einen erhöhten Regelsatz nach SGB XII mit 384 Euro monatlich. Der Bund übernimmt bis 2013 stufenweise und ab 2014 vollumfänglich die anfallenden Kosten der Grundsicherung im Alter. Ob es München im dann geltenden Gesetzesrahmen noch möglich sein wird, den erhöhten Regelsatz zahlen zu können, bleibt abzuwarten (Landeshauptstadt München, Seniorenpoltisches Konzept des Sozialreferats, 2012)

zusätzlich zu den gesetzlich vorgeschriebenen Leistungen daher freiwillige kommunale Hilfen an. Zur Linderung der Altersarmut tragen auch zunehmend Stiftungs- und Spendenmittel sowie bürgerschaftlich Engagierte in nicht unerheblichem Maße bei. Nicht zuletzt deshalb hat das Sozialreferat der Landeshauptstadt München seine Programme und Maßnahmen zur Unterstützung von bedürftigen alten Menschen in den letzten Jahren kontinuierlich ausgebaut. Ein besonderes Augenmerk soll in Zukunft auch auf diejenigen alten Menschen gerichtet werden, die viele Unterstützungsangebote bisher nicht oder kaum in Anspruch genommen haben, sei es aufgrund sprachlicher, kultureller oder anderer Barrieren - oder aus Angst bzw. Scham. Die Maßnahmen im Bereich der Armutsbekämpfung dürfen sich nicht lediglich auf die Bereitstellung ausreichender finanzieller Mittel beschränken. Für die sozialen Folgen von Armut, wie Isolation, gesundheitliche Beeinträchtigungen und fehlende Teilhabemöglichkeiten an der Gesellschaft müssen ebenfalls programmatische Angebote weiterentwickelt werden. Die wesentlichen Ziele in diesem Handlungsfeld sind in München daher in den kommenden Jahren:

- die materielle Versorgung von alten Menschen mit geringem Einkommen ist auf menschenwürdigem Niveau sichergestellt
- alte Menschen mit drohender oder eingetretener Verschuldung werden bei der Alltagsbewältigung unterstützt
- soziale Folgen von Armut sind durch kostengünstige oder kostenfreie Angebote verringert - und Teilhabe ist dadurch ermöglicht.

Dies soll u. a. mit diesen Maßnahmen erreicht werden:

- Anpassung des gesetzlichen Regelsatzes an die Münchner Lebenshaltungskosten – im Rahmen der gesetzlichen Möglichkeiten
- Ausweitung der aktiven Vermittlung von Stiftungs- und Spendenmitteln – insbesondere für alte Menschen mit Einkommen knapp oberhalb des Grundsicherungsniveaus
- Bereitstellung und Vermittlung von Informationen zu preisgünstigen und kostenfreien Angeboten, z. B. der Alten- und Service-Zentren, Nachbarschaftstreffs oder Einrichtungen der offenen Alten- und Behindertenarbeit
- Einsatz des Härtefallfonds „Frühwarnsystem bei Stromschulden"
- kostenlose Energieberatung durch die Projekte „Sozialpädagogische Energieberatung" und „Energieberatung für Haushalte mit niedrigem Einkommen" sowie für alte Menschen mit Migrationshintergrund

9.4 Kommunale Verantwortung

Um dem Alter(n) und alten Menschen eine Zukunftsperspektive zu geben, muss man den demografischen Wandel und seine Auswirkungen genau in den Blick nehmen. Auf der kommunalen Ebene müssen gemeinsam mit den Bürgerinnen und Bürgern geeignete Rahmenbedingungen für das heutige und zukünftige Alter und Altern geschaffen, aufrecht erhalten und kontinuierlich weiterentwickelt werden. Dies kann nur gelingen, wenn die öffentlich Verantwortlichen auf lokaler Ebene, d. h. die Kommunen, diese Aufgabe aktiv annehmen und gemeinsam mit ihren Bürgerinnen und Bürgern passende Angebote für das jeweilige Gemeinwesen erarbeiten. Die Beteiligung von alten Menschen bei der Planung von Angeboten und Strukturen ist eine wichtige Aufgabe für die nächsten Jahre in der Münchner Seniorenpolitik sein.

Jede Kommune muss dabei regional ganz unterschiedliche Herausforderungen bewältigen und individuelle Lösungen finden. Trotz labiler rechtlicher Normierung der öffentlichen Altenhilfestrukturen und auch angesichts angespannter kommunaler Haushaltslage sollten die Kommunen sich dieser Verantwortung in jedem Falle stellen. Die möglichen negativen Folgen des soziodemografischen Wandels werden wahrscheinlich diejenigen Kommunen stärker zu spüren bekommen, die sich hier mit Verweis auf die Haushaltslage bzw. auch auf andere, vordringlichere Aufgaben ggf. zu sehr zurückhalten.

Die Landeshauptstadt München hat sich daher für eine aktive Altenhilfepolitik entschieden und diese in drei „Seniorenpolitischen Konzepten" zusammengefasst. Ein wesentlicher Aspekt dieser Strategie ist die Zusammenführung der Fachbereiche der Alten- und Behindertenhilfe mit der kommunalen Pflegepolitik und der „Hilfe zur Pflege" nach dem SGB XII. Gut ausgebaute präventive Strukturen der Altenhilfe und des bürgerschaftlichen Engagements sowie ein flächendeckendes, fachlich differenziertes Netz von Informations-, Beratungs-, Vermittlungs- und Unterstützungsangeboten sind eine wesentliche Voraussetzung zur Vermeidung, Verzögerung oder Milderung von Hilfs- und Pflegebedürftigkeit und damit der Aufrechterhaltung häuslicher Versorgungsoptionen.

10 Entwicklung der Seniorenarbeit und Seniorenpolitik in Deutschland

Ursula Lehr & Ursula Lenz

10.1 Die Anfänge der Seniorenorganisationen

Als erste überparteiliche und überkonfessionelle Selbsthilfeorganisation der älteren Generation wurde 1958 die Lebensabend-Bewegung (LAB) gegründet. Das Akronym LAB steht heute für „Lange aktiv bleiben", ein Ziel, das die Lebensabend-Bewegung von Beginn an verfolgte. Eduard Ziehmer setzte sich als Vorsitzender engagiert für die gesellschaftliche Teilhabe älterer Menschen ein und erreichte so vor einem halben Jahrhundert z.b. Fahrpreisvergünstigungen bei der Bahn für Seniorinnen und Senioren. Aufgrund seines Engagements wurde 1968 der „Tag der älteren Generation" eingeführt, der auch heute noch jeweils am ersten Mittwoch im April begangen wird. Außerdem fanden „Bundeskongresse der älteren Generation" mit mehreren Tausend Besuchern und prominenten Politikern statt.

Diese Entwicklung wurde durch andere gesellschaftliche und politische Maßnahmen begleitet und gefördert. Zu nennen ist zunächst die „Aktion Gemeinsinn", 1957 von Prof. Carl-Christoph Schweitzer ins Leben gerufen. Diese startete Ende 1961 die Kampagne „Das Alter darf nicht abseits stehen", die durch Bundespräsident Heinrich Lübke eröffnet wurde. Hierdurch angeregt wurde 1962 das „Kuratorium Deutsche Altershilfe (KDA) – Wilhelmine-Lübke-Stiftung" gegründet. Anlass waren „die damals in großen Teilen unbefriedigende Versorgung älterer Menschen und vor allem die zahlreichen Mängel in Heimen, die oft den Charakter von Verwahranstalten hatten", so Bundespräsident Johannes Rau bei der Festveranstaltung zum vierzigjährigen Bestehen des KDA.

Parallel dazu startete 1958 von der Universität Bonn aus in Deutschland die „Wissenschaft vom Altern", eine Erforschung der Alternsvorgänge außerhalb der Medizin, die durch die Psychologen Prof. Hans Thomae und Dr. Ursula Lehr vertreten wurde, später von der Universität Köln aus in der Soziologie durch Prof. Otto Blume. Die Wilhelmine-Lübke-Stiftung finanzierte seit dem Wintersemester 1973/74 den ersten Lehrstuhl für Geriatrie an einer deutschen Universität, den Prof. René Schubert innehatte. 1986 wurde unter dem Vorsitz von Marieluise Kluge und tatkräftig unterstützt von Prof. Erich Kröger der Deutsche

Senioren Ring (DSR) gegründet. Gemeinsam mit einigen weiteren Verbänden und Selbsthilfeorganisationen führte der Deutsche Senioren Ring 1987 und 1988 die ersten Deutschen Seniorentage durch. Hierbei entstand die Idee einer „Senioren-Lobby", eines Zusammenschlusses aller Seniorenorganisationen auf Bundesebene, um die Interessen der Älteren in der Öffentlichkeit besser vertreten zu können. Dies war der Grundstein für die im Jahr 1989 gegründete und seit 1991 vom Bundesfamilienministerium unterstützte Bundesarbeitsgemeinschaft der Senioren-Organisationen (BAGSO).

10.1.1 Altenpolitik auf Bundesebene

Die Zusammenarbeit zwischen einer interdisziplinär ausgerichteten Wissenschaft vom Altern und der Praxis der Altenarbeit funktionierte ausgezeichnet, nur die Politik blieb dem Thema „Senioren" gegenüber sehr zurückhaltend. Dies spiegelt sich etwa in der relativ späten Gründung der Seniorenorganisationen der politischen Parteien wider. Den Anfang machte 1988 die Senioren-Union der CDU. In der FDP gibt es seit 1991 die Liberale Senioreninitiative und seit 2001 den Bundesverband Liberale Senioren. Die SPD gründete 1994 die „Arbeitsgemeinschaft 60plus". Die Seniorenarbeitsgemeinschaft der Linken existiert ebenso wie die Senioren-Union der CSU seit 1999. Die Grünen Alten wurden erst im Jahr 2004 gegründet.

In den ersten Ansätzen begann eine Seniorenpolitik auf bundespolitischer Ebene Anfang der 1970er Jahre, als man 1972 Otto Dahlem aus dem Sozialamt Frankfurt als Referatsleiter ins Bundesfamilienministerium holte. In den 16 Jahren seiner Tätigkeit waren lediglich vier Mitarbeiter für Alternsfragen zuständig. Dem Referat „Altenpolitik" war zunächst die Heimgesetzgebung zugeordnet. Mitte der 1970er Jahre begannen die Vorarbeiten zur Sozialen Pflegeversicherung; bis zu ihrer Einführung vergingen allerdings weitere 20 Jahre. Ebenso vorbereitet wurde das Gesetz zur Ausbildung der Altenpflege; auch hier brauchte es nahezu 20 Jahre bis zum Inkrafttreten.

1988 berief Helmut Kohl die Heidelberger Gerontologin Prof. Dr. Ursula Lehr als Seiteneinsteigerin ins Kabinett. Sie erhielt u.a. den Auftrag, die Seniorenarbeit voranzubringen. In der Folge wurde der „Erste Altenbericht" in Auftrag gegeben und die Bildung einer eigenen Abteilung für „Ältere Menschen" vorbereitet. Ein Bundesseniorenministerium gibt es seit 1991; bis 1994 wurde es von Hannelore Rönsch geleitet, es folgten Claudia Nolte, Christine Bergmann, Renate Schmidt, Dr. Ursula von der Leyen und Dr. Kristina Schröder. Heute hat die Abteilung „Ältere Menschen, Wohlfahrtspflege, Engagementpolitik" im BMFSFJ zwei Unterabteilungen mit insgesamt zwölf Referaten (Stand: März

2012). Auf der Grundlage des Ersten Altenberichtes wurde ein Bundesaltenplan erstellt. Er ermöglicht die Förderung von Aktivitäten zur Weiterentwicklung der Seniorenarbeit. Von einem neuen Altersbild ausgehend steht nun neben der Gewährleistung von Schutz und Hilfe die Partizipation älterer Menschen im Vordergrund. Gefördert werden Projekte von bundesweit relevanter Bedeutung, soweit sie nicht durch die Bundesländer finanziert werden können.

10.1.2 Politik für Senioren – Politik von Senioren

Wie können Seniorinnen und Senioren auch außerhalb von Wahlen aktiv die Politik gestalten? Und: Wie weit reicht – über das Wahlverhalten hinaus – die politische Partizipation? Die Datenlage hierzu ist sehr unbefriedigend. Eine Differenzierung jenseits der 60jährigen wurde zumindest in den zugänglichen Daten der Landes- und Stadtparlamente kaum vorgenommen. 2002 wurde in Madrid der Zweite Weltaltenplan verabschiedet. Er stellt im Hinblick auf die politische Partizipation ausdrücklich fest, dass man die Älteren nicht nur als Wähler sehen, sondern deren Erfahrung und Verantwortungsbereitschaft auch in der aktiven Politik bei Entscheidungen nutzen solle. Wenn man, wie in der Wirtschaft die 50plus schon zur „Silber-Generation" zählt, dann sind unsere Parlamente „alt". Mit dieser Sichtweise gehören von den Europaabgeordneten aller EU-Länder bereits 71,8 % zur „Generation 50 plus", von allen Abgeordneten des deutschen Parlaments 54,9 %. Doch wie sieht es mit den über 60jährigen aus? Im Europaparlament sind 33,5 % 60 Jahre und älter (rund 15 % sind über 65 Jahre, rund 5 % älter als 70). Im Deutschen Bundestag sind die Älteren hingegen unterrepräsentiert. Zu Beginn der 16. Wahlperiode im Jahr 2005 waren 13,6 % 60 Jahre und älter gegenüber fast 25 % der Bevölkerung, 3,9 % 65 Jahre und älter und 0,6 % über 70 Jahre.

Neben den Seniorenorganisationen der politischen Parteien sind es vor allem die Seniorenvertretungen und Seniorenbeiräte auf kommunaler Ebene, die für die politische Beteiligung älterer Menschen stehen, auch wenn diese nicht immer demokratisch gewählt werden. Ihre Anfänge gehen bis auf das Jahr 1970 zurück. 1986 gab es deutschlandweit 147 Seniorenvertretungen, 1996 bereits 735 und heute mehr als 1.200. Deren Arbeitsschwerpunkte, Rahmenbedingungen, Mittelausstattungen und Einflussmöglichkeiten sind sehr unterschiedlich, zumal die Einrichtung kommunaler Seniorenvertretungen nicht obligatorisch ist. Viele kämpfen heute noch um die Erweiterung von Mitwirkungsmöglichkeiten, etwa für Anhörungs- und Rederecht in kommunalen politischen Gremien und um Gestaltungsrechte auf Stadtteilebene. Vielfach sind eine Verbesserung der Rahmenbedingungen für Seniorenvertretungen durch Förderung, Vernetzung und

Qualifizierung und rechtliche Ausgestaltung der Beteiligungsform in den Kommunen durch einen demokratischen Wahlmodus u. a. nötig. „Die Arbeit der Seniorenvertretungen im vorparlamentarischen Raum ist eine wichtige Form bürgerschaftlichen Engagements", so die Einschätzung von Bundesseniorenministerin Ursula von der Leyen. Sie vertreten – wie der Name sagt – vorwiegend die Interessen der Seniorinnen und Senioren. Allerdings sei hier betont: Vieles, was „seniorenpolitisch relevant" ist, z. B. im Hinblick auf Stadtentwicklung, Verkehrssystem, Architektur, Wohnungsbau und Produktgestaltung, kommt letztlich den Bürgerinnen und Bürgern aller Altersstufen zugute. So hob die langjährige Vorsitzende der Bundesarbeitsgemeinschaft der Landesseniorenvertretungen, Helga Walter, sehr richtig hervor: „Kommunale Seniorenvertretungen wirken auf kommunaler Ebene an der Verbesserung der Lebensqualität für alle Lebensalter mit" (Seniorenvertretungen – politische Partizipation älterer Menschen in Bund, Land und Kommune, 2008).

10.2 Bundesweit aktive Seniorenorganisationen

Schaut man sich die Liste der über 100 Verbände an, die sich zur Bundesarbeitsgemeinschaft der Senioren-Organisationen (BAGSO) zusammengeschlossen haben, so wird deutlich, dass es verhältnismäßig wenige Verbände gibt, die ausschließlich ältere Menschen als Mitglieder haben. Neben den bereits angesprochenen Seniorenvertretungen und parteipolitischen Seniorenorganisationen zählen dazu der Seniorenverband BRH, die Seniorenbüros, der Senior Experten Service (SES), der Verein „Zwischen Arbeit und Ruhestand" (ZWAR) sowie einige weitere Organisationen. Die meisten dieser Seniorenorganisationen „im engeren Sinne" sind nicht älter als 25 Jahre. Die große Mehrzahl der BAGSO-Verbände hat Mitglieder unterschiedlicher Altersgruppen, wobei sich der demografische Wandel natürlich auch in der Mitgliederstruktur bemerkbar macht. Zu nennen sind die Sozialverbände, Gewerkschaften, Sportverbände, Organisationen aus dem kirchlichen Bereich, Behindertenverbände und viele weitere. Die folgende Einteilung nach Engagementbereichen geht auf die erste Geschäftsführerin der BAGSO, Dr. Erika Neubauer, zurück.[44]

---

[44] Seniorenverbände im Modernisierungsprozess, BAGSO-Publikation Nr. 9, S.17f.

10.2.1 Senioren leisten Hilfe – solidarisch und sozial

Soziales Engagement, das generationenübergreifende „Füreinander-Einstehen", war in der Nachkriegszeit das ausschlaggebende Motiv für viele Verbandsgründungen. Dieser Aufgabenbereich hat bei den Seniorenorganisationen bis heute nicht an Aktualität verloren, wobei die Formen des sozialen Engagements sehr vielfältig sind. Sie reichen – sozialarbeiterisch gesprochen – von der Einzelfallhilfe über die Gruppenarbeit bis hin zur Gemeinwesenarbeit. Konkret: von der persönlichen Hilfe von Mensch zu Mensch durch Beratungs-, Besuchs- und häusliche Hilfsdienste über das Initiieren und Leiten von Gruppen bis hin zum Einsatz für die sozialen und sozialrechtlichen Belange älterer Menschen. Soziales Engagement – für andere da sein, heißt auch: einem Menschen Zeit schenken. In einer hektischen Welt, in der viele keine Zeit haben, dem anderen zuzuhören oder mit einem gehbehinderten Menschen einen langsamen Spaziergang zu machen, ist dies oft überlebenswichtig.

Wo gesellschaftliche Teilhabe nicht mehr möglich ist, wird isoliert lebenden alten Menschen durch Besuchsdienste ein Stück Leben in die Wohnung gebracht. Kleine Hilfestellungen und Besorgungen erleichtern das Verbleiben in der vertrauten häuslichen Umgebung oder machen es überhaupt erst möglich. Aber auch im Heim lebende und im Krankenhaus liegende Menschen erfahren Zuwendung und Unterstützung, z.B. durch die über 12.000 freiwillig engagierten sogenannten „Grünen Damen und Herren". Andere, z.B. die Sozialverbände, geben Unterstützung, wenn der Gesetzes- und Behördendschungel unüberschaubar geworden ist und gehandicapte Menschen ihre Belange nicht mehr selbst vertreten können. Soziales Engagement heißt auch, Menschen zu geselligen, sportlichen und kulturellen Aktivitäten und Bildungsangeboten zu motivieren und zusammenzubringen – vom Seniorennachmittag über das Gedächtnistraining in einer Begegnungsstätte bis zu gemeinsamen Studienreisen. Es heißt auch, Neigungs- und Interessengruppen zu initiieren und zu begleiten – von Angeboten zur altersgerechten Bewegung bis zur Seniorentheatergruppe.

10.2.2 Senioren stehen für ihre ehemaligen Berufskollegen ein

Auch dieser Arbeitsschwerpunkt erweist sich als „Dauerbrenner", weil er fast durchgängig in den letzten 50 Jahren zu den häufigsten Gründungen führte. Die berufsbezogene Altenarbeit richtet sich insbesondere auf die sozialrechtliche Betreuung und Interessenvertretung von ehemaligen Berufskollegen sowie deren Hinterbliebenen, also Witwen und Waisen. Allein im Betreuungswerk der Post, Postbank, Telekom sind es etwa 6.000 ehrenamtliche Mitarbeiter, die sich um ihre ehemaligen Kolleginnen und Kollegen kümmern. Auch die Gewerkschaften, z.B. die der kommunalen Beamten und Angestellten (komba), haben ihr Engagement für ihre nicht mehr berufstätigen Mitglieder deutlich erweitert, ihre 50plus Arbeitskreise organisieren ein breites und qualitativ hochwertiges Angebot. In diese zweite Rubrik fallen auch Angebote zur Vorbereitung auf den Ruhestand, mit denen noch Berufstätigen und ihren Lebenspartnern der Übergang in die nachberufliche Lebensphase erleichtert wird. Große Bedeutung haben die Verbände, die sich an Langzeitarbeitslose und Vorruheständler wenden: Sie bieten – mit unterschiedlichen Schwerpunkten – individuelle psycho-soziale und sozialrechtliche Beratung an und zeigen sinngebende Tätigkeitsfelder nach dem Verlust des Arbeitsplatzes auf. Außerdem engagieren sie sich auf politischer Ebene für deren spezifische Belange.

10.2.3 Senioren pflegen Geselligkeit und Kultur

Das Erleben von Gemeinschaft ist in einer Gesellschaft, in der viele ältere Menschen allein und besonders in den Großstädten auch isoliert leben, sehr wichtig, denn Einsamkeit macht krank. Dem Bedürfnis älterer Menschen nach Geselligkeit, nach Kommunikation und dem gemeinsamen Erleben und Genießen von Kultur tragen die Verbände durch ein breites Angebot Rechnung. Aber auch das eigene künstlerische, kreative Tätigsein hat Hochkonjunktur. „Ältere und alte Menschen haben durch Tanzen, Singen, Musizieren, Malen, Fotografieren, Theaterspielen, Schreiben und Erzählen sich und den jüngeren Generationen etwas mitzuteilen, das authentisch, unterhaltsam, informativ, provozierend, lehrreich, überraschend und bereichernd ist. Durch künstlerisch-kulturelles Tun entsteht ein Dialog zwischen Alt und Jung und grenzüberschreitend auch zwischen Völkern und Nationen", heißt es im Porträt des Dachverbandes Altenkultur. Dieser organisiert Fachtagungen, Festivals[45], Fort- und Weiterbildungsangebote in den Bereichen Theater, Tanz/Bewegung, Musik/Gesang, Erzählen/Schreiben, bildnerisches Gestalten und Arbeit mit neuen Medien.

---

[45] Während des Internationalen Jahres der Senioren fand das erste Welt Altentheater Festival in Köln statt. An fünf Tagen und in 18 Theateraufführungen brachten über 250 Menschen aus 13 Ländern ihr Leben auf die Bühne.

Entwicklung der Seniorenarbeit und Seniorenpolitik in Deutschland

10.2.4 Senioren fördern Gesundheit und Fitness

BAGSO-Verbände wie der Deutsche Olympische Sportbund oder der Deutsche Turner-Bund haben ihre Angebote für die Zielgruppe 50plus stark ausgeweitet und bieten nicht nur Bewegungsangebote für die noch „fitten" Älteren, sondern auch für Hochaltrige zu Hause sowie im Heim lebende Menschen. Verbände wie das Netzwerk-Osteoporose und die Migräne Liga bringen einerseits ihre spezifischen Kenntnisse in die Arbeit der BAGSO ein, haben andererseits durch die BAGSO die Möglichkeit, ihren Themen mehr Öffentlichkeit zu verschaffen, z. B. auf den Deutschen Seniorentagen mit Angeboten wie einem Osteoporose-Parcours.

Die BAGSO hat sich als wichtiger Multiplikator neuer Ansätze und als wichtige Plattform für die Vernetzung von Verbänden erwiesen, z. B. bei der Initiierung des Bewegungsnetzwerks 50plus des Deutschen Olympischen Sportbundes. Die Bereitschaft der Älteren, nicht nur für ihre körperliche Leistungsfähigkeit aktiv zu werden, sondern auch etwas für ihre geistige Fitness zu tun, ist in den letzten Jahren verstärkt zu beobachten, dies zeigt eine große Nachfrage nach Trainings, wie sie die Gesellschaft für Gehirntraining, der Bundesverband Gedächtnistraining und die Memory-Liga anbieten. Doch es sind nicht nur gesundheitsfördernde Angebote, die zahlreiche BAGSO-Verbände machen, sie beteiligen sich kompetent an der gesundheitspolitischen Diskussion und engagieren sich auch in der Vertretung der Patientenrechte.

10.2.5 Senioren setzen sich in Kirche und Gemeinde für andere ein

Das Spektrum kirchlicher Seniorenarbeit ist breit und umfasst praktisch alle Arbeitsfelder. Und es geht weit über das hinaus, was landläufig assoziiert wird: der Altenclub in einer Pfarrgemeinde. Die beiden christlichen Kirchen haben sowohl auf die demografische Entwicklung in unserer Gesellschaft reagiert als auch auf veränderte Glaubenseinstellungen älterer Menschen.

Die Seniorenarbeit der katholischen Kirche z. B. beinhaltet die Bereiche „Hilfe – Bildung – Seelsorge – Politik". Zum ersten gehören Angebote, die Ältere bei der Bewältigung ihres Lebensalltags unterstützen, von der hauswirtschaftlichen Hilfe bis zur Entlastung pflegender Angehöriger. Besonders im Bereich der Bildung gibt es neue Ansätze, die den veränderten Bedürfnissen und dem neuen Selbstbewusstsein der Seniorinnen und Senioren Rechnung tragen. Konzepte wie „AidA = Aktiv in das Alter" sprechen Ältere ganzheitlich an: Sie beinhalten neben Bewegung und Gedächtnistraining auch das Training von Alltagsfähigkeiten und die Auseinandersetzung mit Sinn- und Glaubensfragen, für die sich zunehmend auch kirchlich nicht gebundene Senioren interessieren. Alle kirchlichen Seniorenverbände beziehen Position, wenn alte, schwache und behinderte Menschen aus dem gesellschaftlichen Leben verdrängt oder ihr Lebensrecht gar in Frage gestellt wird. Sie fordern, dass neben dem Blick auf die Kompetenzen Älterer und ihre vielfältigen, oft nicht ausgeschöpften Potenziale das Augenmerk der Gesellschaft und der Politik auch denjenigen gelten muss, die gehandicapt und auf Unterstützung angewiesen sind. Auch die letzte Lebensphase und das Sterben müssen menschenwürdig gestaltet werden können.

10.2.6 Senioren engagieren sich politisch

Die politischen Seniorenorganisationen, deren Gründungen erst in den 1980er Jahren erfolgte, setzen sich für die sozialen und sozialrechtlichen Belange älterer Menschen ein und versuchen, auf die politischen Entscheidungsträger – auch in ihren eigenen Parteien – Einfluss zu nehmen. Aber auch das öffentliche „Sich-zu-Wort-Melden" ist eine Form des politischen Engagements Älterer. Unter dem Motto „Umweltschutz ist keine Frage des Alters" ist z.B. das Greenpeace Team fünfzig plus aktiv: Es informiert die Bevölkerung über Umweltprobleme und mögliche Lösungen, sammelt Unterschriften, hält Vorträge, betreut Ausstellungen und Infostände und ist auch bei Aktionen vor Ort dabei.

10.2.7 Senioren geben Wissen und Erfahrungen an Jüngere weiter

Bei der Weitergabe von Kompetenzen und Erfahrungswissen handelt es sich um einen Arbeitsschwerpunkt, der erstmals in den Vereinsgründungen der 1980er Jahre zu verzeichnen ist. Ältere möchten sich für Jüngere engagieren und ihnen ihr Erfahrungswissen weitergeben. Ein BAGSO-Verband, der bereits seit 20 Jahren gezielt und kompetent das Erfahrungswissen Älterer vermittelt, ist der Senior Experten Service: Mit ihrer lebenslangen Berufserfahrung haben Senior Experten in mehr als 25.000 Einsätzen weltweit schnelle und praxisorientierte Unterstützung bei der Lösung technischer und betrieblicher Probleme in Unternehmen und Organisationen gegeben. Andere Verbände wie die „seniorpartner in school" bringen ihre Berufs- und Lebenserfahrung als Mediatoren bei Konflikten zwischen Schülern ein.

10.2.8 Senioren engagieren sich für lebenslanges Lernen

In den 1990er Jahren gründeten sich einige Verbände, deren Hauptaufgabe die Weiterbildung älterer Menschen ist. Die Notwendigkeit, in einer Zeit des beschleunigten technischen, sozialen und demografischen Wandels „lernend zu altern" wird nicht mehr bestritten. Auch das Sprichwort „Was Hänschen nicht lernt, lernt Hans nimmermehr" hat die gerontologische Forschung eindeutig widerlegt. In den BAGSO Verbänden ist das lebenslange Lernen auf unterschiedlichen Ebenen Thema: zum einen werden Bildungsangebote durchgeführt, wobei die Qualifizierung für das freiwillige Engagement sowie der Umgang mit den neuen Medien besondere Schwerpunkte darstellen. Allein im Begegnungs-Centrum Haus im Park der Körber-Stiftung werden wöchentlich über 60 Kurse im Bildungs- und Freizeitbereich nach dem Motto „Weiterbildung mit Spaß und ohne Leistungsdruck" angeboten.

Zum anderen beschäftigen sich die Verbände, wie das „Virtuelle und reale Lern- und Kompetenz-Netzwerk älterer Erwachsener", mit neuen Konzepten der Bildungsarbeit wie dem selbst organisierten Lernen und dem eLearning; sie entwickeln „Leitlinien einer Bildung im dritten und vierten Alter" und solche zum generationenübergreifenden Lernen, wie die Katholische Bundesarbeitsgemeinschaft für Erwachsenenbildung. Andere beschäftigen sich mit den Möglichkeiten und besonderen Bedingungen der Bildungsarbeit mit älteren Migranten wie die Arbeiterwohlfahrt (AWO) und der Bundesarbeitskreis ARBEIT UND LEBEN, um nur einige zu nennen.

10.3 Die Bundesarbeitsgemeinschaft der Senioren-Organisationen

Die Bundesarbeitsgemeinschaft der Senioren-Organisationen (BAGSO) wurde im Januar 1989 von elf Verbänden[46] gegründet. Seitdem hat sie sich – mit Unterstützung des Bundesministeriums für Familie, Senioren, Frauen und Jugend – zu *dem* Sprachrohr der Älteren in Deutschland entwickelt. Dem Dachverband gehören zwischenzeitlich (Stand März 2012) 109 Verbände an, die zusammen etwa 13 Millionen ältere Menschen in Deutschland vertreten. Die BAGSO setzt sich sowohl für die Interessen aktiver Seniorinnen und Senioren als auch für die hilfe- und pflegebedürftiger älterer Menschen ein, z. B. bei Anhörungen im Deutschen

---

[46] Alt hilft Jung e.V. / Bund der Ruhestandsbeamten und Hinterbliebenen / Bundesseniorenvertretung / Bundesverband Seniorentanz / Deutsche Gesellschaft für Freizeit / Deutsche Gesellschaft für Sozialhygiene / Deutscher Senioren Ring / Hartmannbund – Verband der Ärzte Deutschlands / Interessengemeinschaft der Bewohner von Altenwohnheimen, Altenheimen und gleichartigen Einrichtungen (BIVA) / Katholisches Altenwerk / Kompanie des guten Willens

Bundestag, durch Stellungnahmen zu aktuellen Fragen der Seniorenpolitik wie zur sozialen Sicherung, zu Gesundheit und Pflege, zum Verbraucherschutz sowie zur gesellschaftlichen Partizipation. Sie appelliert jedoch auch an die Älteren selbst, sich zu engagieren und die Erkenntnisse der Gerontologie in Bezug auf ein gesundes Älterwerden eigenverantwortlich umzusetzen.

Gemeinsame Positionen in grundsätzlichen oder aktuellen politischen Fragen werden in den verbandsübergreifend besetzten BAGSO-Fachkommissionen vorbereitet. Durch die Zusammenarbeit von hauptberuflichen und ehrenamtlichen Expertinnen und Experten aus zahlreichen Verbänden werden Erfahrungen und Sachverstand gebündelt. Ein besonderes Gewicht erhalten die Positionen der BAGSO, weil sie die gemeinsame Meinung einer Vielzahl von Verbänden quer durch das politische Spektrum darstellen. Es ist ein Anliegen aller BAGSO-Verbände, bei der politischen Interessenvertretung für Ältere immer auch die nachfolgenden Generationen mit im Blick zu behalten. Alles andere wäre auch unsinnig, denn die Jungen von heute sind die Senioren von morgen. Diese Haltung wird auch deutlich bei der Diskussion über die Entwicklung der Altersarmut, die künftige Rentnergenerationen wesentlich stärker als die heutigen Älteren betreffen wird, wenn die Weichen nicht noch einmal neu gestellt werden. Die vielfältigen Aktivitäten der BAGSO werden nachfolgend, gegliedert nach den satzungsmäßigen Zielen, dargestellt.

10.3.1 Realistische Altersbilder

Auch wenn sich das Bild des Alters in den letzten Jahren deutlich verändert hat, so ist es doch noch oft einseitig negativ geprägt, eine Folge des früher vorherrschenden „Defizitmodells des Alterns", das den Prozess des Älterwerdens als einen kontinuierlichen und kaum zu beeinflussenden Abbau ansah – und zwar in körperlicher, seelischer und geistiger Hinsicht. Vor allem durch ihre Öffentlichkeitsarbeit trägt die BAGSO dazu bei, dass dieses Bild realistisch wird.

Ihre Pressearbeit beinhaltet u. a. Berichte über Erkenntnisse der gerontologischen Forschung, das Aufzeigen Mut machender und zukunftsweisender Aktivitäten engagierter älterer Menschen, die Darstellung der Leistungen, die Seniorinnen und Senioren für die Gesellschaft erbringen, seien es finanzielle Zuwendungen an Kinder und Enkelkinder, sei es das große bürgerschaftliche Engagement, das weit über die eigene Familie hinausgeht. Einen wichtigen Beitrag zur Veränderung von Altersbildern in unserer Gesellschaft leisten auch die von der BAGSO und ihren Mitgliedsverbänden organisierten Deutschen Seniorentage, die alle drei Jahre in einer anderen deutschen Großstadt ausgerichtet werden. Die dreitägige Großveranstaltung mit rund 15.000 Teilnehmenden bietet

Entwicklung der Seniorenarbeit und Seniorenpolitik in Deutschland

in nahezu 100 Einzelveranstaltungen Information, Austausch und Unterhaltung. Auf der begleitenden Messe SenNova präsentieren Unternehmen und Verbände Dienstleistungen und Produkte, die auf die Bedürfnisse älterer Menschen ausgerichtet sind. In einem im Dezember 2011 herausgegebenen Positionspapier fordert die BAGSO – in Anlehnung an den Sechsten Altenbericht – die Aufhebung von Altersgrenzen im beruflichen und gesellschaftlichen Bereich, da sie der höchst unterschiedlichen Entwicklung von Menschen nicht gerecht werden und außerdem verhindern, dass ältere Menschen ihre Kenntnisse und Kompetenzen in die Gesellschaft einbringen können. Die Seniorenorganisationen sprechen sich für eine Flexibilisierung von Lebensarbeitszeiten aus, auch für den Bereich des ehrenamtlichen Engagements fordert die BAGSO ein Umdenken. Dass die BAGSO bei der Diskussion um die Altersgrenzen nicht nur die ältere Menschen diskriminierenden gesetzlichen Altersgrenzen anprangert, sondern auch auf Altersgrenzen basierende Vergünstigungen zur Diskussion stellt, zeigt, dass sie keine Lobbyarbeit ausschließlich im Sinne einer Klientelpolitik macht.

10.3.2 Selbstbestimmtes Leben im Alter

Um den Wunsch aller älteren Menschen, ein möglichst selbstständiges und selbstbestimmtes Leben bis zum Tod führen zu können, zu realisieren, bedarf es großer Anstrengungen vonseiten der Politik, aber auch der Wirtschaft, die die notwendigen Rahmenbedingungen schaffen müssen. Diese beinhalten u. a. eine seniorengerechte Wohnumfeldgestaltung und eine gute Infrastruktur, d. h. Einkaufsmöglichkeiten, Apotheken, Arztpraxen, Banken, Post etc. sowie ein engmaschiges Informations- und Dienstleistungsangebot, das den Bedürfnissen alter Menschen entspricht. Mit Nachdruck hat sich die BAGSO zum Jahresende 2011 für eine Fortsetzung des KfW-Programms „Altersgerecht Umbauen" eingesetzt und dabei zumindest – gemeinsam mit anderen – einen Teilerfolg erzielt.

Parallel dazu appelliert die BAGSO an die Eigenverantwortung der Älteren und animiert sie, alles in ihrer Macht Stehende zu tun, um möglichst lange gesund, aktiv und mobil zu bleiben und soziale Kontakte zu pflegen und damit einer Vereinsamung im Alter entgegenzuwirken. Um Menschen zu vorausschauendem und eigenverantwortlichem Handeln zu befähigen, stellt die BAGSO Informationen zur Verfügung, insbesondere in Form von Broschüren. Sehr praxisorientiert sind z. B. die von der BAGSO im Verlag C.H. Beck herausgegebenen Ratgeber „Wohnen im Alter" und „Das richtige Senioren- und Pflegeheim", die preiswert über den Buchhandel zu beziehen sind, ebenso die Checklisten[47]

---

[47] Diese sind wie alle anderen BAGSO-Publikationen kostenfrei zu beziehen.

zum Betreuten Wohnen und zum Senioren- und Pflegeheim, die es ermöglichen, mit Hilfe eines Fragenkatalogs die Qualität einer betreuten Wohnanlage oder eines Heimes zu überprüfen. Auch bei diesen Publikationen konnte die BAGSO auf die fachliche Kompetenz eines Mitgliedsverbandes, der Bundesinteressenvertretung der Nutzerinnen und Nutzer von Wohn- und Betreuungsangeboten im Alter und bei Behinderung (BIVA), zurückgreifen.

Ihrem Ansatz entsprechend – nicht nur für Senioren tätig zu sein, sondern mit ihnen – hat sie bereits vor Jahren Befragungen zum Wohnen im Alter durchgeführt und insbesondere zur Gestaltung des Wohnumfeldes ein Positionspapier mit klaren Forderungen an die Kommunen erstellt. Mit Unterstützung von Mitgliedern des BAGSO-Expertenrats[48] sowie unter Einbeziehung des Deutschen Blinden- und Sehbehindertenverbandes und des Deutschen Schwerhörigenbundes wurde 2011 ein Fragebogen „Alternsfreundliche Stadt" entwickelt, den ca. 3.000 Menschen beantwortet haben. Bei der Selbstständigkeit im Alter geht es aber auch um materielle Sicherheit. In einem zum Jahresende 2011 herausgegebenen Grundsatzpapier forderte die BAGSO die politisch Verantwortlichen auf, die – mit der Reform von 2001 beschlossene – dramatische Absenkung des Rentenniveaus aufzuhalten, da ansonsten ein Durchschnittsverdiener nach 35 Beitragsjahren nur einen Rentenanspruch haben wird, der die Höhe der Grundsicherung nicht übersteigt. Die Sorge der BAGSO-Verbände gilt – wie bereits betont – nicht allein den Rentnerinnen und Rentnern von heute, sondern stärker noch den künftigen Rentnergenerationen.

10.3.3 Gesellschaftliche Teilhabe und Partizipation

Vor dem Hintergrund der demografischen Veränderungen in unserer Gesellschaft, aber ebenso im Sinne des Einzelnen gilt es, Seniorinnen und Senioren dazu zu motivieren, sich zu engagieren und dabei ihre vielfältigen Kompetenzen einzubringen. Die Politik muss die Voraussetzungen, die Rahmenbedingungen für die gesellschaftliche und politische Partizipation Älterer schaffen. So forderte die BAGSO in einem im Dezember 2010 herausgegebenen Positionspapier, den Eigenwert und den Gestaltungsraum von bürgerschaftlichem Engagement zu bewahren und eine dauerhafte Förderung des Engagements älterer Menschen sicherzustellen. Die Öffnung des Bundesfreiwilligendienstes für alle Altersgruppen ist zu begrüßen, ob das Format allerdings den Bedürfnissen Älterer entspricht, bleibt abzuwarten.

---

[48] Prof. Dr. Herbert Hartmann / Rudolf Herweck / Dr. Heidrun Mollenkopf / Prof. Dr. Georg Rudinger / Dr. Karl-Heinz Schaffartzik / Prof. Dr. Winfried Schmähl / Prof. Dr. Elisabeth Steinhagen-Thiessen / Eduard Tack / Roswitha Verhülsdonk / Dr. Gertrud Zimmermann

Nach dem Motto „Partizipation erfordert Kompetenz" wurden in der Veranstaltungsreihe „Seniorenverbände im Modernisierungsprozess" Workshops mit den BAGSO-Verbänden durchgeführt, außerdem wurde – basierend auf den Ergebnissen dieser Workshops – ein 800 Seiten umfassendes „Praxishandbuch für ehren- und hauptamtliche Führungskräfte in gemeinnützigen Organisationen" entwickelt, das heute als CD erhältlich ist. Mit dem Memorandum „Mitgestalten und Mitentscheiden – Ältere Menschen in Kommunen" legte die BAGSO gemeinsam mit den kommunalen Spitzenverbänden und weiteren relevanten Akteuren den Grundstein für das Programm „Aktiv im Alter", mit dem das Bundesministerium für Familie, Senioren, Frauen und Jugend sehr erfolgreich Engagement- und Partizipationsprozesse in 175 Kommunen initiierte und förderte.

Die Mahnung der BAGSO, ältere Menschen in Gestaltungs- und Entscheidungsprozesse einzubeziehen, führte auch dazu, dass Vertreterinnen und Vertreter von Seniorenorganisationen die Möglichkeit erhielten, zu den Altenberichten Stellung zu beziehen, erstmalig beim Fünften Altenbericht der Bundesregierung zu Potenzialen des Alters in Wirtschaft und Gesellschaft. Um gesellschaftliche Teilhabe geht es auch bei der Förderung der Medienkompetenz älterer Menschen durch die BAGSO. Von 2009 bis 2011 war sie an einem Programm des Ministeriums für Wirtschaft und Technologie beteiligt: „Erlebnis Internet – Erfahrung schaffen". Dessen Ziel war es, älteren Menschen eine „Erst-Erfahrung" mit dem Internet zu ermöglichen, indem die Netzwerke, in die Ältere bereits eingebunden sind, genutzt werden. Vorträge, Workshops und Exkursionen zu Themen, die ältere Menschen interessieren, wurden so zu Erfahrungsräumen für das „Erlebnis Internet". Dazu wird den ehren- und hauptamtliche Multiplikatorinnen und Multiplikatoren eine methodische Unterstützung angeboten, ein handlungsorientierter Leitfaden, der auf der Grundlage der Ergebnisse von Fokusgruppen, Facharbeitskreisen und Modellprojekten erstellt wurde: „Den Einstieg in die digitale Welt vermitteln".

Bereits im Jahr 2008 erschien der von der BAGSO herausgegebene „Wegweiser durch die digitale Welt". Der große Erfolg dieser vom Bundesministerium für Ernährung, Landwirtschaft und Verbraucherschutz (BMELV) geförderten Publikation – es wurden von Mai 2008 bis Ende 2011 rund 150.000 Exemplare an interessierte ältere Menschen, aber auch an Internet-Clubs, Volkshochschulen und andere Bildungseinrichtungen verteilt – ist auch darauf zurückzuführen, dass sie von älteren Internet-Nutzern, auch von Neulingen, von Beginn an mitentwickelt wurde.

10.4 Solidarisches Miteinander der Generationen

Das Jahr 2012 wurde zum Europäischen Jahr für aktives Altern und Solidarität zwischen den Generationen erklärt. Es fordert die Älterwerdenden – und das sind wir alle – zur Mitverantwortung auf im Hinblick auf jüngere und ältere Generationen. Auch deshalb verlangt die Solidarität zwischen den Generationen, dass die Älteren länger aktiv im Berufsleben bleiben (das ist freilich nur möglich bei berufsbegleitender Weiterbildung, betrieblicher Gesundheitsfürsorge und auch einer gewissen Flexibilisierung des Arbeitslebens) und sich in unserer Zivilgesellschaft engagieren.

Bürgerschaftliches Engagement, Einsatz für andere Menschen in vielfältiger Form, ist gefragt – sei es im Bereich der Vereine, des Sports, der Politik, der Übernahme von Patenschaften für Schülerinnen und Schüler mit Zuwanderungsgeschichte und ohne sie in Form von Lesepatenschaften, Musikpatenschaften oder Patenschaften in der Begleitung beim Einstieg in das Berufsleben. Auch die Übernahme von Patenschaften für junge Familien ist gefragt, zumal viele Ältere heute auf eigene Enkelkinder verzichten müssen. Der Einsatz der Jüngeren für Ältere ist aber auch ein Zeichen der Solidarität zwischen den Generationen. Viele Jüngere arbeiten im Rahmen eines „Freiwilligen Sozialen Jahres" oder im neuen Bundesfreiwilligendienst jetzt schon sehr engagiert in Altenheimen, im Rahmen der Aktion „Essen auf Rädern" oder in Rehabilitationseinrichtungen mit, oft mit Älteren Seite an Seite.

Echte Solidarität kann man nicht anordnen, sie erwächst aus gegenseitigem Verständnis, aus der Fähigkeit der Einfühlung Älterer in die Situation jüngerer Menschen – und der Einfühlung Jüngerer in die Biografien und Lebenssituationen Älterer. Solidarität entwickelt sich durch ein Aufeinander-Zugehen, sowohl von den Älteren auf die Jüngeren, als auch von den Jüngeren auf die Älteren. Solidarität entwickelt sich durch ein Miteinander-Gestalten, nicht durch ein Nebeneinander-Herlaufen.

Aber Solidarität zwischen den Generationen heißt nicht nur, die unter 20-jährigen und über 60jährigen im Auge zu haben, sondern auch die Generationen der 30-, 40- und 50jährigen einzubeziehen. Auch die sogenannten „aktiven Jahrgänge", d.h. die 35- bis 55jährigen, sollten Solidarität sowohl den Jüngeren als auch den Älteren gegenüber auf ihre Fahnen schreiben. Das Miteinander von Alt und Jung zu fördern, ist eines der fundamentalen Ziele der BAGSO und hat ihre Arbeit von Anfang an stark geprägt. Bereits 1997 stand der 5. Deutsche Seniorentag in Dresden unter dem Motto „Alter(n) verbindet" … die Generationen. Die Unterstützung von Alt-Jung-Projekten, die auch von vielen BAGSO-Verbänden durchgeführt werden, ist der BAGSO ein besonderes Anliegen. Um für generationenübergreifende Aktivitäten zu werben und originelle, gut nachzuahmende Modelle bekannt zu machen, hat die BAGSO mehrere Male den Wettbewerb „Solidarität der Generationen" ausgerichtet. Basierend auf den Ergebnissen eines Erfahrungsaustauschs zwischen intergenerativen Projekten, die von BAGSO-Verbänden angestoßen wurden, erstellte sie unter dem Titel „Generationenzusammenhalt stärken" eine Publikation mit Fakten, Projekten und Empfehlungen.

Zu erwähnen bleiben noch zwei weitere BAGSO-Publikationen: In „Senioren als Mentoren für junge Berufseinsteiger" wurden zahlreiche Projekte vorgestellt, in denen sich ältere Menschen für Jugendliche engagieren und ihnen bei der Suche nach einem Ausbildungsplatz behilflich sind, sie aber auch durch die Lehrjahre begleiten. Die Broschüre „Generationendialog – Zur Bedeutung von Alt-Jung-Projekten für den gesellschaftlichen Zusammenhalt", die mit dem Projektebüro „Dialog der Generationen" erstellt wurde, versteht sich als „Wegweiser zu Akteuren", mit dem neue solidarische Netze außerhalb des Familienverbundes geknüpft werden können. Eine umfangreiche Literaturliste und viele Internet-Links geben weitere Anregungen. In der „Leipziger Erklärung zum 9. Deutschen Seniorentag" haben sich die BAGSO-Verbände zum Grundsatz der Nachhaltigkeit und zur Generationengerechtigkeit bekannt. Daher hat sich die BAGSO auch in Bereichen engagiert, die die Gestaltung der Zukunft betreffen, und das dreijährige Projekt „Ältere engagieren sich für den Klimaschutz" durchgeführt sowie einen Ratgeber für ältere Verkehrsteilnehmer „Mobil bleiben – Klima schonen" herausgegeben.

10.4.1 Gesundheit und Pflege

Eine der größten Herausforderungen in einer Gesellschaft des langen Lebens ist der Erhalt der Selbstständigkeit im Alter, auch für Menschen mit chronischen Erkrankungen und Behinderungen. Die Alternswissenschaft hat nachgewiesen, dass Aktivität der beste Garant für ein erfolgreiches, gesundes Altern ist, denn Funktionen und Fähigkeiten, die nicht genutzt werden, verkümmern. Das altbekannte und inzwischen auch wissenschaftlich fundierte Sprichwort „Wer rastet, der rostet" gilt sowohl für unseren Körper als auch für unser Gehirn und – das zeigen die neuesten neurologischen Forschungen: Nicht nur ein Mangel an geistiger Aktivität wirkt sich negativ aus, auch einseitiges, routiniertes Tun.

Durch zahlreiche Studien belegt ist die Erkenntnis, dass der Prozess des Älterwerdens durch einen gesundheitsbewussten Lebensstil durchaus positiv zu beeinflussen ist: insbesondere durch eine gesunde Ernährung, ausreichende Bewegung und eine insgesamt aktive Lebensgestaltung, die auch gute soziale Kontakte und eine sinngebende Aufgabe einschließt.

Seit 2007 führt die BAGSO im Rahmen des vom Bundesministerium für Ernährung, Landwirtschaft und Verbraucherschutz (BMELV) geförderten Projektes „Im Alter IN FORM" Schulungen für Multiplikatoren in der Seniorenarbeit durch, die ihr Wissen in ihrem Wirkungskreis – in Seniorenclubs und -begegnungsstätten – weitergeben. Bis 2011 waren es 235 Schulungen, an denen 4.730 Multiplikatoren teilnahmen. In diesen Schulungen wurde immer wieder der Wunsch geäußert, Arbeitsmaterialien zu erhalten, mit deren Hilfe Veranstaltungsreihen zum Thema „Gesund essen – mehr bewegen" in Senioren-Einrichtungen durchgeführt werden können. Die BAGSO erarbeitete daher eine ca. 1.000 Seiten umfassende IN FORM MitMachBox, die aus den Ordnern „Wissen", „Essen", „Bewegen" und „Quiz" besteht. Eng eingebunden in dieses Projekt sind der Deutsche Turner-Bund und die Deutsche Gesellschaft für Alterszahnmedizin.

Die BAGSO-Nachrichten, die in einer Auflage von 15.000 Exemplaren viermal jährlich erscheinen und an Multiplikatoren, Journalisten, Wissenschaftler und Bildungseinrichtungen, Vertreter aus Wirtschaft und Politik versandt werden, haben das Thema Gesundheit im Alter immer wieder aufgegriffen: So waren Themenschwerpunkte „Gesund essen – mehr bewegen" oder „Körperlich und geistig fit bleiben". Außerdem sind z.B. die gesundheitliche Prävention und die gesundheitliche Versorgung älterer Menschen immer wieder Gegenstand von Pressemitteilungen und Positionspapieren, die sich an die politisch Verantwortlichen wenden, wie „Gesundheitliche Versorgung älterer Menschen" und „Stellungnahme zur zukünftigen Qualitätsberichterstattung in der Pflege". Aber auch Informationen, die sich an ältere Menschen selbst richten und sie z.B. darin unterstützen, Patientenkompetenz zu entwickeln, gehören zu den Angeboten der BAGSO.

Das Thema „Geistige Fitness" ist in der BAGSO durch die Mitgliedschaft dreier Verbände vertreten, das der psychischen Gesundheit u.a. durch die Deutsche PsychotherapeutenVereinigung. Mit dieser hat die BAGSO zwei Ratgeber erarbeitet, die sich zum einen mit dem lange vernachlässigten Thema der Psychotherapie im höheren Lebensalter befassen, zum anderen mit Möglichkeiten der seelischen Entlastung für pflegende Angehörige. Beide waren sehr stark nachgefragt. Die Fachkommission „Gesundheit und Pflege" befasst sich schwerpunktmäßig mit geplanten Gesetzesvorhaben im Bereich Gesundheit und Pflege, diskutiert deren Auswirkungen auf ältere Menschen und positioniert sich mit eigenen Forderungen. Darüber hinaus findet ein fachlicher Austausch über aktuelle gesundheits- und pflegewissenschaftliche Themen statt, so werden Fragen der Prävention und Rehabilitation, der Altersmedizin und Alterszahnmedizin sowie der Sicherstellung der medizinischen Versorgung und der Qualitätsentwicklung behandelt.

Im Bereich Pflege setzt sich die Fachkommission u.a. mit der Vereinbarkeit von Beruf und Pflege, Entlastungsangeboten für Pflegepersonen, Pflegeberatung nach SGB XI, den Pflegetransparenz-Kriterien, der Reform der Pflegeausbildung und Personalgewinnung sowie der Versorgungssicherstellung in ländlichen und strukturschwachen Räumen auseinander. Das Thema Demenz erfährt angesichts der dramatisch steigenden Zahlen der Erkrankungen große Aufmerksamkeit. So hat die BAGSO zusammen mit dem Zukunftsforum Demenz eine vielbeachtete Fachtagung veranstaltet und eine Tagungsdokumentation herausgegeben.

10.4.2 Interessen älterer Verbraucherinnen und Verbraucher

Die BAGSO setzt sich seit vielen Jahren für die Stärkung der Verbraucherinteressen älterer Menschen ein. Da ihre zunehmende Bedeutung als Konsumenten leider auch dazu geführt hat, dass sich unseriöse Produkt- und Dienstleistungsanbieter gezielt an Ältere wenden, sieht es die BAGSO als ihre Aufgabe an, ältere Konsumenten gut zu informieren und sie darin zu bestärken, sich ihrer Macht als Verbraucher stärker bewusst zu werden. Darüber hinaus soll durch einen verstärkten Dialog die Wirtschaft für die Wünsche und Bedürfnisse älterer Kunden sensibilisiert werden. Dabei erwies sich die im „Internationalen Jahr der Senioren" (1999) veranstaltete Fachtagung „Senioren am Markt" als weichenstellend, weil sie gemeinsam mit Vertretern aus Unternehmen durchgeführt wurde. Damals begann der Dialog mit der Wirtschaft, der sich in den letzten Jahren deutlich ausweitete und intensivierte. Auch die von der Verbraucherzentrale NRW angebahnte Kooperation beim Projekt „Zielgruppenorientierte Verbraucherarbeit für und mit Senioren" brachte neue Impulse. Aufgrund der gelungenen Partnerschaft trat die BAGSO dem „Verbraucherzentrale Bundesverband" bei und wurde Kooperationspartner in einem weiteren Projekt, das sich mit Finanzdienstleistungen für Ältere befasste.

Da nur wenige Daten über die Wünsche sowie das Kaufverhalten von Senioren vorliegen, hat die BAGSO selbst Befragungen durchgeführt und die Ergebnisse im „Verbraucherforum" auf ihrer Homepage eingestellt.Die erste bezog sich auf Verpackungen, die sich beim Öffnen und bei der Handhabung oft als Stolpersteine entpuppen. Weitere Aktionen betrafen „Gebrauchsgegenstände und technische Geräte im Haushalt", „Ernährung im Alter", „Beratung in Apotheken", „Dienstleistungen", „Wohnen im Alter", „Reisen im Alter" sowie „Supermarkt – gut und bequem einkaufen". Die Ergebnisse waren so überzeugend, dass sie von der Presse aufgegriffen und verbreitet werden. Als beabsichtigte Folge gerieten Anbieter unter Druck, ihre Produkte oder Dienstleistungen stärker an den Anforderungen Älterer auszurichten. So bewirkte die 2011 durchgeführte

Aktion „Lesbare Etiketten", dass einige der „angeprangerten" Unternehmen ihre Etikettierung leserfreundlicher gestalten. Seit längerer Zeit nimmt sich die BAGSO bereits des Themas der verständlicher Patienteninformationen an. Gemeinsam mit zwei Unternehmen und mehreren Patienten-Selbsthilfe-Organisationen arbeitet sie an einer patientengerechten Gestaltung von Beipackzetteln.

10.5 Paradigmenwechsel

Nicht immer sind die Erfolge in der Vertretung der Interessen älterer Menschen gegenüber Politik und Wirtschaft so schnell zu sehen und so offensichtlich wie bei der Aktion "Leserfreundliche Etiketten". Auch die Veränderung lange tradierter, individueller und gesellschaftlicher negativer Einstellungen zum Altern vollzieht sich nur in kleinen Schritten. Erfolge lassen sich oft nur rückblickend – z.B. im Vergleich zu Altersbildern in den Altenplänen der Städte oder den Konzepten der offenen Seniorenarbeit in den 1980er Jahren – erkennen. Die BAGSO kann jedoch den Anspruch erheben, dass sie in vielen Themenbereichen ein wichtiger Impulsgeber war, sowohl für die Seniorenarbeit als auch für die Seniorenpolitik. Sie hat den Blick für die Kompetenzen älterer Menschen geschärft, ohne diejenigen, die auf Unterstützung und Hilfe angewiesen sind, aus dem Auge zu verlieren. Sie hat viele ältere Menschen motivieren können, sich zu engagieren und es ist ihr gelungen, deutlich machen können, dass ältere Menschen sowohl Experten in eigener Sache als auch – aufgrund ihrer langen Lebens- und Berufserfahrung – in gesellschaftspolitischen Fragen sind.

Die Seniorenpolitik begann vor 50 Jahren mit der Frage: „Was kann die Gesellschaft für die Senioren tun?", heute lautet die Frage auch: "Was können Seniorinnen und Senioren für die Gesellschaft tun?" Aufzuzeigen, welche beeindruckenden Leistungen ältere Menschen für die Gesellschaft erbringen, das wird auch in Zukunft eine der Aufgaben der BAGSO sein.

11 Für mehr Selbstbestimmung im Alter

Jürgen Gohde

In den vergangenen 50 Jahren hat das Kuratorium Deutsche Altershilfe (KDA) viel erreicht. So viel, dass es sich in einem Aufsatz schwerlich zusammenfassen lässt. Die Aktivitäten sind so umfassend wie facettenreich. Alle Maßnahmen, Konzepte und Aktivitäten lassen sich jedoch unter einem Slogan zusammenfassen: Für mehr Selbstbestimmung und Lebensqualität im Alter. Wesentliche Bemühungen zur Verwirklichung dieses Slogans werden im Weiteren vorgestellt.

11.1 Erste Akzente des Kuratoriums Deutsche Altershilfe

11.1.1 *Alte Menschen – die Stiefkinder des Wirtschaftswunders*

Anfang der 60er Jahre in Deutschland: Das Ende des Zweiten Weltkrieges lag mehr als ein Jahrzehnt zurück, und man sprach – seit 1955 – von der Zeit des deutschen Wirtschaftswunders. Die Produktions- und Exportdaten Deutschlands waren rasant angestiegen und für breite Schichten der Bevölkerung hatten sich die Lebensverhältnisse kontinuierlich verbessert. Doch nicht alle Deutschen profitierten vom Wirtschaftswunder. Kinderreiche Familien und vor allem Rentner standen im „sozialen Abseits". Bis zur Einführung der dynamischen Rente im Jahr 1957 und auch darüber hinaus waren viele Ältere auf die staatliche Fürsorge angewiesen, denn durch den Krieg hatten sie vielfach ihre materielle Lebensgrundlage verloren. Da sie nicht mehr im Arbeitsprozess standen, waren die Chancen, diese wieder aufzubauen, kaum gegeben. Doch besonders drängend war die Lösung des Problems nicht ausreichender und wenig geeigneter Wohnmöglichkeiten. Der Krieg hatte viele Wohnungen und auch Altenheime vernichtet. Beim Wiederaufbau der Wohnungen in den zerstörten Städten waren vorrangig die noch im Arbeitsprozess stehenden Menschen berücksichtigt worden. Die neuen Wohnungen aber waren vielfach zu klein, um die alten Eltern noch mitzunehmen. So mussten gerade viele alte Menschen oft jahrelang in geräumten Bunkern und anderen Notunterkünften leben.

Für Heinrich Lübke, Bundespräsident von 1959 bis 1969 und späterer Schirmherr des KDA, waren die älteren Mitbürger damit „die Stiefkinder des Wirtschaftswunders". Die Träger der öffentlichen und freien Wohlfahrtspflege halfen zwar so gut es ging, mussten aber feststellen, dass die bisher im Vordergrund stehende Form der Hilfe – die Aufnahme in die wenigen und nur unzureichend ausgestatteten Heime – der Situation nicht mehr gerecht wurde. Immer dringender wurde auch der Ausbau einer offenen und ambulanten Altenhilfe gefordert. „Es gab ja quasi nichts für Ältere", erinnert sich Prof. Dr. Dr. h.c. Ursula Lehr, Professorin für Psychologie, ehemalige Bundesministerin für Jugend, Familie, Frauen und Gesundheit und von Anfang an Mitglied im Kuratorium Deutsche Altershilfe. „Es gab kaum entsprechende Wohnungen für alte Menschen, kaum Altentagesstätten und Altenclubs, keine Kurzzeit- und Tagespflegeplätze, keine Mahlzeitendienste und keinerlei sportliche Angebote wie zum Beispiel Seniorentanz. In den bestehenden Altenheimen waren die „Insassen" meist kasernenartig in Mehrbettzimmern untergebracht. Diesen Einrichtungen haftete oft der Charakter von „Asylen" für Arme, Kranke und Asoziale an. Und der Altenpflegeberuf befand sich ebenso wie die wissenschaftliche Altersforschung erst am Anfang der Entwicklung."

11.1.2 Die Kampagne: „Das Alter darf nicht abseits stehen"

Es musste also gehandelt werden. Das sah auch Wilhelmine Lübke, die Ehefrau des damaligen Bundespräsidenten, so, die sich den Anliegen und Bedürfnissen älterer Menschen sehr verbunden fühlte. Das Ehepaar Lübke engagierte sich im Dezember 1961 für eine Kampagne der „Aktion Gemeinsinn", die das Motto „Das Alter darf nicht abseits stehen" hatte. Als Ehrenpräsidentin dieser Aktion, die damals große Aufmerksamkeit erregte, unterstützte Wilhelmine Lübke mit Hilfe ihres Mannes die Gründung einer Institution, die „vor allem neue Ansätze der Altenhilfe fördern und weiterentwickeln soll": Die Idee zum Aufbau des Kuratoriums Deutsche Altershilfe war geboren.

Am 27. und 28. Dezember 1961 folgte dann der erste offizielle Schritt: Der Bundespräsident überreichte die Ernennungsurkunden an die ersten Kuratoren. Dem Ehepaar Lübke war es gelungen, maßgebliche Persönlichkeiten des öffentlichen Lebens für ihre Initiative zu gewinnen. Die konstituierende Sitzung, bei der Wilhelmine Lübke zur Ehrenvorsitzenden und Pastor Dr. Otto Ohl vom Diakonischen Werk zum geschäftsführenden Vorsitzenden gewählt wurden, fand dann am 26. Januar 1962 im damaligen Sitz des Bundespräsidenten, der Bonner Villa Hammerschmidt, statt. Die Gründung des Vereins – das KDA ist von seiner Organisationsform her ein eingetragener Verein – und die Verabschiedung

Für mehr Selbstbestimmung im Alter 257

der ersten Satzung erfolgten in der ersten Mitgliederversammlung am 22. Januar 1963. Die Bundespräsidenten-Gattin engagierte sich bis über ihr 90. Lebensjahr hinaus als Ehrenvorsitzende des KDA, das auch den Untertitel Wilhelmine-Lübke-Stiftung trägt. Wilhelmine Lübke wollte aber nicht nur Namensgeberin und Ehrenvorsitzende auf dem Papier sein, sondern mischte in der Arbeit der frisch gegründeten Institution kräftig mit.

11.1.3 Brückenbildung zwischen Wissenschaft und Praxis

Das KDA hatte von Anfang an die Aufgabe, neue Initiativen anzuregen, neue Ideen zu entwickeln, Erfahrungen – auch aus dem Ausland – zu sammeln und „immer wieder an das Verantwortungsbewusstsein der Mitbürger zu appellieren, überall für das Schicksal der alten Menschen und deren sinnerfülltes Leben einzustehen." Um dermaßen wirksam zu sein, brauchte das KDA den ständigen Austausch mit allen, die letztlich die Rahmenbedingungen seiner Arbeit setzten und beeinflussten. Dass sie entsprechend umgesetzt ist, zeigt die Zusammensetzung der KDA-Organe und -Arbeitsgremien.

In verschiedenen Arbeitskreisen beraten beispielsweise die Altenhilfereferenten der Wohlfahrtsverbände und andere Sachkenner von freien Trägern. Vertreter der kommunalen Leitungsebene sind seit Beginn unter den Kuratoren zu finden. Im Laufe der Jahre ist auch die Zusammenarbeit mit Wissenschaftlern von Instituten und Fachgesellschaften der Gerontologie, Geriatrie und Psychogeriatrie immer enger geworden. Das KDA war von Anfang an praxisorientiert und ist immer so etwas wie die Brücke zwischen Wissenschaft und Praxis. Auch die Vertreter aus Parlamenten und Regierungen auf Bundes- und Landesebene standen in ständigem Austausch mit dem KDA.

11.1.4 Unabhängigkeit und Neutralität

Trotz all dieser Kooperationen hat das KDA von Anfang an Wert darauf gelegt, unabhängig zu bleiben. Damit ging allerdings auch der Verzicht auf eine finanzielle Ausstattung mit staatlichen Mitteln einher. Um alle gesetzten Ziele verwirklichen zu können, bedurfte es aber eines soliden finanziellen Grundstocks. Dieser kam durch die Einspielungen von zwei Fernsehlotterien in den Jahren 1963 und 1965 zusammen, die ausschließlich zugunsten der Altenhilfe durchgeführt wurden. Im „Pressedienst der Fernsehlotterie" vom 5. Mai 1965 hieß es dazu:

„Das Ergebnis der Fernsehlotterie ‚Deutsche Altershilfe' beläuft sich auf mehr als 25 Millionen Mark. Dieser Betrag wurde in einer Einzahlungszeit von sieben Wochen erzielt, in denen der Frühlingsanfang, Karfreitag und das Osterfest lagen. Das Ergebnis der Fernsehlotterie ‚Miteinander – Füreinander', die vor zwei Jahren als erste für das Kuratorium Deutsche Altershilfe stattfand, wurde um etwa 1,5 Millionen Mark übertroffen (...) Unter dem Ehrenvorsitz von Frau Wilhelmine Lübke wird das Kuratorium Deutsche Altershilfe auch den Reinertrag der diesjährigen Fernsehlotterie für die Unterbringung und Betreuung hilfsbedürftiger alter Menschen im ganzen Bundesgebiet verwenden."

Mit dem damals eingespielten Geld wurde der Stiftungsfond des KDA gebildet, aus dessen Zinseinnahmen die gemeinnützige Einrichtung auch heute noch einen Teil ihrer Arbeit finanziert.

Abbildung 21: Poster der ARD-Fernsehlotterie für die Einspielung zugunsten des KDA im Jahr 1965.

11.2 Unterstützungsspektrum

11.2.1 *Die erste gute Tat: Förderung von Altenwohnungen*

Ausgestattet mit diesen Mitteln, gingen die KDA-Mitarbeiter gleich ihre erste große Aufgabe und damit das damals drängendste Problem alter Menschen an. In Bezug auf ihre Wohnungsnot galt es nach Lösungswegen zu suchen und Verbesserungen zu bewirken. Alle Bemühungen folgten dabei einem obersten Grundsatz: Es sollte nicht einfach irgendwie mehr Wohnraum geschaffen werden, sondern es sollten in sich abgeschlossene Altenwohnungen entstehen, die in Anlage, Ausstattung und Einrichtung den besonderen Bedürfnissen Älterer Rechnung trugen und sie in die Lage versetzten, möglichst lange ein selbstständiges Leben zu führen. Wie bei allen großen Unternehmungen und Projekten, die das KDA in den 50 Jahren seines Bestehens in Angriff genommen hat, war auch damals bei dieser ersten Aktion klar, dass das Kuratorium nur „Starthilfe" leisten konnte.

Weil das KDA nicht selbst Träger und Bauherr sein konnte, galt es, andere davon zu überzeugen, dass das entworfene Konzept richtig war, und durch positive Beispiele zur breiten Nachahmung anzuregen. Diese Beispiele mussten aber erst geschaffen werden – und deshalb wurde im Kuratorium ein Förderprogramm beschlossen. Mit zinsgünstigen Darlehen vom KDA wurde der Bau von Altenwohnungen angekurbelt. In vielen Fällen wurden Bauvorhaben so erst möglich. Neben die finanzielle Förderung trat auch noch die Beratung der Bauträger bei der Planung und Gestaltung. Und immer wieder wandte man sich an die Öffentlichkeit, um dieses Problem bewusst zu machen und für die neue gute Idee zu werben. Die Mühe lohnte sich: 1965 waren bereits 2.600 Altenwohnungen entstanden – gefördert mit Darlehen in einer Gesamthöhe von sieben Millionen DM. Bis 1967 waren 5.200 Wohneinheiten mitfinanziert worden, bis 1972 rund 10.000. Insgesamt hatte das KDA dafür rund 25 Millionen Mark aufgebracht.

Zu diesem Zeitpunkt konnte das KDA seine Funktion, Schrittmacher für eine moderne Entwicklung zu sein, als erfüllt ansehen. Es war gelungen, das Konzept der Altenwohnungen auf einen sicheren Weg zu bringen: Verstärkt flossen nun öffentliche Gelder in den Bau von Altenwohnungen, und das Bundesministerium für Städtebau und Wohnungswesen sicherte 1971 mit dem Erlass von Planungsempfehlungen die Zukunft dieses damals neuen Angebotes für ältere Menschen. Damit konnte das KDA seine Förderung einstellen und sich mit seinen finanziellen Kräften anderen wichtigen Aufgaben zuwenden.

11.2.2 „Meals on wheels" – von England nach Deutschland

Die Mitarbeiter des KDA erkannten bald, dass es zur Erhaltung des selbstständigen Wohnens in den eigenen vier Wänden nicht nur auf eine seniorengerechte Ausstattung ankam, sondern auch auf die entsprechende, sie umgebende Infrastruktur. Da in den frühen 60er Jahren aber auch „ergänzende" Dienste fehlten, leistete das KDA auch hier „Anschubarbeit" und erbrachte im Zeitraum von 1962 bis 1986 Förderleistungen – aus Lotteriemitteln des Deutschen Hilfswerks – beispielsweise für Mahlzeitendienste in Höhe von 15,7 Millionen Mark. Doch das KDA hat sich nicht nur um die Verbreitung, sondern zunächst vor allem um die Einführung von „Essen auf Rädern" verdient gemacht. „Meals on wheels" gab es in England schon seit 1943, in der Bundesrepublik war es damals so gut wie nicht bekannt. Eine gute und hilfreiche Initiative, durch die ältere Menschen länger selbstständig zu Hause leben können. Ein solches Angebot würde auch deutschen Senioren das Leben erleichtern, fanden die damaligen KDA-Mitarbeiter und setzten sich von Anfang an entschlossen für den Ausbau dieses Hilfsangebotes ein – durch das breite Ausstreuen von Informationen und praktischen Anregungen und nicht zuletzt durch die hohe finanzielle Förderung. So waren bis zum Jahr 1969 rund 300 Mahlzeitendienste aufgebaut, in 230 Orten hatte das KDA die Erstausstattung an Fahrzeugen und Transporteinrichtungen gestiftet. Doch es ging dem Kuratorium Deutsche Altershilfe nicht allein um den quantitativen Ausbau, sondern auch um eine ständige qualitative Verbesserung dieser Angebote. Und so wurden immer wieder entsprechende Experten an einen Tisch gebracht, um Erfahrungen auszutauschen, Neuentwicklungen zu diskutieren und dieses Wissen schließlich für die Praxis nutzbar zu machen.

Neben dem „Essen auf Rädern" hat das KDA aber noch eine ganze Reihe weiterer ambulanter Dienste ideell und finanziell gefördert; so zum Beispiel Fahr- und Begleit-, Wäsche-, mobile Bücher- sowie Körperpflegedienste. Es hat auch dafür gesorgt, dass Maßnahmen der so genannten Altenerholung zu einem festen Angebot der Wohlfahrtsverbände und Kommunen geworden sind. 1963 leistete die Kölner Einrichtung dazu den ersten Zuschuss und damit – wie noch so oft – die Initialzündung einer Idee und Maßnahme.

Für mehr Selbstbestimmung im Alter   261

Abbildung 22: Das KDA förderte unter anderem die Einführung mobiler Mahlzeitendienste für ältere Menschen in Deutschland.

11.2.3 Von der „Wärmestube" zur Altentagesstätte

Altentagesstätten, in denen sich Ältere treffen, um gemeinsam ihre Freizeit zu gestalten und zu verbringen, stellen schon lange das klassische Angebot der so genannten „offenen" Altenhilfe dar. Als das KDA vor 50 Jahren mit seiner Arbeit begann, sah das noch ganz anders aus. Aus den „Wärmestuben" der ersten Nachkriegsjahre und der 50er Jahre, die während der Winterzeit alten Menschen die Möglichkeit boten, sich aufzuwärmen um zu Hause Heizung und Strom zu sparen, waren nach und nach „Altenstuben" geworden, in denen sich in kleinem Rahmen auch gesellige Aktivitäten entwickelten. Mit den heutigen Angeboten, die ganz gezielt den Bedürfnissen Älterer nach Kommunikation, Information, Bildung und Freizeitgestaltung zu entsprechen versuchen, hatte das aber noch wenig zu tun. Die Zahl solcher Altentagesstätten und Altenclubs war auch sehr gering.

Die Ideen sowie die konzeptionelle und finanzielle Starthilfe des KDA waren wieder erforderlich. Und so legte das KDA 1964 einen knapp 100 Seiten starken Bericht vor, in dem Ziele, Wege und nicht zuletzt die vielfältigen Möglichkeiten der Altenclubs dargestellt wurden, die sich vor allem aus den besonderen Notlagen dieser Zeit ergaben. Vor allem sollten Altentagesstätten und -clubs eine Hilfe gegen Isolation und Einsamkeit werden. Mitgefördert durch das Kuratorium Deutsche Altershilfe entstanden von 1963 bis 1965 mehr als 200 Altenclubs. Bis zum Jahr 1974 waren mit insgesamt 7,7 Millionen DM rund 1.500 Altentagesstätten vom KDA gefördert worden.

Die Idee hatte sich durchgesetzt, auf breiter Front hatten Wohlfahrtsverbände und Kommunen sie aufgegriffen und dort, wo sie noch nicht realisiert war, drängten ältere Menschen selbst auf die Schaffung solcher Angebote. Starthilfe war nun nicht mehr nötig, und das Kuratorium Deutsche Altershilfe konnte diesen Förderpunkt streichen, um Mittel für neue Aufgaben freizusetzen. Dennoch blieben Altentagesstätten noch lange ein wichtiges Thema für das KDA, das in zahlreichen Publikationen immer wieder neue Ansätze und Konzepte sowie Praxiserfahrungen vorstellte und diskutierte.

11.2.4 Im Ausland „abgeschaut": Telefonketten

Diese Art der Öffentlichkeitsarbeit hat das KDA für viele andere, „neue", kleine und große Maßnahmen, die zur Erhaltung der Selbstständigkeit und Lebensqualität älterer Menschen beitrugen, betrieben. Ein weiteres, inzwischen fast antiquiert anmutendes Beispiel ist die Initiierung von Telefonketten. Der Zweck einer solchen Initiative ist, dass sich allein stehende Ältere täglich gegenseitig anrufen, um sicherzustellen, dass kein an der Telefonkette Teilnehmender ohne Hilfe bleibt. Ursprünglich kam die Idee dazu aus Schweden, wo sie auch zum ersten Mal erfolgreich verwirklicht wurde. Das war 1964. Ein Jahr später übernahm sie schon das kanadische Rote Kreuz in Toronto. Die dort gewonnenen Erfahrungen ermutigten 1967 Sozialarbeiter in Genf, dem Beispiel zu folgen. Im Sommer 1969 begann das KDA mit einer Reihe von Veröffentlichungen, die Idee der Telefonketten der Öffentlichkeit in Deutschland vorzustellen. Diesen Beiträgen im „Presse-und Informationsdienst", die auf großes Interesse stießen und von vielen Zeitungen nachgedruckt wurden, folgte die Herausgabe eines detaillierten Merkblattes in der KDA-Publikationsreihe „vorgestellt". Darin wurden praktische Hinweise für den Aufbau von Telefonketten gegeben, die sich einer sehr starken Nachfrage erfreuten.

11.3 Impulse für ein zukunftsfähiges Wohnen im Alter

11.3.1 Für humanere Alten- und Pflegeheime

Da das Wohnen und der Wohnbereich – ob zu Hause oder in einem Altenpflegeheim – gerade für ältere Menschen mit eingeschränktem Aktionsradius von immenser Bedeutung sind, standen bei den weiteren KDA-Aufgaben Fragen des Wohnens im Mittelpunkt. Viele der in den Anfangsjahren des KDA bestehenden Heime stammten noch aus der Zeit der vorletzten Jahrhundertwende. Ihre Anpassung an „moderne" – heute wieder längst überholte Standards war auch damals unerlässlich. Denn es fehlte beispielsweise an Einzelzimmern, an technischen Einrichtungen wie Aufzügen, Zentralheizungen, Warmwasserversorgung und zeitgemäßen Küchen. Viele Häuser verfügten auch nicht über „Pflegestationen", das heißt, sie waren gar nicht auf die Pflegebedürftigen und deren adäquate Betreuung eingerichtet. So zeigte sich schon bald, dass es für die Durchsetzung besserer Konzepte in der Praxis nicht ausreichte, Neubau- und Sanierungsprojekte lediglich finanziell zu fördern. Denn immer wieder machten die damit oft noch unerfahrenen Träger und Architekten die gleichen Planungsfehler.

So dehnte der Vorstand des KDA die Aufgaben der Geschäftsstelle schon sehr bald auf den Bereich der Planungsberatung aus. Hier war vor allem die Beratungstätigkeit der beiden Abteilungen Architektur und Sozialwirtschaft gefragt. Um ihre Kompetenz besser zu bündeln, schlossen sich beide zum Institut für Altenwohnbau (IfA) zusammen. Die Aufgabenstellung des Instituts war ursprünglich sehr weit. Sie umfasste unter anderem auch die wissenschaftliche Dokumentation der immer unübersichtlicher werdenden internationalen gerontologischen Literatur. Mit Gründung des Deutschen Zentrums für Altersfragen in Berlin im Jahre 1974 wurde unter anderem diese Aufgabe ausgegliedert, und das IfA konnte sich ganz auf die Planungsprobleme der Praxis konzentrieren. „Es kommt darauf an, Einrichtungen ohne Ghetto-Charakter zu planen, die dem älteren Menschen einerseits das Gefühl der Geborgenheit vermitteln, andererseits eine Bevormundung vermeiden und einen direkten Kontakt zur Umwelt erhalten.

Abbildung 23: Das KDA-Musterpflegezimmer

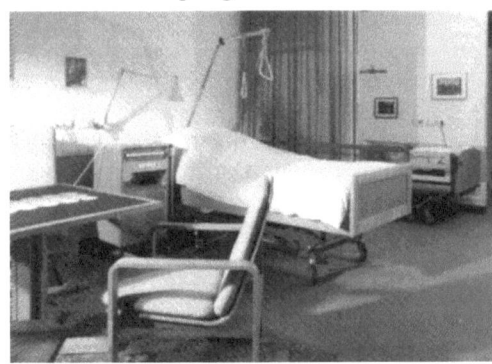

Ein Team junger Wissenschaftler verschiedener Fachbereiche – Architektur, Betriebswirtschaft, Soziologie, Sozialpsychologie – ist dabei, Empfehlungen für den Bau und die Ausstattung verschiedener Wohnformen für alte Menschen zu erarbeiten", hieß es in einer ersten Selbstdarstellung des IfA. Die Beratung wurde – und wird – insbesondere Sozialplanern, Architekten und Trägern von Altenhilfeeinrichtungen und –maßnahmen angeboten. Aus den Erfahrungen mit den Einzelfallberatungen heraus wurde projektunabhängiges Informationsmaterial zu besonders häufig auftretenden Planungsproblemen entwickelt. Wenn die Termine nicht in den Einrichtungen, sondern im KDA stattfanden, hatten die Ratsuchenden die Gelegenheit, sich dort das so genannte „Musterpflegezimmer" anzuschauen. Die Planungsempfehlungen für Heime, die das KDA erarbeitet hat, sind bis heute Grundlage für Länderrichtlinien und Modelleinrichtungen in ganz Deutschland und ein Beweis für die fachliche Qualität der Arbeit. Die Betriebswirte und Haushaltswissenschaftler der Abteilung Sozialwirtschaft haben zum Beispiel erstmals Arbeitsabläufe im Heimbereich untersucht und den stationären Einrichtungen mit ihren Ergebnissen wesentliche Organisationshilfen an die Hand gegeben. Die Qualität der Pflege stand und steht immer noch im Mittelpunkt der Arbeit des KDA. In Anerkennung positiver Erfahrungen aus bestehenden Pflegeoasen hat das KDA im Jahr 2009 das abgewandelte Konzept der qualitätsgeleiteten Pflegeoase entwickelt. Das Konzept ermöglicht sowohl die Überschaubarkeit als auch den eigenen Raum für die pflegebedürftigen Menschen mit Demenz. Eine qualitätsgeleitete Pflegeoase nach dem Sinn des KDA vereint dies unter einem Dach, ohne dass dabei ein Mehrpersonenraum entsteht

11.3.2 Die fünf Generationen des Alten- und Pflegeheimbaus

Das KDA hat jahrelang die Entwicklung neuer Konzepte des Pflegeheimbaus vorangetrieben und geprägt – immer mit dem Ziel vor Augen, veraltete Strukturen zum Wohle der Bewohner zu verändern. In fünfzig Jahren hat das KDA mittlerweile fünf Generationen von Pflegeheimen begleitet und dabei nie die Zukunft aus dem Blick verloren. Nach den Alten-Verwahranstalten aus den 60-er Jahren (1. Generation), den krankenhausähnlichen Heimen aus den 70-er Jahren (2. Generation), den Pflegeeinrichtungen mit Wohngruppen und Wohnbereichen aus den 80-er Jahren (3. Generation), den familienähnlichen Hausgemeinschaften der 90er Jahre (4. Generation) ist mit den KDA-Quartiershäusern in jüngster Zeit eine neue richtungsweisende fünfte Generation im Alten- und Pflegeheimbau entstanden.

Die „vierte Generation" des Altenpflegeheimbaus wurde im Jahr 2000 in Dießen am Ammersee mit dem ersten fertig gestellten Neubau und dem Bezug von sechs eigenständigen familienähnlichen Hausgemeinschaften für jeweils sieben pflegebedürftige und demenzkranke ältere Menschen eingeläutet. Zugunsten der Privatsphäre, die Geborgenheit und Normalität vermittelt, wird in Hausgemeinschaften bewusst auf kostspielige zentrale Flächen und Einrichtungen verzichtet. Das KDA initiierte und unterstützte die Planung und Umsetzung von Hausgemeinschaften in ganz Deutschland.

Das Konzept der KDA-Quartiershäuser basiert auf drei Prinzipien: Leben in Privatheit, Gemeinschaft und Öffentlichkeit. Für die Bewohner wird Privatheit und eine familienähnliche Gemeinschaft geschaffen. Die Menschen leben in Einzelzimmern und haben eigene kleine Küchen – also einen privaten Rückzugsraum. Angehörige können hier Kaffee kochen, mitgebrachte Speisen erwärmen oder zubereiten und sie gemeinsam mit ihrem Familienmitglied zu sich nehmen - wie Zuhause.

Neben den Pantryküchen gibt es auch in diesem Konzept - wie in Hausgemeinschaften - große Wohnküchen, in denen tagsüber immer jemand zugegen ist. In den KDA-Quartiershäusern nehmen die Bewohner auch weiter am Leben in der Öffentlichkeit teil: Sie nutzen Angebote im Quartier oder aber die Einrichtung bietet selbst Veranstaltungen für alle Bürger des Quartiers an.

Abbildung 24: Die fünf Generationen des Alten- und Pflegeheimbaus

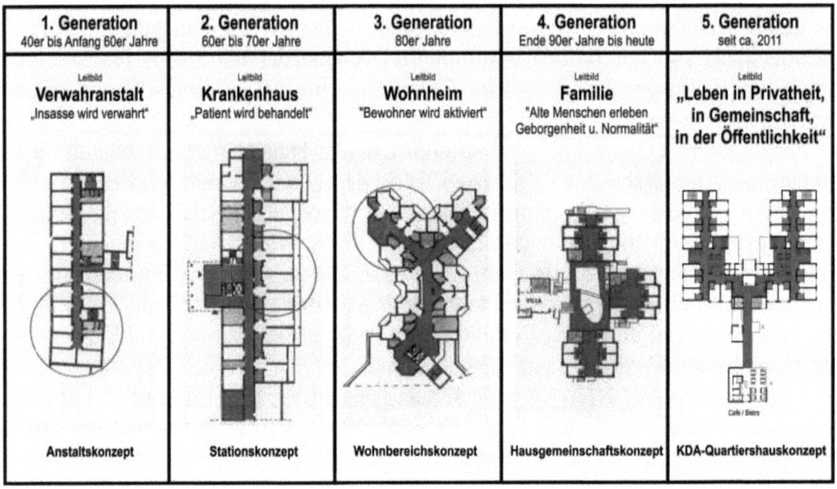

1. Generation 40er bis Anfang 60er Jahre	2. Generation 60er bis 70er Jahre	3. Generation 80er Jahre	4. Generation Ende 90er Jahre bis heute	5. Generation seit ca. 2011
Leitbild **Verwahranstalt** „Insasse wird verwahrt"	Leitbild **Krankenhaus** „Patient wird behandelt"	Leitbild **Wohnheim** "Bewohner wird aktiviert"	Leitbild **Familie** "Alte Menschen erleben Geborgenheit u. Normalität"	Leitbild **„Leben in Privatheit, in Gemeinschaft, in der Öffentlichkeit"**
Anstaltskonzept	Stationskonzept	Wohnbereichskonzept	Hausgemeinschaftskonzept	KDA-Quartiershauskonzept

11.3.3 Wohnungsanpassung - Ein Thema der Altenhilfe

Auch die Wohnungsanpassung wurde ganz wesentlich durch das KDA „gepuscht". Das war auch nötig, denn die „normale" Wohnung war von der traditionellen Altenhilfe lange ausgeklammert worden. In der normalen Wohnumwelt bestanden die Angebote der Altenhilfe ausschließlich in Betreuungsleistungen. Es wurde gewissermaßen vorausgesetzt, dass diese Wohnungen und deren Wohnumfeld schon funktionierten. Das Kuratorium Deutsche Altershilfe erkannte den Bedarf, nahm sich erstmals 1984 des Themas an und veröffentlichte 1986 eine umfangreiche Studie, die das Thema Wohnungsanpassung erstmals zum Thema der Altenhilfe machte.

Für mehr Selbstbestimmung im Alter 267

Mit einer Wanderausstellung zum Thema „Wohnungsanpassung" informierte das KDA 1995 bundesweit Planer, Fachleute und Interessierte über mögliche Umbaumaßnahmen und Fördermöglichkeiten, die das Leben in den eigenen vier Wänden auch trotz Hilfebedürftigkeit weiterhin möglich machen. Hierzu veröffentlicht das KDA auch die Broschüre „Wohnungsanpassung – Kleine Maßnahmen mit großer Wirkung".

11.3.4 KDA-Quartiersentwicklung

Ältere Menschen zu stärken und ihre Lebenswelt lebenswerter zu gestalten, das sind die wesentlichen Ziele mit denen das KDA seine Vision von einem selbstbestimmten Alter in unserer Gesellschaft erreichen möchte. Hierzu hat das KDA ein Zielsystem entwickelt. Das wertschätzende gesellschaftliche Umfeld (Ziel 1), die tragfähigen Sozialbeziehungen (Ziel 2), altersgerechte Wohnangebote (Ziel 3) und eine generationengerechte räumliche Infrastruktur (Ziel 4) schaffen die Voraussetzungen, damit passgenaue Hilfe- und Pflegeangebote für ältere Menschen (Ziel 5) zu einer hohen Lebensqualität führen. Die wohnortnahe Beratung und Begleitung (Ziel 6) ermöglicht es Rat- und Hilfesuchenden, die benötigten und gewünschten Dienstleistungen und Hilfen in Anspruch nehmen zu können. In einem nächsten Schritt arbeitet das KDA daran, wie die Ziele von wem umgesetzt werden sollten. Hierzu hat es unter anderem einen Managementansatz für Kommunen oder einen sozialraumorientierten Versorgungsansatz für Leistungserbringer erarbeitet.

Abbildung 25: Das Zielsystem des KDA zu selbstbestimmtem Alter

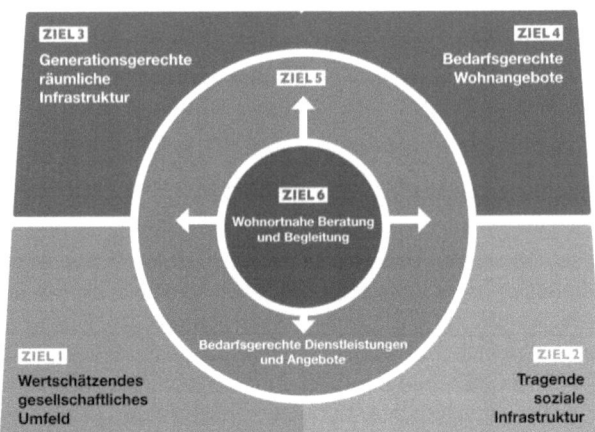

11.4 Qualifizierung und wissenschaftliche Altersforschung

Zielgerichtete Anregungen für die Arbeit erhielt das KDA insbesondere von den Wohlfahrtsverbänden, die ja direkt vor Ort die Lücken der Altenhilfe mitbekamen und deren Vertreter ja in den KDA-Gremien mitarbeiteten beziehungsweise das noch heute tun. Und so hieß es sehr bald: „Wir müssen unbedingt etwas für die Qualifizierung der Altenpflege-Mitarbeiter tun." Dementsprechend hat das KDA schon sehr früh in enger Kooperation mit den verschiedenen Trägern der Fort- und Weiterbildung und einer großen Anzahl externer Fachleute eine Vielzahl von Seminaren, Lehrgängen und Kursen zur Fort- und Weiterbildung von Mitarbeitern in der Altenhilfe finanziell gefördert, Zuschüsse für Lehr- und Lernmittel gegeben, Curricula und Unterrichtshandreichungen entwickelt, Lehr- und Lernmittel untersucht und Empfehlungen gegeben, Tagungen und Workshops fachlich begleitet und KDA-Referenten als Dozenten zu Veranstaltungen „geschickt". Im Zeitraum von 1962 bis 1986 hat das KDA 24,8 Millionen DM in den Förderpunkt „Lehrgänge, Lernmittel und Altenpflegeschulen" investiert.

Um Maßnahmen und Einrichtungen der Altenhilfe möglichst systematisch und zukunftsweisend planen und fördern zu können, ist entsprechende Forschung unerlässlich. Das KDA hat deshalb zahlreiche Forschungsaufträge angeregt und die wissenschaftliche Arbeit wie auch die Veröffentlichung der Studienergebnisse durch Zuschüsse gefördert. Das KDA hat auch entscheidend zur

Etablierung der Geriatrie und Gerontologie in Deutschland beigetragen. Mit erheblichen Mitteln hat es die Einrichtung des ersten, 1973 eingerichteten Lehrstuhls für Geriatrie an der Universität Erlangen-Nürnberg gesichert.

2002 bestätigte das Bundesverfassungsgericht die Gesetzgebungskompetenz des Bundes für die im Gesetz über die Berufe in der Altenpflege (Altenpflegegesetz) getroffenen Regelungen zur Altenpflegeausbildung. Die Ausbildung für die Altenpfleger konnte damit zum 1. August 2003 nach dem neuen Recht bundeseinheitlich durchgeführt werden. Das KDA begrüßte die Einführung der bundeseinheitlichen Altenpflegeausbildung und erarbeitete hierzu im Auftrag des Bundesministeriums für Familien, Senioren, Frauen und Jugend ein Curriculum, welches auf Lernfeldern basiert.

Das Online-Berichts- und Lernsystem „Aus kritischen Ereignissen lernen" ist das weltweit erste nationale Berichtssystem für die Pflege. Es wurde 2007 mit finanzieller Unterstützung des Bundesministeriums für Gesundheit eingerichtet. Der Grundsatz lautet: „Auch ungute Erfahrungen bringen Erkenntnisse. Machen Sie Ihre Erfahrungen auch für andere nutzbar!" Pflegende können online von kritischen Ereignissen ihres Pflegealltags berichten. Das KDA analysiert die Berichte und wertet sie systematisch aus. So tragen die Berichte zur Qualitätsentwicklung in der Pflege bei.

11.4.1 *Förderung realistischer Altersbilder*

Ein weiteres Anliegen des KDA war es, realistische Altersbilder zu fördern und dadurch unter anderem die Schranken zwischen den Generationen abzubauen. Dafür wurden beispielsweise Anzeigen mit entsprechenden Abbildungen und Aussagen entwickelt und kostenlos Zeitungen und Zeitschriften angeboten, die von deren Abdruck in großem Maß Gebrauch machten. Dem Generationenthema diente beispielsweise auch der 1968 und dann nochmals 1975 durchgeführte Malwettbewerb „Jugend sieht das Alter". Dieser Wettbewerb wurde vom KDA gemeinsam mit dem Verband Deutscher Schullandheime veranstaltet und sollte deutlich machen, welches Bild vom Alter und Alten sechs- bis 15jährige Schüler haben. „Damals beeindruckte nicht nur die Fülle der eingehenden Arbeiten", heißt es dazu in einem alten KDA-Dokument, „sondern auch die Vielfalt der Themenwahl, die von erschütternd hintergründigen Darstellungen bis zum Wunschbild der lieb-freundlichen Großmutter mit Brille, Silberhaar und Strickstrumpf im Schaukelstuhl reichte." Nicht Vorurteile und Klischees, sondern reale Daten und Fakten über das Alter(n) sollte die Informationsbroschüre „Das Alter gehört dazu" transportieren. Damit hatte das KDA erstmals eine Publikation entwickelt, die sich an Leiter von Jugendgruppen und Lehrer richtete, die das

Thema möglichst in ihre Gruppenstunden und in ihren Unterricht einbauen und damit die junge Generation ansprechen sollten. 1969 wurde der Wilhelmine-Lübke-Preis ins Leben gerufen. Mit ihm wurden Sendungen in Hörfunk und Fernsehen sowie literarische Werke ausgezeichnet, die in vorbildlicher Weise die besondere Situation alter Menschen behandelten. Die ausgezeichneten Beiträge sollten ein Bild vom alten Menschen vermitteln, das der Realität entspricht. Ein Bild, das nicht einseitig auf Pflege, Betreuung und Bewahrung, sondern auf Anregung und Aktivierung gerichtet ist. Der Preis sollte auch den damit ausgezeichneten Autoren und Redakteuren den Rücken stärken, die mit ihren Versuchen, das Thema Alter in ihren Redaktionen und Verlagen ‚unterzubringen', gegen den Strom schwammen. Der Preis wurde 1990 eingestellt, da der Organisationsaufwand bis dahin jeden erträglichen Rahmen gesprengt und seinen „Pioniergeist" verloren hatte, da die Zahl der Medien- Preisverleihungen inzwischen ins Unübersichtliche angestiegen war. Das KDA hat mit diesem Preis dazu beigetragen hat, dass der Mensch jenseits der 60 in unserer Gesellschaft für voll genommen wird.

1999 forderte das KDA im Rahmen des internationalen Medienkongresses "Überhört und übersehen? Ältere in Hörfunk und Fernsehen" mehr und bessere Programmangebote für ältere Zuhörer und Zuschauer sowie eine realistische und klischeefreie Darstellung des Alters in Hörfunk und Fernsehen. 90 Referenten aus 13 Ländern kamen hierzu nach Köln. Der Kongress fand in Zusammenarbeit mit dem Bundesministerium für Familie, Senioren, Frauen und Jugend, dem Ministerium für Frauen, Jugend, Familie und Gesundheit des Landes Nordrhein-Westfalen, dem Westdeutschen Rundfunk sowie der Nederlands Platform Ouderen en Europa statt. Hochkarätige Gäste aus den Bereichen Politik, Medien und Soziales nutzten den Kongress für einen intensiven Austausch.

Die Bekämpfung von Altersdiskriminierung und die Förderung realistischer Altersbilder werden 2005 zu einem neuen Arbeitsschwerpunkt des KDA. In den Jahren 2005, 2007 und 2009 wurden drei Veranstaltungen zum Thema durchgeführt und darüber hinaus Materialien zur Aufklärung, Stärkung und Unterstützung in diskriminierenden Situationen veröffentlicht. Kooperationspartner der Initiative waren die Landesseniorenvertretung Nordrhein-Westfalen und das Land Nordrhein-Westfalen. In jüngster Zeit macht sich das KDA gemeinsam mit der Bundesarbeitsgemeinschaft der Seniorenorganisationen (BAGSO) und der Antidiskriminierungsstelle auf Bundesebene gegen Altersdiskriminierung und für realistische Altersbilder stark.

Für mehr Selbstbestimmung im Alter 271

Abbildung 26: Gewinnerbild des Wettbewerbs „Jugend sieht das Alter" (1968)

11.4.2 *Türen öffnen zum Menschen mit Demenz*

2001 recherchierte das KDA im Auftrag des Bundesministeriums für Familie, Senioren, Frauen und Jugend zwei Jahre lang in Deutschland und im deutschsprachigen Ausland nach bekannten und bislang unbekannten, „kleinen" und „großen" Ideen (vor allem in Altenpflegeeinrichtungen), welche die Lebensqualität von Menschen mit Demenz positiv beeinflussen. Bestehende Konzepte wurden dafür analysiert, strukturiert und zu zentralen Handlungsanleitungen in dem 600-seitigen „Qualitätshandbuch Leben mit Demenz" zusammengefasst. Begleitend dazu erarbeitete das KDA das „KDA-Türöffnungskonzept zur Förderung, Pflege und Begleitung von Menschen mit Demenz". Das Konzept geht davon aus, dass wir mit der vom Versinken bedrohten Persönlichkeit eines Menschen mit Demenz Kontakt halten müssen.

Die Landesinitiative Demenz-Service Nordrhein-Westfalen ist eine gemeinsame Plattform einer Vielzahl von Akteuren, in deren Zentrum die Verbesserung der häuslichen Situation von Menschen mit Demenz und die Unterstützung ihrer Angehörigen stehen. Die Landesinitiative wird finanziell getragen vom Ministerium für Gesundheit, Emanzipation, Pflege und Alter des Landes Nordrhein-Westfalen sowie den Landesverbänden der Pflegekassen. Angestoßen wurde sie vom KDA in den Jahren 2002 und 2003. Seit ihrer Etablierung im Jahr 2004 fungiert das KDA als „Koordinierungsstelle der Landesinitiative Demenz-Service NRW".

11.5 Gesetzliche Reformansätze

11.5.1 *Pflegeversicherung: 20 Jahre vom Gutachten bis zum Gesetz*

Wie so vieles in der Altenhilfe, wurde auch die Pflegeversicherung durch das KDA „angestoßen". Es war eine historische Leistung des KDA, mit dem im März 1974 veröffentlichten „Gutachten über die stationäre Behandlung von Krankheiten im Alter und über die Kostenübernahme durch die gesetzlichen Krankenkassen" den Weg zu einer Änderung des Bewusstseins gebahnt zu haben. Das KDA-Gutachten, an dem namhafte Persönlichkeiten der Altenhilfe wie zum Beispiel Prof. Dr. Otto Blume und Dr. Margret Dieck mitgewirkt hatten, stellte den willkürlich erscheinenden Ausschluss der Pflegebedürftigkeit von solidarischer Absicherung bloß, mahnte eine entsprechende Reform an und brachte damit ein – allmähliches – Umdenken in Gang.

So folgte im Januar 1983 ein gemeinsamer Vorschlag der kommunalen Spitzenverbände, der Freien Wohlfahrtspflege, der überörtlichen Träger der Sozialhilfe, des Deutschen Vereins für öffentliche und private Fürsorge sowie des Kuratoriums Deutsche Altershilfe für eine Pflegeversicherung mit Anbindung an die Krankenversicherung. Der Deutsche Verein legte bald darauf, im Juni 1984, Überlegungen für eine Pflegeversicherung vor, die eine sozialversicherungsrechtliche Absicherung des Risikos der Pflegebedürftigkeit verfolgten. Nach weiteren Jahren intensiver Bemühungen gelang es endlich, die zögernden politischen Kräfte von der Notwendigkeit einer gesetzlichen Regelung zu überzeugen. Das Gesetz zur sozialen Absicherung des Risikos der Pflegebedürftigkeit vom 26. Mai 1994 griff nicht nur den zwanzig Jahre zuvor vom KDA in die Diskussion gebrachten Grundgedanken auf, sondern befreite auch die ambulante Pflege von ihren bisherigen Einschränkungen.

Doch weit bedeutsamer als der Erfolg, der lange auf sich hatte warten lassen, war die Entschiedenheit, mit der das KDA auf die verbliebenen Schwächen des neuen Gesetzes hinwies und bis heute hinweist. Unter Leitung des KDA-Vorsitzenden Dr. h.c. Jürgen Gohde erarbeitete ein Expertenbeirat einen neuen Pflegebedürftigkeitsbegriff zur Reform der Pflegeversicherung. Dieser sollte alle körperlichen und geistigen bzw. psychischen Einschränkungen und Störungen sowie ein Bewertungssystem, das Lebens- und Bedarfslagen hilfe- und pflegebedürftiger Menschen flexibel erfassen und einen hohen Grad an Differenziertheit gewährleistet, aber auch Transparenz und Akzeptanz für die Betroffenen sicherstellt. Statt der bisherigen drei Pflegestufen sollten nun fünf Bedarfsgrade erhoben werden.

Außerdem wird mit dem entwickelten neuen Begutachtungsassessments die Pflegebedürftigkeit nicht wie bisher an der Pflegezeit festgemacht, sondern anhand des Selbstständigkeitsgrades der Betroffenen eingeschätzt. Der Bericht des Beirats wurde der Bundesregierung 2009 übergeben. Für die Umsetzung des neuen Pflegebedürftigkeitsbegriffs setzt sich das KDA bis heute ein.

11.5.2 Tages- und Kurzzeitpflege

Mit Befriedigung konnte das KDA auch auf die Aufnahme einiger von ihm initiierter Hilfeformen wie Kurzzeit-, Tages- und Nachtpflege in das neue Gesetz blicken. Von 1983 bis 1991 hatte es, teilweise unterstützt durch das damalige Familienministerium, darauf hingewirkt, die Tagespflege und die Kurzzeitpflege als damals noch neue „Bausteine" überhaupt in die Altenhilfe einzubringen. Zur Etablierung dieser – vor allem die pflegenden Angehörigen entlastenden – Angebote hatte das KDA auch erhebliche eigene finanzielle Mittel aufgewendet. Doch nun galt es, die noch „jungen" teilstationären Angebote mit Inhalt zu füllen. So legte das KDA beispielsweise im Dezember 1993 „Arbeitshilfen für Planung und Betrieb von Tagepflege-Einrichtungen" vor. Diese praxisorientierte Publikation wurde stark nachgefragt, denn schließlich lagen damit erstmals umfassende Anregungen und Empfehlungen in komprimierter Form für den Bereich der Tagespflege vor. 2010 erschien die dritte aktualisierte Auflage der Planungs- und Arbeitshilfe.

11.5.3 „Wiedervereinigung" der Altenhilfestrukturen von Ost und West?

Mit dem Fall der Mauer am 9. November 1989 wurden alle Bereiche des politischen und gesellschaftlichen Lebens in der BRD und DDR vor große Herausforderungen gestellt. So auch die Altenhilfestrukturen in Ost und West. Im Zuge der Wiedervereinigung musste die überwiegend staatlich geprägte Altenhilfestruktur der DDR an das westdeutsche System mit unterschiedlichen Trägern angepasst werden. Dabei galt es, das im Westen vorhandene Wissen zu nutzen, um die fehlenden Entwicklungen einer modernen Altenhilfe aufzubauen. Das KDA stellte sich dieser Aufgabe sehr früh und nahm seine ersten Beratungstätigkeiten in der DDR schon vor der Wiedervereinigung auf. Hinzu kam das vom damaligen Bundesministerium für Familie und Senioren in Auftrag gegebene Forschungs- und Beratungsprojekt „Analyse der Situation der älteren Menschen und der Altenhilfe in den neuen Bundesländern". Dieses Gemeinschaftsprojekt vom KDA und vom Otto-Blume-Institut für Sozialforschung und Gesellschaftspolitik e.V. hatte zur Folge, dass sich die Arbeit der Mitarbeiter des KDA von 1991–1993 fast ausschließlich auf die neuen Länder konzentrierte.

Mit dem „Modellprogramm zur Verbesserung der Situation Pflegebedürftiger" förderten die zuständigen Bundesministerien von 1991 bis 2004 bundesweit die bauliche und konzeptionelle Entwicklung von Pflegeheimen mit rund 600 Millionen DM. Dabei wurden unterschiedliche architektonische Lösungen vor Beginn einer finanziellen Förderung und später - nach der Inbetriebnahme - vom KDA begutachtet. Besonders gelungene Projekte wurden in den Jahren 1997 bis 2004 in der gleichnamigen Reihe als architektonische Dokumentationen und Planungshilfen vom Ministerium und dem KDA veröffentlicht.

Heute berät das Kuratorium Deutsche Altershilfe aber längst nicht nur im wiedervereinigten Deutschland, sondern ist als Bindeglied einer immer stärker zusammenwachsenden europäischen Altenhilfepolitik aktiv. Mit dem Aufbau des europäischen Pflegenetzwerkes GeroCare förderte das KDA von 1995 bis 2003 einen länderübergreifenden Erfahrungsaustausch in Fragen der Pflege und Betreuung älterer Menschen. Gegenseitiges Lernen stand im Mittelpunkt von acht Workshops, die unter der Federführung des KDA und im Auftrag der Europäischen Kommission durchgeführt wurden. Zu allen acht Workshops veröffentlichte das KDA GeroCare-Reports und GeroCare-Newsletter in Deutsch, Englisch und Französisch.

12 Altenarbeit und gesellschaftliches Engagement

Gabriella Hinn & Ursula Woltering

„Altern mit Zukunft" heißt, sich innovativ, tatkräftig und vorausschauend den Herausforderungen der älter werdenden Gesellschaft zu stellen. Dafür müssen Möglichkeiten, Projekte und Initiativen angeboten werden, um die Lebensqualität im Alter zu sichern und zu verbessern und gesellschaftliche Teilhabe zu ermöglichen. „Altern mit Zukunft" ist eine zutreffende Beschreibung eines positiven und aktiven Altersbildes. Der demografische Wandel erfordert in den kommenden Jahren einen ständigen Anpassungsprozess und eine optimierte Nutzung von Handlungsspielräumen. Subsidiarität als gesellschaftliche Entwicklungschance, Solidarität unter den Generationen, gegenseitiges Verständnis und Toleranz werden zunehmend in den Blick der Gesellschaft rücken und ein Umdenken in Politik, Wirtschaft und Gesellschaft erfordern. Die Seniorenbüros und die Bundesarbeitsgemeinschaft Seniorenbüros (BaS) verfolgen in diesem Prozess das Ziel eines bürgerschaftlichen Engagements als Beitrag zu einem funktionierenden Gemeinwesen.

12.1 Was sind Seniorenbüros?

In den 90er Jahren wurde vom Bundesministerium für Familie, Senioren, Frauen und Jugend (BMFSFJ) ein Modellprojekt initiiert, das eine neue Form der Altenarbeit in den Fokus rücken sollte. Es war der Ausgangspunkt für die Gründung der Bundesarbeitsgemeinschaft Seniorenbüros (BaS) und für eine Entwicklung, die bis heute zu einer weiten Verbreitung von Seniorenbüros in der Bundesrepublik geführt hat. Derzeit gibt es nahezu 300 Seniorenbüros bundesweit. Seniorenbüros sind Informations-, Kontakt- Beratungs- und Vermittlungsstellen für ältere Menschen. Die Kompetenz der Seniorenbüros besteht in der Umsetzung von zwei zentralen Zielen:

- die Förderung des sozialen und generationsübergreifenden Miteinanders
- die Stärkung der selbstständigen Lebensführung älterer Menschen

Im Rahmen der Umsetzungsstrategie schaffen und entwickeln Seniorenbüros - gemeinsam mit älteren Menschen und anderen Partnern – hilfreiche Angebote, interessante Projekte und die dafür erforderlichen Strukturen vor Ort. In den Projekten und Angeboten berücksichtigen sie die unterschiedlichen Lebenslagen und Lebenswelten von Menschen in der nachberuflichen und nachfamiliären Lebensphase bis ins hohe Alter. Sie greifen den Strukturwandel des Alters auf und verbreiten ein neues Bild vom Älterwerden, das auf die Potenziale und Ressourcen der älteren Menschen setzt.

Seniorenbüros sind zudem Vermittlungsstellen für bürgerschaftliches Engagement in der nachberuflichen und nachfamilialen Lebensphase; sie sprechen insbesondere Menschen ab 50 Jahren an. Die Praxis zeigt aber, dass sich auch verstärkt jüngere Menschen für diese neue Form des Engagements interessieren und in den Seniorenbüros mitarbeiten möchten. Im Unterschied zu klassischen bzw. traditionellen Formen der offenen Altenarbeit mit einer ausgeprägten Angebotsstruktur, werden von Seniorenbüros attraktive Tätigkeitsfelder für freiwilliges Engagement aufgezeigt. Sie unterstützen ältere BürgerInnen in ihrem Engagement und stärken ihre Kompetenzen.

Mit ihrem Schwerpunkt auf Aktivierung und Selbstorganisation befinden sich Seniorenbüros an der Schnittstelle zwischen moderner Seniorenarbeit und neuen Formen der Engagementförderung (vgl. Jakob, 2008). Sie schaffen die notwendigen Rahmenbedingungen, sich zu engagieren. Zugleich sind Seniorenbüros Anlaufstelle für Menschen, die Hilfe und Rat benötigen. Teilweise bieten sie Pflege- und Wohnberatung bis hin zu Case Management für Hilfe – und Pflegebedürftige und ihre Familien an. Weitere Dienste und Hilfen zur Stärkung der selbstständigen Lebensführung, wie Einkaufshilfen, Telefonketten u.a.m., können zum Angebot der Büros gehören.

Ein besonderes Merkmal der Seniorenbüros ist die Zusammenarbeit von haupt- und ehrenamtlichen Mitarbeitern. Optimal ist die „Besetzung" eines Seniorenbüros, wenn hauptamtliches Personal und freiwillig Engagierte Hand in Hand arbeiten und sich gegenseitig unterstützen und ergänzen.Bundesweit sind in den Büros mehr als 28.000 Menschen aktiv, die ca. 2,5 Mio. Stunden freiwilliges Engagement pro Jahr leisten. Ihre Angebote werden jährlich von ca. 2,4 Mio. Menschen genutzt. (BaS – Befragung von Seniorenbüros, 2008)

12.2 Themensetzung und Aufgabenprofil der Seniorenbüros

Seniorenbüros agieren als Entwicklungszentren für innovative, Impuls gebende Seniorenarbeit und entwickeln Ideen, deren Umsetzung das Gemeinwesen einer Kommune bereichert und den Zusammenhalt stärkt. Sie haben dabei ein besonderes Gespür und eine hohe Sensibilität für die Wünsche und Anliegen nicht nur der älteren Menschen, sondern auch aller anderen Generationen. Immer wieder erhalten neue Arbeitsbereiche eine besondere Bedeutung oder werden aus einer anderen Perspektive bearbeitet. So wird z.B. die Thematik Wohnen und neue Wohnformen im Alter verstärkt von Seniorenbüros aufgegriffen und in ihre Beratungsleistungen integriert, genauso wie die Themen Gestaltung von Übergängen und Förderung des Erfahrungswissens älter Beschäftigter. Die Beteiligung an Mehrgenerationenhäusern und damit die gezielte Unterstützung von Familien durch das freiwillige Engagement älterer Menschen gehört ebenfalls zu den Aufgabenfeldern von Seniorenbüros.

Es gibt weitere Beispiele, die die Kompetenzen und die Kreativität der engagierten SeniorInnen verdeutlichen. So unterstützen sie z.B. Grundschulen als LeselernpatInnen oder MathematiktrainerInnen, sie erleichtern Jugendlichen den Weg in Ausbildung und Beruf durch Patenprogramme, sie organisieren Seniorentreffs und andere attraktive Angebote für die eigene Generation, sie bieten Hausaufgabenhilfe für Schulkinder an oder sie unterstützen den Erhalt von Bibliotheken und Museen durch ihren Einsatz. Auch Großeltern auf Zeit, Schuldnerberatung für Jugendliche, Hilfen für Migranten-Familien, Handwerkerdienste für kleine Reparaturen, Internet-Café und Zeitzeugengespräche gehören zu der Vielfalt von durch ältere Menschen initiierten Projekten und Initiativen. Die von Senioren durchgeführten Projekte richten sich an alle Generationen und verbinden diese durch gemeinsame Aktivitäten.

Seniorenbüros waren Träger des Bundesmodellprogramms „Erfahrungswissen für Initiativen", in dem *Senior*TrainerInnen als Initiatoren und Multiplikatoren für neue lokale Engagementstrukturen qualifiziert wurden und waren am Modellprogramm „Aktiv im Alter" beteiligt. Einzelne Seniorenbüros sind Träger im Rahmen der Bundesmodellprogramme „Generationsübergreifende Freiwilligendienste" bzw. „Freiwilligendienste aller Generationen" oder von Nachbarschaftshilfen. Bezüglich der fachlichen Entwicklung lässt sich in den letzten Jahren eine Tendenz zur Spezialisierung und zur Projektarbeit innerhalb der Seniorenbüros beobachten. Die Beratung und Vermittlung von Engagement interessierten älteren Bürgern ist nach wie vor eine Kernaufgabe der Seniorenbüros. Oberste Priorität hat dabei die Öffnung der Seniorenbüros in das Gemeinwesen hinein und für alle Generationen, eine verstärkte Kooperation mit anderen lokalen Akteuren wie Schulen und Kindertageseinrichtungen sowie eine damit verbundene Orientierung auf projektbezogenes Arbeiten.

Seniorenbüros greifen gesellschaftliche Bedarfslagen auf und orientieren neue Schwerpunktthemen und Projekte daran. Beispielhaft seien hier die Themen „Neues Wohnen im Alter" oder „ Pflegeergänzende Angebote" genannt. Zusammenfassend lassen sich vier Handlungsfelder für gemeinwesenorientierte Seniorenarbeit benennen:

- Bürgerschaftliches Engagement und Erfahrungswissen
- Wohnen, Wohnumfeld, Stadtteil
- Begegnung, Gesundheit, Vorsorge, Pflege
- Wirtschaftliche Fragen/ Aufgaben.

In diesen Feldern sind Seniorenbüros mit einem breiten Aufgabenprofil befasst, das insbesondere die nachfolgenden Schwerpunkte beinhaltet:

Initiierung und Durchführung von Projekten innerhalb und außerhalb des Seniorenbüros
- Beratung und Unterstützung von Senioren bei der Initiierung und Umsetzung von Projekten
- Entwicklung generationenübergreifender Projekte
- Förderung der Selbstorganisation älterer Menschen

Engagementberatung und -förderung
- Information und Beratung über Möglichkeiten und Wege, sich zu bürgerschaftlich engagieren
- Vermittlung in Aufgabenbereiche
- Erfassung von Angeboten für freiwilliges Engagement

Verbesserung der Rahmenbedingungen für freiwilliges Engagement
- Gewährleistung von Auslagenersatz und Versicherungsschutz
- Anerkennungsformen
- Vereinbarungen bei Aufnahme eines neuen Aufgabenbereiches
- Beratung von Trägern und Einrichtungen zur Verbesserung der Einsatzbedingungen

Fort- und Weiterbildungsangebote, Begleitung der Freiwilligen
- Schaffung von Fort- und Weiterbildungsangeboten für Hauptamtliche und freiwillig Engagierte: Seminare zum Einstieg in ein Engagementfeld, Supervision
- Begleitung der Engagierten, regelmäßige Treffen und Gesprächsrunden zum Austausch für ehrenamtlich Engagierte

Altenarbeit und gesellschaftliches Engagement 279

Öffentlichkeitsarbeit
- Aufbau von Kontakten zur Presse
- Begleitung ehrenamtlicher Pressegruppen
- Erstellung von Informationsmaterial (z.b. Flyer, Zeitschriften)
- Veranstaltungen zur Gewinnung Ehrenamtlicher (Schnuppertage)
- Beteiligung an Veranstaltungen anderer Einrichtungen
- Mitarbeit in kommunalen Gremien
- Herausgabe von Seniorenwegweisern
- Durchführung von Seniorentagen, Seniorenmessen etc.

Netzwerkarbeit
- Zusammenarbeit mit Fachleuten aus Verbänden und Vereinen
- Vernetzung und Kooperation mit kommunalen Einrichtungen
- Initiierung von Projekten in Kooperation mit anderen Trägern, Verbänden
- Kooperation und Vernetzung innerhalb der Kommune (Initiierung von Runden Tischen, Arbeitskreisen „Offene Altenarbeit" etc.)
- Kooperation mit Bildungseinrichtungen
- Vernetzung mit Seniorenvertretungen- und -beiräten, *senior*Trainer*innen* und *senior*Kompetenzteams sowie Freiwilligenagenturen

Serviceleistungen für Kommunen
- Impulsgeber und Berater für die kommunale Seniorenpolitik
- Beteiligung bei der Konzeption von kommunalen Altenplänen
- Übernahme kommunaler Aufgaben im Bereich der Seniorenarbeit
- Netzwerkbildung und Netzwerkarbeit

Die konkrete Ausgestaltung dieses Aufgabenprofils und die Themensetzung hängt von den jeweiligen Nutzerinnen und Nutzern des Seniorenbüros, von der Ausstattung mit finanziellen, personellen und räumlichen Ressourcen sowie den lokalen Gegebenheiten und der Zusammenarbeit mit anderen Akteuren vor Ort ab. Seniorenbüros sind überwiegend mit hauptamtlichen MitarbeiterInnen besetzt, um regelmäßige Öffnungszeiten und einen verlässlichen Zugang für engagementbereite Ältere zu garantieren. Dazu kommen Engagierte, die sich im Rahmen ihrer Möglichkeiten und Interessen in den Projekten und Initiativen einbringen. Zugleich sorgen räumliche und sachliche Ressourcen dafür, eigene Projekte und Begegnungsformen neuer Art umsetzen zu können. Die Träger von Seniorenbüros stellen diese Infrastruktur in der Regel zur Verfügung. (5. Bericht zur Lage der älteren Generation, S. 388).

12.3 Bundes- und landesweite Organisation

Die Seniorenbüros werden durch die Bundesarbeitsgemeinschaft Seniorenbüros (BaS) e.V., intensiv begleitet und unterstützt und regelmäßig über aktuelle Entwicklungen informiert. Die BaS initiiert innovative Projekte sowohl bundes- als auch europaweit und sorgt durch die Mitarbeit in vielen Netzwerken auf allen politischen Ebenen für den Fortbestand von Seniorenbüros. Die BaS wirbt für den Auf- und Ausbau von Engagement fördernden Strukturen und für die Schaffung neuer Seniorenbüros. Sie unterstützt ihre Mitglieder durch Beratung und Fortbildungen durch laufend durchgeführte Seminare und Fachtagungen. Die Mitgliedschaft in der BaS setzt ein qualitätsorientiertes Profil des Seniorenbüros voraus, das regelmäßig den aktuellen Entwicklungen und Erfordernissen angepasst wird.

Die BaS konnte durch ihre Aktivitäten und Kontakte einen Beitrag leisten in der Form, dass Seniorenbüros an wichtigen Modellprogrammen der Bundesregierung Beteiligung fanden, z.B. Modellprogramm Mehrgenerationenhäuser, EFI – „Erfahrungswissen für Initiativen" mit der Ausbildung zur *Senior*Traine*rin* oder zum *Senior*Trainer, Beteiligung bei den Modellprojekten zur Erprobung generationsübergreifender Freiwilligendienste, Freiwilligendienste aller Generationen, Programm „Aktiv im Alter", Nachbarschaftshilfen/Soziales Wohnen etc.

Das Wichtige an diesen Modellprogrammen ist der generationsübergreifende Aspekt, der noch deutlicher als bisher auch Familien als Adressaten und Partner von Seniorenbüros einbezieht. Ein weiterer Schwerpunkt der BaS liegt im Auf- und Ausbau von Landesnetzwerken. Neben lockeren Arbeitsgemeinschaften im Süden und Nord-Osten Deutschlands sowie der Landesarbeitsgemeinschaft (LAG) Seniorenbüros Thüringen fanden mit BaS-Unterstützung offizielle Gründungen der Landesarbeitsgemeinschaften NRW (LaS NRW) in 2010 und Bayern (LaS Bayern) im Jahr 2011 statt. In NRW konnte mit Förderung des Ministeriums für Generationen, Emanzipation, Pflege und Alter ein Landesbüro eingerichtet werden. Die LaS NRW unterstützt ihre Mitglieder durch Informationen, Organisationshilfen, Austausch und Qualifizierungen. Die LaS NRW arbeitet derzeit an vier Schwerpunkten:

- Unterstützung der Profil- und Qualitätsentwicklung vor Ort durch die Entwicklung von Qualitätsstandards für die Mitglieder
- Qualifizierung der Seniorenbüros durch zielgruppen- und themenspezifische Seminare, Hospitationen, Workshops und die jährliche Fachtagung
- Vermittlung und Unterstützung bzgl. aktueller Themen- und Aufgabenstellungen für Seniorenbüros wie Quartierszentren, Migration, Inklusion und Formen der Partizipation

- Ausbau der Zusammenarbeit mit anderen Landesnetzwerken und Organisationen, wie der Landesarbeitsgemeinschaft der Freiwilligenagenturen (lagfa), der Landesseniorenvertretung, der Initiative Zwischen Arbeit und Ruhestand (ZWAR), den Mehrgenerationenhäusern, Forum Seniorenarbeit NRW, EFI-Gruppen etc.

Niedersachsen fördert seit dem Jahr 2008 als erstes Flächenland den Aufbau von *Seniorenservicebüros* (SSB). Mit den insgesamt 45 Seniorenservicebüros sind bis Ende 2011 flächendeckend in jedem Landkreis und jeder kreisfreien Stadt Niedersachsens Seniorenservicebüros eingerichtet worden. Für einen Zeitraum von vier Jahren unterstützt das Land Niedersachsen diese zentralen Anlaufstellen für ältere Menschen und deren Angehörige mit einem jährlichen Betrag von bis zu 40.000,- Euro pro Büro.

Zusätzlich zum Angebot an Informationen und Dienstleistungen aus einer Hand, findet in jedem Büro das landesweite DUO-Qualifizierungs- und Vermittlungsprogramm statt. Damit wird sichergestellt, dass in jedem Seniorenservicebüro qualifizierte Haushaltsassistenzen und Alltagsbegleiter vermittelt werden. Die erforderliche Qualifizierungsmaßnahme findet in Kooperation mit einer Erwachsenenbildungseinrichtung statt. Die Kosten der Qualifizierungsmaßnahme werden ebenfalls vom Land Niedersachsen bis zu einer Höhe von 6.000,- Euro pro Jahr auf einen Förderzeitraum von vier Jahren übernommen.

Ebenso gehört die Vermittlung Ehrenamtlicher im Rahmen des Freiwilligen Jahres für Senioren (FJS) zu den Aufgaben eines Seniorenservicebüros in Niedersachsen. Nach erfolgreicher Durchführung zweier Modellprojekte in der Landeshauptstadt Hannover und im Landkreis Osnabrück wird das FJS nun in den Seniorenservicebüros Niedersachsen verankert und stufenweise landesweit ausgebaut werden. Weitere Aufgaben sind die Kooperation und Vernetzung der örtlichen und regionalen Dienstleister unter Einbeziehung von Selbst- und Nachbarschaftshilfe sowie der Auf- und Ausbau eines Unterstützungssystems für hilfe- und pflegebedürftige alte Menschen. In Kooperation mit dem Niedersachsen Büro „Neues Wohnen im Alter" werden WohnberaterInnen für den Einsatz in den Seniorenservicebüros qualifiziert.

Die Seniorenservicebüros Niedersachsen zielen darauf ab, die Potenziale älterer Menschen zu stärken und zu nutzen, ihre Selbstständigkeit und Lebensqualität zu bewahren und zu fördern. Organisatorisch sind sie an bestehende, örtlich verwurzelte und bei älteren Menschen anerkannten Organisationen, wie z. B. den Mehrgenerationenhäusern, Freiwilligenagenturen, Familienservicebüros, Familienbildungsstätten, Kommunalverwaltungen u. ä. Einrichtungen, angebunden. Dabei ist eine freie, aber auch öffentliche Trägerschaft (z. B. bei Kommune, Landkreis) vorhanden. Wichtig ist, dass keine neuen Strukturen geschaffen werden. Zuständig für die landesweite Koordinierung der Seniorenservicebüros Niedersachsen ist die Landesagentur Generationendialog Niedersachsen in der Landesvereinigung für Gesundheit und Akademie für Sozialmedizin Niedersachsen e. V. (www.generationendialog-niedersachsen.de).

12.4 Trägerschaft und Finanzierung

Seniorenbüros weisen unterschiedliche Trägerschaften und Finanzierungsformen auf, die sich jeweils aus den örtlichen Bedingungen und Voraussetzungen entwickelt haben. Laut Recherche der BaS (Stand: 2009) sind folgende Trägerstrukturen von Seniorenbüros vorhanden:

- Kommunen und Landkreise   53%
- Eingetragene Vereine   19%
- Wohlfahrtsverbände   16%
- Kirchen   4%
- Seniorenvertretungen   5%
- Stiftungen/Sonstige   3%

Die Finanzierungsbedingungen von Seniorenbüros sind vielfältig. Häufig finden sich Mischfinanzierungen, an denen Kommunen, Länder und Wohlfahrtsverbände beteiligt sind. Dazu kommen Eigenmittel der Seniorenbüros durch Mitgliedsbeiträge, Sponsorengelder, Erlöse aus dem Angebot von Dienstleistungen, Teilnahmegebühren für Seminare etc. Ein zentrales Anliegen ist es, die Engagement fördernde Infrastruktur für ältere Menschen, die durch Seniorenbüros sichergestellt wird, auf kommunaler Ebene auszubauen und solide zu finanzieren. Wenn das bürgerschaftliche Engagement ernsthaft als Reformperspektive für die Bürgergesellschaft verstanden wird, muss eine geeignete Infrastruktur vorhanden sein, welche die Prozesse der (Selbst)- Aktivierung der Bürgerinnen und Bürger begleiten und unterstützen.

12.5 Praxisbeispiele

Stellvertretend für auch andere Seniorenbüros werden im Folgenden einige Praxisprojekte des Seniorenbüros Ahlen vorgestellt. In Ahlen wird das Seniorenbüro von dem Verein „Alter und Soziales e.V." getragen und kooperiert eng mit der kommunalen Leitstelle „Älter werden in Ahlen".

SINN-Netzwerk und SINN-Konferenz

Initiiert durch das Seniorenbüro und die kommunale Leitstelle „Älter werden in Ahlen" wurde das SINN-Netzwerk (Senioren In Neuen Netzwerken) aufgebaut. Beide Einrichtungen übernehmen im Schulterschluss die Aufgaben, das Netzwerk zu moderieren und zu pflegen: Zweimal im Jahr finden die SINN-Konferenz und das SINN-Netzwerktreffen statt. Zahlreiche Projekte werden durchgeführt, um Transparenz und Vernetzung herzustellen und um einen lebendigen Austausch zu ermöglichen.

Das SINN-Netzwerk vereinigt sozio-kommunikative Angebote mit Angeboten für hilfe- und pflegebedürftige Menschen sowie Ehren- und Hauptamt. Dabei bietet es zahlreiche Möglichkeiten sozialen Engagements. Die Konzepte für soziale Projekte werden gemeinsam entwickelt und realisiert. Mittlerweile haben 66 NetzwerkpartnerInnen zusammengefunden. Mit mehr als 150 Projekten, Initiativen und Angeboten haben sie ein lebendiges und bedarfsgerechtes Netzwerk aufgebaut, das im Kern auf ehrenamtlichem Engagement und Selbsthilfe beruht und durch das Seniorenbüro und die kommunale Leitstelle „Älter werden in Ahlen" gesichert und (punktuell) unterstützt wird.

Zentraler Bestandteil des Netzwerks ist die SINN-Konferenz, die zweimal im Jahr alle Ehrenamtlichen und Hauptamtlichen der Seniorenarbeit sowie die Bürgerschaft zusammenführt und zu Diskussion, Reflexion und Planung einlädt. Das SINN-Netzwerk versteht sich als Kooperationsstruktur, in dem sich neben Einzelangeboten auch kleinere Netzwerke einbinden können, wie z.B. 20 ehrenamtlich geführte Begegnungsstätten oder fünf miteinander verbundene Freizeitgruppen, die unter der gemeinsamen Bezeichnung „SINN-aktiv-Gruppen" firmieren. Das SINN-Netzwerk lebt davon, dass alle etwas davon haben. Es wird als gewinnbringend erfahren, weil

- gute Rahmenbedingungen und klare Vereinbarungen allen Beteiligten Orientierung und Sicherheit vermitteln,
- kollegialer Erfahrungsaustausch Gelegenheit bietet zur eigenen Weiterentwicklung,
- die Möglichkeit besteht, die Ressourcen der anderen (Räumlichkeiten, Technik etc.) zu nutzen, trägerübergreifend Qualifizierungsangebote zu machen, über gegenseitige Hospitationen und Projektbesuche Vertrauen zu bilden,
- die eigenen Angebote besser bekannt und angenommen werden (täglich erscheint der ehrenamtlich erstellte Newsletter, ein tagesaktueller Veranstaltungskalender findet sich auf der Homepage www.senioren-ahlen.de. Dort stellt das ehrenamtliche Redaktionsteam Neuigkeiten ein. E-Mail- und Postverteiler informieren ebenso wie die tägliche Presse),

- Gruppen bei der Einwerbung von Projektmitteln sowie bei der Konzeptions- und Organisationsentwicklung für neue Initiativen und durch Technikhilfe z.b. für Internetauftritte unterstützt werden,
- Gleichgesinnte zusammengebracht werden, um neue Initiativen starten zu können,
- eine breite Palette von Initiativen und Gruppen zur Mitwirkung einlädt und so dem eigenen Bedürfnis nach Gemeinsamkeit, Geselligkeit und Ansprache sowie persönlichem Wachstum (Lernen im und für Engagement) entgegenkommt.

Das SINN-Netzwerk bietet ein weites Spektrum von Aktivitäten, von Sport- und Kochgruppen über kulturelle Aktivitäten und intergenerative Projekte bis hin zur Unterstützung von Pflegebedürftigen. Zugleich bietet es die Möglichkeit, selbst eine Initiative zu starten oder eine Gruppe zu gründen. Dazu führt es Gleichgesinnte zusammen und unterstützt u.a. bei der Konzeptions- und Organisationsentwicklung wie auch bei der Einwerbung von Projektmitteln.

Wer sich engagiert, erwartet zu Recht eine Würdigung und Wertschätzung des Einsatzes. Auch hier hält das SINN-Netzwerk einiges bereit. Öffentliche Ehrungen vor Ort, Besuche des Bürgermeisters, Auszeichnungen in überregionalen Wettbewerben und Preise für Projekte und das SINN-Netzwerk selbst erfüllen die Aktiven mit Stolz und schaffen ein Wir-Gefühl für das gemeinsame Werk. Zudem verhelfen auch gemeinsame Auftritte und Projektpräsentationen auf Tagungen und Messen den Engagierten zu einem guten Feedback. Mit Freude werden Interessierten von außerhalb die örtlichen Projekte präsentiert. Die interne und externe öffentliche Wahrnehmung des Engagements, reibungslose und transparente Abläufe und vor allem die sinnstiftende Tätigkeit an sich erfüllen die Aktiven mit Genugtuung und Zufriedenheit.

„Aktif im Alter"
In Ahlen haben knapp 30% der Bevölkerung eine Zuwanderungsgeschichte, rund 4.200 Personen von ihnen sind über 50 Jahre alt und bilden die Zielgruppe dieses Projektes. „Aktif im Alter" wird von der Leitstelle „Älter werden in Ahlen" gemeinsam mit dem Seniorenbüro durchgeführt. Es dient dem Ziel, ältere Menschen mit Zuwanderungsgeschichte in den öffentlichen Raum und die deutsche Gesellschaft einzubeziehen und ihnen die Chance der Teilhabe zu ermöglichen. Es geht dabei einerseits um die Steigerung ihrer individuellen Lebensqualität und zum anderen um die Befähigung, ihre Verantwortungsrollen in der Förderung und Integration der Nachkommen wahrzunehmen. In aufeinander aufbauenden Projektbausteinen werden - nach einer Phase der Recherche – zunächst niedrigschwellige Kontaktangebote gemacht, um Vertrauen herzustellen. Auf diese

Weise soll eine allgemeine Öffnung für neue Freizeitstrukturen und Beschäftigungen mit einfachen Lern- und Erlebnisräumen ermöglicht werden. Dabei wird bei den Bildungsbiographien entsprechend angesetzt, werden die sprachlichen und kulturellen Voraussetzungen berücksichtigt und die Lebensleistungen wertgeschätzt. In weiteren Bausteinen werden eine Verknüpfung von Bildungs- und Freizeitangebot und die Hinführung zu ehrenamtlicher Tätigkeit herbeigeführt.

Zu Beginn des Projekts konnte ein interkultureller Ehrenamtskreis aufgebaut werden, der mit dem Projektteam die Umsetzung des Projektes vorantreibt. In einem Workshop wurden die Ergebnisse der Recherchephase zusammengefasst und die Ideensammlung erstellt. Die Ehrenamtlichen entwickelten dann ihre eigenen Projektideen, die sie nun mit der Zielgruppe umsetzen. Bislang wurden zahlreiche Aktivitäten durchgeführt, die gut besucht sind. Es gibt eine interkulturelle Kochgruppe, ein Gymnastik- und ein Wassergymnastikangebot für Frauen und Stadterkundungsgänge. Des Weiteren wirkt die Gruppe auf Integrationsveranstaltungen in Ahlen mit. Um neue Orte und Engagementfelder kennen zu lernen, unternimmt die Zielgruppe Ausflüge und besichtigt Projekte und Einrichtungen. Alle vier Wochen treffen sich die TeilnehmerInnen aus den verschiedenen Angeboten zu einem „Akti*f*-Treff", um aus den Gruppen zu berichten und Erfahrungen auszutauschen.

Eine türkische und eine aserbaidschanische Teilnehmerin regten den Aufbau eines interkulturellen Besuchsdienstes im hiesigen Krankenhaus an. Daraufhin konnte eine Kooperation mit dem Team der „Grünen Damen" geschlossen werden. Ein zweites Engagementfeld wurde in der Kindergartenarbeit eingerichtet. Weiterhin geplant sind die Themen Spielplatzpaten, Naturschutz und Schülerlotsen. Von Bedeutung für eine gelungene Projektumsetzung ist immer wieder die Frage nach der Ansprache und Aktivierung der Zielgruppe. Dazu dienen sehr erfolgreich die Fahrten und die damit einhergehende persönliche Ansprache der Menschen selbst, z.B. auf dem Wochenmarkt. Auch die MultiplikatorInnen in den Migrantenselbstorganisationen helfen mit. Zudem berichten die einzelnen TeilnehmerInnen in ihrem sozialen Umfeld von den gemeinsamen Erlebnissen im Projekt und wecken so das Interesse bei neuen TeilnehmerInnen. Das Projekt wird in den Medien (auch türkische Zeitung, kostenlose Anzeigenblätter) beworben. Ein weiterer aussichtsreicher Weg scheint über Arztpraxen und Pflegedienste möglich zu sein.

Die bilinguale Projektkoordinatorin hat selbst einen türkischen Migrationshintergrund und die Gruppe hat schnell eine freundschaftlich familiäre Beziehung zu ihr aufgebaut. Auch hier spielt die persönliche Ansprache innerhalb der Gruppe eine wichtige Rolle. Sie vermittelt den Menschen: „Es ist wichtig, dass gerade auch du dabei bist!" In diesem Sinne müssen die TeilnehmerInnen in das

Projekt „mitgenommen werden". Die Bedeutung eines freiwilligen Engagements als sinnstiftende und wertvolle Tätigkeit ist nicht leicht zu vermitteln. Der Wert des Engagements für sich selbst wird zumeist noch nicht erkannt. Die Zielgruppe will sich gern einsetzen – der Projektkoordinatorin zuliebe. In der weiteren Projektarbeit ist zudem geplant, die Gewinnung der älteren Männer zu verbessern. Dazu müssen auch männliche „Türöffner" gewonnen und genderspezifische, attraktive Themen durch die Zielgruppe selbst benannt werden. Um eine Motivation zum Engagement im öffentlichen Raum aufzubauen, werden noch weitere Bereiche ehrenamtlicher Arbeit vorgestellt, dafür sind auch Hospitationen vorgesehen. Persönliche Berichte unterstreichen, dass das Ehrenamt Freude bereitet und Sinn macht. Gemeinsam entsteht im Projekt eine Anerkennungskultur für das Engagement der Anderen.

Viele ältere Menschen mit Zuwanderungsgeschichte leben zurückgezogen und nehmen unterstützende Angebote der offenen Seniorenarbeit und des Versorgungssystems nicht wahr. Um diese Barriere zu überwinden, bedarf es geeigneter Ansprache und Zugangsformen. Dies gelingt vor allem über die Gewinnung von freiwilligen Wegbegleitern, die über den gleichen Kulturkreis eingebunden sind. In Ahlen besteht ein umfängliches soziales Netzwerk in der Seniorenarbeit, in dem viele ehrenamtliche Initiativen und Gruppen zusammenarbeiten. Die Angebote des SINN-Netzwerkes erreichen bisher jedoch kaum die MigrantInnen. Die „Akti*f*"-Gruppen und -Angebote sollen deshalb in das SINN-Netzwerk aufgenommen werden, um einen verstärkten Austausch zu bewirkten und die Gruppen zu verbinden. Es gibt also noch viel zu tun!

Beteiligte Netzwerkpartner:
- Seniorenbüro (Konzeptweiterentwicklung, Fortbildung der Aktiven)
- Leitstelle „Älter werden" (Projektmanagement und Umsetzung)
- 6 Kindergärten (Ansprechpartner der Vorlesenden in der Durchführung)
- 3 Grundschulen (Ansprechpartner der Sprachpatinnen und -paten)

Zielgruppe:
- 10 aktive Ehrenamtliche mit unterschiedlichem kulturellen Hintergrund
- Seniorinnen und Senioren mit unterschiedlichem kulturellen Hintergrund

Finanzierung erfolgt durch den Generali Zukunftsfonds, das Ministerium für Arbeit, Integration und Soziales NRW und die Stadt Ahlen.

Vorlese-Omas und -Opas, Sprachpatinnen und -paten und Seniorbuddys
Unsere Gesellschaft verändert sich immer mehr dahingehend, dass viele Kinder wenig oder vielleicht sogar gar keinen Kontakt zu ihren Großeltern oder anderen

Mitgliedern der Großelterngeneration haben. Viele Großeltern wohnen weit weg, so dass kein regelmäßiger Austausch zwischen den Generationen stattfinden kann. Aus diesem Grund wurde das Projekt „Die Vorlese-Omas" gegründet. Durch den Besuch der „Vorlese-Oma" soll in unserer „schnellen" Zeit im Kindergarten eine kleine Ruheinsel zum Wohlfühlen geschaffen werden. Die Kinder können ohne Stress und in ruhiger, liebevoller Atmosphäre erfahren, dass es jemanden gibt, der mit ihnen liest, sie ernst nimmt, ihnen zuhört, einfach Zeit für sie hat und mit ihnen in die Phantasiewelt der Märchen und Geschichten eintaucht. Gerade Kinder mit Zuwanderungsgeschichte profitieren von den Gesprächen und Erklärungen zu dem Gelesenen. Natürlich bringt so eine Stunde mit den Kindern auch viel Freude und Anregungen für die „Vorlese-Oma" und nicht nur für die Kinder. In der Grundschule unterstützen die SprachpatInnen die Kinder beim (Sprach-) Lernen im Unterricht, im offenen Ganztag oder bei der Hausaufgabenbetreuung. Senior-Buddys stellen sich als Ansprechpartner an der Realschule für die jüngsten Jahrgänge zur Verfügung und bieten in der Mittagspause einen „ruhenden Pol" für Entspannung und Austausch.

Beteiligte Netzwerkpartner:
- Seniorenbüro (Kontaktpflege zu den Partnern und Teilnehmenden und Moderation der Austauschtreffen)
- Familienbildungsstätte (Fortbildung, Co-Moderation Austauschtreffen)
- Leitstelle Älter werden (Absprachen mit Kindergärten und Schulen, Mittelakquise, Begleitung Projektumsetzung)
- Stadtbücherei (Material- und Bücherpräsentationen)
- 6 Kindergärten (Ansprechpartner der Vorlesenden in der Durchführung)
- 3 Grundschulen (Ansprechpartner der Sprachpatinnen und –paten)

Zielgruppe:
- Kindergartenkinder und Grundschüler/innen aller Nationalitäten
- Ca. 40 aktive Seniorinnen und Senioren in Kindergärten und Schulen

Netzwerk Seniorensport – Bewegung mit SINN
Das Netzwerk Seniorensport – Bewegung mit SINN, das in das stadtweite SINN-Netzwerk (Senioren In Neuen Netzwerken) eingebunden ist, hat 2009 erstmals konkrete AnsprechpartnerInnen für Seniorinnen und Senioren aus Vereinen benannt, die unter der Koordinierung des Stadtsportverbandes zusammen arbeiten. So konnte ein verbesserter Informationsfluss des Seniorensports in die gemeinwesenorientierte Seniorenarbeit hergestellt werden. Seither wurden gemeinsame Öffentlichkeitsmaterialien wie die Angebotsbroschüre „SINN und mehr" erstellt und gemeinsame Veranstaltungen wie die zweimal jährlich ta-

gende SINN-Konferenz genutzt, um Angebote vorzustellen und neue Interessierte zu gewinnen. Verschiedene Bewegungsangebote für Ältere und die Ausbildung von speziellen ÜbungsleiterInnen für den „Sport der Älteren" folgten. Ab April 2011 ist das Sport - Netzwerk um ein Ziel erweitert worden: Eine neue Kooperation arbeitet gezielt an der interkulturellen Öffnung des Seniorensports und der offenen Seniorenarbeit in Ahlen.

Derzeit setzen die Partner gemeinsam ein Angebot um: Wöchentlich findet ein Gymnastikangebot für ältere Frauen mit und ohne Migrationshintergrund statt. Die Teilnehmerzahl ist in der Gruppe bewusst gering, da so Schwellen im persönlichen Kontakt und bei der gezielten Übungskontrolle abgebaut werden können. Mit der Zeit soll die Gruppe erweitert werden und es sollen neue Gruppen entstehen. Ein Bewegungsangebot für ältere Männer mit Migrationshintergrund befindet sich im Aufbau. Der Kreissportbund hat sich in die Kooperation mit der Übungsleiter-Qualifizierung eingebracht. Das Jugendzentrum Ost stellt kostenfrei einen Raum für einen Gymnastik-Kurs zur Verfügung.

Die Mitarbeiterin des Projekts „Aktif im Alter" begleitet die Ehrenamtlichen und die Zielgruppe pädagogisch und hält den Informationsfluss für alle Beteiligten aufrecht. Sie ist sowohl für die Organisation von Austausch, Veranstaltungen und aktiver Freizeitgestaltung als auch für die Erschließung von Engagementfeldern verantwortlich. Eine ehrenamtliche Übungsleiterin führt selbstverantwortlich den Gymnastikkurs durch. Eine zweite Dame hat mit der Qualifizierung zur Übungsleiterin begonnen und eine dritte möchte die Ausbildung ebenfalls absolvieren. So kann das Angebot in Zukunft ausgeweitet werden.

Beteiligte Netzwerkpartner:
- Seniorenbüro (Kontaktpflege zu den Partnern und Teilnehmenden und Moderation der Austauschtreffen)
- Familienbildungsstätte (Fortbildung zu Gesundheitsthemen, Sport und Bewegungsangebote)
- Volkshochschule (Fortbildung zu Gesundheitsthemen, Sport und Bewegungsangebote)
- Kreissportbund (Ausbildung Übungsleiter/innen)
- Stadtsportverband Ahlen (Kontakte zu Sportvereinen)
- Jugendzentrum Ost (Räume und Infrastruktur für Treffen)
- Leitstelle Älter werden (Mittelakquise, Begleitung Projektumsetzung)

Zielgruppe:
- ÜbungsleiterInnen mit und ohne Zuwanderungsgeschichte
- Seniorinnen und Senioren mit und ohne Zuwanderungsgeschichte

Altenarbeit und gesellschaftliches Engagement 289

Neue Medien und Informationsfluss
Das Seniorenbüro sorgt mit mehreren Instrumenten dafür, dass der Informationsfluss zwischen den Projekten, Partnern und Gruppen gesichert ist. Der SINN-Treff im Rathauspavillon ist eine Anlaufstelle für Menschen, die sich für Ihre Freizeitgestaltung und zu ihren Engagementwünschen beraten lassen möchten. Zugleich veranstaltet der Treff kleinere Angebote und bietet Gruppen die Möglichkeit, die Räumlichkeiten für Arbeitsgruppensitzungen zu nutzen. Zudem werden Printmedien eingesetzt:

- Zeitungsveröffentlichungen
- Der Kontakt zur Lokalpresse (Ahlener Zeitung, Die Glocke, Aktuell), Gratiszeitungen (Das Stadtfenster, Sonntagsrundblick) ist gut und eng.
- Öffentlichkeitsarbeit
  Die kommunale Leitstelle „Älter werden in Ahlen" stellt den Mitgliedsorganisationen des SINN-Netzwerks eine Handzettel-Vorlage im einheitlichen Erscheinungsbild für Veröffentlichungen und Projektdarstellungen zur Verfügung und unterstützt bei Druck und Verbreitung.
- Die Broschüre „SINN und mehr". In diesem Leitfaden stellen NetzwerkpartnerInnen ihre Angebote für Senioren vor. Die Broschüre wurde nach Themen gegliedert, so dass eine übersichtliche Darstellung entstanden ist.

Außerdem wurden in Ahlen in dem Verbundprojekt „LernNet" in den letzten 10 Jahren in bis zu 10 Senioreninternetcafes weit über 6.000 PC-Schulungen (mit ehrenamtlichen KursleiterInnen) vorgenommen. Daher können viele Seniorinnen und Senioren virtuelle Informationsdienste in Anspruch nehmen. Folgende werden angeboten:

- Die Internetseite www.senioren-ahlen.de mit ihrem ehrenamtlichen Redaktionsteam
  Die Homepage www.senioren-ahlen.de ist die Informations- und Kommunikationsplattform des SINN-Netzwerkes. Ein ehrenamtliches Redaktionsteam pflegt die Seite und stellt aktuelle Informationen ein. Neben den aktuellen Nachrichten können in den verschiedenen Rubriken Informationen und Hintergrundwissen zu Projekten und Aktivitäten abgerufen werden.
- Der OCCA-Newsletter
- Der Newsletter des Oldie-Computer-Club-Ahlen wird einmal täglich von einem ehrenamtlichen Redakteur an über 400 angemeldete AdressatInnen versandt. Er unterrichtet über Angebote und Aktivitäten im Netzwerk und versendet auch Informationen rund um die PC- und Internetnutzung.
- Elmars Veranstaltungskalender

- Der Veranstaltungskalender zeigt an, was täglich in Ahlen für die Zielgruppe 50+ stattfindet. Dabei sind neben den Terminen auch immer weitere Informationen zu den Veranstaltungen etc. abrufbar. Der Kalender wird von dem ehrenamtlichen Redakteur des OCCA-Newsletters gepflegt und ist auch auf der Seite www.senioren-ahlen.de zu finden.
- E-Mail-Verteiler
- Das Seniorenbüro und die kommunale Leitstelle „Älter werden in Ahlen" verfügen über zahlreiche themenorientierte E-Mail-Verteiler, die zielgerichtet eingesetzt werden, um spezielle Informationen zu verbreiten.

Beteiligte Netzwerkpartner:
- Seniorenbüro (Begleitung der Ehrenamtlichen, Schulungen, Moderation)
- Leitstelle Älter werden (Infrastruktur, Domain, rechtlicher Träger)
- ehrenamtliches Redaktionsteam
- ehrenamtlicher Redakteur des Newsletters und des Veranstaltungskalenders
- ehrenamtliche KursleiterInnen und InternetcafeleiterInnen
- örtliche und regionale Presse

Zielgruppe:
- SeniorInnen und KooperationspartnerInnen im Sinn-Netzwerk und darüber hinaus

Pflege- und Wohnberatung und Wohnen im Alter
Der Träger des Seniorenbüros, der Verein „Alter und Soziales e.V." betreibt zugleich eine Pflege- und Wohnberatung und kooperiert eng mit dem Demenzservice-Zentrum Münsterland. Die Nähe des Seniorenbüros zu diesen beiden Diensten hat viele Vorteile für beide Seiten. Bei Fragen zur Hilfe- und Pflegebedürftigkeit und Demenz sind bereits viele Kooperationen zustande gekommen.

Ein neues Themenfeld tut sich auf im Zusammenhang mit der Bildung von Quartierszentren, dem Aufbau von Nachbarschaftshilfen und neuen Wohnformen im Alter. Dazu führen das Seniorenbüro und die Leitstelle Älter werden ein Projekt durch mit dem Titel „Nachbarschaftliches Wohnen im Alter in Gemeinschaft und Sicherheit", das vom Bundesfamilienministerium gefördert wird. Das Projekt steht derzeit noch ganz am Anfang, wird aber wiederum für eine Vielzahl von positiven Entwicklungsimpulsen in Ahlen sorgen!

Altenarbeit und gesellschaftliches Engagement 291

Beteiligte Netzwerkpartner:
- Seniorenbüro (Vernetzung der neuen Angebote im SINN-Netzwerk)
- Demenzservice-Zentrum Münsterland (Ausbildung Ehrenamtlicher, fachlicher Input)
- Pflege- und Wohnberatung (Beratung vor Ort, Ausbildung von Pflege-Lotsen, Input)
- Anbieter und Dienste im Pflege- und Versorgungssystem (Mitwirkung, Überleitungen)
- Fachbereich Stadtentwicklung (Bauleitplanung, Stadtteilentwicklung)
- Leitstelle Älter werden (Konzeptentwicklung, Mittelakquise, Projektumsetzung)

Zielgruppe:
- Angebote und Dienste im Versorgungssystem
- Seniorinnen und Senioren mit und ohne Zuwanderungsgeschichte
- Wohnungsbauunternehmen
- Menschen in der Nachbarschaft

13 Initiativen vernetzen

Christa Matter & Birgit Wolff

13.1 Bundesarbeitsgemeinschaft Alten- und Angehörigenberatung

Das Älterwerden und Altsein wird von einer Vielzahl sozialer Faktoren beeinflusst, die auf die Entwicklung und Gestaltung dieser Lebensphasen Einfluss nimmt. Ein demografisch bedingter Anstieg der Anzahl älterer Menschen bedingt eine überproportionale Zunahme dieser Personengruppe in der Bevölkerung sowie eine zeitliche Ausdehnung der Lebensphase jenseits des Berufslebens und eine Zunahme von hochaltrigen Menschen, der über 80jährigen. Das Alter differenziert sich zunehmend in unterschiedliche Lebensphasen aus. Mit seinen neuen Freiheiten entstehen Gestaltungsspielräume und damit verbunden die Herausforderung und Anforderung an den Einzelnen, selbstbestimmte Entscheidungen zu treffen, aber auch Begrenzungen zu erleben und anzunehmen.

Die Wahrscheinlichkeit somatische und psychische Erkrankungen zu erwerben ist umso größer, je älter ein Mensch wird. Die Auseinandersetzung mit den Auswirkungen des Älterwerdens sowie kritische Lebensereignisse und Veränderungen im sozialen Umfeld wirken in einer Lebensphase mit nachlassenden Kräften und eingeschränktem Aktionsradius verstärkt auf das psychische Befinden. Sie erfordern ein erhöhtes Maß an Kompensationsleistungen durch die betroffenen Menschen.

Mit zunehmendem Alter wächst nicht nur die Wahrscheinlichkeit von Krankheiten und Einschränkungen in der Bewältigung des Alltags, sondern es steigt damit auch das Risiko von Hilfe- und Pflegebedürftigkeit. Der alternde Mensch und das ihn umgebende soziale Netzwerk, insbesondere seine unmittelbaren Angehörigen, stellen spezifische Anforderungen an eine professionelle Beratung. Sie ist unmittelbar verbunden mit besonderen Hemmnissen auf sehr verschiedenen Ebenen, mit vielschichtigen Problemen, großen sozialen Ungleichheiten von Lebenssituationen und einer stark variierenden Ressourcenlage.

Die Alten- und Angehörigenberatung hat sich als ein spezielles Beratungsangebot im Kontext allgemeiner Sozialberatung und therapeutischer Beratung heraus entwickelt. Sie stellt ihrerseits besondere Anforderungen an beratende Professionen, insbesondere bei der Herstellung und Gestaltung einer tragfähigen Beratungsbeziehung und bei der Aufrechterhaltung eines kontinuierlichen Beratungsprozesses.

Die Bundesarbeitsgemeinschaft Alten- und Angehörigenberatung
Die Bundesarbeitsgemeinschaft Alten- und Angehörigenberatung e.V. (BAGA) ist ein Verein auf Bundesebene mit Sitz in Berlin, in dem sich Beratungsstellen unterschiedlicher Trägerschaft zusammengeschlossen haben. Die Beratungsstellen bestehen entweder als Solitäreinrichtungen oder werden als Teil eines größeren Angebotes eines Trägers bereitgehalten. Einige Mitglieder arbeiten als selbstständige Beraterin/ Berater in privaten Beratungsbüros. Die BAGA versteht sich als Forum und Interessenvertretung der Beratungsstellen auf Bundesebene. Der Vereinsvorstand arbeitet ausschließlich ehrenamtlich.

Die Geschichte der BAGA
Seit Ende der 60-iger Jahre wuchs das Bewusstsein für die Vielfalt von Aspekten, die mit Altern verbunden sind. Hintergrund waren neben der Zunahme der Lebenserwartung, das immer häufigere Nebeneinander von chronischen Krankheiten und erhaltenen Potentialen, die Individualisierung von Lebensläufen und die Zunahme von veränderten Familienstrukturen, beispielsweise der Trennung nach langer Ehe. Hinzu kam die stetig wachsende Zahl der Demenzerkrankten, die ein gewaltiges Bedürfnis nach Verständnis von zunächst verwirrendem Verhalten entstehen ließ, besonders bei den nächsten Angehörigen. In letzter Zeit, aufgrund des langsam wachsenden Mutes zu offenerem Umgang mit eigenen Symptomen, entwickelt sich dieses Bedürfnis auch bei den Erkrankten in einem frühen Stadium selbst. Vor dem Hintergrund dieser Entwicklungen ließ sich der wachsende informatorische, besonders aber auch der psychosoziale Unterstützungsbedarf im Rahmen der existierenden Hilfsangebote immer weniger abdecken.

Anfang der 80-iger Jahre entstanden deshalb die ersten Beratungsangebote für alte Menschen und pflegende Angehörige. Ihre Organisationsform war sehr unterschiedlich: neben Solitären gab es Aufgabenausweitungen und personelle Ergänzungen bestehender Einrichtungen. Die Arbeit erfolgte von Anfang an über alle helfenden Berufsgruppen hinweg interdisziplinär. In nicht wenigen Fällen war die Arbeit zunächst von Sorgen um die weitere Finanzierung überschattet. Später wurde die Bedeutung von Beratungsstellen immer mehr erkannt. Diese Entwicklung sorgte für eine weitere Verbreitung der Angebote.

1991 fanden sich erstmals in Bonn Vertreterinnen und Vertreter von über 20 Beratungsangeboten in ganz Deutschland zu einem ersten Erfahrungsaustausch zusammen. Der Gedanke eines Zusammenschlusses entstand und führte nach intensiven Diskussionen zur Gründung der Bundesarbeitsgemeinschaft Alten – und Angehörigenberatung (BAGA). Einige Jahre später erfolgte die Umwandlung in die Rechtsform eines Vereins.

Initiativen vernetzen

Wichtige Fortschritte in der „Beratungslandschaft" brachten später die Einführung der Pflegeversicherung im Jahr 1995 und deren Folgegesetze mit Verbesserungen für Demenzerkrankte und dem Einbezug von Entlastungsangeboten für pflegende Angehörige in den Jahren 2002 und 2008.

Aktivitäten der BAGA
Die damaligen Sprecherinnen der BAGA haben im Jahr 1999 im Rahmen eines durch das Bundesministerium für Gesundheit gefördertes Pilotprojekt das Praxishandbuch „Wege aus dem Labyrinth der Demenz" für die konkrete Umsetzung in die Praxis erarbeitet. In diesem Handbuch sind beispielhafte Projekte für Familien mit Demenzkranken in ihrer Etablierung und Entwicklung und erste Leitlinien für Qualitätsmerkmale dargestellt. Die Beratungsarbeit wurde durch flankierende Maßnahmen ergänzt und hat dadurch eine sinnvolle und ergänzende Einbindung gefunden. Zu nennen sind in diesem Zusammenhang v. a. die Gruppenberatung in Form von angeleiteten Angehörigen-Gesprächskreisen und die heute so genannten Niedrigschwelligen Betreuungsangebote wie die häusliche Einzelbetreuung, die Gruppen- und die Tagesbetreuung. Mit der Einführung des Pflegeleistungs-Ergänzungsgesetzes im Jahr 2002 haben einige der im Handbuch beschriebenen Arbeitsansätze eine von der Pflegeversicherung finanzierte Einbindung gefunden. Diese wurden im Juli 2008 durch das Pflege-Weiterentwicklungsgesetz noch einmal ausgeweitet und finanziell besser gestellt.

Die BAGA nimmt Stellung zu sozial- und gesundheitspolitischen Entwicklungen für alte Menschen und deren Angehörige. Sie hat beispielsweise Stellungnahmen zur Einführung des Pflegeleistungs-Ergänzungsgesetzes und des Pflege-Weiterentwicklungsgesetzes verfasst. 2008 haben Mitglieder der BAGA Qualitätsempfehlungen für die Beratung von älteren Menschen und deren Angehörigen, zum Beispiel in Alten- bzw. Seniorenberatungsstellen, gerontopsychiatrischen Beratungsstellen, Pflegestützpunkten usw. verfasst und veröffentlicht. Am 24.02.2011 fand in Kassel die erste bundesweite Fachtagung der BAGA mit dem Titel „Ohne psychosoziale Beratung geht es nicht!" statt.

Die BAGA tritt ein für die flächendeckende Einrichtung von Alten- bzw. Seniorenberatung als Regelangebot, für eine Stärkung häuslicher Unterstützungsarrangements und für die Ausdifferenzierung und Vernetzung von entsprechenden Angeboten. Auf ihrer Homepage schafft sie einen Überblick über bundesweite Beratungsstellen und Entlastungsangebote für ältere Menschen und Angehörige.

Für ihre Mitglieder bietet die BAGA den kollegialen Austausch über unterschiedliche Beratungskonzepte und deren Finanzierungsmöglichkeiten sowie über die unterschiedlichen Praxiserfahrungen. Dazu treffen sich die Mitglieder jährlich zu zweitägigen Tagungen. Die BAGA nimmt Beratungsstellen oder Einzelpersonen auf, die überwiegend in der Alten- und/ oder Angehörigenberatung tätig sind. Zurzeit hat die BAGA 54 Mitglieder.

13.2 Psychosoziale Beratung

In der Satzung der BAGA ist unter § 2 der Zweck des Vereins formuliert. In Absatz 1 heißt es:

„Gemeinsames Ziel sind die Verbesserungen der Versorgung hilfsbedürftiger alter Menschen und die Entlastung ihrer Angehörigen durch Beratung. Grundlage der Arbeit ist die Überzeugung, dass durch mehr Wissen, verbessertes Verständnis und veränderte Einstellungen Belastungen vermindert und Bewältigungsvermögen vergrößert werden können."

Die BAGA hat sich zum Ziel gesetzt, insbesondere Qualitätsstandards und Leitlinien für die Alten- und Angehörigenarbeit weiterzuentwickeln. Bis heute sind in der gemeinsamen Arbeit drei Informationsblätter zu den Themen

- Erfolgskriterien für die Beratung älterer Menschen
- Erfolgskriterien für die Beratung von pflegenden Angehörigen und
- Standards psychosozialer Beratung von alten Menschen und Angehörigen

entwickelt worden. Als eine wichtige Aufgabe sieht die BAGA die Implementierung von psychosozialen Ansätzen in der Beratung und Unterstützung älterer Menschen und ihrer Angehörigen.

13.2.1 *Was ist psychosoziale Beratung?*

Psychosoziale Beratung
- ist ein überwiegend durch das Gespräch geleisteter Unterstützungsprozess für Menschen in Belastungs- und Notsituationen, der auf die Verbesserung der Bewältigungs- und Handlungskompetenz abzielt.

- ist die Überzeugung, dass durch mehr Wissen, vermehrtes Verständnis und veränderte Einstellungen Belastungen vermindert und Bewältigungsmöglichkeiten verbessert werden können.
- erfasst die Ressourcen der/des Klientin/Klienten oder Hilfesuchenden, stützt diese und zeigt ein individuell abgestimmtes Hilfsangebot auf, mit dem Ziel, die Handlungskompetenz zu stärken
- bietet Möglichkeiten zu Aussprache und Entlastung
- informiert über Angebote zur Unterstützung und deren Finanzierung in der Region.

In einem Beratungsprozess werden die jeweiligen Fähigkeiten und Fertigkeiten der Ratsuchenden herausgearbeitet, so dass die Belastungssituation besser bewältigt werden kann.

13.2.2 Was kann psychosoziale Beratung leisten?

Am Beispiel von Angehörigen demenzkranker Menschen soll hier kurz erläutert werden, was psychosoziale Beratung leisten kann. Angehörige sind auf Beratung und Begleitung angewiesen, wenn sie völlig unvorbereitet mit der Pflege konfrontiert werden. Und das ist insbesondere bei Demenzerkrankungen immer der Fall. Die betroffen Familien, die also auch Betroffene der Krankheit sind, benötigen daher neben allen vorhandenen Hilfsangeboten vor allem psychosoziale Beratung und Begleitung. Und zwar von Anfang an!

Das heißt, es ist sehr wichtig, nicht nur für eine angemessene Betreuung des Erkrankten zu sorgen, sondern ebenso den Erhalt der Gesundheit und der Lebensqualität des pflegenden Angehörigen in den Mittelpunkt der Beratung zustellen. Sie ernst zu nehmen mit ihren Befürchtungen, ihren Sorgen und Ängsten. Für Angehörige bedeutet qualifizierte Beratung auch einen Entscheidungsweg zu bahnen, ob eine Pflege zu Hause weitergeführt oder beendet werden sollte. Denn es geht immer sowohl um das Wohlergehen des Patienten als auch des pflegenden Angehörigen. Alle Beratung sollte sich an dieser so genannten Pflegedyade orientieren.

In der Beratung erleben wir immer wieder, dass allein die Gelegenheit für den pflegenden Angehörigen, sich einmal all seine Not, Ratlosigkeit und Ängste „von der Seele reden" zu können, schon eine entlastende Wirkung hat. Es ist daher sehr wichtig zuzuhören und zu vermitteln, dass sie mit ihren Gefühlen ernst genommen und verstanden werden, dass sie einen Ort haben, an dem ihnen auch Anerkennung für die Belastungen und die tagtäglich geleistete Arbeit entgegengebracht wird.

Es geht also neben der reinen Informationsvermittlung und dem Wunsch nach Entlastung in Form konkreter Hilfen vor allem um die emotionale Entlastung, die sich Angehörige in einem Beratungsgespräch erhoffen. Häufig sind sie „hilflos", suchen nach Bestätigung für ihre geleistete Arbeit, signalisieren, dass sie es eigentlich nicht mehr „schaffen", aber die Verantwortung trotzdem nicht abgeben können (familiäre Verbundenheit sowie familiärer und gesellschaftlicher Erwartungsdruck). Sie fühlen sich häufig allein gelassen, unverstanden, sind sozial isoliert, ernten wenig Verständnis im sozialen Umfeld.

Wichtig ist es, die Schuld- und Versagensgefühle der Angehörigen zu mindern, ihnen zu helfen die eigenen Grenzen einzuschätzen, damit sie keine überzogenen Erwartungen an sich selbst haben und geschützt sind vor Enttäuschungen. Angehörigen müssen Wege gezeigt werden, wie sie für sich, den Erkrankten und andere Familienmitglieder eine Lösung finden können. D. h., es geht auch darum, die Fähigkeiten und Kräfte der Angehörigen zu ermitteln und sie ihnen bewusst zu machen. Pflegende Angehörige müssen lernen, zudem die eigene Gesundheit zu fördern und zu schützen, um den Pflegealltag bewältigen zu können. Ein Angehöriger sollte niemals dazu gedrängt werden, die Pflege zu übernehmen oder weiterzuführen, wenn er nicht wirklich bereit dazu ist. Besser ist es, das Gefühl zu vermitteln, dass er alles geleistet hat, was in seiner Macht stand, ohne dass daraus Schuldgefühle resultieren. Stets geht es also darum, die Leistungen der Angehörigen anzuerkennen. *Psychosoziale Beraterinnen und -berater* bewerten nicht und sagen nicht was richtig oder falsch ist.

Hilfe zur Selbsthilfe ist oberstes Ziel der psychosozialen Angehörigenarbeit. Es geht hierbei um Maßnahmen, die eigene Fähigkeit der Angehörigen stärken, mit belastenden Situationen umzugehen, die das Krankheitsgeschehen betreffen. Es geht um die Sicherung oder Wiederherstellung der emotionalen Stabilität sowie die Förderung der Fähigkeit, Probleme flexibel zu lösen (Neumann, 1995). Zumeist sind die Beratungen für die Klientinnen und Klienten Erstgespräche, d. h. diese Gespräche sind oftmals der erste Schritt, sich zu informieren, sich einzugestehen, überfordert zu sein und der erste Schritt, sich Hilfe zu holen.

13.2.3 Alltag in einer Beratungsstelle

In unserer Beratungstätigkeit erleben wir immer wieder, dass ein großer Teil der Angehörigen, die einen Beratungstermin vereinbaren, stark belastet, zu wenig informiert und aufgeklärt sind (Matter, 2007). Im Erstgespräch, das in der Regel eine Stunde beansprucht, werden die Probleme des täglichen Miteinanderlebens und der angemessene Umgang mit dem Erkrankten besprochen und vor allem das physische und psychische Wohlbefinden des Angehörigen thematisiert. Im

Rahmen der psychosozialen Beratung orientiert sich das Gespräch an den Problemen, Bedürfnissen und Bewältigungsstrategien der Angehörigen. Zielsetzungen in der Angehörigenberatung sind:

- Vertrauensaufbau
- Psychosoziale Entlastung
- Anerkennung der Leistungen
- Förderung der Handlungskompetenz
- Aufhebung der sozialen Isolierung
- Sicherung einer angemessenen Betreuung
- Information über und Vermittlung von Hilfsangeboten
- Hilfe zur Selbsthilfe
- Hilfe zur familienorientierten Lebensplanung

Psychosoziale Angehörigenberatung kann die Kompetenzen der Angehörigen in der Versorgung der Kranken erweitern und ihre Belastung vermindern. Sie dient der Stärkung der Handlungskompetenz der Angehörigen: Die individuellen Fähigkeiten und Fertigkeiten der Angehörigen werden herausgearbeitet, sodass die Pflegesituation objektiv und subjektiv bewältigt werden kann. Pflegende Angehörige brauchen praktische Ratschläge und Handlungsanleitungen, die den täglichen Umgang mit dem Kranken erleichtern (Matter, 2007).

Grundsätze der psychosozialen Beratung
Beratung ist vielschichtig und mehr als nur Unterstützung bzw. reine Informationsvermittlung. Es werden nicht nur einfach Ratschläge gegeben, denn dann würden wir die Eigenbemühungen des Ratsuchenden weder optimieren noch unterstützen. Beratung ist ein von der Beraterin/ vom Berater nach methodischen Gesichtspunkten gestalteter Problemlösungsprozess, durch den die Eigenbemühungen des Ratsuchenden unterstützt, optimiert bzw. seine Kompetenzen zur Bewältigung der anstehenden Aufgaben oder des Problems verbessert werden. *(Dirksen et al., 1999)*

Psychosoziale Angehörigenberatung
Der spezifischen Situation von Angehörigen demenziell erkrankter Menschen muss eine gezielte Angehörigenberatung Rechnung tragen. Die Vielzahl der Fragen, Entscheidungen und Belastungen, mit denen Angehörige schon zu Beginn z. B. einer demenziellen Erkrankung konfrontiert sind, erfordern spezielle Beratungsangebote für diese Zielgruppen (Dirksen et al., 1999).

Beratung ist keine Therapie, das heißt:

- eher ein kurzer, begrenzter Zeitrahmen
- der Angehörige, der um Rat sucht, befindet sich sehr häufig in einer akuten Problemsituation und sucht Hilfe von außen
- Beratung zielt auf die Gegenwart und die Zukunft ab
- Vermittlung von Informationen und Hilfsangeboten, Anregung von Lernprozessen

Häufig jedoch kommt die emotionale Auseinandersetzung mit der Pflegesituation zur Sprache, so dass ein Teil der Angehörigenberatung im Grenzbereich von Beratung und Therapie liegt. *Wichtig*: Die Beraterin/ der Berater muss ihre/ seine eigene Fähigkeiten, Grenzen und Zielsetzungen kritisch reflektieren. Ein ganzheitlicher Beratungsansatz verbindet psychosoziale Unterstützung mit der Vermittlung praktischer Hilfestellungen bzw. der Organisation eines Hilfenetzes.

Beispiel für eine psychosoziale Beratung
Zur Illustration des hier „theoretisch" aufgeführten Beratungsansatzes ein Beispiel aus dem Beratungsalltag. Herr P., 75 Jahre alt, kommt auf Anraten des Hausarztes in die Beratungssprechstunde. Das Gespräch dauert eine Stunde.

- Herr P. pflegt seine gleichaltrige Ehefrau, die an einer mittelschweren Demenz vom Alzheimertyp erkrankt ist in der gemeinsamen Wohnung. Er ist seit 50 Jahren sehr glücklich verheiratet, verdankt seiner Frau sehr viel und möchte jetzt für sie da sein.
- Er berichtet über den Alltag mit seiner Ehefrau, dass er sich um alles kümmern muss, wenig Unterstützung durch die Tochter erhält.
- Er selbst ist schwer herzkrank und steht vor der Entscheidung, eine schwere Operation durchführen zu lassen.
- Er möchte in jedem Fall noch alles für seine Ehefrau und sich regeln.
- Die Ehefrau kann sich noch selbstständig waschen und anziehen, braucht aber Anleitung und muss wiederholt erinnert werden. Das Kochen, den Haushalt führen oder sich um finanzielle Dinge kümmern kann seine Ehefrau nicht mehr selbstständig bewältigen.
- Ihr Kurzzeitgedächtnis ist stark beeinträchtigt: Sie verlegt viele Dinge, ist oft motorisch unruhig und sucht immer die Nähe des Ehemannes.
- Herr P. fühlt sich zunehmend überfordert und belastet. Er äußert große Ängste davor, die Alltagsaufgaben alleine nicht mehr lange bewältigen zu können.

Initiativen vernetzen 301

- Er wünscht sich mehr Hilfe von der Tochter, die sich aber immer mehr zurückzieht.
- Er möchte so gerne noch einmal mit der Ehefrau in Urlaub fahren. Auf keinen Fall soll seine Ehefrau in ein Heim gehen. Bisher akzeptiert er als einzige Hilfe einen „fahrbaren Mittagstisch", da er selbst nicht kochen kann.

Resümee: Herr P. hat ein sehr starkes Mitteilungsbedürfnis (Entlastungsgespräch). Darüber hinaus ist er aber auch an konkreten Entlastungshilfen interessiert:

- Anerkennen seiner Leistungen, positive Wertschätzung, Empathie, Kompetenz vermitteln, eine Grundvoraussetzung für einen Beziehungsaufbau und die Vertrauensbildung
- Formulierung des „Problems" bzw. der „Problemsituation", d.h. Angehörige sind oft ratlos, überfordert und auf der Suche nach Hilfe, ohne eine genaue Vorstellung von der „Hilfe" zu haben.
- Formulierung eines Ziels ⇒ oberstes Ziel *Entlastung des Angehörigen*

Wie kann Herr P. Entlastung erfahren? Als Beraterin/Berater ist es wichtig, fachliche, methodische und persönliche Kompetenzen miteinander zu verknüpfen, kreativ zu sein, das eigene Wissen erweitern zu lernen, aber auch die eigenen Grenzen zu erkennen und dazu zu stehen, dass auch wir Wissenslücken haben bzw. nicht auf alle Fragen sofort eine Antwort geben können. „Gute" *psychosoziale* Beratung kann eine Brücke bauen zum Annehmen weiterer Hilfs- und Entlastungsangebote.

Mögliche Hilfen für Herrn P.:

- Besuch einer Selbsthilfegruppe
- Pflegestufe beantragen
- Entlastung durch stundenweise Betreuung im häuslichen Bereich
- Einen freien Tag in der Woche
- Informationen zur Kurzzeitpflege
- Notfallplan erstellen, falls er selbst erkrankt
- Hilfe bei der Urlaubsplanung
- Terminvereinbarung mit der Tochter

Bisheriger Verlauf:

- Herr P. hat einen weiteren Beratungstermin vereinbart und besucht seit einem halben Jahr zweimal monatliche eine Selbsthilfegruppe.
- Herr P. hat inzwischen die Pflegestufe beantragt und den Leitfaden zur Pflegeversicherung gelesen. Darüber hinaus erhielt er eine Beratung zur Vorbereitung auf den Besuch des MDKs.
- Ihm wurde die Liste „Betreuungsbörse" mitgegeben.
- Herr P. hat Kontakt zu einer gerontopsychiatrischen Tagesstätte in seiner Wohnortnähe aufgenommen.
- Herr P. hat die Urlaubspläne mit seinem Arzt und mit der Selbsthilfegruppe besprochen.

Aktuell stehen seine Gesundheitsprobleme im Vordergrund und die Sorge um seine Ehefrau. Er erfährt die Selbsthilfegruppe als eine große Entlastung.

Rahmenbedingungen
Selbstverständlich sind Dinge wie terminierte Gespräche. Angehörigengespräche dauern in der Regel eine Stunde, Familiensitzungen können auch länger dauern. In Beratungsgesprächen darf es keine telefonischen Störungen geben. Ratsuchende werden darüber informiert, dass die Gespräche vertraulich behandelt werden und ihre Daten geschützt sind. Angehörige benötigen die Erfahrung, dass sie nicht alleine sind und dass es eine Einrichtung gibt, an die sie sich stets wieder wenden können. Sie erleben, dass deren Mitarbeiterin/ Mitarbeiter bereit ist, zuzuhören und mit ihnen unermüdlich nach Ideen für neue Veränderungen und Lösungen sucht (vgl. Schulz, 2005). Im Unterschied zu einer reinen Informationsberatung kann eine Beratungsstelle mit *psychosozialem Beratungsverständnis* diesen verschiedenen Anforderungen gerecht werden.

Psychosoziale Beratung bietet also Menschen in Problem-, Entscheidungs- und Krisensituationen professionelle Hilfe an. Es geht um die Begleitung und Betreuung in Fragen der Angehörigenberatung, Betroffenenberatung, Familienberatung, um die Klärung von Lebenszielen, um das Bewahren von Gesundheit und Zufriedenheit, um die Bewältigung von Übergangssituationen etc. Die Leistungen psychosozialer Angehörigenberatung lassen sich damit zusammenfassen, dass die Kompetenzen der Angehörigen in der Versorgung der Kranken erweitert und ihre Belastung vermindert werden kann. Sie dient der Stärkung der Handlungskompetenz der Angehörigen. Die individuellen Fähigkeiten und Fertigkeiten der Angehörigen werden herausgearbeitet, so dass die Pflegesituation objektiv und subjektiv bewältigt werden kann.

13.3 Qualitätsempfehlungen der BAGA

Die Qualitätsempfehlungen der BAGA sind in einem umfassenden Entwicklungs- und Abstimmungsprozess von den Mitgliedern des Vereines 2008 verfasst und der Fachöffentlichkeit zugänglich gemacht worden. Sie beruhen auf der grundsätzlichen Feststellung, dass vor dem Hintergrund der demografischen Entwicklung und der bis 2050 stetig zunehmende Anzahl von Älteren und Hochbetagten an der Bevölkerung demenzielle Erkrankungen, andere psychische Erkrankungen und die Multimorbidität sowie deren Gesundheitsförderung und Prävention eine besondere Herausforderung darstellen. Die überwiegende Anzahl älterer Menschen wird in ihrer häuslichen Umgebung durch Angehörige sozial unterstützt und bei Bedarf betreut und gepflegt. Der hohe Anteil zeugt von einer ungebrochenen gegenseitigen Unterstützungs- und Pflegebereitschaft in Familien und im persönlichen Nahbereich. Es wird jedoch davon ausgegangen, dass ab 2020, spätestens jedoch ab 2030 mit einem ebenfalls demografisch bedingten und regional sehr unterschiedlich verlaufenden Rückgangs des familialen Unterstützungspotentials zu rechnen ist.

Die BAGA sieht die Altenhilfe und insbesondere die öffentliche Hand in ihrer Fürsorge- und Sorgfaltspflicht älteren und behinderten Menschen gegenüber, aber auch andere Kostenträger in der Verantwortung dafür, bestehende Angebote konzeptionell stetig weiterzuentwickeln und noch fehlende Angebote zu initiieren und aufzubauen. Diese sollen sich an dem individuellen Bedarf von Ratsuchenden und am regional bestehenden Versorgungsbedarf orientieren.

Die BAGA ist - von eigener vielfältiger Beratungspraxis und –erfahrung getragen - der Überzeugung, dass durch mehr Wissen, vermehrtes Verständnis und veränderte Einstellungen, Belastungen vermindert und Bewältigungsmöglichkeiten verbessert werden können. Die psychosoziale Beratung erfasst die Ressourcen von Ratsuchenden, stützt diese und zeigt ein individuell abgestimmtes Hilfsangebot mit dem Ziel auf, die Handlungskompetenzen zu stärken. Sie bietet Möglichkeiten zur Aussprache und Entlastung und informiert über Angebote zur Unterstützung in der Region und deren Finanzierung bzw. deren sozialrechtlichen Bedingungen.

13.4 Ziele und Zielgruppen

Zielgruppen der Beratung sind ältere Menschen mit allgemeinem Beratungsbedarf, pflegebedürftige alte Menschen, mit oder ohne Einstufung in einer Pflegestufe sowie deren Angehörige und nahe Bezugspersonen. Die Ziele der Beratung sind:

- Die Stärkung der Handlungs- und Bewältigungskompetenz,
- Gesundheitsförderung,
- Verbesserung und Stabilisierung einer bestehenden Pflegesituation, Förderung und Stabilisierung des Pflegepotentials und der Pflegefähigkeit der Angehörigen,
- Anerkennung der Angehörigen als Experten und als Partner im Pflegesystem,
- Reduktion der psychischen Belastung pflegender Angehöriger oder anderer Bezugspersonen, Unterstützung bei der Vereinbarkeit von Erwerbstätigkeit und Pflegeaufgaben in der Familie,
- Erkennen von Grenzen der Belastbarkeit
- Ausschöpfen von ambulanten Hilfen und teilstationären Angeboten vor einer stationären Versorgung und
- Unterstützung bei der Abwägung zwischen ambulanter und stationärer Versorgung.

13.4.1 Rahmenbedingungen

Oberstes Prinzip ist die Gewährleistung eines regelhaften Zugangs zu Beratungsangeboten für alle Menschen der o.g. Zielgruppen mit Beratungsbedarf. Bei den Zugangswegen ist insbesondere auf Niedrigschwelligkeit zu achten, d.h. dass bekannte Hemmnisse und vielschichtige Hürden vor der Nutzung des Angebotes gemindert und abgebaut werden. Niedrigschwelligkeit wird beispielsweise durch umfängliche Öffentlichkeitsarbeit, bedarfsorientierte Beratungszeiten, behindertengerechte Ausstattung, aufsuchende Beratung u.ä. Maßnahmen hergestellt. Beratungsangebote sollte auch denjenigen eröffnet werden, die es beispielsweise nicht gewohnt sind, entsprechende Leistungen zu nutzen, erschwerte Bedingungen bei der Erreichung der Einrichtung haben oder deren finanzielle Situation sich erschwerend auf die Nutzung auswirken.

Die kontinuierliche Veröffentlichung der Beratungsangebote durch Nutzung verschiedener Medien, beispielsweise lokale und Tageszeitungen und Internet und öffentlichkeitswirksame Materialien, wie Flyer und Broschüren sind eine wichtige Voraussetzung, in diesem Feld für Transparenz zu sorgen und alle Bürgerinnen und Bürger eines Quartiers oder einer Region zu informieren. Eine wichtige Voraussetzung für einen regelhaften Zugang sind standardisierte und ausreichende Informationen im Übergang von einer Einrichtung bzw. von einer Vorsorgungsart zur Nächsten oder von der allgemeinen in die spezielle Beratung.

Weitere Rahmenbedingungen sind eine höchst mögliche Neutralität des Trägers und eine entsprechend trägerneutrale Beratung durch die Professionellen, die den Ratsuchenden auf der Grundlage einer qualifizierten Beratung die Entscheidungen über mögliche Leistungsangebote überlässt.

13.4.2 Methoden und Settings

Zu den Methoden der Beratung älterer Menschen gehört die Informationsvermittlung und Aufklärungsarbeit. Weiterhin wird unterschieden zwischen

- der sozialpädagogischen Einzelfallhilfe und dem Case-Management,
- der psychosozialen Beratung und Begleitung,
- der psychologischen Beratung, in der auch psychotherapeutische Elemente aus Gesprächstherapie, Verhaltenstherapie, psychoanalytischer Psychotherapie, systemischer bzw. Familientherapie u. a. zur Anwendung kommen.

In der Beratung älterer Menschen und ihren Angehörigen wird die telefonische, persönliche und aufsuchende Beratung in der Häuslichkeit angeboten. Es kann zu einmaligen oder mehrmaligen Beratungen, als auch zu – nicht selten einige Jahre übergreifende – Beratungsprozesse kommen. Neben der Einzelberatung ist die gleichzeitige Beratung von mehreren Familienangehörigen oder anderen Bezugspersonen selbstverständlich. Ein anderes – häufig ergänzendes - Setting ist die Beratung im Rahmen von angeleiteten Angehörigen-Gesprächsgruppen. Diese bieten Raum und Gelegenheit für entlastenden Austausch und offene Gespräche, gegenseitige Beratung und Unterstützung durch Gleichbetroffene. Sie findet unter fachlicher Moderation und Unterstützung statt und bietet zugleich Informations- und Kompetenzvermittlung in der Gruppe. Bei Bedarf kann in der psychosozialen Beratung psychotherapeutische Unterstützung und Behandlung angeregt und vermittelt werden.

13.4.3 *Aufgaben und Inhalte*

In den Beratungsempfehlungen werden die Aufgabenbereiche

1. Kontaktaufnahme und Klärung der Bedarfssituation,
2. problembezogene Information und Aufklärung,
3. Information über Versorgungs- und Entlastungsangebote sowie Vermittlung von Hilfen und
4. emotionale Unterstützung und Begleitung

untergliedert.

Am Anfang stehen die (1) Kontaktaufnahme und Klärung der Bedarfssituation. Ein ganz zentraler Aspekt ist dabei der Aufbau einer vertrauensvollen Beziehung, die eine wichtige Grundlage für eine konstruktive und gelingende Zusammenarbeit darstellt. Weitere Aufgaben sind die Erhebung der Sozialanamnese, die Erfassung der komplexen Lebenslage, Erkennen von Handlungskompetenzen und Unterstützungsressourcen sowie die Festlegung von Unterstützungszielen und Erarbeitung eines Hilfeplanes.

Zu den (2) problembezogenen Informationen und Aufklärung gehören Informationen über Krankheitsbilder, Diagnostik und Therapiemöglichkeiten, als auch Wissensvermittlung über den Umgang mit psychischen Auffälligkeiten, insbesondere psychischen bzw. gerontopsychiatrischen Symptomen. In der Beratung können auch Zuständigkeiten anderer Professionalitäten und Institutionen dargestellt und die Orientierung im Hilfesystem erleichtert und unterstützt werden. Neben Informationen über rechtliche Betreuung, Vorsorgevollmacht und Patientenverfügung können Ratsuchende über Finanzierungsansprüche und -zuständigkeiten aufgeklärt werden. Die professionelle Beratung umfasst ebenfalls alltagspraktische, detailbezogene Informationen über Hilfen in der häuslichen Versorgung und über Maßnahmen zur Wohnraumanpassung. Es wird auch über interkulturelle Angebote im Sozialraum informiert und entsprechende Hilfen vermittelt.

Die Beratung über (3) Versorgungs- und Entlastungsangebote sowie die Vermittlung von Hilfen erfolgt sehr umfassend. Dazu gehört die Information über regionale Unterstützungs- und Versorgungsangebote und über Erholungs-, Kur- und Urlaubsangebote für pflegende Angehörige und Pflegebedürftige. Sehr häufig ist die Motivation zur Inanspruchnahme von Hilfen ein erster Schritt sowie die Anregung der Hauptpflegeperson andere Familienmitglieder und Bezugspersonen einzubeziehen, eine mögliche Maßnahme zur persönlichen Entlastung. Im weiteren Beratungsprozess kann eine alltagsbezogene, passgenaue Unterstützung des häuslichen Pflegearrangements erarbeitet werden und in weiterführende Hilfsangebote im pflegerischen, betreuerischen und beratenden, ärztlichen und therapeutischen Bereich und an Selbsthilfegruppen vermittelt werden. Die professionelle Beratung kann eine wichtige Lotsenfunktion im Hilfe- und Versorgungsnetz wahrnehmen.

Die psychosoziale Beratung bietet weitreichende (4) emotionale Unterstützung und Begleitung. Ältere Menschen und Angehörige werden bei der Auseinandersetzung mit belastenden Gefühlen, wie Trauer, Angst, Wut, Scham und Schuld, unterstützt und von normativen Druck und Verpflichtungen entlastet. Vielmehr können sie lernen bereits Geleistetes wahrzunehmen und anzuerkennen. Sie werden von beratenden Personen dabei unterstützt, Hilfen zu akzeptieren und ihre Suche nach geeigneter Hilfe zu verbessern. In Eltern-Kind-Pflegebeziehungen kann das Erkennen einer Rollenumkehr ein erster Schritt sein, um in eine fürsorgliche Pflegerolle hineinfinden zu können.

Qualifikationsanforderungen an Beraterinnen und Berater
An die Professionellen sind vielfältige Anforderungen in der Alten- und Angehörigenberatung gestellt. Es sind Fachkompetenzen in sozialpädagogischer und/oder psychosozialer Beratung und im Case-Management erforderlich. Kenntnisse in den Fachbereichen Geriatrie, Gerontopsychiatrie und Pflege sind unabdingbare Voraussetzungen für diese Tätigkeit. Weiterhin ist ein lebensweltorientierter Arbeitsansatz, Kenntnisse in Biografiearbeit sowie über die fachspezifischen Versorgungsstrukturen eine wichtige Grundlage der Arbeit. Beratende Personen sollen die Fähigkeit zur Bildung von Kooperationen und Netzwerken, sowie persönliche Eignung und Engagement für diese Arbeit mitbringen.

Kooperationen und Netzwerke
Sinnvolle Kooperationen sind die Zusammenarbeit mit Angeboten der kommunalen Altenhilfe bzw. Seniorenarbeit, mit ehrenamtliche Tätigen, mit Selbsthilfeorganisationen und Betreuungsstellen bzw. -vereinen, mit freien Trägern und Kirchengemeinden, der Wohnberatung, den Pflegekassen und Krankenkassen, sozialpsychiatrischen Diensten und Haus- und Fachärzten.

13.5 Perspektiven

In den letzten Jahren sind sehr vielfältige und unterschiedliche Beratungsangebote, zum Teil auch durch Bundesmodellprojekte oder Landesinitiativen, entstanden. Die Struktur von Alten- und Angehörigenberatung der einzelnen Bundesländer unterscheidet sich daher quantitativ und qualitativ in einem hohen Maße. Das schafft aus bundesweiter Perspektive eine problematische Situation, da es Bundesländer und Regionen gibt, die nur sehr wenige Angebote vorhalten und andere, deren Versorgung inzwischen als ausreichend und finanziell als relativ gesichert gelten kann. Die Beratungslandschaft befindet sich in einem anhaltenden Veränderungsprozess, da die aufgelegten Maßnahmen teilweise zeitlich begrenzte Förderungen erhalten und nicht selten in ihrem längerfristigen Bestand bedroht sind. Seniorenservicebüros, Mehrgenerationenbüros und Pflegestützpunkte sind Bespiele von nicht nachhaltig gesicherten Finanzierungen. Auch Aufgaben und Schwerpunkte bestehender Angebote können sich durch Änderung der Förderbedingungen verändern, wie das Beispiel der Mehrgenerationenhäuser zeigt.

Durch das Pflegeweiterentwicklungsgesetz 2008 wurde das Recht auf die Inanspruchnahme von Beratung im Kontext des SGB XI bei eintretender oder bestehender Pflegebedürftigkeit eingeführt. Die Pflegeberatung nach § 7a SGB XI wird jedoch weit überwiegend von den Pflegekassen selber angeboten. Pflegestützpunkte – soweit sie in den jeweiligen Bundesländern entstanden sind – werden nicht selten durch Verschmelzung mit bestehenden Beratungsangeboten aufgebaut, z. B. mit den zuvor bereits landesweit verteilten Pflegeberatungsstellen in Schleswig-Holstein. Damit ändern sich vielfach auch die Rahmenbedingungen für die Umsetzung eines psychosozialen Beratungskonzeptes insoweit, dass dieser in anderen Einzelfällen gar nicht mehr in Anwendung kommen darf.

Zudem gibt es keine standardisierten Beraterqualifikationen, die bestimmte Professionen und andere qualifikatorischen Voraussetzungen für die Alten- und Angehörigenberatung definieren. Die Beratungsansätze und -konzepte der jeweiligen Beratungsstellen unterscheiden sich gravierend hinsichtlich ihres Qualitätsprofils. Vor diesem sozialrechtlichen und pflegepolitischen Hintergrund tritt die BAGA für eine verbesserte Struktur mit Beratungsstellen und in allen Bundesländern verbesserten Versorgung mit Angeboten für ratsuchende und hilfebedürftige alte Menschen und ihrer Angehörigen ein. Bestehende Beratungsstellen sollten gestufte Angebote von Informationsvermittlung, Kompetenzerweiterung, Einzel- und Familienberatung sowie psychosozialer Beratung vorhalten können. Eine Voraussetzung für eine effiziente und zielgerichtete Arbeit in diesem Feld ist eine auskömmliche und nachhaltige Finanzierung, die eine am Bedarf orientierte Weiterentwicklung der Beratungsangebote ermöglicht.

Gesamtliteratur

Albrecht, K., & Oppikofer, S. (2004). Das Projekt «more...»: Wohlbefinden und soziale Kompetenz durch Freiwilligentätigkeit. *Zürcher Schriften zur Gerontologie*, (1), 5–135.

Albrecht, P. G. (2010). Bürgerschaftlichkeit und Sozialraumorientierung. *Sozial Extra, 34*(1), 11–31.

Aner, K., Karl, F., & Rosenmayr, L. (Eds.) (2007). *Die neuen Alten – Retter des Sozialen?* Wiesbaden: VS Verlag für Sozialwissenschaften.

Angermann, A. (Ed.) 2011. *Eldercare Services in Europa: Pflege familienunterstützende und haushaltsnahe Dienstleistungen für ältere Menschen.* Dokumentation der internationalen Konferenz, 15.-16.09.2011 in Berlin.

Angermann, A., & Stula S. (Eds.) 2010. *Familienunterstützende Dienstleistungen in Europa: Aktuelle Herausforderungen und Entwicklungen: Dokumentation der internationalen Konferenz, 29.01.2010 in Berlin.*

Angermeyer, M. C., Kilian, R., & Matschinger, H. (2000). *WHOQOL-100 und WHOQOL-BREF: Handbuch für die deutschsprachige Version der WHO Instrumente zur Erfassung von Lebensqualität.* Göttingen: Hogrefe.

Arbeitskreis "Charta für eine kultursensible Altenpflege" (2002). *Für eine kultursensible Altenpflege: Eine Handreichung.*

Arbeitskreis "Charta für eine kultursensible Altenpflege" (2002). *Memorandum für eine kultursensible Altenhilfe: Ein Beitrag zur Interkulturellen Öffnung am Beispiel der Altenpflege.* Köln: Kuratorium Deutsche Altershilfe.

Bäcker, G. (2004). Berufstätigkeit und Verpflichtungen in der familiären Pflege – Anforderungen an die Gestaltung der Arbeitswelt. In B. Badura, H. Schellschmidt, & C. Vetter (Eds.), *Fehlzeitenreport 2003. Wettbewerbsfaktor Work-Life-Balance. Betriebliche Strategien zur Vereinbarkeit von Beruf, Familie und Privatleben* (pp. 131–145). Berlin: Springer.

Bäcker, G., Bispinck, R., Hofemann K., & Naegele, G. (2000). *Sozialpolitik und soziale Lage in Deutschland.* Wiesbaden: Westdeutscher Verlag.

Backes, G. M., & Clemens, W. (2008). *Lebensphase Alter: Eine Einführung in die sozialwissenschaftiche Alternsforschung* (3., überarbeitete Auflage). Weinheim, München: Juventa Verlag.

Backes, G. M., & Kruse, A. (2008). Soziale Ressourcen älterer Menschen. In Bertelsmann Stiftung (Ed.), *Alter neu denken. Gesellschaftliches Altern als Chance begreifen* (pp.71–100). Gütersloh: Verlag Bertelsmann Stiftung.

Baltes, P. B. (1996). Über die Zukunft des Alterns: Hoffnung mit Trauerflor. In M. Baltes & L. Montada (Eds.), *Produktives Leben im Alter* (pp.29–68). Frankfurt am Main: Campus.

Baltes, P. B., & Baltes, M. M. (1990). Psychological perspectives on successful aging: the model of selective optimization with compensation. In P. B. Baltes & M. M. Baltes (Eds.), *Successful aging. Perspectives from the behavioural sciences* (pp.1–34). Cambridge: Cambridge University Press.

Baltes, P. B., & Baltes, M. M. (Eds.) (1990). *Successful aging. Perspectives from the behavioural sciences.* Cambridge: Cambridge University Press.

Baltes, P. B., & Staudinger U. M. (2000). Wisdom. A metaheuristic (pragmatic) to orchestrate mind and virtue toward excellence. *American Psychologist, 55,* 122–136.

Baltes, P., & Baltes, M. M. (1990). *Successful aging: Perspectives from the behavioral sciences.* New York: Cambridge University Press.

Bär, M. (2010). Sinn im Angesicht der Alzheimerdemenz: Ein phänomenologisch-existenzieller Zugang zum Verständnis demenzieller Erkrankung. In A. Kruse (Ed.), *Lebensqualität bei Demenz? Zum gesellschaftlichen und individuellen Umgang mit einer Grenzsituation im Alter* (pp.249–259). Heidelberg: Akademische Verlagsgesellschaft.

Baykara-Krumme, H., & Hoff, A. (2006). Die Lebenssituation älterer Ausländerinnen und Ausländer in Deutschland. In C. Tesch-Römer, H. Engstler, & S. Wurm (Eds.), *Altwerden in Deutschland. Sozialer Wandel und individuelle Entwicklung in der zweiten Lebenshälfte* (pp. 447–517). Wiesbaden: VS Verlag für Sozialwissenschaften.

Becker, S., Kaspar R., & Kruse A. (2010a). Heidelberger Instrument zur Erfassung der Lebensqualität demenzkranker Menschen (H.I.L.D.E) – das Instrument in seinen konzeptionellen Grundlagen und in seiner praktischen Anwendung. In A. Kruse (Ed.), *Lebensqualität bei Demenz? Zum gesellschaftlichen und individuellen Umgang mit einer Grenzsituation im Alter* (pp. 141–160). Heidelberg: Akademische Verlagsgesellschaft.

Becker, S., Kaspar R., & Kruse A. (2010b). *Heidelberger Instrument zur Erfassung der Lebensqualität demenzkranker Menschen (H.I.L.DE.).* Bern: Huber.

Becker, S., Kaspar, R., & Kruse, A. (2006). Die Bedeutung unterschiedlicher Referenzgruppen für die Beurteilung der Lebensqualität demenzkranker Menschen. *Zeitschrift für Gerontologie und Geriatrie, 39,* 350–357.

Becker, S., Kaspar, R., Kruse, A., Schröder, J., & Seidl, U. (2005). Heidelberger Instrument zur Erfassung von Lebensqualität bei demenzkranken Menschen. *Zeitschrift für Gerontologie und Geriatrie, 38,* 108–121.

Bell, B. D., & Stanfield, G. G. (1973). The Aging Stereotype in Experimental Perspective. *The Gerontologist, 13,* 341–344.

Berendonk, C., & Stanek S. (2010). Positive Emotionen von Menschen mit Demenz fördern. In A. Kruse (Ed.), *Lebensqualität bei Demenz? Zum gesellschaftlichen und individuellen Umgang mit einer Grenzsituation im Alter* (pp. 157–176). Heidelberg: Akademische Verlagsgesellschaft.

Berghäuser, M. (2011). *Fragen und Antworten zum gemeinschaftlichen Wohnen: Gemeinschaftliches Wohnen.* Retrieved 04/24/2012 from http://www.schader-stiftung.de/docs/gemwo_02_11.pdf.

Beto, J. A., Bansal, & V. K. (1992). Quality of life in treatment of hypertension: A metaanalysis of clinical trials. *American Journal of Hypertension, 5*(3), 125–133.

Beyer, M., Gensichen, J., Szecsenyi, J., Wensing, M., & Gerlach, F. M. (2006). Wirksamkeit von Disease- Schwerpunkt Management-Programmen in Deutschland: Probleme der medizinischen Evaluationsforschung anhand eines Studienprotokolls. *Zeitschrift für Evidenz, Fortbildung und Qualität im Gesundheitswesen, 100,* 355–363.

Blinkert, B. & Gräf, B. (2009). *Deutsche Pflegeversicherung vor massiven Herausforderungen.* Frankfurt am Main: Deutsche Bank Research.

BMFSFJ Bundesministerium für Familie, Senioren, Frauen und Jugend (Ed.) (2000). *Ältere Ausländer und Ausländerinnen in Deutschland – Datenbank Migration: Projekte und Kontaktadressen,* Schriftenreihe Bd. 175.3. Stuttgart: W. Kohlhammer.

Böggemann, M., Kaspar, R., Bär, M., Berendonk, C., Re, S., & Kruse A. (2008). Positive Erlebnisräume für Menschen mit Demenz – Förderung der Lebensqualität im Rahmen individuenzentrierter Pflege. In D. Schaeffer, J. Behrens, & S. Görres (Eds.), *Optimierung und Evidenzbasierung pflegerischen Handelns* (pp. 80–104). Weinheim: Juventa Verlag.

Böhme C., & Franke T. (2010). Soziale Stadt und ältere Menschen. *Zeitschrift für Gerontologie und Geriatrie, 43*(2), 86–90.

Bohnsack, R. (2008). *Rekonstruktive Sozialforschung: Einführung in qualitative Methoden* (7. Aufl.). Opladen: Verlag Barbara Budrich.

Borde, T., & Rosendahl, C. (2003). Frauen- und Männergesundheit: Gender Aspekte in der Migrationsforschung. In Beauftragte der Bundesregierung für Migration (Ed.), *Gesunde Integration. Dokumentation der Fachtagung am 20. und 21. Februar 2003 in Berlin* (pp. 109–117). Berlin, Bonn.

Brandtstädter, J. (1999). The self in action and development: Cultural, biosocial, and ontogenetic bases of intentional self-development. In J. Brandtstädter & R. M. Lerner (Eds.), *Action and self-development: Theory and research throughout the life span* (pp. 37–65). Thousand Oaks, CA: Sage.

Brazier, J. E., Walters, S. J., Nicholl, J. P., & Kohler, B. (1996). Using the SF-36 and EuroQol on an Elderly population. *Quality of Life Research, 5,* 195–204.

Brundage, M., Feldmann-Stewart, D., Leis, A., Bezjak, A., Degner, L., Velji, K., Zetes-Zanatta, L., Tu, D., Ritvo, P., Pater, J. (2005). Communicating quality of life information to cancer patients: A study of six presentation formats. *Journal of Clinical Oncology, 23,* 6949–6959.

Bundesministerium für Arbeit und Sozialordnung (2002). *Situation der ausländischen Arbeitnehmer und ihrer Familienangehörigen in der Bundesrepublik Deutschland.* Offenbach, München.

Bundesministerium für Familie, S. F. u. J. (2004). *Altenhilfestrukturen der Zukunft: Abschlussbericht der wissenschaftlichen Begleitforschung zum Bundesmodellprogramm.* Lage.

Bundesministerium für Familie, S. F. u. J. (2010). *Monitor Engagement, Ausgabe Nr. 2: Freiwilliges Engagement in Deutschland 1999-2004-2009.* Kurzbericht des 3. Freiwilligensurveys.

Bundesministerium für Familie, S. F. u. J. (2011). *Vereinbarkeit von Beruf und Pflege – Wie Unternehmen Beschäftigte mit Pflegeaufgaben unterstützen können.* Berlin.

Bundesministerium für Gesundheit (2011). *Abschlussbericht zur Studie „Wirkungen des Pflege-Weiterentwicklungsgesetzes".* Berlin.

Butler, R. (1995). Ageism. In G. Maddox (Ed.), *The encyclopedia of ageing* (pp. 22–23). New York: Springer.

Byrne-Davis, L. M., Bennett P. D., & Wilcock G. K. (2006). How are quality of life ratings made?: Toward a model of quality of life in people with dementia. *Quality of Life Research, 15,* 855–865.

Campbell, A., Converse P. E., & Rodgers W. L. (1976). *The quality of American life: Perceptions evaluations and satisfactions.* New York: Russell Sage Foundation.

Carpentier, N. (2012). Caregiver Identity as a Useful Concept for Understanding the Linkage between Formal and Informal Care Systems: A Case Study. *Sociology Mind, 2*(1), 41–49.

Carver, C. S. (1998). Resilience and thriving: Issues, models, and linkages. *Journal of Social Issues, 54*, 245–266.

Castle, N. G., & Engberg, J. (2004). Response Formats and Satisfaction Surveys for Elders. *The Gerontologist, 44*(3), 358–367.

Chappius, C. (1990). Vorurteile und Tatsachen: Lebensabschnitte in gerontologischer Sicht. In H. Ringeling & M. Svilar (Eds.), *Alter und Gesellschaft. Referate einer Vorlesungsreihe des Collegium generale* (pp. 63–78). Bern: Universität Bern.

Chou, Y. C., Pu, C. Y., Lee, Y. C., Lin, L. C., & Kröger, T. (2009). Effect of perceived stigmatisation on the quality of life among ageing female family carers: a comparison of carers of adults with intellectual disability and carers of adults with mental illness. *Journal of Intellectual Disability Research, 53*(7), 654–664.

Christensen, K., & Vaupel J. W. (2011). Genetic factors and adult mortality. In Rogers R. G. & Crimmins E.M. (Eds.), *International handbook of adult mortality* (pp. 399–410). Berlin: Springer.

Christensen, K., Doblhammer, G., Rau, R., & Vaupel, J. W. (2009). Ageing populations: The challenges ahead. *Lancet*, (374), 1196–1208.

Closs, C., & Kempe, P. (1986). Eine differenzierende Betrachtung und Validierung des Konstruktes Lebenszufriedenheit: Analyse bewährter Verfahren und Vorschläge für ein methodisch fundiertes Vorgehen bei der Messung der Dimensionen dieses Konstruktes. *Zeitschrift für Gerontologie, 19*, 47–55.

Colombo, F., Llena-Nozal A., Mercier J., & Tjadens F. (2011). *Help Wanted? Providing and Paying for Long-Term Care. OECD Health Policy Studies*: OECD Publishing.

Cornia, G. A., & Pannacia, R. (Eds.) (2000). *The mortality crisis in transitional economies*. Oxford: Oxford University Press.

Crockett, W. H., & Hummert, M. L. (1987). Perceptions of aging and the elderly. In C. Eisdorfer (Ed.), *Annual Review of Gerontology and geriatrics* (Vol. 7, pp. 217–241). New York: Springer Publ.

Cunningham, W. E., Burton, T. M., Hawes-Dawson, J., Kington, R. S., & Hays, R. S. (1999). Use of relevancy ratings by target respondents to develop health-related quality of life measures: An example with African-American elderly. *Quality of Life Research, 8*, 749–768.

Dempster, M., & Donnelly, M. (2000). How well do elderly people complete individualised quality of life measures: an exploratory study. *Quality of Life Research, 9,* 369–375.

Determann, M. M., Ewald, H., Rzehak, P., & Henne-Bruns, D. (2000). Lebensqualität in der Palliativmedizin: Entwicklung eines spezifischen Selbsteinschätzungsinstruments für Patienten im Rahmen eines Multizenterprojekts. *Gesundheitsökonomie und Qualitätsmanagement, 5,* 134–140.

Deutscher Bundestag (2000). *Sechster Familienbericht: Familien ausländischer Herkunft in Deutschland. Leistungen – Belastungen – Herausforderungen.* (No. BT-Drs. 14/4357). Berlin.

Deutscher Verein für öffentliche und private Fürsorge e.V. (Ed.) (2011). *Fachlexikon der sozialen Arbeit* (7. völlig überarbeitete und aktualisierte Auflage). Baden-Baden: Nomos.

Dietzel-Papakyriakou, M. (2005). Potentiale älterer Migranten und Migrantinnen. *Zeitschrift für Gerontologie und Geriatrie, 38*(6), 396–406.

Dietzel-Papakyriakou, M. (1996). Soziale Netzwerke älterer Migranten. Zur Relevanz familiärer und innerethnischer Unterstützung. *Zeitschrift für Gerontologie 29,* 34 ff.

Dirksen, W., Matip, E. M., & Schulz, C. (1999). *Wege aus dem Labyrinth der Demenz – Projekte zur Beratung und Unterstützung von Familien mit Demenzkranken.* Münster: Alexianer-Werkstätten.

DZA – Deutsches Zentrum für Altersfragen (Ed.) (2006a). *Expertisen zum Fünften Altenbericht der Bundesregierung: Vol. 1. Beschäftigungssituation älterer Arbeitnehmer.* Münster: Lit-Verlag.

DZA – Deutsches Zentrum für Altersfragen (Ed.) (2006b). *Expertisen zum Fünften Altenbericht der Bundesregierung: Vol. 3. Einkommenssituation und Einkommensverwendung älterer Menschen.* Münster: Lit-Verlag.

DZA – Deutsches Zentrum für Altersfragen (Ed.) (2006c). *Expertisen zum Fünften Altenbericht der Bundesregierung: Vol. 2. Förderung der Beschäftigung älterer Arbeitnehmer: Voraussetzungen und Möglichkeiten.* Münster: Lit-Verlag.

Eberling, M., Hielscher V., Hildebrandt, E., & Jürgens, K. (2004). *Prekäre Balancen – Flexible Arbeitszeiten zwischen betrieblicher Regulierung und individuellen Ansprüchen.* Berlin: edition sigma.

Ehret, S. (2010). Daseinsthemen und Daseinsthematische Begleitung bei Demenz. In A. Kruse (Ed.), *Lebensqualität bei Demenz? Zum gesellschaftlichen und individuellen Umgang mit einer Grenzsituation im Alter* (pp. 217–230). Heidelberg: Akademische Verlagsgesellschaft.

Eichhorst, W. (2010). *Vom kranken Mann zum Vorbild Europas: Kann Deutschlands Arbeitsmarkt noch vom Ausland lernen? IZA-Standpunkte: Vol. 46*. Bonn: Institut zur Zukunft der Arbeit.

Eichhorst, W., & Thode E. (2010). *Vereinbarkeit von Familie und Beruf 2010: Benchmarking Deutschland: Steigende Erwerbsbeteiligung aber schwierige Übergänge. IZA Research Report: Vol. 30*. Bonn: Institut zur Zukunft der Arbeit.

Eichhorst, W., & Thode, E. (2011). *Erwerbstätigkeit im Lebenszyklus: Benchmarking Deutschland: Steigende Beschäftigung bei Jugendlichen und Älteren. IZA Research Report: Vol. 34*. Bonn: Institut zur Zukunft der Arbeit.

Eichhorst, W., Kendzia, M. J., Peichl, A., Pestel, N., Siegloch, S., & Tobsch, V. (2011). *Aktivierung von Fachkräftepotenzialen: Frauen und Mütter. IZA Research Report: Vol. 39*. Bonn: Institut zur Zukunft der Arbeit.

Eichhorst, W., Kuhn, A., Thode, E., & Zenker, R. (2010). *Traditionelle Beschäftigungsverhältnisse im Wandel: Benchmarking Deutschland: Normalarbeitsverhältnis auf dem Rückzug. IZA Research Report: Vol. 23*. Bonn: Institut zur Zukunft der Arbeit.

Enquete-Kommission „Zukunft des bürgerschaftlichen Engagements" (2002). *Bürgerschaftliches Engagement – auf dem Weg in eine zukunftsfähige Gesellschaft: Endbericht* (Enquete-Kommission „Zukunft des Bürgerschaftlichen Engagements" des Deutschen Bundestages No. 4). Opladen.

Enquete-Kommission Demographischer Wandel (2002). *Herausforderungen unserer älter werdenden Gesellschaft an den Einzelnen und die Politik*. Berlin.

Enste, D., Hülskamp, N., & Schäfer, H. (2009). *Familienunterstützende Dienstleistungen – Marktstrukturen Potenziale und Politikoptionen* (IW Analysen No. 44). Köln.

Erhart, M., & Ravens-Sieberer, U. (2006). Health-related quality of life instruments and individual diagnosis - a new area of application. *GMS Psycho-Social-Medicine, 3*, 1–11.

Europäische Kommission (2010). *Europa 2020 – Eine Strategie für intelligentes, nachhaltiges und integratives Wachstum: Mitteilung der Kommission*.

Evans, S., Gately, C., Huxley, P., Smith, A., & Banerjee, S. (2005). Assessment of quality of life in later life: Development and validation of the QuiLL. *Quality of Life Research, 14,* 1291–1300.

Felce, D., & Perry, J. (1997). Quality of life: the scope of the term and its breadth of measurement. In R. I. Brown (Ed.), *Quality of life for people with disabilities: models, research and practice* (pp. 56–71). London: Stanley Thornes.

Fischer, T., Worch, A., Nordheim, J., Wulff, I., Gräske, J., Meye, S., & Wolf-Ostermann, K. (2011). Ambulant betreute Wohngemeinschaften für alte, pflegebedürftige Menschen – Merkmale, Entwicklung und Einflussfaktoren. *PFLEGE, 24*(2), 97–109.

Flick, U. (2003). *Triangulation: Methodologie und Anwendung.* Opladen.

Forstmeier, S., & Maercker, A. (2008). Ressourcenorientierte Diagnostik im Alter. *Klinische Diagnostik und Evaluation, 1*(2), 186–204.

Fröhlich-Gildhoff, K., & Rönnau-Böse, M. (2009). *Resilienz.* München: Reinhardt.

Fuchs, T. (2000). *Leib, Raum, Person: Entwurf einer phänomenologischen Anthropologie.* Stuttgart: Klett-Cotta.

Fuchs, T. (2010). Das Leibgedächtnis in der Demenz. In A. Kruse (Ed.), *Lebensqualität bei Demenz? Zum gesellschaftlichen und individuellen Umgang mit einer Grenzsituation im Alter* (pp. 231–242). Heidelberg: Akademische Verlagsgesellschaft.

Galliker, M., & Klein, M. (2002). Alte Menschen entscheiden selbst. *Dr. med. Mabuse,* (5), 10–11.

Garmezy, N. (1991). Resilience in children's adaption to negative life events and stressed environments. *Pediatric Annals, 20,* 459–466.

Geiger, I. (1998). Altern in der Fremde: Zukunftsweisende Herausforderungen für Forschung und Versorgung. In M. David, T. Borde, & H. Kenterich (Eds.), *Migration und Gesundheit. Zustandsbeschreibung und Zukunftsmodelle* (pp. 154–166). Frankfurt am Main: Mabuse-Verlag.

Geiger, I. (2000). Interkulturelle Organisations- und Personalentwicklung im Öffentlichen Gesundheitsdienst. In *Handbuch zum interkulturellen Arbeiten im Gesundheitsamt* (pp. 37–42). Berlin, Bonn,

Geiger, I. (2002). Grafik. In Kuratorium Deutsche Altershilfe (Ed.), *Für eine kultursensible Altenpflege. Eine Handreichung* (p. 49).

Gensicke, T., Picot S., & Geiss S. (2006). *Freiwilliges Engagement in Deutschland 1999 – 2004: Ergebnisse der repräsentativen Trenderhebung zu Ehrenamt, Freiwilligenarbeit und bürgerschaftlichem Engagement*. Wiesbaden: VS Verlag.

Giannakopoulos, G., Dimitrakaki, C., Pedeli, X., Kolaitis, G., Rotsika, V., Ravens-Sieberer, U., & Tountas, Y. (2009). Adolescents' wellbeing and functioning: relationships with parents' subjective general physical and mental health. *Health and Quality of Life Outcomes, 7,* 1–9.

Giesinger, J., Kemmler, G., Meraner, V., Gamper, E. M., Oberguggenberger E., Sperner-Unterweger, B., & Holzner, B. (2009). Towards the Implementation of Quality of Life Monitoring in Daily Clinical Routine: Methodological Issues and Clinical Implication. *Breast Care, 4*(3), 148–154.

Glaser, B., & Strauss, A. L. (1998). *Grounded Theory: Strategien qualitativer Forschung*. Bern: Huber.

Goldstein, K. (1939). *The organism: A holistic approach to biology derived from pathological data in man*. New York: American Book Company.

Grieger, D. (2003). Die Situation der älteren Migrantinnen und Migranten in Deutschland. In Beauftragte der Bundesregierung für Migration, F. u. I. (Ed.), *Gesunde Integration. Dokumentation der Fachtagung am 20. und 21. Februar 2003 in Berlin* (pp. 132–134). Berlin, Bonn.

Grieger, D. (2001). Soziodemografische Daten und Fakten zur Situation älterer Migrantinnen und Migranten in der Bundesrepublik Deutschland. In Beauftragte der Bundesregierung für Ausländerfragen (Ed.), *Älter werden in Deutschland. Fachtagung zu einer Informationsreihe für ältere Migranten*. (pp. 9–17). Berlin.

Grimby, A., & Wiklund, I. (1994). Health-related quality of life in old age: A study among 76year-old Swedish urban citizens. *Standard Journal of Social Medicine, 22,* 7–14.

Hardingham, L. B. (2004). Integrity and moral residue: nurses as participants in a moral community. *Nursing Philosophy, 5,* 127–134.

Haywood, K. L., Garratt, A. M., & Fitzpatrick, R. (2005). Quality of life in older people: A structured review of generic self-assessed health instruments. *Quality of Life Research, 14,* 1651–1668.

Heckhausen, J., & Schulz, R. (1995). A life-span theory of control. *Developmental Psychology, 25,* 109–212.

Hedtke-Becker, A., & Hoevels, R. (2005). Netzwerkbezogene Unterstützung chronisch kranker und alter Menschen: Multiprofessionelle stationär-ambulante Überleitung im Akutkrankenhaus. In P. Bauer & U. Otto (Eds.), *Mit Netzwerken professionell zusammenarbeiten. Institutionelle Netzwerke in Steuerungs- und Kooperationsperspektive* (Vol. 2, pp. 427–460). Tübingen: dgvt-Verlag.

Hedtke-Becker, A., Hoevels, R., Otto, U., & Stumpp, G. (2012). Selbstbestimmt bis zum Lebensende zu Hause bleiben: Strategien niederschwelliger Hilfen und psychosozialer Beratung für alte Menschen und ihr Umfeld. In S. B. Gahleitner & G. Hahn (Eds.), *Klinische Sozialarbeit. Beiträge zur psychosozialen Praxis und Forschung: Vol. 4. Übergänge gestalten, Lebenskrisen begleiten* (pp.246–260). Bonn: Psychiatrie-Verlag.

Heinecker, P. & Kistler, E. (2004). *Minority Elderly Care in Germany: Work Package 3: Providers' Perspective*. EU Research Report. Stadtbergen.

Heinecker, P., & Kistler E. (2003). Demographische Alterung und Zuwanderung: Künftige Anforderungen und neue Herausforderungen für Altenhilfe und Pflege. In D. Sing & E. Kistler (Eds.), *Lernfeld Altenpflege. Praxisprojekte zur Verbesserung der Dienstleistung an und mit alten Menschen* (pp.129-145). Mering: Hampp.

Heinecker, P., Kern, A.-O., Kistler, E., & Sing D. (2004). *Minority Elderly Care in Germany: Work Package 2: Users' Perspective*. EU Research Report. Stadtbergen.

Heinecker, P., Kistler, E., Wagner, A., & Widmann P. (2003). Minority Elderly Care in Germany. In N. Patel (Ed.), *Minority Elderly Care in Europe. Country Profiles* (pp.53 ff). Leeds, London: Policy Research Institute on Ageing and Ethnicity.

Heinze, R. G., & Olk T. (Eds.) (2001). *Bürgerengagement in Deutschland: Bestandsaufnahmen und Perspektiven*. Opladen: Leske und Budrich.

Hilbert, J., & Naegele, G. (2002). Dienstleistungen für mehr Lebensqualität im Alter: Ein Such- und Gestaltungsfeld für mehr Wachstum und Beschäftigung. In G. u. a. Bosch (Ed.), *Die Zukunft von Dienstleistungen. Ihre Auswirkung auf Arbeit, Umwelt und Lebensqualität*. Frankfurt am Main: Campus. (pp. 347-369).

Hochheim, E., & Otto, U. (2011). „Das Erstrebenswerteste ist, dass man sich so lange wie möglich selbst versorgt": Altersübergänge im Lebensbereich Wohnen. *Zeitschrift für Gerontologie und Geriatrie, 44*(5), 306–312.

Holzapfel, N., Zugck, C., Müller-Tasch, T., Lowe, B., Wild, B., Schellberg, D., Nelles, M., Remppis, A., Katus, H., Herzog, W., Jünger, J. (2007). Routine screening for depression and quality of life in outpatients with congestive heart failure. *Psychosomatics, 48,* 112–116.

Höpflinger, F. (2009). *Age Report 2009: Einblicke und Ausblicke zum Wohnen im Alter.* Zürich: Seismo.

Institut Arbeitsgruppe für Sozialplanung und Altersforschung (AfA) GbR (2009). Kommunale Seniorenpolitik: Teil 1: Eckpunkte für Landkreise und kreisfreie Städte. München: Bayerischen Staatsministeriums für Arbeit und Sozialordnung, Familie und Frauen.

Jacobi, F., Hoyer, J., & Wittchen, H. U. (2004). Seelische Gesundheit in Ost und West: Analysen auf der Grundlage des Bundesgesundheitssurveys. *Zeitschrift für Klinische Psychologie und Psychotherapie, 33,* 251–260.

Jacoby, A., Gamble C., Doughty J., Marson A., & Chadwick D. (2007). Quality of life outcomes of immediate or delayed treatment of early epilepsy and single seizures. *Neurology, 68*(15), 1188–1196.

Jakob, G. (2008). Infrastrukturen und Anlaufstellen zur Engagementförderung in den Kommunen. In T. Olk, A. Klein, & B. Hartnuß (Eds.), *Engagementpolitik. Die Entwicklung der Zivilgesellschaft als politische Aufgabe* (pp. 233–259). Wiesbaden: VS Verlag für Sozialwissenschaften.

Janatzek, U. (2011). *Case Management, Software und Soziale Arbeit: Ein kurzer Versuch einer kritischen Übersicht.* München: AVM.

Junius, U., Fischer, G. C., & Kemmnitz, W. (1995). Neue hausärztliche Versorgungsformen für ältere Patienten: Teil I: Vom Screening zur Intervention. *Geriatrie Forschung, 5*(2), 71–77.

Jurczyk, K., Schier, M., Szymenderski, P., Lange, A., & Voß, G. G. (2009). *Entgrenzte Arbeit – entgrenzte Familie: Grenzmanagement im Alltag als neue Herausforderung.* Berlin: edition sigma.

Kebeck, G., Cieler S., & Pohlmann S. (1997). *Vergessene Ergonomie.* Münster: LIT-Verlag.

Kitwood, T. (2002). *Demenz: Der Personen-zentrierte Umgang mit verwirrten Menschen.* Bern: Huber.

Klein, M. (2009). Personzentrierte Gesprächsführung von älteren Menschen und deren Angehörigen. *PERSoN, 13,* 40–53.

Klie, T. (1996). Soziale Arbeit mit älteren Menschen in Baden-Württemberg – eine Bestandsaufnahme. In Kontaktstelle für praxisorientierte Forschung (Ed.), *Soziale Arbeit mit älteren Menschen und bürgerschaftliches Engagement* (pp. 19–47). Freiburg: Evangelische Fachhochschule.

Klie, T. (2010). Einführung zum Thema: Alter und Kommune: Gestaltung des demographischen Wandels auf kommunaler Ebene. *Zeitschrift für Gerontologie und Geriatrie, 43*(2), 75–76.

Kökgiran, G., & Schmitt, A.-L. (2011). Altwerden in der Migration. In B. Marschke & H. U. Brinkmann (Eds.), *Handbuch Migrationsarbeit* (pp. 239–248). Wiesbaden: VS Verlag für Sozialwissenschaften.

Kremer-Preiß, U. & Stolarz, H. (2003). *Leben und Wohnen im Alter: Vol. 1: Neue Wohnkonzepte für das Alter und praktische Erfahrungen bei der Umsetzung – eine Bestandsanalyse*. Köln. Retrieved 04/24/2012 from www.forum-seniorenarbeit.de/media/custom/373_461_1.PDF.

Kruse, A. (2004). Selbstverantwortung im Prozess des Sterbens: Perspektiven einer fachlich und ethisch fundierten Sterbebegleitung. In A. Kruse & M. Martin (Eds.), *Enzyklopädie der Gerontologie* (pp. 328–340). Bern: Huber.

Kruse, A. (2009). Coping: Anthropologische Überlegungen zur Auseinandersetzung des Menschen mit Aufgaben und Belastungen. In D. Schaeffer (Ed.), *Bewältigung chronischer Krankheiten im Lebenslauf* (pp. 179–206). Göttingen: Hogrefe.

Kruse, A. (2010a). Der Respekt vor der Würde des Menschen am Ende seines Lebens. In T. Fuchs, A. Kruse, & G. Schwarzkopf (Eds.), *Menschenwürde am Lebensende* (pp. 18–39). Heidelberg: Universitätsverlag Winter.

Kruse, A. (2010b). Menschenbild und Menschenwürde als grundlegende Kategorien der Lebensqualität demenzkranker Menschen. In A. Kruse (Ed.), *Lebensqualität bei Demenz? Zum gesellschaftlichen und individuellen Umgang mit einer Grenzsituation im Alter* (pp. 3–26). Heidelberg: Akademische Verlagsgesellschaft.

Kruse, A. (2011). Der Mensch in seinen Beziehungen: Eine Verantwortungsethik und Verantwortungspsychologie des hohen Erwachsenenalters. In C. Polke, F. M. Brunn, A. Dietz, S. Rolf, & A. Siebert (Eds.), *Niemand ist eine Insel. Menschsein im Schnittpunkt von Anthropologie, Theologie und Ethik* (pp. 112–126). Berlin: de Gruyter.

Kruse, A. (Ed.) (2010a). *Leben im Alter - Eigen- und Mitverantwortlichkeit in Gesellschaft, Kultur und Politik*. Heidelberg: Akademische Verlagsgesellschaft.

Kruse, A. (Ed.) (2010b). *Leben im Alter: Eigen- und Mitverantwortlichkeit in Gesellschaft, Kultur und Politik*. Festschrift für Ursula Lehr. Heidelberg: Akademische Verlagsgesellschaft.

Kruse, A. (Ed.) (2010c). *Lebensqualität bei Demenz?: Zum gesellschaftlichen und individuellen Umgang mit einer Grenzsituation im Alter*. Heidelberg: Akademische Verlagsgesellschaft.

Kruse, A. (Ed.) (2010d). *Potenziale des Alters: Chancen und Aufgaben für das Individuum und die Gesellschaft*. Heidelberg: Akademische Verlagsgesellschaft.

Kruse, A., & Wahl, H. W. (2008). Psychische Ressourcen im Alter. In Bertelsmann Stiftung (Ed.), *Alter neu denken. Gesellschaftliches Altern als Chance begreifen* (pp. 101–124). Gütersloh: Verlag Bertelsmann Stiftung.

Kuhlmey, A., & Schaeffer, D. (Eds.) (2008). *Alter, Gesundheit und Krankheit*. Bern: Huber.

Landeshauptstadt München (2003). *Situation und Perspektive der Altenhilfe in München*. Beschluss des Sozialausschuss des Stadtrates vom 27.11.2003.

Landeshauptstadt München (2007). *Situation und Perspektive der Altenhilfe in München II: Seniorenpolitisches Konzept der Landeshauptstadt München*. Beschluss des Sozialausschuss des Stadtrates vom 28.06.2006.

Landeshauptstadt München (2012). *Seniorenpolitisches Konzept des Sozialreferats 2011: Situation und Perspektive der Altenhilfe in München III*. Beschluss des Sozialausschuss des Stadtrates vom 12.01.2012.

Lauter, H. (2010). Demenzkrankheiten und menschliche Würde. In A. Kruse (Ed.), *Lebensqualität bei Demenz? Zum gesellschaftlichen und individuellen Umgang mit einer Grenzsituation im Alter* (pp. 27–42). Heidelberg: Akademische Verlagsgesellschaft.

Lawton, M.P. (1996). Quality of life and affect in later life. In C. Magai & S. H. McFadden (Eds.), *Handbook of emotion, adult development, and aging* (pp. 327–348). San Diego: Academic Press.

Lawton, M. P. (1991). A multidimensional view of quality of life in frail elders. In J. Birren, J. Lubben, J. Rowe, & Deutchman D. (Eds.), *The concept and measurement of quality of life in the frail elderly* (pp. 3–27). San Diego: Academic Press.

Lawton, M. P. (1994). Quality of Life in Alzheimer Disease. *Alzheimer Disease and Associated Disorders, 8,* 138–150.

Lingg, E., & Stiehler, S. (2011). Nahraum. In C. Reutlinger, C. Fritsche, & E. Lingg (Eds.), *Raumwissenschaftliche Basics. Eine Einführung für die Soziale Arbeit* (pp. 169–180). Wiesbaden: VS Verlag für Sozialwissenschaften.

Loewy, E. H., & Springer Loewy, R. (2000). *The ethics of terminal care: Orchestrating the end of life*. New York: Kluwer Academic/Plenum Publishers.

Magai, C., Cohen, C., Gomberg, D., Malatesta, C., & Culver, C. (1996). Emotional Expression During Mid- to Late-Stage Dementia. *International Psychogeriatrics, 8*, 383–395.

Martin, M., & Kliegel M. (2008). *Psychologische Grundlagen der Gerontologie*. Stuttgart: Kohlhammer.

Matter, C. (2007). Zusammenarbeit mit Angehörigen. In J. F. Hallauer (Ed.), *Umgang mit Demenz. Pflegequalität steigern und Pflegeverständnis sichern*. Hamburg: Behr`s.

Mehrländer, U., Ascheberg, C., & Ueltzhöffer, J. (1996). *Repräsentativuntersuchung '95. Situation der ausländischen Arbeitnehmer und ihrer Familienangehörigen in der Bundesrepublik Deutschland*. Bd. 263 der Forschungsberichte des BMA, Bonn: BMA.

Meichenitsch, K., & Österle, A. (2008). Pflegesysteme in Europa: Zwischen steigendem Bedarf und restriktiven Budgets. *Kontraste*, (4), 4–6.

Merchel, J. (2004). *Qualitätsmanagement in der Sozialen Arbeit: Ein Lehr- und Arbeitsbuch*. Weinheim: Juventa.

Michell-Auli, P. (2011). KDA-Quartiershäuser: Die 5.Generation der Alten- und Pflegeheime. *Pro Alter, 43*(5), 11–19.

Michell-Auli, P., Kremer-Preiss, U., & Sowinski, C. (2011). Öffnung der Heime: Orte der Begegnung im Quartier. *Pro Alter, 42*(5/6), 32–36.

Middeke, M., Bauhofer, A., Kopp, I., & Koller, M. (2004). Computerized visualization of quality of life data of individual cancer patients – the QoL-Profiler. *Inflammatory Research, 53*(Suppl 2), 175–178.

Müller, S. (1995). Zwischen Medien- und Marktrealität – Zielgruppe Senioren. *Absatzwirtschaft*, 12, 42–48.

Murray, S. A., Kendall, M., Boyd, K., & Sheikh, A. (2005). Illness trajectories and palliative care. *British Medical Journal*, (330), 1007–1011.

Naegele, G. (2010). Kollektives demografisches Altern und demografischer Wandel – Auswirkungen auf den „großen" und „kleinen" Generationenvertrag. In R. G. Heinze & G. Naegele (Eds.), *EinBlick in die Zukunft. Gesellschaftlicher Wandel und Zukunft des Alterns* (pp. 389–409). Dortmund: LIT-Verlag.

Nager, F. (1999). *Gesundheit, Krankheit, Heilung, Tod*. Luzern: Akademie 91.

Nero, A., & Aro, S. (1996). Health-related quality of life among the least dependent institutional elderly compared with the non-institutional elderly population. *Quality of Life Research, 5,* 355–366.

Netzwerk SONG: Soziales Neu gestalten (2009a). *Hilfe-Mix – Ältere Menschen in Balance zwischen Selbsthilfe und (professioneller) Unterstützung* (Zukunft Quartier – Lebensräume zum Älterwerden No. 1). Gütersloh.

Netzwerk SONG: Soziales Neu gestalten (2009b). *Soziale Wirkung und „Social Return": Eine sozioökonomische Mehrwertanalyse gemeinschaftlicher Wohnprojekte* (Zukunft Quartier – Lebensräume zum Älterwerden No. 3). Gütersloh.

Neumann, E. M. (1995). Diagnostik und Therapie von Demenzkranken und die Arbeit mit Angehörigen – die Aufgabe der Psychologen. In I. Fuhrmann, H. Gutzmann, E. M. Neumann, & M. Niemann-Mirmehdi (Eds.), *Abschied vom Ich. Stationen der Alzheimer-Krankheit*. Freiburg: Herder.

Neurath, O. (1981). Empirische Soziologie: Schriften zur wissenschaftlichen Weltauffassung. In O. Neurath (Ed.), *Gesammelte philosophische und methodologische Schriften* (Vol. 1, pp. 423–527). Wien: Hölder-Pichler-Tempsky.

Okken, P.-K., Spallek, J., & Razum, O. (2008). Pflege türkischer Migranten. In U. Bauer & A. Büscher (Eds.), *Soziale Ungleichheit und Pflege. Beiträge sozialwissenschaftlich orientierter Pflegeforschung* (pp. 396–422). Wiesbaden: VS Verlag für Sozialwissenschaften.

Olbermann, E. & Dietzel-Papakyriakou, M. (1995). *Entwicklung von Konzepten und Handlungsstrategien für die Versorgung älterwerdender und älterer Ausländer*. Dortmund: Bundesministerium für Arbeit und Sozialordnung.

Olbermann, E. (2003). *Entwicklung innovativer Konzepte zur sozialen Integration älterer Migranten/innen: Abschlussbericht an die Europäische Kommission, Generaldirektion Beschäftigung und Soziales* (ISAB-Berichte Forschung und Praxis No. 81). Köln.

O'Neill, E. S. (2005). Modelling novice reasoning for a computerized decision support system. *Journal of Advanced Nursing, 49*(1), 68–77.

Oster, P., Pfisterer, M., & Schneider, N. (2010). Palliative Perspektive in der Geriatrie. In A. Kruse (Ed.), *Leben im Alter - Eigen- und Mitverantwortlichkeit in Gesellschaft, Kultur und Politik* (pp. 255–259). Heidelberg: Akademische Verlagsgesellschaft.

Ott, H., & Oberthür, S. (2000). *Das Kyoto-Protokoll: Internationale Klimapolitik für das 21. Jahrhundert*. Opladen: Leske und Budrich.

Otto, U. (1996). Gemeinschaftliches Wohnen mit Älteren: Seniorengenossenschaften als geeignete Projektschmiede? In C. Schweppe (Ed.), *Soziale Altenarbeit. Pädagogische Arbeitsansätze und die Gestaltung von Lebensentwürfen im Alter* (pp. 133–166). Weinheim, München: Juventa.

Otto, U. (2005). Soziale Netzwerke und soziale Unterstützung älterer Pflegebedürftiger: Potenziale, Grenzen und Interventionsmöglichkeiten im Lichte demografischer Befunde. In U. Otto & P. Bauer (Eds.), *Mit Netzwerken professionell zusammenarbeiten: Vol. 1. Soziale Netzwerke in Lebenslauf- und Lebenslagenperspektive* (pp. 471–514). Tübingen: dgvt-Verlag.

Otto, U. (2008). Soziale Arbeit im Kontext von Unterstützung, Netzwerken und Pflege. In K. Aner & U. Karl (Eds.), *Basiswissen Soziale Arbeit: Vol. 5. Lebensalter und Soziale Arbeit. Ältere und alte Menschen* (pp. 109–122). Hohengehren: Schneider.

Otto, U. (2010). Altern und lebensweltorientierte Soziale Arbeit – aktuelle Herausforderungen. In G. Knapp & H. Spitzer (Eds.), *Alter(n), Gesellschaft und Soziale Arbeit. Lebenslagen und Soziale Ungleichheit von alten Menschen in Österreich* (pp. 476–504). Klagenfurt: Hermagoras.

Otto, U., & Bauer, P. (2008). Lebensweltorientierte Soziale Arbeit mit älteren Menschen. In K. Grunwald, & H. Thiersch, (Eds.), *Praxis Lebensweltorientierter Sozialer Arbeit. Handlungszugänge und Methoden in unterschiedlichen Arbeitsfeldern* (pp. 195–212). Weinheim, München: Juventa.

Otto, U., & Langen, R. (2009). Über die eigenen vier Wände hinaus: Potenziale und Modelle integrierter Förderung gemeinschaftlicher Wohnformen. In H. Blonski (Ed.), *Wohnen im Alter. Vielfalt und Kontext von Wohnformen in der dritten Lebensphase* (pp. 85–122). Frankfurt am Main: Mabuse.

Paskulin, L. M., & Molzahn, A. (2007). Quality of life of older adults in Canada and Brazil. *Western Journal of Nursing Research, 29*(1), 10–26.

Pfaff, H. (2011). *Pflegestatistik 2009: Pflege im Rahmen der Pflegeversicherung: 2. Bericht: Ländervergleich – Pflegebedürftige*. Wiesbaden: Statistisches Bundesamt.

Pfaff, H., Schrappe M., Lauterbach K. W., Engelmann U., & Halber M. (Eds.) (2003). *Gesundheitsversorgung und Disease Management: Grundlagen und Anwendungen der Versorgungsforschung*. Bern: Huber.

Pohlmann, S. (2001). *Das Altern der Gesellschaft als globale Herausforderung. Schriftenreihe des Bundesministeriums für Familie, Senioren, Frauen und Jugend: Vol. 201*. Stuttgart: Kohlhammer.

Pohlmann, S. (Ed.) (2002). *Facing an Ageing World – Recommendations and Perspectives*. Regensburg: Transfer Verlag.

Pohlmann, S. (Ed.) (2003a). *Der demografische Imperativ*. Hannover: Vincentz Verlag.

Pohlmann, S. (2003b). *Altern gestalten – Konstruktive Antworten auf Fragen der Bevölkerungsentwicklung*. Regensburg: Transfer Verlag.

Pohlmann, S. (2004). *Das Alter im Spiegel der Gesellschaft. Soziale Gerontologie*. Idstein: Schulz-Kirchner-Verlag.

Pohlmann, S. (2010a). Alterspotenziale: Wirklichkeit, Wahrnehmung und Wahrscheinlichkeit. In A. Kruse (Ed.), *Potenziale des Alters. Chancen und Aufgaben für das Individuum und die Gesellschaft* (pp. 75–98). Heidelberg: Akademische Verlagsgesellschaft.

Pohlmann, S. (2010b). Politische Implikationen des Alter(n)s. In A. Kruse (Ed.), *Leben im Alter. Eigen- und Mitverantwortlichkeit in Gesellschaft, Kultur und Politik. Festschrift für Ursula Lehr* (pp. 207–218). Heidelberg: Akademische Verlagsgesellschaft.

Pohlmann, S. (2011). *Sozialgerontologie*. München: Reinhardt.

Pohlmann, S. (2012). *Altershilfe: Impulse und Innovationen*. Neu Ulm: Spak.

Pohlmann, S., Heinecker, P., & Leopold, C. (2011). *Wirksamkeit sozialer Einrichtungen (WISE): Ergebnisbericht*. Erstellt im Auftrag der Landeshauptstadt München, Sozialreferat/ Amt für Soziale Sicherung München.

Pohlmann, S., Leopold, C., & Heinecker, P. (2009). Lebensqualität als Leitlinie für die Beratung älterer Klienten. *Social Challenges in Social Sciences*, Vol. 8. München.

Ravens-Sieberer, U. & Cieza, A. (Eds.) (2000). *Lebensqualität und Gesundheitsökonomie in der Medizin*. Landsberg: ecomed-Verlag.

Ravens-Sieberer, U., Ellert, U., & Erhart, M. (2007). Gesundheitsbezogene Lebensqualität von Kindern und Jugendlichen in Deutschland: Eine Normstichprobe für Deutschland aus dem Kinder- und Jugendgesundheitssurvey. *Bundesgesundheitsblatt – Gesundheitsforschung – Gesundheitsschutz, 50*(6/7), 810–818.

Ravens-Sieberer, U., Wille, N., Nickel, J., Ottova, V., & Erhart, M. (2009). Wohlbefinden und gesundheitsbezogene Lebensqualität aus einer bevölkerungsbezogenen Perspektive: Ergebnisse aus aktuellen internationalen und nationalen Studien. *Zeitschrift für Gesundheitspsychologie, 2*, 56–68.

Remmers, H. (2010). Der Beitrag der Palliativpflege zur Lebensqualität demenzkranker Menschen. In A. Kruse (Ed.), *Lebensqualität bei Demenz? Zum gesellschaftlichen und individuellen Umgang mit einer Grenzsituation im Alter* (pp. 117–133). Heidelberg: Akademische Verlagsgesellschaft.

Revicki, D. A. (2007). FDA draft guidance and health-outcomes research. *The Lancet, 369*(9561), 540–542.

RKI – Robert Koch Institut (2002). *Gesundheit im Alter* (Gesundheitsberichterstattung des Bundes No. 10). Berlin.

Rogers, C. R. (1972). *Die nicht-direktive Beratung*. München: Kindler Verlag GmbH.

Rohden, K. S., & Villard, H. J. (2010). Kommunale Alten(hilfe)planung – Rahmen und Standards. In K. Aner & U. Karl (Eds.), *Handbuch Soziale Arbeit und Alter* (pp. 51–57). Wiesbaden: VS Verlag für Sozialwissenschaften.

Rosenmayr, L. (2002). Productivity and creativity in later life. In S. Pohlmann (Ed.), *Facing an Ageing World – Recommendations and Perspectives* (pp. 119–126). Regensburg: Transfer Verlag.

Rudinger, G., Kruse, A., & Schmitt, E. (2000). *Bilder des Alter(n)s und Sozialstruktur: Abschlußbericht des Forschungsprojekts*. Bonn: Bundesministerium für Familie, Senioren, Frauen und Jugend.

Ruhe, H. G. (2007). *Methoden der Biografiearbeit*. Weinheim: Juventa.

Saliba, D., Elliott, M., Rubenstein, L. Z., Solomon, D. H., Young, R. T., Kamberg, C. J., Roth, C., MacLean, C. H., Shekelle, P. G., Sloss, E. M., Wenger, N. S. (2001). The Vulnerable Elders Survey: a tool for identifying vulnerable older people in the community. *Journal of the American Geriatrics Society, 49*(12), 1691–1699.

Salomon, J. (2009). *Häusliche Pflege zwischen Zuwendung und Abgrenzung – wie lösen pflegende Angehörige ihre Probleme?: Eine Studie mit Leitfaden zur Angehörigenberatung*. Köln: Kuratorium Deutsche Altershilfe.

Scherzer, U. (2004). *Integrierte Wohnmodelle in der Nutzungsphase: Eine Nachuntersuchung von vier Modellvorhaben „Experimentellen Wohnungs- und Städtebaus – ExWoSt"*. Retrieved 04/24/2012 from http://darwin.bth.rwth-aachen.de/opus3/volltexte/2003/667/pdf/Scherzer_Ulrike.pdf.

Schneekloth, U., & von Törne, I. (2009). Entwicklungstrends in der stationären Versorgung: Ergebnisse der Infratest-Repräsentativerhebung. In U. Schneekloth & H. W. Wahl (Eds.), *Pflegebedarf und Versorgungssituation bei älteren Menschen in Heimen. Demenz, Angehörige und Freiwillige. Beispiele für „Good Practice"* (pp. 43–157). Stuttgart: Kohlhammer.

Scholl, A., & Konzet, S. (2009->2010). Nachbarn: nebeneinander, miteinander, füreinander. *Pro Alter, 42*(3), 8–13.

Scholz, R., & Jdanov, D.A. (2008). Weniger Hochbetagte als gedacht. *Demografische Forschung aus erster Hand, 5*(1), 4.

Schopf, C., & Naegele, G. (2005). Alter und Migration – ein Überblick. *Zeitschrift für Gerontologie und Geriatrie, 38*, 384-395. Darmstadt: Steinkopff.

Schulz, C. (2005). Angehörigenarbeit: Qualität und Weiterentwicklungen. In Bayerisches Netzwerk Pflege (Ed.), *9. Bayerische Fachtagung. Tagungsdokumentation*.

Schulz, R., & Heckhausen J. (1998). Emotion and control: A life span perspective. In K. W. Schaie & M. P. Lawton (Eds.), *Emphasis on emotion and adult development* (pp. 185–205). New York: Springer.

Schulz-Nieswandt, F., Köstler, U., Langenhorst, F. & Marks, H. (2012). *Neue Wohnformen im Alter. Wohngemeinschaften und Mehrgenerationenhäuser.* Stuttgart: Kohlhammer.

Schumacher, J., Klaiberg, A., & Brähler, E. (2003). *Diagnostische Verfahren zu Lebensqualität und Wohlbefinden. Diagnostik für Klinik und Praxis: Vol. 2.* Göttingen: Hogrefe.

Schwartz, F. W., Badura, B., Busse, R., Leidl, R., Raspe, H., Siegrist, J., & Walter, U. (Eds.) (2003). *Das Public Health Buch. Gesundheit und Gesundheitswesen.* München: Urban & Fischer.

Seidl, E., Walter, I., & Labenbacher, S. (2007). Multiprofessionelle Pflegebegleitung demenzkranker Menschen und ihrer Familien. In E. Seidl & S. Labenbacher (Eds.), *Pflegende Angehörige im Mittelpunkt: Studien und Konzepte zur Unterstützung* (pp. 245–288). Wien u.a.: Böhlau.

Sertoglu, C., & Berkowitch A. (2002). Ehemalige als Waffe im Wettbewerb: Personalmanagement. *Harvard Business Manager, 6*, 8–9.

Siegrist, J., & Junge, A. (1989). Conceptual and methodological problems in research on the quality of life in clinical medicine. *Social Science & Medicine, 29*(3), 463–468.

Silveira, E., Taft, C., Sundh, V., Waern, M., Palsson, S., & Steen, B. (2005). Performance of the SF-36 Health Survey in screening for depressive and anxiety disorders in an elderly female Swedish population. *Quality of Life Research, 14*, 1263–1274.

Smith, K. W., Avis, N. E., & Assmann, S. F. (1999). Distinguishing between quality of life and health status in quality of life research: A meta-analysis. *Quality of Life Research, 8*, 447–459.

Statistische Ämter des Bundes und der Länder (2011). *Demografischer Wandel in Deutschland: Bevölkerungs- und Haushaltsentwicklung im Bund und in den Ländern.* Heft 1. Wiesbaden.

Statistisches Bundesamt (2011a). *Bevölkerung und Erwerbstätigkeit: Bevölkerung mit Migrationshintergrund. Ergebnisse des Mikrozensus 2010.* Fachserie 1, Reihe 2.2. Wiesbaden.

Statistisches Bundesamt (2011b). *Bevölkerung und Erwerbstätigkeit: Ausländische Bevölkerung. Ergebnisse des Ausländerzentralregisters.* Fachserie 1, Reihe 2, 2010. Wiesbaden.

Staudinger, U., & Greve W. (2001). Resilienz im Alter. In DZA – Deutsches Zentrum für Altersfragen (Ed.), *Expertisen zum dritten Altenbericht der Bundesregierung: Vol. 1. Personale, gesundheitliche und Umweltressourcen im Alter* (pp. 95–144). Opladen: Leske und Budrich.

StBA – Statistisches Bundesamt (2011). *Der Sozialbericht für Deutschland – Datenreport 2011.* Wiesbaden.

Steinke, I. (1999). *Kriterien qualitativer Forschung: Ansätze zur Bewertung qualitativ-empirischer Sozialforschung.* Weinheim: Juventa.

Stewart, A. L., Hays, R. D., & Ware, J. E. (1988). The MOS short-form general health survey: Reliability and validity in a patient population. *Medical Care, 26,* 724–735.

Tesch-Römer, C., Engstler, H., & Wurm, S. (Eds.) (2006). *Altwerden in Deutschland: Sozialer Wandel und individuelle Entwicklung in der zweiten Lebenshälfte.* Wiesbaden: VS Verlag für Sozialwissenschaften.

Tews, H. P. (1996). Produktivität des Alters. In M. Baltes & L. Montada (Eds.), *Produktives Leben im Alter* (pp. 184–210). Frankfurt am Main: Campus.

The World Factbook (2012). *Interactive Database.* Washington, D.C.: CIA Office of Public Affairs.

Thomae, H. (1968). *Das Individuum und seine Welt.* Göttingen: Hogrefe.

Tippelt, R. (2002). *Handbuch Bildungsforschung.* Opladen: Leske und Budrich.

Townsend, I. (1962). *The Last Refuge: A survey of residential institutions and Homes for the aged in England and Wales.* London: Routledge & Kegan Paul.

Ulrich, R. E. (2001). *Die zukünftige Bevölkerungsstruktur Deutschlands nach Staatsangehörigkeit, Geburtsort und ethnischer Herkunft: Modellrechnung bis 2050.* Gutachten im Auftrag der Unabhängigen Kommission „Zuwanderung". Berlin, Windhoek.

UN–United Nations (2002). *World Population Ageing 1950–2050: Population Division, DESA (ST/ESA/SER.A/207)*. New York: United Nations.

UNFPA (2011). *Weltbevölkerungsbericht 2011*. New York, Hannover: United Nations Population Fund/Deutsche Stiftung Weltbevölkerung.

Vaarama, M., Pieper, R., & Sixsmith, A. (Eds.) (2008). *Care-Related Quality of Life in Old Age: Concepts, Models and Empirical Findings*. New York: Springer.

Vaarama, M. (2009). Care-related quality of life in old age, *European Journal of Ageing, 6*, 113–125.

Vaupel, J. W. (2010). Biodemography and human ageing. *Nature*, (464), 536–542.

Veenhoven, R. (2000). The four qualities of life: Ordering concept and measures of the good life. *Journal of Happiness Studies, 1*, 1–39.

Walter-Busch, E. (2000). Stability and Change of Regional Quality of life in Switzerland, 1978–1996. *Social Indicators Research, 50*, 1–49.

Weichert, N. (2011). *Zeitpolitik: Legitimation und Reichweite eines neuen Politikfeldes*. Baden-Baden: Nomos.

Werner, E. E. (1986). Resilient offspring of alcoholics: A longitudinal study from birth to age 18. *Journal of Studies on Alcohol, 47*, 34–40.

Westhoff, G. (Ed.) (1993). *Handbuch psychosozialer Meßinstrumente*. Göttingen: Hogrefe Verlag.

Wetzstein, V. (2010). Kognition und Personalität: Perspektiven einer Ethik der Demenz. In A. Kruse (Ed.), *Lebensqualität bei Demenz? Zum gesellschaftlichen und individuellen Umgang mit einer Grenzsituation im Alter* (pp. 51–70). Heidelberg: Akademische Verlagsgesellschaft.

Wiendieck, G. (1970). Entwicklung einer Skala zur Messung der Lebenszufriedenheit im höheren Lebensalter. *Zeitschrift für Gerontologie, 3*, 215–224.

Wiles, J. (2005). Conceptualizing place in the care of older people: The contributions of geographical gerontology. *International Journal of Older People Nursing in association with Journal of Clinical Nursing, 14*(8), 100–108.

Willis, S. L., Schaie, K. W., & Martin, M. (2009). Cognitive Plasticity. In V. Bengtson, Putney M. S. N., & D. Gans (Eds.), *Handbook of theories of aging* (pp. 295–322). Springer: New York.

Wingenfeld, K., Kleina, T., Franz, S., Engels, D., Mehlan, S., & Engel, H. (2011). *Entwicklung und Erprobung von Instrumenten zur Beurteilung der Ergebnisqualität in der stationären Altenhilfe: Abschlussbericht*. Bielefeld, Köln.

Wissert, M. (2010). Soziale (Alten-)Arbeit in Beratungsstellen. In K. Aner & U. Karl (Eds.), *Handbuch Soziale Arbeit und Alter* (pp. 113–120). Wiesbaden: VS Verlag für Sozialwissenschaften.

Yamamoto-Mitani, N., Abe, T., Okita, Y., Hayashi, K., Sugishita, C., & Kamat, K. (2004). The Impact of Subject/Respondent Characteristics on a Proxy-Rated Quality of Life Instrument for the Japanese Elderly with Dementia. *Quality of Life Research, 13*(4), 845–855.

Yildiz, Y. (2010). In der Diskussion: Ältere Migranten in Deutschland. *Migration und Bevölkerung*, (2). Retreived 04/24/2012 from Bundeszentrale für politische Bildung. http://www.bpb.de/themen/K3OM6L.html , 04/24/2012.

Zeeb, H., Baune, B. T., Vollmer W., Cremer D., & Krämer A. (2004). Health Situation of and Health Service Provided for Adult Migrants: A Survey Conducted During School Admittance Examinations. *Gesundheitswesen*, (2), 76–84.

Zeman, P. (2009). Zukunftsorientierte Seniorenpolitik – zentrale Argumentationslinien. *informationsdienst altersfragen, 36*(2), 16–18.

Zippel, C., & Kraus, S. (Eds.) (2009). *Soziale Arbeit für alte Menschen: Ein Handbuch für die berufliche Praxis*. Frankfurt am Main: Mabuse.

Autorinnen und Autoren

Angermann, Annette; Studium der Sozialwissenschaften an der Freien Universität und der Humboldt-Universität in Berlin; Wissenschaftliche Referentin in der Beobachtungsstelle für gesellschaftspolitische Entwicklungen in Europa, Projektteam Berlin (Gemeinschaftsprojekt des Deutschen Vereins für öffentliche und private Fürsorge e.v., des Instituts für Sozialpädagogik und Sozialarbeit e.v. und des Bundesministeriums für Familie, Senioren, Frauen und Jugend); Arbeitsschwerpunkte im Bereich der Sozial- und Familienpolitik im Allgemeinen sowie des Demografischen Wandels und des Bürgerschaftlichen Engagements im Besonderen.

Beck, Sylvia; Dipl. Pädagogin; Studium der Erziehungswissenschaft an den Universitäten in Mainz und Tübingen; von 2003 bis 2006 Bildungsreferentin Stadtjugendring Stuttgart e.V.; von 2006 bis 2008 Leiterin Mehrgenerationenhaus Esslingen am Neckar; seit 2009 Wissenschaftliche Mitarbeiterin FHS St. Gallen (CH), Kompetenzzentrum Generationen (CCG-FHS), u. a. im Forschungsprojekt „InnoWo – Zuhause wohnen bleiben bis zuletzt". Arbeitsschwerpunkte: Sozialpädagogik der Lebensalter; Biografie und Übergänge im Sozialen Wandel; (gemeinschaftliches) Wohnen und Soziale Stadtentwicklung; Bürgerschaftliches Engagement.

Gohde, Jürgen; Dr. h. c.; Studium der Theologie und Erziehungswissenschaften; ordinierter Pfarrer; von 1994 bis Juni 2006 Präsident des Diakonischen Werkes der EKD; von 2000 bis 2007 Präsident des Europäischen Verbandes für Diakonie „Eurodiaconia"; von 2001 bis 2002 Präsident der Bundesarbeitsgemeinschaft der Freien Wohlfahrtspflege; seit 2007 Vorsitzender des Kuratoriums Deutsche Altershilfe (KDA); bis Ende 2011 Vorsitzender des Beirats zur Überprüfung des Pflegebedürftigkeitsbegriffs für den Bericht des Gremiums an das Bundesgesundheitsministerium.

Greger, Birgit Renate; Dipl. Sozialgerontologin (Univ. Kassel), Dipl.-Sozialpäd. (KSFH München); derzeit: Sozialplanerin (Schwerpunkt: Pflegerische Versorgung) im Amt für Soziale Sicherung, Abteilung Hilfen im Alter und bei Behinderung im Sozialreferat der Landeshauptstadt München; seit 2000 freiberuflich als Dozentin tätig in der Fort- und Weiterbildung und Organisationsberatung in der Altenarbeit, Altenpflege und Gerontopsychiatrie, Lehrauftrag an der Katholischen Stiftungsfachhochschule München; frühere Tätigkeiten: Leiterin einer Abteilung mit offenen gerontopsychiatrischen Wohngruppen in einer vollstationären Pflegeeinrichtung, Sozialdienst in einer vollstationären Pflegeeinrichtung, langjährige Beschäftigung mit dem Thema „Generationenarbeit".

Hedtke-Becker, Astrid; Prof. Dr. phil., Studium der Erziehungswissenschaften, Sozialarbeit und Erwachsenenbildung an der Carl-von-Ossietzky-Universität Oldenburg, dort auch Promotion; von 1985 bis 1989 freiberuflich tätig in der Aus-, Fort- und Weiterbildung von Fach- und Führungskräften im Sozialwesen, in der Altenhilfe und im Gesundheitswesen; von 1989 bis 1996 wiss. Referentin, später stellv. Leiterin des Arbeitsschwerpunkts Altenhilfe im Deutschen Verein für Öffentliche und private Fürsorge e.V.; seit 1996 Professorin an der Hochschule Mannheim, Fakultät für Sozialwesen mit den Lehrgebieten Theorie und Praxis Sozialer Arbeit, Altenhilfe und Gesundheitswesen; seit 2004 wiss. Leiterin des Weiterbildungsstudienganges „Angewandte Gerontologie" an der Hochschule Mannheim; zusammen mit Professor Otto Leitung des Forschungsprojekts „InnoWo – Zuhause wohnen bleiben bis zuletzt". Arbeits- und Forschungsschwerpunkte: Soziale Arbeit mit alten Menschen, Klinische Sozialarbeit, Situation von chronisch kranken alten Menschen und ihren Angehörigen, Soziale Gerontologie, Wohnen im Alter zu Hause.

Heinecker, Paula; M. A.; Studium der Anglistik, Germanistik und Kommunikationswissenschaft an der Universität Helsinki, langjährige Mitarbeiterin am Internationalen Institut für empirische Sozialökonomie (INIFES); u. a. Mitarbeit am Forschungsprojekt EMPOWER (Building a First-class Workforce in the Public Sector: Mature-age Female Employees as Mentors, Coaches and Teamleaders) und am Zweiten Bericht zur sozioökonomischen Lage Deutschlands; psychotherapeutische Zusatzausbildung und eigene Praxis für Psychotherapie (HPG); derzeit wissenschaftliche Mitarbeiterin in der Forschungsabteilung Interdisziplinäre Gerontologie von Professor Pohlmann.

Hinn, Gabriella; Dipl. Sozialarbeiterin (FH); Studium an der katholischen Fachhochschule für Sozialwesen Freiburg (Studienabschluss mit staatlicher Anerkennung); derzeit Geschäftsführerin Bundesarbeitsgemeinschaft Seniorenbüros e.V. (BaS); Referentin für bürgerschaftliches Engagement bei der Bundesarbeitsgemeinschaft der Senioren-Organisationen e.V. (BAGSO); Arbeitsschwerpunkte: bürgerschaftliches Engagement älterer Menschen, Bildung im Alter, Netzwerk- und Lobbyarbeit, Gestaltung von Übergängen in Unternehmen.

Hoevels, Rosemarie; Dipl. Sozialarbeiterin (FH), Psychotherapie (HPG), Wissenschaftliche Mitarbeiterin im Forschungsprojekt „InnoWo – Zuhause wohnen bleiben bis zuletzt"; Hochschule Mannheim, Fakultät für Sozialwesen. Mitarbeiterin in der Klinik für Psychosomatik u Allgemeinmedizin, Medizinische Universitätsklinik Heidelberg (1992–2011); wissenschaftliche Mitarbeiterin im Projekt „Interdisziplinäre Kooperation von Sozialarbeit und Medizin im Krankenhaus – KISMED", Hochschule Mannheim, Fakultät für Sozialwesen (1999–2001). Projektleitung: Beratungsstelle für demenzkranke Menschen und deren Angehörige in der Sozialstation Neckarau-Almenhof, Mannheim (2003–2005). Arbeitsschwerpunkte: Alten- und Familienarbeit, Personenzentrierte und systemische Beratung und Psychotherapie, Kunst- und Gestaltungstherapie mit chronisch kranken Menschen und deren Familien. Supervision und berufliches Coaching.

Kruse, Andreas; Prof. Dr. Dr. h.c.; Studium der Psychologie, Philosophie und Musik an den Universitäten Aachen und Bonn sowie an der Musikhochschule Köln; nach einer Gründungsprofessur für Psychologie an der Universität Greifswald; seit 1997 Ordinarius und Direktor des Instituts für Gerontologie der Universität Heidelberg; Mitglied des Vorstandes der Fakultät für Verhaltens- und Empirische Kulturwissenschaften; Beauftragter der World Health Organization, Leitung verschiedener Expertenkommissionen u. a. mehrerer von der Bundesregierung bestellter Altenberichtskommissionen; Mitglied des Technical Committee der Vereinten Nationen zur Umsetzung des International Plan of Action on Ageing; langjähriger Berater und Sachverständiger für altenpolitische Fragen für Ministerien auf Landes- und Bundesebene; Leitung diverser Forschungsprojekte in den Bereichen: Kompetenz im Alter, Formen produktiven Alterns, Folgen des demografischen Wandels, Rehabilitation, Interventionsforschung, Palliativmedizin und Palliativpflege, Fragen der Ethik. Veröffentlichung zahlreicher Fachbücher und Beiträge zur Gerontologie; diverse Auszeichnungen.

Lehr, Ursula; Prof. Dr. Dr. h.c.; Studium der Psychologie, Philosophie, Germanistik, Kunstgeschichte an den Universitäten Frankfurt und Bonn; von 1972 bis 1975 Lehrstuhl für Pädagogik und Pädagogische Psychologie an der Universität Köln; von 1975 bis 1986 Lehrstuhl für Psychologie an der Universität Bonn; von 1986 bis 1995 bundesweit erster Lehrstuhl für Gerontologie an der Universität Heidelberg; von 1988 bis 1991 Bundesministerin für Jugend, Familie, Frauen und Gesundheit; ab 1991 erneute Leitung des Instituts für Gerontologie, bis 1994 Mitglied des Deutschen Bundestages; von 1992 bis 1994 stellv. Vorsitzende der Enquete-Kommission „Demografischer Wandel" des Deutschen Bundestages; von 1994 bis 1998 Mitglied und wiss. Beirat der Enquete-Kommission „Demographischer Wandel"; von 1995 bis 1998 akademische Direktorin des DZFA, seit 2009 Vorsitzende der BAGSO, Ehrenmitglied vieler europäischer und internationaler wissenschaftlicher Gesellschaften für Psychologie und für Gerontologie/ Geriatrie. Zahlreiche Bücher, u. a. die „Psychologie des Alterns", 11. Auflage, übersetzt in Holländisch, Spanisch, Italienisch, Türkisch und Japanisch; über 900 Veröffentlichungen in Handbüchern und wissenschaftlichen Fachzeitschriften.

Lenz, Ursula; Studium der Sozialpädagogik in Köln, seit 1976 in unterschiedlichen Bereichen der Arbeit mit älteren Menschen tätig, schwerpunktmäßig in der Bildungsarbeit, u. a. als Leiterin des Fachbereiches Senioren an der Volkshochschule Köln und freiberuflich in der Qualifizierung von Multiplikatoren in Bereich „Geistige Fitness"; seit 1999 Referentin für Presse- und Öffentlichkeitsarbeit bei der Bundesarbeitsgemeinschaft der Seniorenorganisationen.

Leopold, Christian; Dr. phil.; MPH, Studium der Psychologie, Gesundheitswissenschaften und Total Quality Management; langjähriger Projektleiter für den Bereich „Psychosozialer Gesundheit"; Mitarbeit im BMBF-Projekt zur Entwicklung eines Dokumentationsprogramms für Schizophrenie-Patienten; Beteiligung am „Modellprojekt Verhütung arbeitsbedingter Gesundheitsgefahren im Entsorgungsbereich"; wissenschaftlicher Mitarbeiter in verschiedenen DFG-Projekten; derzeit wissenschaftlicher Mitarbeiter in der Forschungsabteilung Interdisziplinäre Gerontologie von Professor Pohlmann.

Matter, Christa; Dipl. Psychologin; Geschäftsführerin der Alzheimer-Gesellschaft Berlin e.V.; 1. Vorsitzende der Bundesarbeitsgemeinschaft Alten- und Angehörigenberatung e.V. (BAGA); seit 1995 Begleitung und Initiierung von Angehörigen-Selbsthilfegruppen und in der psychosozialen Beratung von Angehörigen Demenzkranker tätig; seit 1997 mit eigenen Beiträgen Teilnahme an Workshops und Fachtagungen, insbesondere zur Situation von Angehörigen Demenzkranker. Durchführung von Fortbildungs- und Informationsveranstaltungen in der Altenhilfe im Themenbereich Gerontopsychiatrie, Angehörigenarbeit.

Otto, Ulrich; Prof. Dr. rer. soc. habil; Studium der Erziehungswissenschaft, Politologie und Soziologie an den Universitäten in Marburg, Tübingen und Konstanz; von 1989 bis 2001 wissenschaftlicher Assistent an der Universität Tübingen; von 2001 bis 2007 Professor für Sozialmanagement in pädagogischen Handlungsfeldern an der Friedrich-Schiller-Universität Jena; seit 2008 Forschungsprofessur an der FHS St. Gallen (CH); Leiter Kompetenzzentrum Generationen (CCG-FHS); Vorstandsmitglied Deutsche Gesellschaft für Gerontologie und Geriatrie (DGGG); Arbeits- bzw. Forschungsschwerpunkte: Sozialpädagogik der Lebensalter; Sozialpädagogik der Koproduktion; Soziale Gerontologie; Alterns- und Lebenslaufforschung; Sozialadministration, Sozialmanagement; Bürgerschaftliches Engagement; Wohlfahrtspolitik und soziale Dienstleistungen im *welfare mix*; Wohnen im Alter; Theorien sozialer Unterstützung; Netzwerktheorie und Netzwerkförderung. Zusammen mit Professor Hedtke-Becker Leitung des Forschungsprojekts „InnoWo – Zuhause wohnen bleiben bis zuletzt".

Pohlmann, Stefan; Prof. Dr. phil; Studium der Psychologie, Erziehungswissenschaft, Kath. Theologie und Kognitionswissenschaften an den Universitäten Münster und Hamburg; ehemals Geschäftsführung Internationales Jahr der Senioren und wissenschaftlicher Leiter der Geschäftsstelle Weltaltenplan; nach einer Stiftungsdozentur für Soziale Gerontologie an der Universität Frankfurt seit 2004 Professor für Gerontologie an der Hochschule München; Vorstandsmitglied der Fakultät für angewandte Sozialwissenschaften; Begründer des ersten grundständigen pflegewissenschaftlichen Studiengangs in Bayern; Beirat diverser Expertenkommissionen u. a. Mitglied des Technical Committee der Vereinten Nationen zur Umsetzung des International Plan of Action on Ageing und Task Force on Ageing der UNECE; Leiter der Forschungsabteilung Interdisziplinäre Gerontologie an der Hochschule München; Akquise diverser Drittmittelprojekte in den Bereichen: Versorgungsforschung, Sozialgerontologie, Demografie und Gesundheit, Lebenslaufforschung und Sozialpolitik; zahlreiche alterswissenschaftliche Veröffentlichungen.

Polenz, Martin; Studium der Geographie; arbeitet seit 2007 in der Fachstelle Zukunft Alter der Stadt Arnsberg; Leitung des Modellprojektes „Arnsberger Lern-Werkstadt Demenz"; Arbeitsschwerpunkte: Stadtgeographie und Demografischer Wandel, Bürgerschaftliches Engagement im Alter, Gesundes Altern, Dialog der Generationen, Demenz.

Solf, Markus; Dr.; Studium und Promotion an der WHU Koblenz, EM Lyon, Waseda University Tokyo und Kellogg School of Management; Mitgründer und geschäftsführender Gesellschafter der famPlus GmbH München; zuvor in mehreren Führungspositionen im In- und Ausland bei einem führenden Konsumgüterhersteller; Forschungs- und Arbeitsschwerpunkte sind die lösungsorientierte, transparente und technologisch unterstützte Beratung und Vermittlung familienunterstützender Dienstleistungen in geprüfter Qualität in ganz Deutschland.

Stoll, David; Dipl. Sozialgerontologe (Univ. Kassel), Dipl. Sozialpädagoge (KSFH München); derzeit: Leiter der Stabsstelle Planung der Abteilung „Hilfen im Alter und bei Behinderung" und stellvertretender Abteilungsleiter (Amt für Soziale Sicherung im Sozialreferat der Landeshauptstadt München); frühere Tätigkeiten: Leitung des Seminars für ehrenamtliche pflegerische Dienste der Inneren Mission München, Mitarbeit in der Beratungsstelle für alte Menschen der Landeshauptstadt München, Altenhilfe- und Pflegeplanung im Sozialreferat der Landeshauptstadt München.

Stumpp, Gabriele; Dr. rer. soc., Dipl. Päd.; Studium der Erziehungswissenschaft Universität Tübingen; von 1982 bis 1986 Forschungsassistentin Vera Institute of Justice, New York, USA; von 1991 bis 2009 wissenschaftliche Mitarbeiterin an der Universität Tübingen; seit 2009 wissenschaftliche Mitarbeiterin Hochschule Mannheim im Forschungsprojekt „InnoWo – Zuhause wohnen bleiben bis zuletzt"; seit 2011 wissenschaftliche Mitarbeiterin im DFG-Projekt „Jugend und Rauschtrinken" der Universität Tübingen; Arbeits- bzw. Forschungsschwerpunkte: Gesundheitswissenschaft, Suchtforschung, Praxisforschung, Beratung.

Vogel, Hans-Josef; Studium der Rechtswissenschaften, Philosophie und Politische Wissenschaften in Bonn sowie Verwaltungswissenschaften an der Deutschen Hochschule für Verwaltungswissenschaften in Speyer; nach dem zweiten juristischen Staatsexamen wissenschaftlicher Mitarbeiter am Institut für Wirtschaft und Gesellschaft Bonn, danach Referent für Schule, Kultur und Sport der Stadt Münster und Leiter der Verwaltung des MDR-Landesfunkhauses Sachsen in Dresden und Stadtdirektor der Stadt Arnsberg; seit 1999 Bürgermeister der Stadt Arnsberg; Mitglied des Ausschusses der Regionen (AdR) der Europäischen Union und des Kuratoriums zur Nationalen Stadtentwicklungspolitik des Bundesministeriums für Verkehr, Bau und Stadtentwicklung (BMVBS); Verwaltungsrat der Kommunalen Gemeinschaftsstelle für Verwaltungsmanagement (KGSt); Arbeitsschwerpunkte: die Stadt als Bürgergesellschaft, demografischer Wandel, kommunale Bildungspolitik, Verwaltungsmodernisierung und lokale/ regionale Nachhaltigkeitsfragen.

Wohlrab, Doris; Dipl. Soziologin (LMU München), Dipl. Psychogerontologin (FAU Erlangen-Nürnberg); derzeit: Sozialplanerin im Sozialreferat der Landeshauptstadt München /Amt für Soziale Sicherung, Abteilung Hilfen im Alter und bei Behinderung; Arbeitsschwerpunkte: Sozialplanung für ältere Menschen und Menschen mit Behinderungen; zentrale berufliche Etappen: zuletzt Mitarbeiterin der Alzheimer Gesellschaft München e.V., Konzeption und Leitung eines psychoedukativen Gruppenangebots „TrotzDemenz" für Menschen mit Demenz

Autorinnen und Autoren

im frühen Stadium mit dem Ziel der Unterstützung bei der Krankheitsbewältigung; davor wissenschaftliche Mitarbeiterin am Max-Planck-Institut für Kognitions- und Neurowissenschaften, Projekt „Anerkennung moralischer Normen" im Rahmen des Forschungsverbunds Desintegrationsprozesse.

Wolff, Birgit; Dipl. Sozialgerontologin, Dipl. Sozialpädagogin, Systemische Therapeutin und Beraterin (SG); seit 2003 Fachreferentin in der Landesvereinigung für Gesundheit und Akademie für Sozialmedizin Niedersachsen e.V. in den Themenfeldern Altern, Pflege und Demenz; langjährige Berufserfahrung im Bereich ambulanter, teilstationärer und stationärer Altenpflege und der Behindertenhilfe sowie in Beratung und Fortbildung.

Woltering, Ursula; Dipl. Pädagogin; Studium an der Westfälischen Wilhelms-Universität Münster; u.a. Praktika in Hannover und Salzburg; derzeit Sozialplanerin der Stadt Ahlen und Leiterin des Integrationsteams der Stadt Ahlen; Geschäftsführerin des Vereins Alter und Soziales e.V.; stellvertretende Vorsitzende der Bundesarbeitsgemeinschaft Seniorenbüros (BaS); Sprecherin der Landesarbeitsgemeinschaft Seniorenbüros NRW (LaS NRW); Arbeitsschwerpunkte: Hilfe- und Pflegebedürftigkeit; Wohnen im Alter und Nachbarschaftshilfe; Engagementförderung und soziale Teilhabe, Integrationsarbeit.

Handbücher Soziale Arbeit

Kirsten Aner / Ute Karl (Hrsg.)
Handbuch Soziale Arbeit und Alter
2010. 548 S. Br. EUR 49,95
ISBN 978-3-531-15560-9
Soziale Arbeit für und mit älteren und alten Menschen meint mehr als nur Altenhilfe. Vor dem Hintergrund des demografischen Wandels, der vor allem eine Zunahme der Altenpopulation mit sich bringt, eröffnet sich ein breites Handlungsfeld für die Soziale Arbeit. Mit dem Handbuch werden zum einen die gegenwärtigen Strukturprobleme sozialer Altenarbeit aufgezeigt und gleichzeitig wird das Spektrum, das weit über die reine ‚Altenpflege' hinaus geht, vorgestellt.

Stefan Maykus /
Reinhold Schone (Hrsg.)
Handbuch Jugendhilfeplanung
Grundlagen, Anforderungen und Perspektiven
3., vollst. überarb. u. akt. Aufl. 2010.
431 S. Br. EUR 49,95
ISBN 978-3-531-17039-8

Bernd Dollinger /
Henning Schmidt-Semisch (Hrsg.)
Handbuch Jugendkriminalität
Kriminologie und Sozialpädagogik im Dialog
2010. 586 S. Geb. EUR 49,95
ISBN 978-3-531-16067-2
Kriminalität Jugendlicher erweist sich regelmäßig als mediales und politisches Ereignis. Wenig relevant sind in diesen Zusammenhängen kriminologische und sozialpädagogische Befunde, die wissenschaftlich fundiert tatsächlich vorliegen. An einer Schnittstelle von Sozialpädagogik und Kriminologie setzt dieses Handbuch an und fasst die gegenwärtigen Diskurse für die (Fach-)Öffentlichkeit zusammen.

Margherita Zander /
Roemer Martin (Hrsg.)
Handbuch Resilienzförderung
2010. 690 S. Br. EUR 49,95
ISBN 978-3-531-16998-9

Erhältlich im Buchhandel oder beim Verlag.
Änderungen vorbehalten. Stand: Juli 2011.

Einfach bestellen:
SpringerDE-service@springer.com
tel +49 (0)6221 / 3 45 - 4301
springer-vs.de

VS Forschung | VS Research
Neu im Programm Soziologie

Ina Findeisen
Hürdenlauf zur Exzellenz
Karrierestufen junger Wissenschaftlerinnen und Wissenschaftler
2011. 309 S. Br. EUR 39,95
ISBN 978-3-531-17919-3

David Glowsky
Globale Partnerwahl
Soziale Ungleichheit als Motor transnationaler Heiratsentscheidungen
2011. 246 S. Br. EUR 39,95
ISBN 978-3-531-17672-7

Grit Höppner
Alt und schön
Geschlecht und Körperbilder im Kontext neoliberaler Gesellschaften
2011. 130 S. Br. EUR 29,95
ISBN 978-3-531-17905-6

Andrea Lengerer
Partnerlosigkeit in Deutschland
Entwicklung und soziale Unterschiede
2011. 252 S. Br. EUR 29,95
ISBN 978-3-531-17792-2

Markus Ottersbach / Claus-Ulrich Prölß (Hrsg.)
Flüchtlingsschutz als globale und lokale Herausforderung
2011. 195 S. (Beiträge zur Regional- und Migrationsforschung) Br. EUR 39,95
ISBN 978-3-531-17395-5

Tobias Schröder / Jana Huck / Gerhard de Haan
Transfer sozialer Innovationen
Eine zukunftsorientierte Fallstudie zur nachhaltigen Siedlungsentwicklung
2011. 199 S. Br. EUR 34,95
ISBN 978-3-531-18139-4

Anke Wahl
Die Sprache des Geldes
Finanzmarktengagement zwischen Klassenlage und Lebensstil
2011. 198 S. r. EUR 34,95
ISBN 978-3-531-18206-3

Tobias Wiß
Der Wandel der Alterssicherung in Deutschland
Die Rolle der Sozialpartner
2011. 300 S. Br. EUR 39,95
ISBN 978-3-531-18211-7

Erhältlich im Buchhandel oder beim Verlag.
Änderungen vorbehalten. Stand: Juli 2011.

Einfach bestellen:
SpringerDE-service@springer.com
tel +49(0)6221/345–4301
springer-vs.de

	MIX
	Papier aus verantwortungsvollen Quellen
FSC	Paper from responsible sources
www.fsc.org	FSC® C105338

If you have any concerns about our products,
you can contact us on
ProductSafety@springernature.com

In case Publisher is established outside the EU,
the EU authorized representative is:
Springer Nature Customer Service Center GmbH
Europaplatz 3, 69115 Heidelberg, Germany

Printed by Libri Plureos GmbH
in Hamburg, Germany